JN434881

공조위생설비기술자 필독서

【공조 · 환기 · 배연 설비 공사 독본】

중원엔지니어링(주) / 편역

안도 노리오 / 감수

안도 노리오, 세야 마사오, 호리오 사키오, 미즈카미 쿠니오 / 공저자

도서출판 한미

空調衛生設備技術者必携
読みかえしてみて 眼からうろこが落ちた
【空調·換気·排煙設備 工事読本】

「공조 · 환기 · 배연 설비 공사 독본」 출간에 즈음하여

최근 들어 우리가 살고 있는 국제 사회는 그동안 겪어보지 못한 크고 작은 변화로 인하여 급변하는 소용돌이에 직면해 있습니다.

2019년에 발발한 COVID-19, 2021년에 터진 러시아와 우크라이나의 전쟁은 향후 우리 기계설비 분야에 재건축의 필요성 및 친환경 공조 시스템의 중요성에 대해 큰 시사점을 두고 있습니다.

또한, 선진국을 중심으로 실행되고 있는 저탄소 및 친환경 관련 정책은 2차 전지 수요의 급증이라는 커다란 산업 방향을 제시하고 있습니다. 에너지 폭등에 따른 고효율, 제로에너지 건축물에 대한 사회적 기대가 커지고 있는 상황에서 이를 실현시켜줄 수 있는 기계설비 기술과 관련된 공조, 환기, 배연 등의 산업 발전이 기대되고 있습니다.

이 책에 서술된 기술적인 내용들은 누구나 한 번쯤 공부한 기초지식 일 수도 있겠으나 현장에서 적용할 수 있는 이론적인 내용과 실무에 바로 적용할 수 있는 기술적인 내용이 설비 분야에 종사하는 기술자들의 능력을 향상시키고 산업 발전과 국가 경쟁력 강화에도 큰 보탬이 되길 기대해 봅니다.

그동안 우리는 기계설비 발전을 위하는 정책으로 건축물, 기계설비, 기계설비법 관련 기술기준 수립 과제 등이 진행되어 안정화되어감과 동시에, 이러한 정책과 더불어 기계설비 분야에 종사하는 많은 기술자분들이 현장 기술을 습득하고 응용, 발전하는 데 도움이 되길 기대하면서 이 책을 출간합니다.

'공조 · 환기 · 배연설비 공사독본'에서 제시하는 핵심 기술을 현장 업무에 다수 적용한다면 수준 높은 시공 실적과 안전 보장 및 원가절감과 공기단축에도 기여할 것이며 기계설비 분야를 시작하는 많은 엘리트 엔지니어분들께 유익한 길잡이가 될 것입니다.

중원엔지니어링은 주거용 및 상업용 건물의 HVAC, 배관 및 소방시스템 설비를 전문으로 하는 소규모 사업을 시작으로 산업플랜트, 반도체 제조설비. 전기차 배터리 제조설비의 기계설비 및 소방시스템 설비 업무로 시야를 넓혀가고 있는 연 매출 5,000억원 규모의 건축 및 산업 플랜트, 소방설비 전문 건설업체 입니다. 2024년 현재 국내 45개 건설 현장과 해외 전기차 배터리 제조설비 현장(폴란드, 헝가리,미국…등)에 다수의 프로젝트를 운영 하고 있습니다.

최근에는 프로젝트에 필요한 제조 및 제작 인프라를 갖춘 군산 공장을 자체 운영 하면서 모듈형 제조를 통해 품질향상, 원가절감, 납기준수에 박차를 가하고 있습니다.

중원엔지니어링은 고객만족, 우수품질 확보, 무재해 사업장 등을 목표로 고객의 요구에 적극 부응하고, 고객 만족에 최선을 다 한다는 신념을 가지고 끊임없이 노력하겠습니다.

마지막으로 바쁘신 현업에도 불구하고 소중한 시간을 내어주신 편역자 세 분 및 본 도서가 출간되기까지 물심양면으로 애쓰신 도서출판 한미 김정석 대표이사님에게도 감사의 마음을 전합니다.

중원엔지니어링(주)
대표이사 박정필, 민영관

본서를 발간함에 있어

저자 일동은 호평으로 발매 중에 있는 공조위생설비 기술자의 필독 시리즈인 공조 위생설비 [시운전 조정업무의 실무지식] 및 [건축설비 배관공사 독본]을 이미 일본공업출판사에서 발간했다. 본서는 그 시리즈의 자매편으로서 공조 위생 설비기술자의 필독서인 [공조 · 환기 · 배연설비 공사독본]이라는 타이틀로 이번에 발간하기로 기획했다.

위의 두 저서는 공조위생 설비공사 [시운전 조정업무의 실무지식] 및 [건축설비 배관공사의 실무지식]에 관해 미시적(전문적) 관점에서 언급 소개하고 있는데 반해 본서는 [공조 · 환기 · 배연설비 공사의 실무지식]을 가능한 한 매크로적 관점(총괄적)에서 총괄한 것으로 실무에 유익한 책이다.

구체적으로 말하면 공조 위생 설비공사의 시공 실무 여러 곳에 종사, 즉 7~8년 정도에 걸쳐 경험을 쌓아 이제는 규모가 큰 건설현장의 소장으로서 현장 공사의 실무를 담당하게 될 기술자가 담당 프로젝트의 전모를 객관적으로 파악하는, 바꿔 말하면 공조 위생설비의 전문가로서 현장 관리업무를 수행하는 데 부합하는 실무경험과 식견을 체득하기 위한 필독서다.

건축설비 기술자의 입장에서는 '석가의 설법! (like teaching Babe how to play baseball)'일 것이나 건축에 필수적인 건축설비는 ①공기조화 환기 설비공사 ②급배수 위생 설비공사 ③전기 설비공사(승강기 설비공사 포함)의 3대 설비공사로 구성된다. 그 중 단 하나의 설비기능이라도 결여된다면 건물이 제대로 기능하지 않는다는 것은 주지의 사실이다.

특히 여기서 다루고 있는 [공조 설비 · 환기 설비 · 배연설비 공사독본]은 최근 건축설비 중에서도 중요한 위치를 차지하는데 과연 어떻게 구성돼 있는지 또 그 내용은 어떤 것인지에 대해 즉답이 될 수 있을 것이다.

수많은 시공 현장에 종사하면서 착공부터 준공 인도에 이르기까지 체험한 베테랑 공조 설비기술자라면 몰라도, 대다수의 공조기술자들은 "마치 시각장애인이 코끼리 더듬기(좁은 소견과 주관으로 잘못 판단하는)" 식으로 자신이 담당해 온 공조 설비공사의 극히 일부(예 : 덕트공사 · 배관공사 · 안전 관리업무 등)만으로 공조 공사의 전체(프로필)를 이해하고 있다고 착각하는 것은 아닐지?

공조 설비의 모든 내용을 제대로 알기 위해서는 어떻게 해야 할까?

이에 필자가 우선적으로 추천하는 것은 공조 공사의 적산 항목을 머릿속에 주입시켜 둔다. 참고로 [일반적인 공조 공사업무]의 대항목을 열거하면 다음과 같다.

(1) 기기 설비공사
(2) 기기 반입 설치공사
(3) 덕트공사
(4) 배관공사
(5) 보온 · 보랭 공사
(6) 도장공사
(7) 환기 설비공사
(8) 배연 설비공사

(9) 자동제어 설비공사
(10) 시운전 조정공사
(11) 현장 경비
(12) 제(諸)경비

기타 견적 항목 이외에 현장에서 필수적인 고객에게 인도하는 업무도 있다.

본서는 이 모든 공사항목을 고품질로 납기에 맞춰 안전하게 수행함에 있어 숙지하고 있어야 할 요점을 재미있게 기술한 책이다.

참고로 이번에는 [공조 · 환기 · 배연설비 공사독본]으로서 공조 설비에 한정했지만 후속 시리즈로 반드시 읽어야 할 [급배수 위생설비 공사독본]도 발간 기획하고 있다.

가능한 한 본서와 친해지기 쉽도록 재미있는 일러스트와 표를 많이 삽입했고 특히 전문용어에 대해서는 [기술 용어 해설]과, 기타 [콩지식] · [유용한 지식 한 마디] 및 [필자만의 노하우]라는 코너를 마련했다.

본서가 목표로 하는 특징을 요약하면 다음과 같다.

(1) 재미있고 부담 없이 읽을 수 있도록 일반 참고서의 모두(冒頭)에 게재하는 원론(환경공학 · 유체공학 · 열공학 · 기타)에 대해서는 가능한 한 생략했다.
(2) 난해한 전문 기술용어 사용을 가급적 피했다.
주의 : 필요한 경우에는 [기술용어 해설] 코너에서 평이하게 설명한다.
(3) 상기 (1)의 목적을 달성하기 위해 특히 필요한 경우를 제외하고는 수치나 공식에 대해서는 가급적 언급하지 않았다. ⇒ 필요한 경우에는 다른 참고서를 참조한다.
(4) 문장에만 의존하지 않고 그 내용을 간단하고 즐겁게 이해할 수 있도록 일러스트와 표를 많이 게재했다.
(5) 향후 해외공사 등에도 대응하기 쉽도록 참고로 기술용어 등에 영어를 첨삭했다.
(6) [부록편]에는 일반적으로 설치하는 항목인 ①방음설비 ②방진설비 ③지진과 내진설비 ④설비의 내구성 등에 대한 요점을 소개했다.
(7) 필자 일행이 체험 · 견문한 [예상 밖의 트러블 · 클레임]의 귀중한 사례를 정선해 게재했다.
(8) 공조 시스템이나 제조 개발의 역사적 배경에 대해서도 가능한 한 다루었다.

끝으로 중국의 고사성어 중에 "十全十美"라는 문구가 있다. 이 글의 뜻은 "완전무결"이라는 의미인데, 속뜻은 "이 세상에 완전무결한 사람은 없다."라는 것이다. 이는 말 그대로 건축설비의 설계도서류에도 해당한다.

따라서 설비공사를 착공함에 있어서는 복수의 기술자가 사전에 모여 설계도서류에 대한 "정밀검사 · 검토회의(DR : 디자인 리뷰)"를 하면서 중지를 모아 설계도서류에 잠재하는 불합리한 점 모두를 사전에 제거할 필요가 있다. 다시 말하면 공사 단계에서 "3T 작업(작업대기 · 재작업 · 수정작업)"을 최대한 피하려면 위에서 말한 불합리한 설계를 후공정(공사 시공단계)까지 끌고 가는 일이 없어야 한다.

감수자 : 안도 노리오

한국어판 편역자

안병국

공조냉동 기계기술사(1995년/43회) / 국제기술사
Clean Room , Dry Room , 공조설비 부문 설계 및 시공 35년 경력
중원엔지니어링㈜ 부사장

황지영

소방기계기사(2010년)
2차 전지공장 기계 설비 외 공조설비 부문 설계 및 시공 7년 경력
중원엔지니어링㈜ 과장

민영관

소방설비(기계/전기) 특급 기술자
기계설비 , Plant설비 , 반도체설비 부문 설계 및 시공 35년 경력
중원엔지니어링㈜ 대표이사

김희광

소방설비(기계/전기) 특급 기술자
기계설비 , Plant설비 , 반도체설비 부문 설계 및 시공 30년 경력
중원엔지니어링㈜ 부사장

【공조 · 환기 · 배연 설비 공사 독본】

CONTENTS

제4장. 공기조화기에 관한 지식 · · · · · · · · · · · · · · · · 117

제5장. 공사 시공관리상의 필수 지식 · · · · · · · · · · · · · 141

제1장 공기조화 설비 : 입문편

1·1 공기조화 설비란?

(1) 공기조화의 목적

공기조화(air-conditioning)란 〈그림 1.1〉에 나타내는 바와 같이 대상으로 하는 공간의 공기온도·습도·기류·청정도·기압 이른바 5대 제어인자를 요구값에 맞게 인위적으로 제어(control)하는 것을 말한다. 5대 제어인자는 필자가 처음으로 제창한 용어이고, 지금까지는 기압(압력제어)을 제외한 4대 제어인자라는 용어가 폭넓게 사용돼 왔다. 현재 실압(室壓)은 일반 공조에서든 클린룸 공조에서든 중요한 제어인자이다.

〈그림 1.1〉 공기 조화의 5대 제어인자

(2) 공기조화의 종류

공기조화(공조)는 그 목적과 대상에 따라 다음과 같이 3가지로 크게 나뉜다.

1) 쾌적 공조(comfortable air-conditioning)

이 공조는 일명 쾌감 공조라든가 어메니티(amenity) 공조라고도 한다. 이 공조의 목적은 주택·사무실·상점·극장 등의 공간을 쾌적하고 건강한 환경 혹은 생활환경으로 느끼면서 일상적인 활동을 지장 없이 영위할 수 있게 하는 거주자를 위한 공조이다. 바꿔 말하면 건축물위생법의 관리대상 공조이다.

[콩지식]

공조의 기원

더운 여름에 찬 공기를 만들어 시원하게 지내려는 생각이 옛날 이집트에도 있었으나 오늘날의 공조로 이어지는 기술은 19세기 후반에 이르러 온풍난방장치 안에 얼음블록을 두거나 난방용 코일에 우물물을 넣거나 혹은 냉동기와 냉각코일을 이용해 냉방했던 것이 시초로 여겨지고 있다.

그러나 이러한 방식을 본격적인 공조라고 말하기는 어려웠다. 이런 시대를 거쳐 1902년 미국의 기술자 W.H. 캐리어가 인쇄공장의 습도를 조절하는 데 공기를 냉각하고 노점온도를 조정함으로써 공기습도 조절이 가능하다는 사실을 발견했는데 이것이 현대 공조의 효시가 됐다.

그 후 캐리어는 에어 워셔(1907년)·원심 냉동기(1922년)·핀 부착관(1923년)·유인 유닛(1929년) 등을 발표하고 1911년에는 미국기계학회에서 처음으로 공기선도를 발표하는 등 공조기술 발전에 크게 기여했다. 따라서 냉방기술의 역사는 난방기술 역사에 비해 짧아 약 100년 정도의 역사를 갖는다.

〈그림 1.2〉 고대 이집트의 증발 냉각법

2) **작업 공조**(human activities air-conditioning)

이 공조는 공장·작업장·체육관 등에서 일상적인 생활보다 조금 격한 활동(노동, 스포츠 등)에 임하는 사람을 대상으로 건강과 안전을 확보하고 주위환경·작업환경 및 작업능률 향상 도모를 주목적으로 하는 공조이다.

〈그림 1.3〉 작업공조

[기술용어 해설]

건축물위생법

예전에는 빌딩관리법(빌딩관리위생법)으로 불렸지만 현재는 건축물위생법으로 바뀌었다. 정식으로 말하면 건축물의 위생환경 확보에 관한 법률이다.

이 법률은 다수가 이용하는 건축물의 환경위생 관리에 필요한 사항 등을 정함으로써 그 건축물에 있어서의 위생적인 환경을 확보해 공중위생 향상 및 증진에의 기여를 목적으로 하는 법률이다.

특히 공기환경의 7가지 항목에 대한 품질관리기준이 정해져 있다(뒤에서 기술).

〈그림 1.4〉 쾌적 공조

3) 공업 공정 공조(industrial process air-conditioning)

이 공조는 일명 프로세스 공조라고도 한다. 다양한 제품을 제조하는 공장에서 실내의 온도·습도·기류·청정도를 제어해 제품의 품질 유지·생산속도 제어·생산비 절감 등 생산의 합리화를 목적으로 한다.

이 공조는 제조장치의 하나로 다뤄지는 공조로, 기타 저장이나 수송 공정에 관련하는 것도 포함된다.

따라서 공업 공정 공조가 대상으로 하는 공간은 건물 전체·방 전체가 아닌 국소 공간만 대상으로 하는 경우가 많다.

〈그림 1.5〉 공업공정 공조

최근 산업계에서 광범위하게 채택되고 있는 industrial clean-room(ICR)이나 biological clean-room(BCR)이 공업 공정 공조에 해당된다.

이와 관련해 쾌적공조와 작업공조는 인간의 쾌적함과 건강유지를 주목적으로 하고 있어 보건 공조라고도 한다.

이에 대해 작업공조와 공업공정 공조는 산업계를 대상으로 하고 있어 산업공조라고도 한다.

(3) 온열감각지표와 실내공기질(IAQ)

1) 온열감각지표

인간의 온도 관련 감각은 일반적으로 "덥다·춥다" 등으로 표현되지만 〈표 1.1〉에 나타내는 바와 같이 각종의 온열감각지표(thermal index)가 있다.

종전부터 온열감각을 표시함에 있어서는 온도·습도·기류속도·주위 벽의 방사온도 중에서 1~4 가지의 요소를 조합하는 방법을 취해 왔다.

〈표 1.1〉에서 예측 평균 온랭감 신고(PMV : Predicted Mean Vote)는 1967년 덴마크 공과대학의 O.Fanger 교수에 의해 새로 제안된 온열감각지표이고, 최근에는 ISO 규격 7730으로 규정돼 국내에서도 폭넓게 점점 사용되고 있다. 온열감각지표는 앞에서 말한 온도·습도·기류속도·평균 방사온도의 4요소 외에 착의량(의복의 열절연성 단위(clo) : clo = 약 0.18m²·h℃/kcal = 0.16m²·K/W)과 대사열량(단위(met) : met = 50kcal/m²·h = 58.2w/m²·h)의 2요소를 더한 6요소를 토대로 많은 사람들이 느끼는 온열감각을 수치로 표현하고 있다.

〈표 1.1〉 인체의 온열 감각에 대한 종합감각지표

종합지수의 명칭	기호	실내 온열환경 지표
불쾌지수 	*DI* : discomfort index	$DI = 0.72(t_a+t_w)+40.6$ t_a : 건구온도(℃) t_w : 습구온도(℃) $DI \leqq 70$: 불쾌감을 느끼지 않는다. $75 < DI < 85$: 50% 정도가 불쾌감을 느낀다. $DI \geqq 85$: 모두 불쾌감을 느낀다.
효과온도 	*OT* : operative temperature	$OT = \{(MRT)+t_a\}/2,\ MRT \fallingdotseq \Sigma(t_k a_k)/\Sigma A_k$ MRT : 평균 복사온도(℃), t_a : 건구온도(℃) t_k : 벽체의 표면 온도(℃), A_k : 벽체의 표면적(m²) • 기온, 기류, 복사 등에 의한 온열감각을 나타낸다. 온도의 영향은 고려하지 않음.
유효온도 	*ET* : effective temperature	• 인체가 느끼는 음감 등의 감각에 대해 온도, 습도, 기류의 영향을 하나로 정리한 쾌적성 지표를 말한다.
신(新)유효온도 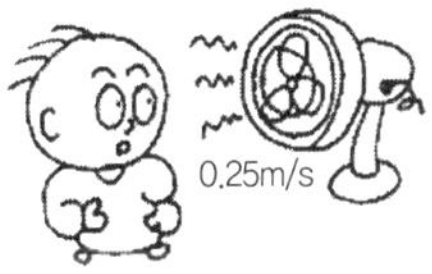	*ET** : new effective temperature	• 가벼운 복장의 성인이 노동을 하지 않고 실내풍속 0.25m/s인 실내에 장시간 체류했을 때의 온습도 느낌 · 온감(溫感)을 상대습도 50% 선상의 온도로 대표한 것이다. $ET^* \geqq 30$℃에서는 공기의 절대습도 영향이 크지만 $ET^* \leqq 25$℃에서는 공기 습도에서의 영향이 크다. 식은 생략한다.
PMV 	predicted mean vote	• 피복(被服)을 통해 인체가 느끼는 더위 · 추위를 공기 온도 · 습도 · 주위의 벽으로부터 받는 복사열의 영향, 운동, 착의 상태, 발한 등으로 인한 정상 상태에서의 인체 열수지(L)로서 구한다. −3～3의 1눈금 7단계 평가로 냉온감을 평가한다.

그 수치는 춥다 = − 3, 서늘하다 = − 2, 약간 서늘하다 = − 1, 어느 것도 아니다 = 0, 약간 따뜻하다 = + 1, 따뜻하다 = + 2, 덥다 = + 3 이상의 7단계로 표현된다.

예측 불만족률(%)은 PPD(Predicted Percentage Dissatisfaction)로 표시하는데 이는 열적으로 불만족하게 느끼는 사람들의 비율을 백분율로 표시한다. ISO−7730에서는 −0.5 < PMV < +0.5이고 또 PPD < 10%를 쾌적한 범위로 권장하고 있다.

예측 평균 온랭감 신고(PMV)와 예측 불만족률(PPD)의 관계를 〈그림 1.7〉에 나타낸다.

[콩지식]

유효 온도 (ET : Effective Temperature)

인체의 추위·더위(寒暑) 감각에 대한 온도·습도 및 기류속도의 3요소를 조합한 온열감각지표이고 효과온도 또는 체감온도라고도 한다.

온도·습도·풍속이 주어진 열 환경과 동일한 추위·더위 감각을 주는 습도 100%, 풍속 0m/s일 때의 온도에서 신고에 의한 통상 착의 시와 상반신 나체상태 시에 대해 야굴르(Yaglou)의 유효온도선도로서 나타낸다. 그림의 형상이 마치 넥타이와 흡사해 일명 넥타이선도라고도 한다.

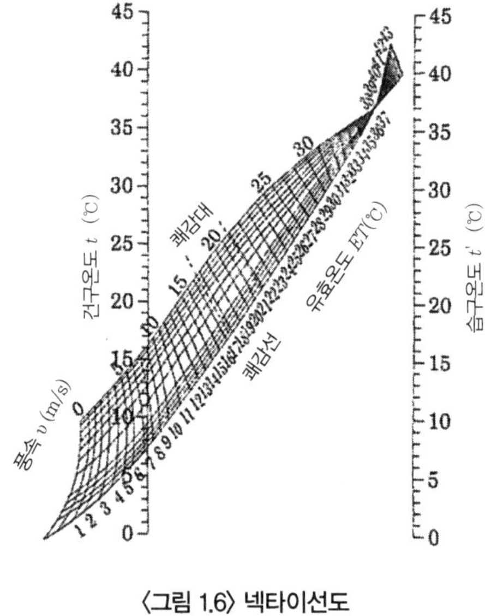

〈그림 1.6〉 넥타이선도

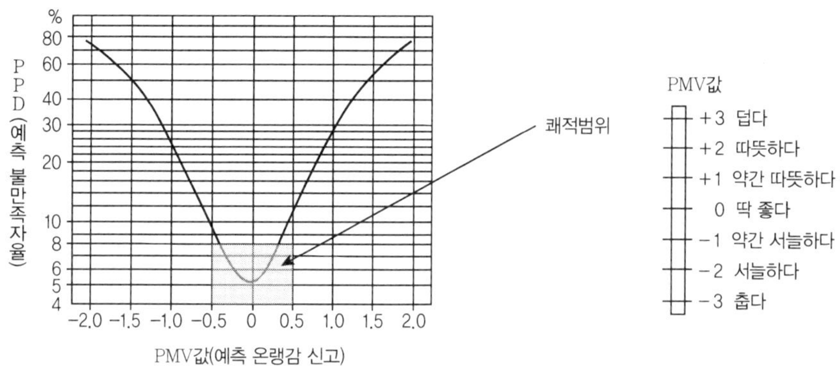

〈그림 1.7〉 PMV와 PPD의 관계

2) 실내 공기질(IAQ)

1980년대 전반부터 미국·유럽의 오피스 빌딩 등에서 새빌딩증후군(SBS)이라는 증후군이 빈발했던 적이 있었다. 그 원인은 에너지 절감 목적으로 본래 공조설비에 도입해야 할 외기량을 극단적으로 줄였기 때문이다. 이와 관련해 실내 공기질(IAQ : Indoor Air Quality)을 악화시키는 공기 중에 포함되는 실내공기 오염물질은 〈표 1.2〉에 나타내는 바와 같다.

〈표 1.2〉 주요 실내 공기의 오염물질

오염물질	발생원
휘발성 유기화합물(VOC)	향수, 정발제, 접착제, 광택제, 왁스, 도료, 착색제 등
포름알데히드	파티클보드, 합판, 요소 포름알데히드, 발포단열재, 캐비넷, 가구, 카펫 등
약제	살충제, 살균제, 소독제, 흰개미 구제제(驅除劑), 방의제(防蟻制) 등
CO(일산화탄소) CO_2(이산화탄소) NO_2(이산화질소)	가스, 등유난방 기기, 목탄 난로, 가스 조리기구, 난로, 담배연기, 자동차의 배기가스 등
SO_2(이산화유황)	등유난방 기기 등
오존	프린터, 복사기 등
미생물(박테리아, 바이러스, 곰팡이, 진드기, 꽃가루)	식물, 동물, 새, 인체, 실내먼지 등
라돈	토양*, 지반*등으로부터

* : 지역에 따른다. 북미, 북유럽 등에서는 건물의 지반에 포함된 라돈이 실내에 침입하는 경우가 많다. 침입한 라돈은 폐렴을 일으킬 가능성이 있다.

제1차 오일쇼크(1973년)·제2차 오일쇼크(1979년)가 잇따라 발생했기 때문에 건물의 에너지절감화가 긴급 과제로 대두하면서 건물의 고기밀화·고단열화가 급속도로 진행되기에 이르렀다.

건물의 고기밀(high air tightness)화로 인해 습도가 높은 주택과 건축물이 증가했다. 이런 건축물에서는 일단 결로가 발생하면 또 다시 결로를 촉진하는 경향이 있고 환기 부족으로 곰팡이가 발생하고 벽지가 벗겨지는 등 건축물 자체의 손상도 크지만 거주자의 건강에 끼치는 악영향도 우려된다.

공조기의 드레인 팬이나 에어필터에 곰팡이가 발생하는 일도 있다. 특히 덕트 내(곡관부)에는 곰팡이가 발생하기 쉽고 공조기 팬과 공조용 덕트를 경유해 곰팡이 포자가 실내로 비산하는 일도 있다.

건축물에서 발견되는 곰팡이의 종류는 약 60종이다. 그 중에는 인체에 침입해 폐렴 증상을 일으키는 곰팡이라든가 알레르기성 질환을 일으키는 곰팡이도 있기 때문에 건축물에 곰팡이가 발생하지 않게 하는 것이 중요하다.

3) 건축물위생법의 실내환경관리기준

건축물의 위생환경보호에 관한 법률(약칭 : 건축물위생법)에는, 공연시설·백화점·점포·사무실·학교 등의 용도로 이용되는 건축물이고 특정 용도로 사용되는 연면적 3,000m^2 이상(단, 오로지 학교교육법 제1조에 정해져 있는 학교(초등학교·중학교) 등에 대해서는 8,000m^2 이상의 규모일 것)을 특정 건축물[주)]로 정의하고 그 특정 건축물의 소유자·점유자에게 건축물위생관리기준에 따른 유지관리의무를 부여하고 있다.

건축물위생관리기준은 공기조화 설비를 갖췄을 경우 실내환경관리기준을 정하고 있다. 현재는 〈표 1.3〉에 나타내는 바와 같이 건축물위생법의 실내환경관리기준에 7가지 항목이 규정돼 있다.

[에피소드]

필자와 PMV와의 만남

아주 오래 전의 일이지만 헝가리 부다페스트에서 실내 공기질(Indoor Air Quality)에 관한 국제학회가 열린 적이 있었다.

때마침 필자도 그 대회에 참가했었고 그 환영파티석상에 영국에서 참가한 한 여성 연구원으로부터 "일본도 온열감각지표로 PMV을 채택하나요?"라는 질문을 받았다.

그 당시 필자는 부끄럽게도 "PMV가 무엇인지" 전혀 몰랐다.

그래도 영국인 여성 앞에서 "PMV가 무엇인가요?"라고 되묻지도 못하고 "Ofcourse, yes!(물론 알죠)"라며 그 순간을 모면했다. 일본에서 PMV라는 용어가 일반화된 것은 귀국 후의 일이었다.

주 : 건축기준법 제2조 제2호에 규정된 '특수 건축물(specified buildings)'과는 다르므로 혼동하지 말 것!

〈표 1.3〉 건축물위생법에 규정된 실내환경 관리기준

항목	관리 기준치	적부 판정	측정기	비고
온도	17~28℃의 냉방 시에는 외기와의 차이가 크지 않게 한다.	순간치	0.5℃ 눈금의 온도계	기계 환기일 경우에는 적용하지 않는다
상대습도	40~70%		0.5℃ 눈금의 건습구 온도계	기계 환기일 경우에는 적용하지 않는다
기류	0.5m/s 이하		0.2m/s 이상 측정 가능한 풍속계	-
부유 분진량	0.15mg/m^2 이하	평균치	규칙 제3조에 규정된 분진계	광산란법 · 여과지투과율법 등의 측정기를 사용한다
일산화탄소(CO)	10ppm이하		탐지관 방식	특례로 외기에 이미 10ppm이상의 CO가 있을 경우에는 관리기준치를 20ppm 으로 한다
이산화탄소(CO_2)	1000ppm이하 (0.1% 이하)		탐지관 방식	-
포름알데히드의 양	0.1mg/m^2 이하		규칙 제3조의 2에 규정된 측정기	-

이들 7항목을 측정하는 방법에 대해서는 건축물위생법 시행규칙 제3조의 2에 〈표 1.4〉와 같이 규정돼 있다. 통상적인 측정방법으로 ①연간 측정 빈도, ②측정시각 및 1일 빈도, ③측정 장소,

〈표 1.4〉 공기환경 측정기기 및 기자재(건축물위생법 시행규칙 제3조의 2)

항목	측정기	측정시각 및 1일 측정빈도	적부 판정	연간 측정 빈도	측정 높이	비고
1. 부유분진의 양	유리섬유 여과지(0.3㎛의 스테아린산 입자를 99.9% 이상 포집하는 성능이 있는 것에 한한다.	통상적인 사용시간 중에 최소 1일 2회 이상. 1회째는 일 시작부터 중간 시까지이고 2회째는 중간 시부터 일 마치기 전까지의 적절한 2시점	1일 사용시간 중 측정치의 평균치	2개월 이내마다 1회, 각 층에서 측정	바닥면으로부터 75cm 이상 150cm 이하의 범위에서 실시	기계 환기일 경우에는 적용하지 않는다.
2. 일산화탄소 함유율	검지관 방식에 의한 일산화탄소 검정기					
3. 이산화탄소 함유율	검지관 방식에 의한 이산화탄소 검정기					
4. 온도	0.5℃눈금의 온도계		1일 사용시간 중 측정한 시점에서 각각의 측정치			
5. 상대온도	0.5℃눈금의 건습구 온도계					
6. 기류	0.2m/s 이상의 기류 측정이 가능한 풍속계					
7. 포름알데히드의 양	2 · 4-디니트로페닐히드라진 포집-고속 액체 크로마토그래프법으로 측정하는 기기, 4-아미노-3-히드라지노- 5-메르캅트-1 · 2 · 4-트리아졸법으로 측정하는 기기 또는 후생노동성 대신이 별도로 지정하는 측정기	통상적인 사용시간 중에 최소 1일 2회 이상. 1회째는 일 시작부터 중간 시까지이고 2회째는 중간 시부터 일 마치기 전까지의 적절한 2시점		건축물을 건축, 대규모로 수선, 리폼하고 나서 사용하기 시작한 최근의 6월 ~ 9월 사이에 1회 실시		

[기술용어 해설]

결로(vapour condensation)

천장·벽·바닥 등의 표면 또는 그 내부 온도가 그 위치에 있는 습윤공기의 노점온도 이하로 됐을 때 공기 중의 수증기는 일부 응축해 액체가 되는데 이 현상을 결로라고 한다.

결로에는 물방울이 표면에 생길 경우의 표면 결로와, 내부가 저온일 때 수증기가 내부로 침입해 내부에서 결로하는 내부 결로가 있다. 다층벽의 중공층이나 좁은 공간의 천장 안쪽 등에 발생하는 결로도 일반적으로 내부 결로라고 한다.

〈그림 1.8〉 표면 결로와 내부 결로

④측정점의 높이 등에 대해서도 상세히 규정하고 있다. 빈도 측정에 대해서는 2개월마다 1회 정기적으로 보고할 것을 의무화하고 있는데 2개월에 1회 측정하면 충분하다는 것이 아니라 최소한 2개월에 1회씩 실시해야 한다는 말이다.

단, 포름알데히드(HCHO)의 양에 관해서는 다른 6항목과는 달리 해당 건물을 건축·대규모 수선 또는 대규모 리폼을 실시한 경우에는 사용 개시 시점에 근접하는 6월 1일부터 9월 30일까지 사이에 1회, 그 건물 각 층의 거실에서 측정해야 한다.

1·2 필수 : 습공기선도의 지식

(1) '습윤공기'와 '습공기선도'

수증기를 전혀 포함하지 않는 공기를 건조공기(dry air)라고 하는데 우리 주위를 에워싸고 있는 공기는 반드시 수증기를 함유하고 있어 습윤공기(moist air)로 불린다. 공기조화 설비를 설계함에 있어서는 다양한 공기 상태의 특성치를 알아야 한다. 어떤 공기의 2가지 특성을 특정하면 다른 모든 제원을 정할 수 있는 아주 편리한 차트가 습공기선도(psychrometric chart)이다.

습윤공기의 특성치에는 건구온도·습구온도·노점온도·절대습도·상대습도·비교습도·전압력·수증기 압력·비용적·비엔탈피 등이 포함돼 있으나 풍속 등은 포함돼 있지 않다.

일반적으로 **습공기선도**에는 다음과 같은 3종류가 있고, 일반 공조설계용으로 채택되는 공기선도는 **①의 h-x선도**이다.

① 비엔탈피 : h와 절대습도 : x를 **사교축(斜交軸)**에 잡은 **h-x선도**

② 온도 : t와 절대습도 : x를 직교축에 잡은 **t-x선도(일명 : 캐리어선도)**

③ 온도 : t와 비엔탈피 : h를 직교 좌표에 잡은 **t-h선도**

〈그림 1.9〉는 그 **h-x선도**의 골자를 나타낸 것이고 〈그림 1.10〉은 실제로 사용되는 **h-x선도**이다.

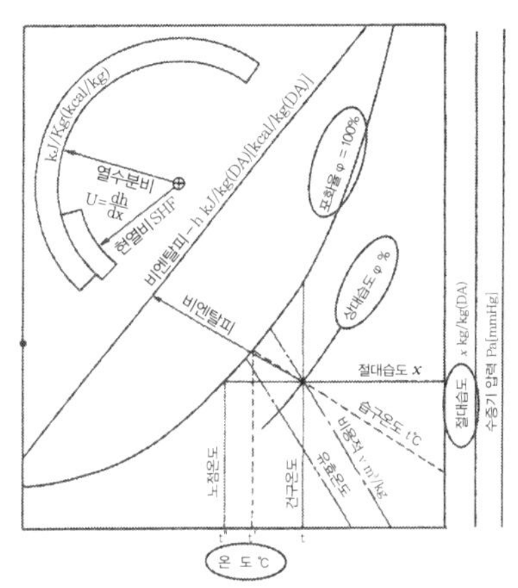

〈그림 1.9〉 'h-x 선도'의 골자

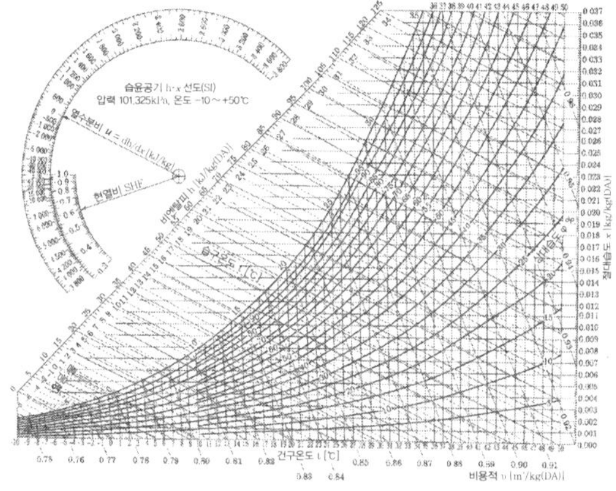

〈그림 1.10〉 실제의 'h-x 선도'

(2) 습공기선도 활용법

공조설비 설계자에게 습공기선도에 대한 지식은 필수이다. 필자는 오랜 기간 1급/2급 관공사 시공관리 기사시험 수험준비학원의 강사 생활을 했었는데 습공기선도에서 출제되는 문제를 어려워하는 수험생들이 많았다.

왜냐하면 아래에 기술하는 필수용어를 제대로 이해하지 못하고 있기 때문이다.

1) 습공기선도에서 사용되는 필수 용어

① 건구온도와 습구온도

공기온도를 나타내는 지표로 건구온도(D.B.:Dry Bulb temperature)와 습구온도(W.B. : Wet Bulb temperature)가 있고, 통상 건습구 온도계로 측정한다.

건구온도와 습구온도의 차이는, 온도계의 감온부(알콜이나 수은이 봉입된 부분)가 〈그림 1.11〉에 나타내는 바와 같이 건구 온도계일 경우에는 노출된 상태이지만 습구 온도계일 경우에는 거즈가 감겨 있다.

그리고 그 한쪽 끝을 물이 담긴 용기(항아리)에 담그면 거즈는 모세관현상(capillary phenomenon)으로써 물을 빨아들여 언제나 습한 상태이다.

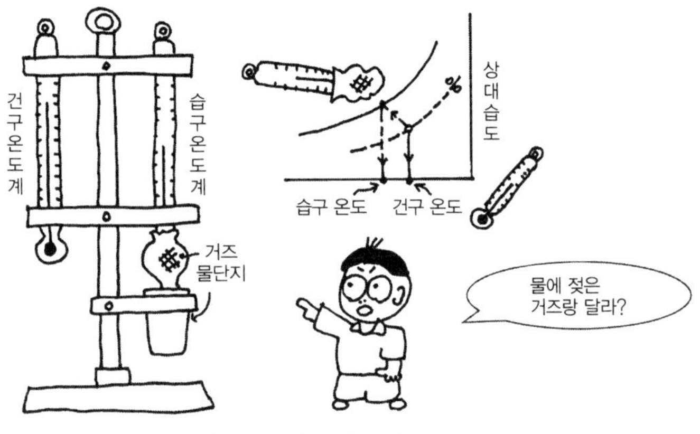

〈그림 1.11〉 건습구 온도계

한편 그 거즈의 수분이 공기 중으로 증발하는 과정에서 수증기로 상변화(phase change)가 일어날 때 증발 잠열을 빼앗기 때문에 감온부의 온도가 내려간다.

따라서 건구 온도계와 습구 온도계가 지시하는 온도에 차이가 생겨 공기 온도가 낮을수록 거즈에서 물이 활발하게 증발하기 때문에 습구 온도계가 건구 온도계보다 낮은 온도를 가리키게 된다. 이렇게 건구와 습구의 양쪽 온도차를 읽음으로써 공기습도(수증기 양)를 쉽게 알 수 있다.

② 노점온도

〈그림 1.12〉에 나타내는 바와 같이 유리컵에 찬물을 담아 공기 중에 방치하면 주위 공기 중의 수증기가 물방울이 되어 컵의 외(外)표면에 나타난다.

이런 현상을 결로(vapour condensation)라고 하는데 공기 중의 수증기량이 많을수록 그리고 컵의 표면온도가 낮을수록 결로현상이 발생한다.

그와는 반대로 공기 중의 수증기량이 적을 경우에는 물의 온도를 내리고 컵의 온도를 낮추지 않으면 결로가 발생하지 않는다. 이 공기 중의 수증기가 결로하기 시작할 때 온도를 노점온도(DP : Dew Point temperature)라고 한다.

또 공조기 등에서 공기가 결로하는 냉각 코일의 표면 온도를 장치 노점온도(ADP : Apparatus Dew Point temperature)라고 한다.

〈그림 1.12〉 결로현상

③ 절대습도와 상대습도

건조 공기의 중량 1kg 안에 포함된 수증기의 총중량(kg)을 나타낸 것이 절대습도(AH: Absolute Humidity)이고 단위는 [kg/kg(DA)로 나타낸다.

한편 습윤공기가 포화상태(이론상 더 이상 공기 중에 수증기를 보유할 수 없는 상태)에 대하여 어느 정도의 비율로 수증기를 보유하고 있는가를 나타내는 지표가 상대습도(RH : Relative Humidity)(일명 관계습도)이다.

〈그림 1.13〉에 나타내는 바와 같이 상대습도란 어떤 수증기의 분압(P)과 포화수증기 분압(Ps)의 비율을 백분율[%]로 나타낸 것을 말한다.

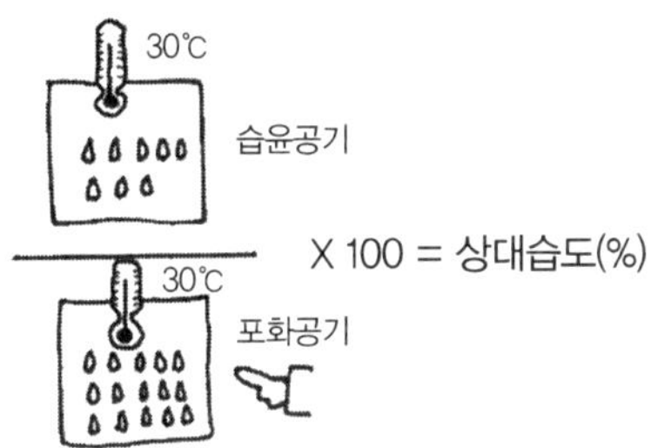

〈그림 1.13〉 상대습도의 의미

④ 비엔탈피(h)

건조공기 중에 수증기가 들어가 있는 상태를 생각하면 건조공기와 수증기 모두 각각의 열에너지를 보유하고 있고 두 에너지를 합한 것이 그 습윤공기가 보유하는 에너지이다.

이렇게 습윤공기가 보유하는 건조공기(DA)의 단위 중량 kg당 보유 열량을 엔탈피(enthalpy)라 하고 단위는 h[kJ/kg] (DA)로 표시한다. 즉 비엔탈피란 단순히 그 습윤공기가 보유하는 열에너지를 말한다.

⑤ 열수분비(enthalpy-humidity difference ratio)

공기가 외부로부터 열과 수분을 받을 경우 그 공기의 엔탈피 변화량(dh)과 절대습도 변화량(dx)의 비 : u=dh/dx를 열수분비라고 한다.

[콩지식]

비교습도(saturation degree)

위에서 말한 절대습도와 상대습도 외에 또 다른 비교습도라는 용어가 있다.

비교습도는 어떤 습윤공기의 절대 습도 : x [kg/kg](DA)와, 같은 온도 포화 습윤공기의 절대 습도 : xs [kg/kg](DA)와의 비 : x/xs를 %로 나타낸 것이고 일명 포화도(sturation degree)라고도 한다. 상대습도와의 차이를 잘 이해해 둘 것.

⑥ 현열비(SHF : Sensible Heat Factor)

현열비란 습윤공기의 온도와 습도가 동시에 변할 경우 현열(SH)과 잠열(LH)의 변화 관계를 나타내는 것을 말하고 일반적으로 S·H·F로 불린다.

현열(SH)과 전열(TL=SH+LH)의 비를 SHF=SH/(SH+LH)로 나타내고 습윤공기의 상태점이나 상태변화 등을 구할 경우에 많이 사용된다.

⑦ 상태점과 상태선

◇ 상태점 : 습공기선도상에서 습윤공기의 상태를 나타내는 점이다. 습윤공기의 임의 2개의 상태를 알면 다른 상태는 습공기선도상에서 특정할 수 있다.

◇ 상태선: 습공기선도에서 습윤공기가 있는 상태점으로부터 기준점과 SHF(현열비)의 눈금을 연결하는 직선에 평행하게 그은 직선이다.

2) 습공기선도상에서의 공기상태 변화

여기서는 습공기선도상에서 나타나는 공기상태의 변화 즉 혼합·가열·냉각·감습(減濕)·가습(加濕) 등의 프로세스에 대해 기술한다.

① 습공기선도상에 나타나는 상태변화의 기본

습공기선도는 공기의 성질을 나타내는 다양한 선(직선, 곡선)으로 구성된다. 기본적으로 횡축에는 온도 눈금(℃)(건구 온도)을, 종축에는 절대습도 눈금[kg/kg](DA)을 잡는다.

〈그림 1.14〉에 나타내는 바와 같이 어떤 상태를 원점으로 하고 건구온도가 상승하면 오른쪽 방향으로, 떨어지면 왼쪽 방향으로 각각 수평 이동하고 또 수증기량(절대습도)이 증가하면 위로, 줄어들면 아래로 각각 수직 이동한다. 습윤공기 상태점은, 가열과 가습 또는 냉각과 감습 등 온도와 습도가 동시에 변할 경우에는 각각 우상향, 좌하향하면서 횡축과 종축을 동시에 바꾸는 방향으로 이동하게 된다.

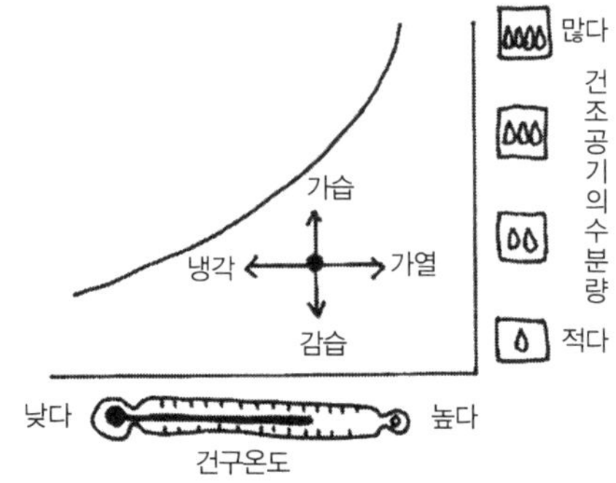

〈그림 1.14〉 습공기선도상에 나타나는 습윤공기의 상태 변화

② 습윤공기의 혼합

상태가 다른 2개의 습윤공기를 혼합할 경우, 각각의 공기 상태를 나타내는 점을 습공기선도상에 작도해 그 두 점을 직선으로 연결하고 혼합하기 전 각각의 비율에 따라 그 직선을 내분(內分)하는 점이 혼합공기의 상태점이다.

예를 들어 여름철의 냉방운전을 가정하고 〈그림 1.15〉에서 옥내공기(환기) 상태점을 ①, 옥외 공기(외기)의 상태점을 ②, 혼합 공기의 상태점을 ③으로 각각 표시하면 옥내 공기량과 옥외 공기량이 같을 경우, 혼합공기의 상태③은 ①과 ②를 연결하는 딱 중앙의 점이다.

한편 옥내 공기량(환기량)을 70%로, 옥외 공기량(외기량)을 30%로 했을 경우, 혼합공기 ③의 상태점은 ①과 ②를 연결하는 선의 [①-③] : [②-③]이 30 : 70으로 내분하는 점이다. 이「내분」이라는 용어는 당황하면 반대로 하기 쉬운데 어디까지나 혼합점 ③은 풍량이 많은 쪽의 상태점 즉 위의 예에서는 상태점 ①에 가까워진다.

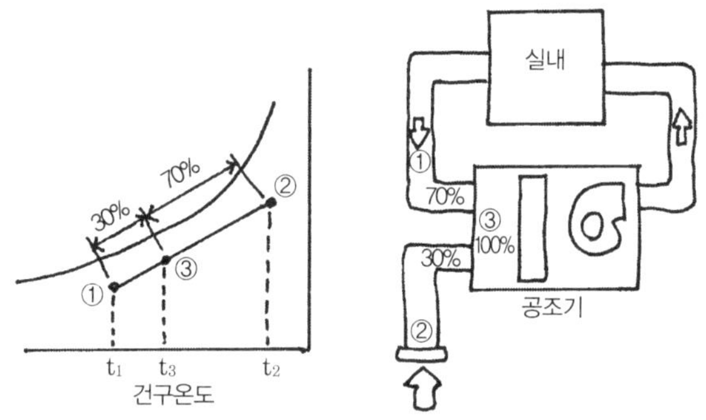

〈그림 1.15〉 2점 습윤공기의 혼합점을 구하는 법

③ 습윤공기의 가열

전기히터 등으로 습윤공기를 가열했을 경우, 건구온도가 상승하더라도 습윤공기를 함유하는 수분량은 전혀 바뀌지 않는다.

따라서 〈그림 1.16〉에 나타내는 바와 같이 원래 습윤공기 온도의 상태점 ①을 지나는 절대습도 일정 선상에서 오른쪽으로 수평이동하고 가열 후의 건구온도 ②는 새로운 습윤공기의 상태점이 된다.

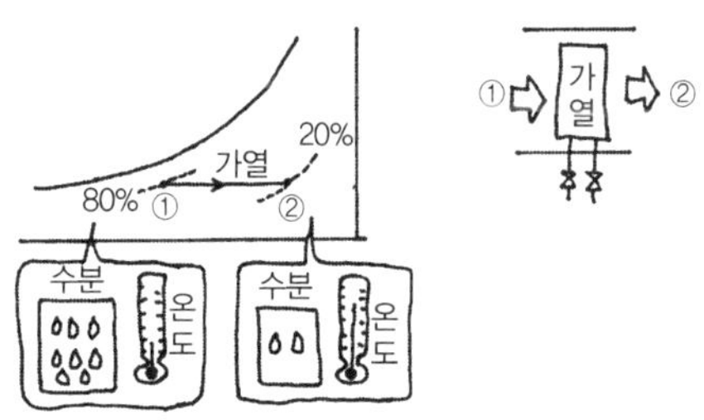

〈그림 1.16〉 습윤공기의 가열

④ 습윤공기의 냉각

〈그림 1.17〉에 나타내는 바와 같이 습윤공기를 결로하지 않는 범위에서 냉각했을 경우, 습윤공기가 함유하는 수분량(절대습도)에 변화가 없으므로 원래 습윤공기의 상태점 ①을 지나는 절대습도 일정 선상에서 왼쪽으로 수평이동하고 냉각 후 건구온도와의 교점 ②가 냉각 후의 습윤공기 상태점이 된다.

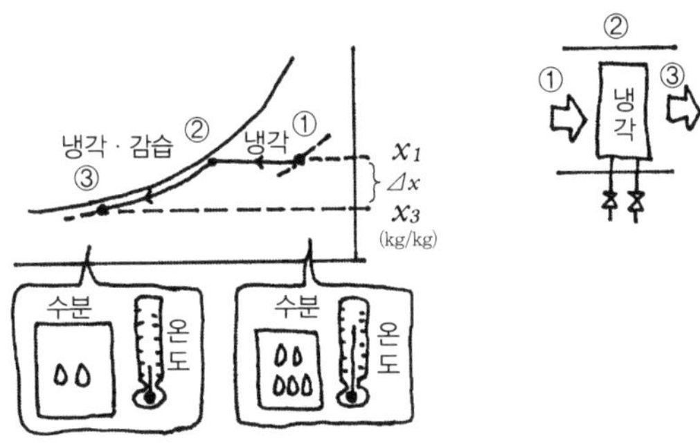

〈그림 1.17〉 습윤공기의 냉각과 감습

⑤ 습윤공기의 냉각 감습

〈그림 1.18〉에 나타내는 바와 같이 위에서 설명한 습윤공기 온도를 다시 습공기선도상에서 포화곡선(상대습도 100%의 곡선)과의 교점 즉 노점온도까지 냉각하면 습윤공기 중의 수증기는 결로(응축)돼 물방울이 된다. 그 결과, 습윤공기의 절대습도는 낮아지고 포화곡선을 따라 이동해 냉각 후 건구온도와의 교점 ③이 된다.

실제로 공조 시스템에서는 냉각코일(CC : Cooling Coil)에 의해 습윤공기의 냉각·감습이 이루어진다. 그러나 냉각코일에 접촉하지 않고 그냥 통과해 버리는 바이패스 공기가 있기 때문에 습윤공기 전량이 위에서 말한 것처럼 변한다고는 할 수 없다.

냉각코일에 의해 냉각 감습된 후의 습윤공기 상태를 구체적으로 나타내기에는 이론적으로 꽤 난해하다. 일반적으로는 〈그림 1.18〉에 나타낸 바와 같이 생각하고 완전히 냉각 감습된 습윤공기의 상태점②와 원래의 습윤공기 상태점①을 혼합해 냉각 감습된 후의 상태점③을 냉각코일 출구의 상태점으로 했다.

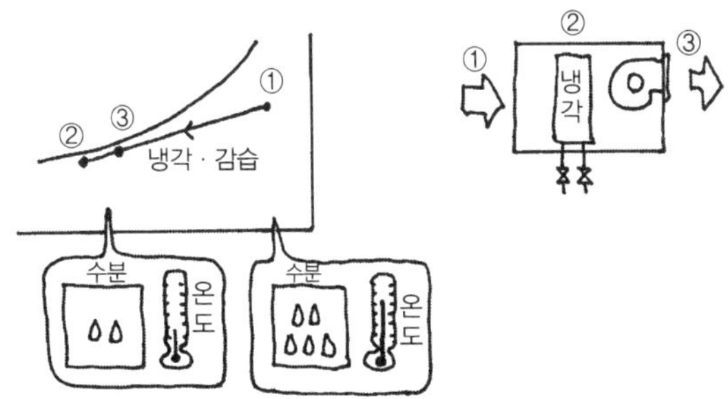

〈그림 1.18〉 습윤공기 냉각코일 출구의 상태점

⑥ 습윤공기의 증기분무 가습

겨울철 난방 때는 공기를 가습할 필요가 있다. 여기에서는 그 가습방법의 하나로 증기분무 가습을 소개한다. 습윤공기 중에 증기분무 가습을 했을 경우에는 절대습도가 증가함과 동시에 증기가 가진 열량에 의해 습윤공기가 가열됨으로써 건구온도도 약간 상승한다.

〈그림 1.19〉에 나타내는 바와 같이 가습 후의 습윤공기 상태는 원래 상태점①에서, 수직에서 약간 오른쪽으로 기울어져 위쪽으로 변하는 상태점③이 된다.

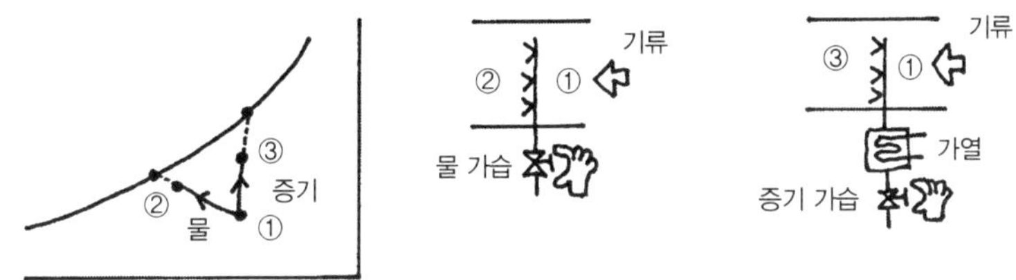

〈그림 1.19〉 습윤공기의 증기 가습과 온수·물분무 가습

⑦ 습윤공기의 온수분무 가습 또는 물분무 가습

습윤공기 중에 온수분무 가습 또는 물분무 가습을 했을 경우에는 〈그림 1.19〉에 나타내는 바와 같이 원래 습윤공기의 상태점①을 기점으로 비엔탈피선 일정 선상을 따라 비스듬히 좌상향으로 변하고 절대습도는 증가한다. 반대로 건구온도는 내려가 상태점②가 된다. 이는 습윤공기 중에 분무된 온수와 물이 처음에는 미세한 물방울(수증기가 아님) 상태이지만 건조 공기의 열량을 빼앗아 즉 증발잠열로서 수증기로 바뀌기 때문이다.

따라서 수증기가 증가한 것만큼 건조 공기의 열량이 줄어 건구온도가 내려간다. 습윤공기가 보유한 열량은 수증기와 건조공기가 가진 열량의 합계이기 때문에 결국 폐(閉)공기 전체의 열량 : 비엔탈피의 값은 변하지 않고 비엔탈피 위를 비스듬하게 좌상향으로 변하게 된다.

〈그림 1.20〉에서는 습윤공기의 증기 가습과 온수·물분무 가습의 비엔탈피 차이를 나타낸다. 그리고 〈그림 1.19〉에서는 증기분무 가습과 온수·물분무 가습일 경우 엔탈피 변화의 차이를 나타낸다.

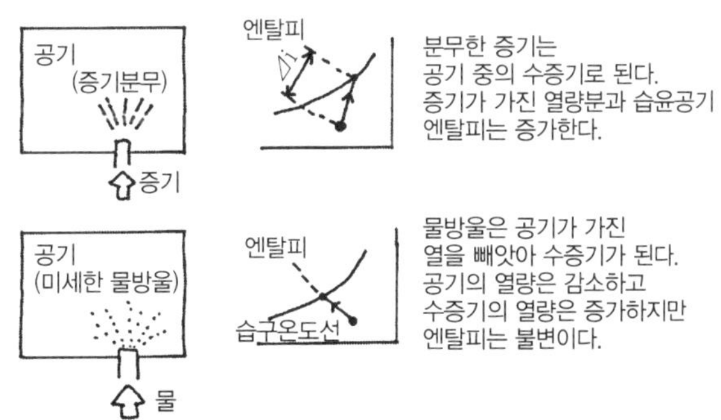

〈그림 1.20〉 증기 가습과 온수·냉수 가습일 경우에 엔탈피 변화의 차이

⑧ 습윤공기의 화학적 감습

감습 방법에는 앞에서 말한 냉각코일에 의한 냉각 감습 외에 염화리튬 용액(LiCI)에 의한 액체 흡수 감습법, 실리카겔(silica gel)에 의한 고체 흡착 감습법 등이 있다.

〈그림 1.21〉은 화학적 감습법을 적용했을 경우의 습공기선도이다. 흡수 프로세스(absorption process)나 흡착 프로세스(adsorption process)에서는 발열이 있으므로 건구온도는 상승하고 절대습도·상대습도는 떨어진다.

참고로 실리카겔 고체흡착 감습일 경우에는 약 3,000kJ/kg의 발열이 있어 열수분비 u는 −710의 방향으로 변화한다.

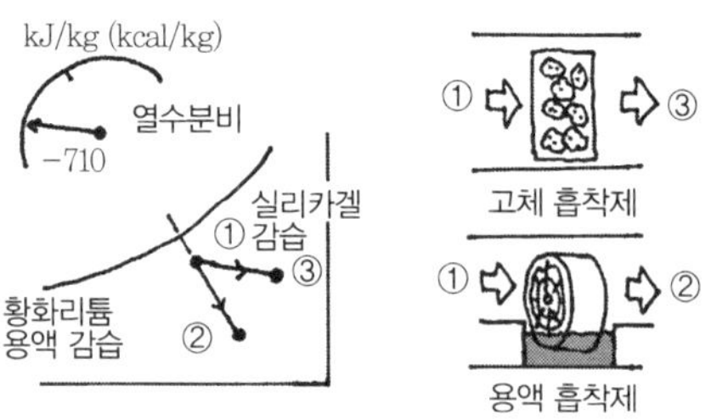

〈그림 1.21〉 습윤공기의 화학적 감습법

1·3 냉방의 원리·난방의 원리 및 실내기류 분포

공기조화란 앞에서 기술한 바와 같이 냉방·난방·환기·배연 등과는 달리 공기조화의 5대 제어인자를 요구값에 맞게 인위적으로 조정하는 것을 말한다. 여기서는 공기조화의 기능 중에서도 온도와 습도를 제어하는 냉방의 원리와 난방의 원리에 대해 일반적인 공조방식을 예로 들어 개략적으로 기술한다.

(1) 냉방의 원리

냉방(cooling)은 간단히 말해 방에 침입하거나 방에서 발생하는 열을 제거하는 것이다. 일반적으로는 공조기로 냉기(15℃ 정도)를 각 방에 보냄으로써 방안의 더운 공기를 식힌다.

각 방을 돌아 공조기까지 돌아온 환기(return air)는 도입 외기와 섞여 공조기 내부의 냉각코일(cooling coil)을 통과할 때 냉동기(chiller)에서 보낸 냉수(chilled water)를 7℃ → 12℃ 정도로 상승시킨다.

이렇게 온도가 오른 냉수는 냉동기에서 다시 7℃ 정도까지 냉각돼 공조기까지 보내지지만 냉수에 흡수된 배기열은 냉동기의 냉각수(cooling water)에 전가돼 냉각탑(cooling tower)까지 반송되고 냉각탑에서 37℃⇒32℃까지 냉각되지만 냉각탑을 개재해 최종적으로 대기로 방출(버리는)하는 시스템이다.

[기술용어 해설]

데시칸트 공조(decicant air-conditioning)

데시칸트(decicant)란 본래 건조제 또는 제습제라는 의미이다.

기존의 공조방식으로 제습할 경우에는 냉매나 냉수로 「냉각코일」을 냉각시켜 공기 중의 수분을 결로시키는 방법 즉 냉각 감습함으로써 감습(제습)을 하는데 경우에 따라서는 재열 제어(reheat control)를 할 필요가 있다.

이에 비해 데시칸트 공조 시스템은 건조제로 공기 중의 수분을 직접 제거한 후 현열만 소요 레벨까지 저하시키는 공조 시스템이다.

바꿔 말하면 종전의 공조방식은 제습하기 위해 공기의 현열·잠열을 일체 처리하는데 반해 데시칸트 공조 시스템은 현열과 잠열을 분리 처리하므로 에너지절감 효과 등의 이점을 누릴 수 있다.

기존의 공조방식을 기계식(mechanical system)이라고 하면 데시칸트 공조방식은 화학식(chemical system)이라고 표현할 수도 있다.

건조제로는 염화리튬 용액이나 실리카겔 등이 사용되고 최근에는 방습성능이 뛰어난 제올라이트도 사용되고 있다.

데시칸트 공조기는 〈그림 1.22〉에서 나타내는 바와 같이 ①제습 로터, ②현열 교환 로터, ③재생용 온수 히터 및 코일, ④재생측 증발식 코일, ⑤처리측 온수코일(난방용), ⑥처리측·재생측 팬, ⑦처리측과 실내 환기측 에어필터 등으로 구성된다. 데시칸트 공조시스템은 환경과 인간 친화적인 공조시스템이고 아직까지 도입실적은 적지만 향후 상황에 따라서는 크게 보급될 가능성을 내포한 공조방식이다.

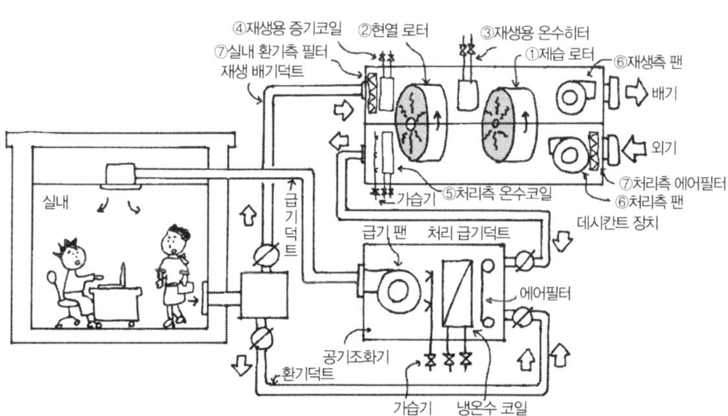

〈그림 1.22〉 데시칸트 공조기의 구조 (더블 로터 사양)

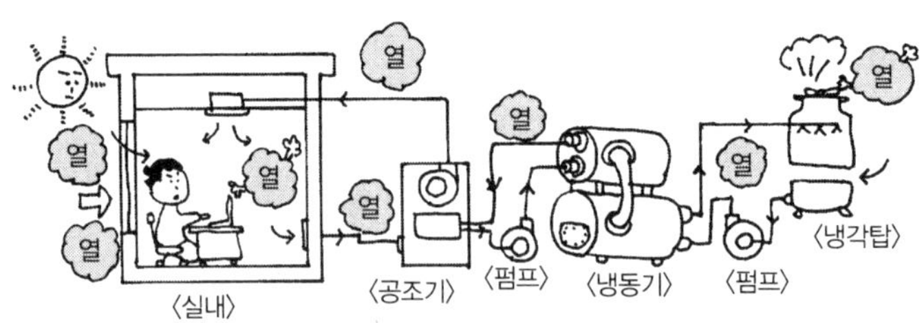

〈그림 1.23〉 냉방 시의 열 이동 프로세스

그와 동시에 당연히 냉방에서는 공기 습도 제어·분출구의 기류 속도나 실내의 기류 분포·공기 청정 제어·실내 압력 제어 등이 이루어진다. 〈그림 1.23〉에서는 냉방 시의 열 이동 프로세스를 일러스트로 나타낸다.

(2) 난방의 원리

난방(heating)은 간단히 말하면 방에서 도망치는 열을 보충(보급)하는 것이다. 공기를 내보내지 않고 난방하는 직접난방이나 방사난방과는 달리 일반적으로 보일러(boiler)에서 증기 또는 온수를 만들고 증기 보일러일 경우에는 열교환기(heat excanger)로 열 교환해 온수를 만든다.

이 온수를 공조기로 보내 공기를 따뜻하게 하고 그 공기를 공조기에 의해 각 방으로 보내 난방한다. 냉방의 경우와 마찬가지로 공기습도 제어, 분출구의 기류속도나 실내 기류분포·공기청정도 제어·실내압력 제어 등도 이루어진다. 난방 시의 열 이동 프로세스를 〈그림 1.24〉에 나타낸다.

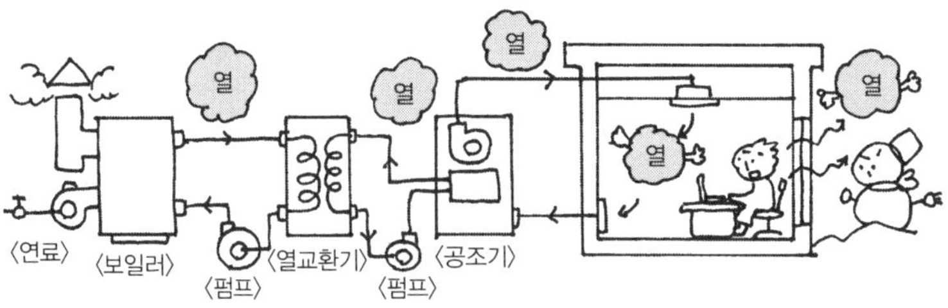

〈그림 1.24〉 난방 시의 열 이동 프로세스

[콩지식]

냉방(cooling)과 난방(heating)

1급 관공사시공관리 기술검정시험에서 공조 분야로는 매년 ①공기조화, ②냉난방, ③환기·배연의 3분야가 있고 공기조화와 냉난방은 별도로 취급해 문제를 출제하고 있다.

그 중 냉난방 부문에서는 냉열원 방식·코제너레이션·빙축열 방식·지역난방·직접난방 등의 문제가 출제된다.

[기술용어 해설]

드래프트(draft)

일반적으로 공기가 압력차에 의해 유동하는 것을 말하고, 풍도·굴뚝·연도 등의 속으로 흐르는 기체가 통풍력 외에 인체에 닿아 불쾌감을 주는 기류를 말한다. 특히 냉기의 경우를 콜드 드래프트라고 한다.

이 때 실온과 상당한 온도차가 있는 기류 혹은 실내 평균 기류보다 더 고속 기류가 인체에 닿는 경우가 있는데 아무래도 기류 분포가 적당하지 않을 때 일어난다.

〈그림 1.25〉 분출구 기류에 의한 콜드 드래프트 현상

[콩지식]

부적절한 기류 분포!

필자는 일찍이 나리타 제1 여객터미널 빌딩의 설계·시공에 종사한 경험이 있다. 대공간 건물이라는 특성상 분출구 설치 장소가 제약돼 도달거리(throw)가 긴 노즐형 분출구를 채택하기로 결정했다. 여객터미널 빌딩이 준공된 후 기류속도를 측정했는데 기류속도가 고르지 않아 0.2m/s ~ 0.8m/s나 되는 큰 편차가 있었다.

사실 오피스 빌딩일 경우 이 편차는 큰 문제가 되지만 여객터미널 빌딩은 상시 사람이 체류하는 장소가 아니고 어디까지나 역사(驛舍)의 플랫폼에 지나지 않으므로 별 문제가 되지는 않았다.

〈그림 1.26〉 여객터미널 빌딩에 채택한 노즐 분출구

(3) 실내 기류 분포

실내 기류는 공기조화 5대 제어인자 중의 하나이지만 실내에서의 지나친 기류 속도는 생활의 쾌적한 느낌에 큰 영향을 미친다.

여기서는 기류속도와 기류분포 문제에 대해 살펴보기로 한다.

1) 실내 공기속도

공조가 이루어지는 방에는 공기 분출구를 통해 조화된 공기가 공급되지만 실내의 공기 기류 분포는 원칙적으로 편차가 적고 고른 기류상태를 유지해야 한다. 이에 건축물위생법의 실내환경 관리기준에는 0.5m/s 이하로 규정돼 있다. 그러나 0.5m/s는 상한치이고 드래프트(draft)를 느끼지 않으려면 실내 거주역 전체적으로 기류속도 0.1~0.25m/s 정도를 유지하는 것이 좋다.

2) 공기 분출방법과 공기 흡입방법

양호한 실내공기 분포를 확보하려면 공기 분출방법과 공기 흡입방법에 유의한다. 바꿔 말하면 공기 분출구/공기 흡입구의 형식과 배치는 방의 용도·기류분포·비용·조명설비와 방재설비(스프링클러) 등의 레이아웃을 충분히 배려해 결정한다.

〈그림 1.27〉에 나타내는 바와 같이 일반적으로 채택되는 전형적인 공기 분출방법과 공기 흡입방법으로는, 설치장소에 따라 ①천장 분출/천장 흡입, ②천장 분출/벽 흡입, ③벽 분출/벽 흡입, ④벽 분출/천장 흡입, ⑤창대(window sill) 분출/창대 흡입, ⑥천장 분출/바닥면 흡입의 6가지 방법을 생각할 수 있다.

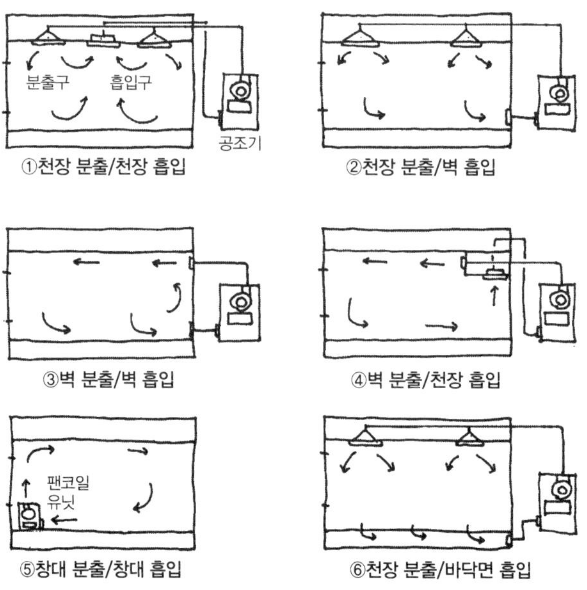

〈그림 1.27〉 공기 분출방법과 공기 흡입방법의 종류

그 외에 최근 OA화 대응 오피스 빌딩 등에서는 바닥 분출 공조방식(언더플로어 공조방식)과 같이 바닥면 분출/천장 흡입방식도 많이 적용되고 있다.

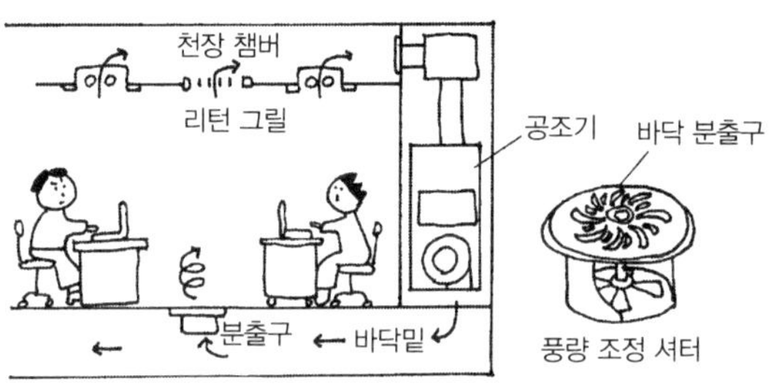

〈그림 1.28〉 바닥 분출 공조방식(언더플로어 공조방식)

3) 공기 분출구의 종류

공기 분출구는 제기구라는 호칭도 있듯이 실내 기류를 제어하는 데 없어서는 안 될 기구이다. 공기 분출구의 종류는 〈표 1.5〉에 나타내는 바와 같이 축류 분출구와 복류 분출구로 크게 나뉜다.

축류 분출구는 분출 공기류가 일정한 축방향 주위에 분포하고 있는 분출구이고 복류 분출구는 분출구의 중심축에서부터 원주상으로 확산(diffusion)하는 분출구로, 유인비(induction ratio)가 높아 뛰어난 분출구이다. 각각의 분출구는 〈표 1.5〉과 같이 다시 다양한 형태로 분류되는데 정의가 명확하지는 않다.

[기술용어 해설]

도달 거리(throw)

· 분출구에서 뿜어 나온 기류는 주위의 공기를 유인 혼합하고 속도가 점점 줄어든다. 기류의 중심속도가 일정한 속도 0.25m/s로 될 때까지 분출구로부터의 수평거리를 도달거리(throw)라고 한다.

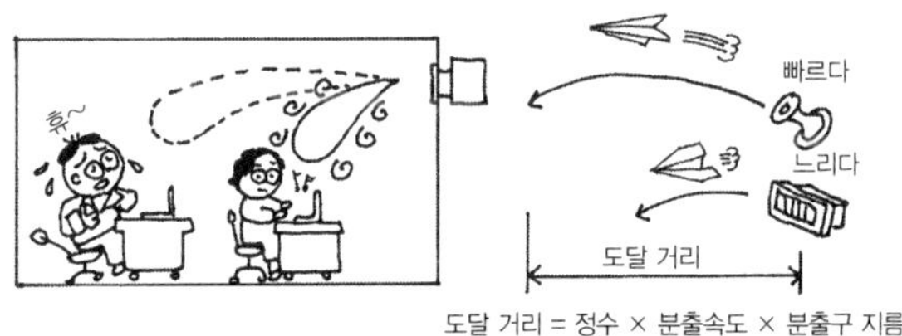

〈그림 1.29〉 도달 거리(throw)

4) 최대 확산 반경과 최소 확산 반경

〈표 1.5〉에 나타내는 천장형 디퓨저(ceiling diffuser)는 일명 아네모형 분출구라고도 하는데 사실은 미국 아네모스타트사의 상품명이다.

이 분출구는 유인비가 크고 분출공기와 실내공기가 잘 혼합되며 또 기류 확산이 우수하므로 분출공기속도를 줄일 수 있다.

따라서 분출구에 의한 드래프트를 느끼는 일은 거의 없다.

〈표 1.5〉 공기 분출구의 종류

분류	형식	명칭
축류 분출구	격자형	유니버설 분출구 그릴 분출구
	노즐형	노즐
	슬롯형	선상(線上) 분출구
	스폿형	Panka louver
	다공 패널형	통기 천장 펀칭메탈 분출구
복류 분출구	천장형 디퓨저	천장형 디퓨저 분출구
	팬형	노 드래프트 분출구

[기술용어 해설]

분출구의 유인비(induction ratio)

일명 엔트레인먼트비(entrainment ratio)라고도 한다. 분출구로부터의 기류는 주위의 공기를 유인하면서 점차 풍량은 증가하고 풍속이 떨어지면서 확산된다. 이 경우 분출구로부터의 1차 공기량으로 전체 공기량(1차 공기량+2차 공기량)을 나눈 값을 유인비라고 한다.

반대로 말하면 유인비가 큰 분출구는 적은 분출 풍량으로도 몇 배의 공기량을 확산시킬 수 있어 분출성능이 뛰어나다.

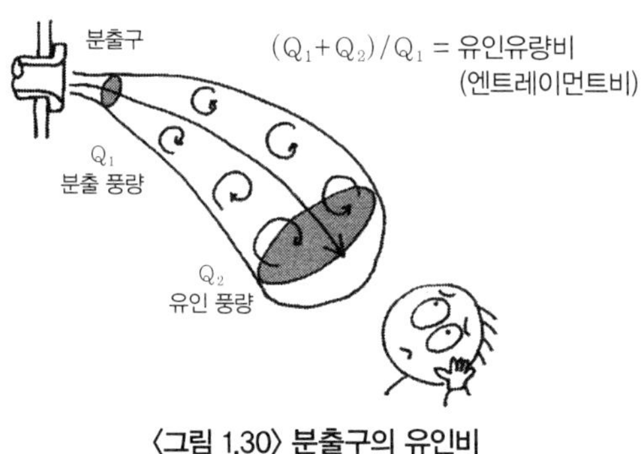

〈그림 1.30〉 분출구의 유인비

단, 이 분출구의 기류 특성으로서 기류 확산반경이라는 기술용어를 사용하는 일이 있다. 사실 거주역에서 기류의 잔(殘)풍속 0.25m/s 구역을 최대 확산반경이라 하고 잔풍속 0.5m/s 정도의 구역을 최소 확산 반경이라고 한다. 〈그림 1.31〉에 나타내는 바와 같이 최대 확산반경 내에서는 드래프트를 느끼지 않지만 최소 확산반경 내에서는 드래프트를 느끼는 일이 있으므로 분출구를 배치함에 있어 주의한다.

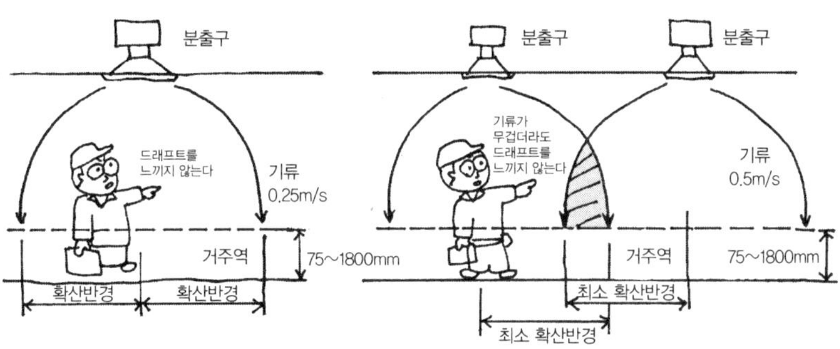

〈그림 1.31〉 최대 확산반경과 최소 확산반경

[콩지식]

오염 방지 링(anti smudge ring)

앞에서 말한 천장형 디퓨저(ceiling diffuser)는 유인성능이 뛰어나 1차 분출공기 외에도 실내공기를 유인한다. 유인된 그 공기 중에 포함돼 있는 진애가 분출구 주변의 천장 면에 부착돼 천장 면이 더럽히는 현상을 스머징(smudging)이라고 한다. 이 현상을 예방하기 위해 특히 천장형 디퓨저 주변에 설치하는 링을 오염 방지 링 (anti smudge ring)이라고 부른다.

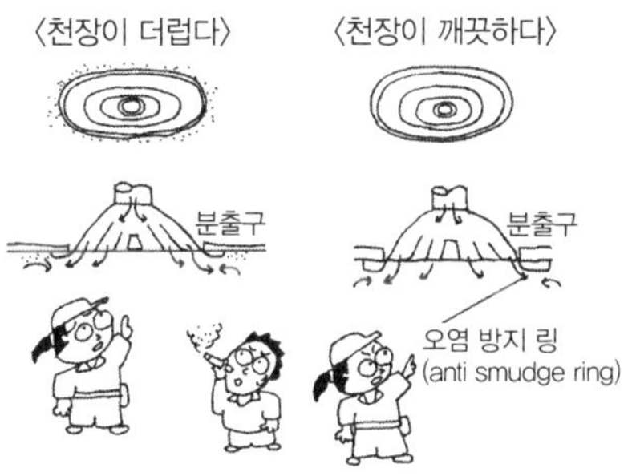

〈그림 1.32〉 오염 방지 링 (anti smudge ring)

제2장
공기조화 설비 :
기초편

2·1 건축계획과 공기조화설비

건축기계설비는 과거에 가스·수도 등에 관련한 기능공들이 하는 일이라며 건축의 부대설비로 여기던 시절이 있었다.

그러나 오늘날 건축물들은 건축설비 없이는 건물로서의 기능을 발휘할 수 없다. 현재 건축설비는 부대설비가 아니라 주체설비라고 주장하기도 했지만 건축설계가들로부터 과언이 아니냐는 핀잔을 듣기도 했다.

이런 배경에서 건축계획 초기단계부터 설비부문이 적극적으로 참여해야 한다고 주장하면서 건축설비의 존재가치를 계속 알린 분은 필자의 은사인 이노우에 우이치 와세다대학 명예교수였다. 그런 관점에서 건축계획과 공기조화설비에 관한 이슈를 살펴보기로 한다.

(1) 건축계획과 설계 콘셉트

건축계획은 기획·기본계획 → 기본설계 → 실시설계 → 적산·계약이라는 프로세스를 밟아 나가는데 그 근간을 이루는 것이 설계 콘셉트이다.

설계 콘셉트는 건축계획을 진행함에 있어 가치판단을 하고 의사결정을 하기 위한 평가기준 즉 설계사상이다. 건축의 기본적인 가치는 광범위해 사회적·경제적·공학적·생태학적 평가를 총괄적으로 그리고 라이프사이클(LC)에 기초한 평가로서 객관적으로 판단해 나가야 한다.

〈그림 2.1〉 건축물이 완성되기까지의 과정

(2) 건축설비의 설계 콘셉트와 평가방법

1) 건축설비의 경제성

건축설비가 가진 기능과 성능을 충분히 분석하고 균형 잡힌 설비 시스템을 선택하려면 경제 평가를 할 필요가 있다. 그 평가 방법에는 일반적으로 연간비용(annual cost)법, 회수년법, 생애주기비용(LCC)법 등이 있다.

2) 건축설비의 사회성

① 지구 친화적인 건축 설비

건축행위는 반드시 지구환경(자연환경·도시환경 등)에 큰 부하를 끼치기 마련이다.

[기술용어 해설]

생애주기비용과 생애주기비용법

생애주기비용(LCC: Life Cycle Cost)이란 건축물이 계획·건설된 후 최종적으로 철거되기까지 필요로 하는 모든 비용 즉 건물의 생애비용을 말한다.

건물 계획단계에서는 기획 입안비, 설계단계에서는 설계비, 건설단계에서는 건설비(이니셜 코스트), 운용단계에서는 운용비(광열수비)·보전비·수선비·개선비 등의 운용 관리비, 폐기단계에서는 해체 철거비·처분비가 각각 든다. 기존에는 일반적으로 건물 비용을 생각할 때 건물 건설비(이니셜 코스트)를 중심으로 비교 평가했는데 〈그림 2.2〉에 나타내는 바와 같이 LCC의 관점에서 보면 건설비는 빙산의 일각에 불과하고 건설 후 운용에 드는 비용 즉 러닝 코스트가 훨씬 크다는 것을 알 수 있다.

따라서 진정한 의미에서의 건물 비용을 비교 검토하려면 LCC에 의한 비용 검토 즉 생애주기비용법이 필요하다.

〈그림 2.2〉 건물의 '건설비'와 '운용 관리비'의 모식도

이 같은 부하에 일정한 제약을 가하기 위해 환경기본법에는 준수해야 할 최소한의 환경기준이 정해져 있고, 주변 환경에 미치는 영향이 어느 정도인지 정량적으로 파악해 판단기준으로 하는 환경영향평가(Environmental Impact Assessment)가 지자체의 조례에 정해져 있다.

그리고 건축이 생애에 걸쳐 지구환경에 미치는 각종 부가적 요인을 총합해 평가하는 생애환경영향평가(LCA : Life Cycle Assesment)가 제안됐다.

② 인간 친화적인 건축설비

고령화 사회를 맞이해 도시 시설로서 사회 연대라는 관점에서 누구나 이용할 수 있는 시설조성을 지향하는 하트빌딩법(고령자·신체장애인등이 원활히 이용할 수 있는 특정 건축물 촉진에 관한 법률)이 1994년에 제정됐다.

그에 따라 인간 친화적인 건축설비가 건축과 설비에 대한 사회적 요구 기능으로서 클로즈업되고 있다. 하트빌딩법은 2000년에 역이나 공항 등 여객 시설의 배리어프리(barrier free)를 목적으로, 2000년에 제정된 교통배리어프리법과 통합해 고령자·장애인 이동 등의 원활화 촉진에 관한 법률(통칭 배리어 프리 신법)로 개폐(改廢)됐다.

3) 건축설비의 에너지 절감

오늘날 사회적 요청으로서 지구환경부하 삭감을 목적으로 하는 관점에서 에너지절감 문제가 중요한 과제로 떠오르고 있다. 앞으로는 패시브(수동적) 방법·액티브(능동적) 방법을 포함하여 자연 에너지·미(未)사용 에너지를 얼마나 유효하게 이용하느냐가 중요하기 때문에 지속 가능한 설계 방법(sustainable design)으로서 건축·구조계획과 설비계획의 일체화로 종합적 가치판단에 입각한 계획이 필수적이다. 〈표 2.1〉에서는 에너지 절감에 입각한 건축계획 방법을 나타낸다.

〈표 2.1〉 에너지 절감을 위한 건축계획적 방법

계획구분	계획방법	효과
건축물의 배치 · 형상	• 파사드를 남북면으로 한다. • 건축 평면형의 종횡비를 1에 가깝게 한다	공조부하를 작게 한다
건축물 외주벽의 구조	• 외벽 · 지붕 · 바닥의 단열성 개선 • 외벽의 열용량 선택 • 차양 등에 의한 일사 차폐 • 외벽면의 색채 선택 • 창문 면적비를 작게 한다 • 복층유리 채택 • 기밀성 높은 섀시 채택	관류 열부하 경감 피크부하 경감, 실온 변동 조정 일사량의 경감 일사 · 방사에 의한 열량 경감 일사량 및 관류 열부하의 경감 〃 틈새풍 부하 경감
평면계획	• 비공조실을 외주부 · 옥상층에 배치하는 등 완충대로서 이용한다 • 출입구 위치 및 풍제실을 검토한다	공조부하를 작게 한다 극간풍 부하 경감
외구(外構)계획	• 식재	일사량 경감

〈표 2.1〉에서 특히 유의할 점으로 건축물의 배치·형상에 관해서는 파사드(건축물의 정면 : facade (프랑스어))를 남북 면으로 하고 건축평면형의 종횡비를 1(주사위형)에 가깝게 하면 가장 에너지 절감적인 빌딩이 된다는 것이다.

2·2 공기조화 부하와 그 계산방법

◇공기조화 부하란 무엇인가?

공기조화 부하란 건물을 냉방하는 데 어느 정도로 차게 하면 좋을까? 그리고 건물을 난방하려면 어느 정도로 따뜻하게 해야 할까? 하는 수치(value)를 말한다. 그 수치 산출 방법을 공조부하 계산이라고 한다.

(1) 공조 열부하의 종류

1) 냉방부하와 난방부하

여름철에는 실외에서 거실로 열과 습기가 침입하기도 하고 실내 조명기구에서 발생하는 열과 재실자로부터 발생하는 열 그리고 수증기로 인해 실내 온습도가 당연히 높아진다. 이때 실내로 침입하는 열과 실내에서 발생하는 열을 열취득(heat gain)이라고 한다.

한편 겨울철에는 열이 실외에 유실되거나 저온 건조공기가 침입해 실내의 온습도가 낮아진다. 이때 실외로 유실된 열을 열손실(heat loss)이라고 한다.

동절기에는 실내 연소기구 등의 외기 도입으로 실내 공기가 건조해진다.이 같은 현상에 대해 실내 온습도와 청정도를 적절한 상태로 유지하기 위해 공조장치에 의해 제거 (냉각·제습)되는 열량이 냉방부하(cooling load)이고, 공급(가열·가습)되는 열량이 난방부하(heating load)이다.

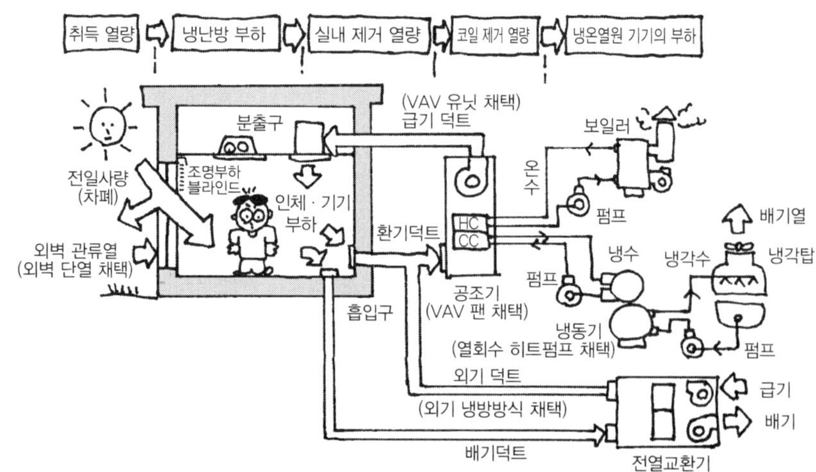

〈그림 2.3〉 냉방 시의 열 이동 프로세스와 에너지절감화의 요점

취득 열량이 냉방부하가 돼 실내 제거 열량으로서 공조기의 냉각 코일(CC)에서 제거되고 냉온열원 부하로서 냉동기(chiller)까지 전달되는 열 이동 프로세스와 에너지 절감의 요점을 〈그림 2.3〉에 나타낸다.

2) 공조 열부하의 종류

각종 공조 열부하의 종류와 그 구성을 〈표 2.2〉에 나타낸다.

공조부하는 실내부하·공조기 부하·열원부하의 3가지로 크게 나뉜다. 앞에서 말한 바와 같이 실내부하에는 냉방부하와 난방부하가 있고 유리창 부하(투과 일사부하, 열관류 부하)·건축 구조체 부하 (외벽, 지붕, 다짐바닥, 지중벽)·내부 칸막이벽·투습 부하(통상적인 공조일 경우에는 무시한다)·극간풍 부하·실내 발생 열부하(조명기구, 인체, 퍼스널컴퓨터 등의 기기)·간헐공조에 수반하는 부하 등으로 구성된다.

〈표 2.2〉 공조 열부하의 종류와 구성

열부하 구성 요소	냉방부하		난방부하	
	현열	잠열	현열	잠열
열원부하				
펌프부하	○	−	×	−
배관재 통과 열부하	△	−	△	−
장치 축열부하	△	−	△	−
공조기 부하				
송풍기 부하	○	−	×	−
덕트재 통과 열부하	○	−	×	−
외기부하	○	○	○	○
재열(再熱) 부하	○	−	−	−
실내부하				
유리창 부하				
투과일사 부하	○	−	△	−
관류열 부하	○	−	○	−
구조체 부하				
외벽 · 지붕	○	−	○	−
다짐바닥, 지중벽	×	−	○	−
내부 칸막이 부하	○	−	○	−
투습부하	−	×	−	×
극간풍 부하	○	○	○	○
실내 발열부하				
조명기구	○	−	△	−
인체	○	○	△	×
기기	○	−	△	−
간헐공조에 수반하는 축열부하	×	−	○	−

[기술용어 해설]

현열(SH : Sensible Heat)과 잠열(LH : Latent Heat)

현열이란 물체에 열을 가했을 때 그 열량에 비례해 온도변화가 나타나는 열을 말한다.

잠열이란 물체에 열을 가했을 때 온도변화를 수반하지 않고 상태를 변화시키는(상(相)변화)데 소비되는 열을 말한다.

[콩지식]

물질의 3태

세상에 물질은 고체(solid)·액체(liquid)·기체(gas)의 3가지 상태로 존재한다. 게다가 이들의 상태(상 : phase)는 열을 주고받음으로써 상(相)이 쉽게 변한다(phase change). 〈그림 2.4〉는 물의 상변화와 열을 주고받음으로써 나타나는 현상이다.

이 그림을 보면 고체에서 기체로 바뀌는 승화(sublimation)라는 현상이 있는데 이것은 드라이아이스의 현상을 상상하면 쉽게 이해할 수 있다.

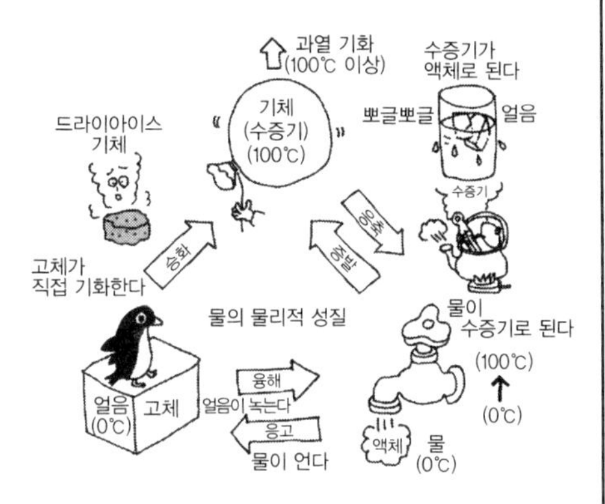

〈그림 2.4〉 물의 상변화와 열의 수수(주고받음)

이들 부하 중에는 현열부하(SH : Sensible Heat)만 함유하는 것과 현열부하와 잠열부하(LH : Latent Heat) 모두를 함유하는 것이 있으므로 주의한다.

(2) 공조 열부하 계산

공조 설비를 계획·설계할 경우 각종 검토 작업의 첫 단계에서는 여러 가지의 설정조건을 주고 공조 열부하를 계산한다.

1) 공조 열부하 계산의 목적

공조 열부하 계산법 종류에는 그 목적에 따라 다음과 같이 3가지의 종류가 있다.

① 최대 열부하 계산법

최대 열부하 설계치를 구해 공조기·냉동기·보일러 등의 기기 용량 및 열매체 반송량을 결정하기 위한 데이터베이스로 한다. 일반적으로 열부하 계산이라고 하면 이 최대 열부하 계산을 가리킨다. 참고로 냉방 열부하(열 취득) 계산식을 〈표 2.3〉에 나타낸다.

② 연간 열부하 계산법

1년 365일의 열부하를 구하고 열원 기기의 운전계획 입안 및 운전비 산출 등에 이 데이터를 사용한다.

③ 시뮬레이션 계산법

어떤 기간의 실온과 열부하 변동을 알기 위해 실시한다.

일반적으로 ①을 설계용 열부하 계산, ②와 ③을 동적 열부하 계산이라고 한다.

〈표 2.3〉 냉방 열부하(열부하) 계산식

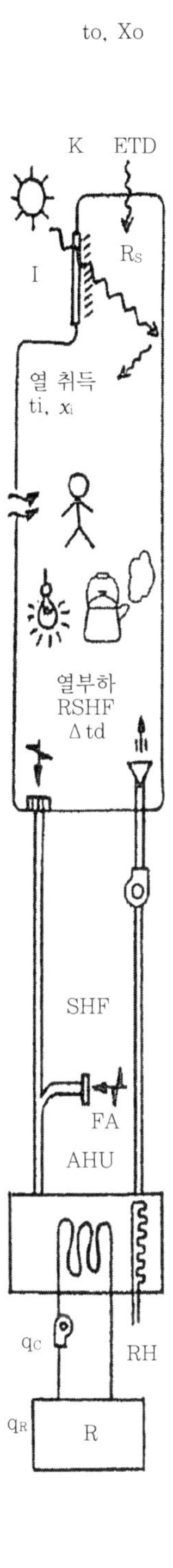

	냉방부하(열 취득)의 분류	현열	잠열	부하 계산식	비고
to, Xo	외벽 관류열 (외벽 · 지붕 · 바닥) q_w	(q_w)	–	$q_w = K_w A_w ETD$	K : 열 관류율(열 통과율), A : 면적, ETD : 실효 온도차 ≒ Δte : 상당 온도차 = Δθe
K ETD	내벽 관류열 (칸막이 · 천장 · 바닥) q'_w	(q'_w)	–	$q'_w = K'_w A'_w (tm-ti)$ $= K'_w A'_w ETD_N$	비(非)냉방실 실온으로서 안팎의 중간 온도(to−ti)/z으로 하는 방법과 일사가 없는 북측의 ETDN으로 하는 방법이 있다.
I Rs	글라스 관류열 q_w 글라스 복사열	q_{GC} q_{GR}	– –	$q_w = K_G A_G (to-ti)$ $= R_S A_G I_{GR}$	대류 성분을 I_{GC}로 하고 하나로 표시할 때는 $I'_{GR} \neq I_{GR}$이다. I_{GR} : 유리 투과 복사성분 R_S : 차폐계수
열 취득 ti, x_i	극간풍 부하 q_I	q_{IS} –	– q_{IL}	$q_{IS} = C_p \delta Q_I (to-ti)$ $\fallingdotseq 0.29 Q_I (to-ti)$ $q_{IL} = \Gamma \cdot \delta Q_I (x_o - x_I)$ $\fallingdotseq 715 Q_I (x_o - x_I)$	Q_I : 극간풍 풍량 → 통상 0으로 하고 무시한다. 1층 등의 문이 크고 출입이 심할 때는 산입한다.
	인체 발열 q_H	q_{HS} –	– q_{HS}	$q_{HS} = N \cdot H_S$ $q_{HL} = N \cdot H_L$	N 재실인원 0.2명/AF(m²) 1인당 인체 발생 열 H_S, H_L은 실온과 작업 정도(Met)에 따라 다르다.
	조명 · 기기 발열 q_E	q_{ES} –	– q_{EL}	$q_{ES} = \Sigma N' \cdot \varepsilon_1 \cdot \varepsilon_2 \cdot E_S$ $q_{EL} = \Sigma N' \cdot \varepsilon_1 \cdot \varepsilon_2 \cdot E_L$	N' :기기 대수, ε_1 :가동률, ε_2 :부하율 E_S : 기기의 정격 현열 발생량 E_L : 기기의 정격 잠열 발생량
열부하 RSHF Δtd	실내 열부하 (열 취득) Σq_T	↓ Σq_S	↓ Σq_L	실내 현열비 RSHF $= \dfrac{\Sigma q_S}{\Sigma q_S + \Sigma q_L}$	아래의 Q_S로부터 분출온도차 $\Delta td = (ti - td) = \frac{C_p \sigma Q_S}{\Sigma q_S}$ 를 구하고 분출구 종류와 천장 높이로 결정되는 허용치를 초과하지 않았는지 확인한다.
	송풍기 발생열 q_B 덕트 열 취득 q_D	(q_B) (q_D)	– –	합쳐서 Σq_S의 5~15% (통상 10%)	q_B, q_D의 정확한 값은 덕트계 설계가 결정되지 않으면 구하지 못하므로 경험치를 계상한다
	안전할증 부하 (여유율)	0%	5%	통상 현열 할증은 0, 잠열은 Σq_L의 5% 가산	$\Sigma q'_S = (1.05 \sim 1.15) q_S$ $\Sigma q'_L = 1.05 \Sigma q_L$
SHF	SHF 산정용 열부하 송풍량 $\Sigma q'_T$	↓ $\Sigma q'_S$	↓ Σq_L	현열비 SHF $= \dfrac{\Sigma q'_S}{\Sigma q'_S + \Sigma q'_L} = \dfrac{\Sigma q'_S}{\Sigma q'_T}$	$Q_S = \dfrac{\Sigma q'_S}{C_p \delta (ti + tc)}$ SHF선과 ψ_R≒95%의 교점 DB를 코일출구 공기온도 tc로 한다(송풍량)
FA	외기 부하 q_F	q_{FS}	q_{FL}	$q_{FS} = C_p \delta Q_F (to-ti)$ $\fallingdotseq 0.29 Q_F (to-ti)$ $q_{FL} = \Gamma \cdot \delta Q_F (x_o - x_I)$ $\fallingdotseq 715 Q_F (x_o - x_I)$	Q_F≒25m³/n · 명×N명, 전열교환기를 채택할 때는 q_{FS}, q_{FL}에 교환효율 ηex = 0.5~0.6을 곱한다
AHU	재열부하 q_{RH}	(q_{RS})		$q_{RH} = C_p \delta Q_S \Delta t_{RH}$	Δt_{RH} : 재가열온도차 일반적으로 0, 터미널 리히터 방식 등에 의해
q_C RH	공조기 코일 부하 (장치 부하) q_C			$q_C = \Sigma q'_T + q_F + (q_{RH})$	공조기가 몇 개의 방을 맡고 있을 때는 SHF의 최소 대표실 SHF를 모든 방에 적용하고 공기선도상에서 Σq_c를 구한다.
q_R R	펌프 발생열 q_P 배관 열취득	3~5%		$q_P \fallingdotseq (0.03 \sim 0.05) q_C$	q_P의 정확한 값은 배관계 설계가 결정되지 않으면 구하지 못하므로 경험치를 계상한다.
	냉동기 부하 q_R			$q_R = q_C + q_P$	냉동기가 몇 개의 존을 맡을 때는 그 전체 존의 시간당 냉동기 부하 합계치의 최대치를 냉동기 부하로 한다.

t(DB) : 건구온도, x = 절대습도, 첨자 0 : 외기, i : 실내, d : 분출공기, c : 코일출구 공기

2) 공조 열부하 계산의 종류

공조 열부하 계산법에는 정상계산법·주기 정상계산법·비정상계산법의 3종류가 있다. 이 계산법들은 앞에서 말한 계산목적별로, 최대 열부하계산법일 경우에는 정상계산법·주기 정상계산법을, 연간 부하계산과 시뮬레이션 계산일 경우에는 비정상계산법을 각각 적용한다.

① 정상계산법

이 계산법은 항상 실내온도·실외온도가 일정해 변하지 않는다는 전제조건 하에 실시하는 계산법이다.

② 주기 정상계산법

이 계산법은 실온이 일정한 상태이고 실외 기상조건이 주기적으로 변한다는 전제조건 하에 실시하는 계산법이다.

③ 비정상계산법

이 계산법은 변동하는 실외조건과 임의의 공조운전조건의 조합에 따라 실시하는 계산법이다. 실내 집기류를 포함한 건축물 각부의 열용량에 따른 축열·시간지연 등을 계산과정에 넣어 비정상 열부하 응답을 계산한다. 주기 정상계산에서는 실내 온습도가 하루 종일 일정함을 전제조건으로 하고 있는 데 반해 비정상계산법에서는 외계 변동·공조장치 용량·공조장치의 운전시간 등에 따라 달라지는 실내 온습도나 열부하를 얻을 수 있다는 특징이 있다.

따라서 예랭부하(pull-down load)·예열부하(warming-up load)라든가 실온 변동·필요 공기용량을 구할 경우에는 비정상계산법을 적용한다.

2·3 공기조화 설비와 지구환경문제

(1) 지구 온난화 문제

〈그림 2.6〉은 지구온난화의 메커니즘을 그린 것이다. 지구온난화 문제의 주원인은 온실효과가스이고

〈그림 2.6〉 지구온난화의 메커니즘

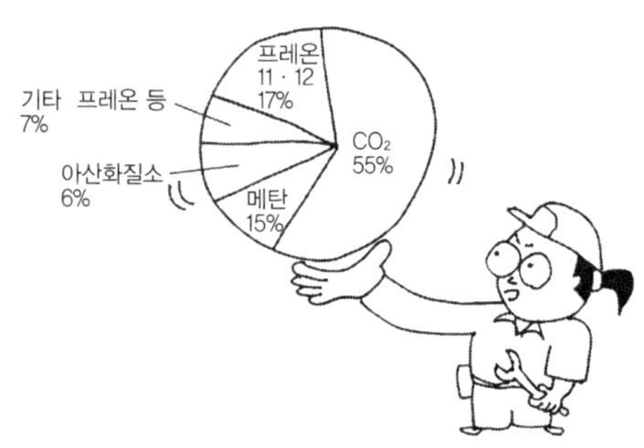

〈그림 2.7〉 지구 온난화에 대한 온난화가스의 기여율

[기술용어 해설]

예랭부하(pull-down load) 및 예열부하(warming-up load)

간헐 난방에서는 방 사용개시에 앞서 실온을 설정치까지 올리기 위해 통상 1시간 정도 일찍 열원기기를 운전 개시하는데 이것을 예열 또는 워밍업이라고 한다.

간헐 냉방에서는 방 사용개시에 앞서 실온을 설정치까지 내리기 위해 냉열원 기기의 운전을 개시할 필요가 있는데 이것을 예랭 또는 풀다운이라고 한다. 예랭부하·예열부하를 추정하는 방법은 연속냉방·연속난방 시 부하에 계수를 곱해 구하는 방법이 있고 이것을 예랭·예열 부하 계수라고 한다.

〈그림 2.5〉 예랭부하(풀다운 로드)와 예열부하(워밍업 로드)

그 중에서도 이산화탄소(CO_2)가 55%의 기여율을 차지하는 것으로 알려져 있다〈그림 2.7〉. 지구온난화 문제를 평가하는 잣대(scale)로 최근 $LCCO_2$(라이프사이클 CO_2)에 의한 평가법이 나왔다.

이 평가법에 의한 각종 해석결과를 토대로 건축물 관련 이산화탄소 발생량을 줄이는 방법은, 첫째 에너지 절약을 더욱 추진하고 둘째 건축물의 장수명화(long life) 셋째 친환경 소재(eco-material)를 적극 채택하는 것이 유효하다는 사실이 널리 인식돼 채택되기에 이르렀다.

(2) 에너지 절감 문제

건축설비가 소비하는 총 에너지 중에는 〈그림 2.8〉에 나타내는 바와 같이 공조 설비의 소비에너지가 전체의 약 절반 가까이 차지하고 있어 공조 설비의 1차 에너지 소비량 중에 가장 많음을 알 수 있다.

건축의 에너지 절감에 관해서는 1980년대 이후 준공한 몇몇 에너지절감형 빌딩의 운전 실적이 이미 공표된 바 있다.

이 자료에 의하면 종전의 건축 소비 에너지량을 대폭 저감하고 다양한 연구와 배려로 통상적인 집무공간을 유지 관리할 수 있다는 점이 실증됐다. 건축물 설계단계에서 배려해야 할 에너지절감 방법을 〈표 2.4〉에, 건축물 갱신(리뉴얼) 때 검토해야 할 에너지절감 방법을 〈표 2.5〉에 각각 나타낸다.

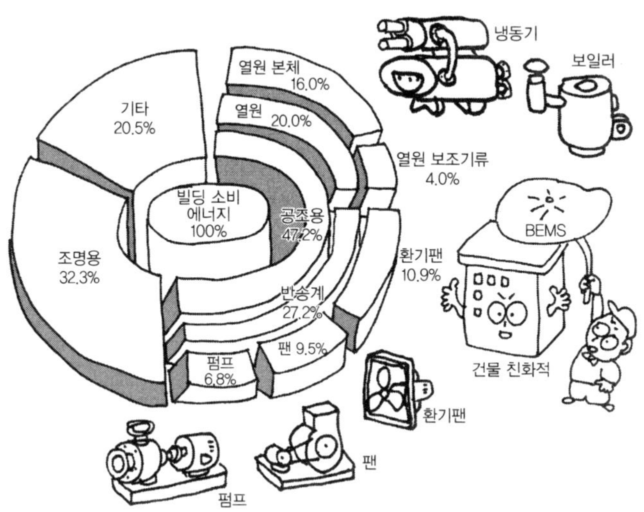

〈그림 2.8〉 건축물의 1차 에너지 소비량 구성 예

〈표 2.4〉 건축물 설계단계에서 배려해야 할 에너지절감 기법

(1) 공조 부하 저감	
건축물 상의 배려 (외기부하 저감)	건축물 형상 · 방위 · 코어의 위치 배려 차양 등의 외주계획, 창문 사양 · 블라인드 배치계획 바닥, 벽, 지붕의 단열 강화
온습도 조건의 적정화	설계단계에서 적절한 조건 설정
내부 발열 억제	고효율 조명기구 채택, 절전형 OA 기기 채택
(2) 자연 에너지 · 배출 에너지의 유효 활용	
열회수형 열원기 배기열 회수 시스템	열회수형 열원기 채택(더블 번들 냉동기, 수열원 히트펌프 시스템) 전열교환기(회전형 · 정지형) 채택(배기와 외기의 열교환)
외기 냉방방식	외기 냉방방식 채택
(3) 고효율화 탐구	
적절한 조닝	방의 용도, 온습도 조건, 방위, 사용시간대를 고려한 조닝
열원 기기의 고효율화	고효율 기기 채택(절전형, COP가 높은 기기) 기기 용량의 적정화(부하 변동에 적합한 대수 분할) 축열조 설치로 고효율 운전
열 반송동력 저감	고효율 기기 채택 변류량 방식 채택(VAV, VWV) 대 온도차 채택(공기, 물)
종합효율 향상	코제너레이션 시스템 채택

〈표 2.5〉 건축설비 갱신(리뉴얼) 시 검토해야 할 에너지절감 방법

(1) 건축물 관계	
건축물의 단열 향상 일사 차단 극간풍 · 외기진입 방지 기타	지붕 · 벽의 단열 강화, 단열 섀시 채택 등 차양 설치, 열선 반사 유리, 단열 필름, 단열 도료, 블라인드 등 섀시 교환 · 이중화, 회전문 채택 옥상 살수(수퍼마켓, 공장 등), 옥상 식재
(2) 열원기기, 공조기의 갱신 등	
열원기기 갱신 등	최대부하와 부하변동 체크 부분부하 대응을 고려한 열원기기의 용량과 대수 검토 고효율 기기로 교체 열원 변경, 열원의 복합화 변류량 방식 채택, 대 온도차 채택 열원기기의 운전 시스템, BEMS 채택
종합효율 향상	코제너레이션(리스 계약도 있음), 빙축열 시스템 부하
공조기기 갱신 등	부하 및 부하 변동 체크 → 공조기 용량 재검토 고효율 기기로 교체 센트럴방식 → 분산화 등 회전수 제어 채택(VVVF, 극수변환 전동기 등) 전열교환기 채택 배관 · 덕트의 단열 강화
환경개선	부하증가에 대한 패키지, GHP 증설(백화점 등)
주차장의 환기량 제어 공조에 의한 환기 대량 교체	저부하 시의 환기량 제어(CO_2 농도라든가 시간일정에 의한 환기량 제어) 변전실, 기계실 등, 내부 발열 제거 때문에 환기량이 많아질 경우에는 냉방장치를 부가해 환기량 저감을 도모한다
(3) 기타	
조명기구 갱신 등	고효율 조명기구 채택 조명 · 콘센트 회로의 세분화 조도 제어(거실의 조도 제어, 창가 조명 제어 등) 안정기 교환 · 반사판 설치
인체센서 채택	조명기구, 변기 세정, WC의 조명 · 환기 시스템의 ON-OFF 사원식당의 식기세척기 등
계량기 · 계측기 설치	에너지 사용현황을 파악하고 원단위로 관리한다.

(3) 오존층 파괴 문제

오존층은 태양광에 포함된 유해 자외선의 대부분을 흡수해 지구상의 생물을 지킨다. 그런데 오존층이 반도체 세정·우레탄 폼 등의 단열재·소화제, 더 나아가서는 공조용 냉매로 널리 사용된 프레온(CFC) 등이 화학물질에 의해 파괴되고 있다는 사실이 문제였다.

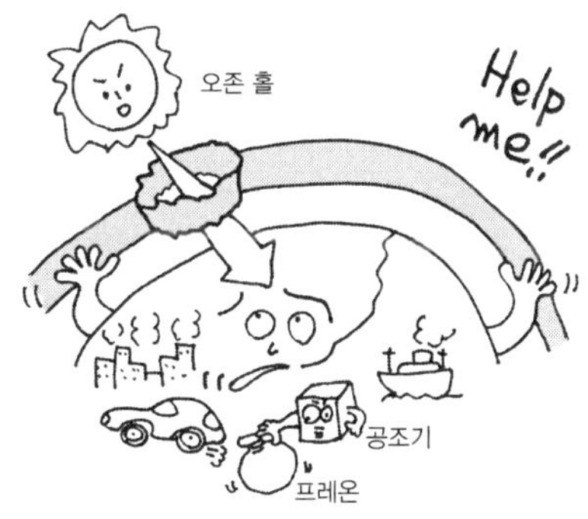

〈그림 2.9〉 오존층 파괴 메커니즘

이에 따라 〈표 2.6〉에 나타내는 바와 같이 오존파괴계수(ODP : Ozone Depletion Potential)가 제로이고 지구 온난화계수(GWP : Global Warming Potential)가

〈표 2.6〉 자연 냉매(Natural Fluids)의 특성 비교

	암모니아	이산화탄소	프로판
화학식	NH_3	CO_2	C_3H_8
냉매번호	R717	R744	R290
분자량	17.0	44.0	44.1
비등점[℃]	−33.35	78.45 승화온도	−42.05
임계온도[℃]	132.45	31.05	96.67
임계압력[MPa]	11.28	7.38	4.25
ODP	0	0	0
GWP	0	1	3
ASHRAE SAFETY GROUP 독성/가연성	B2 고(高)독성/약(弱)열성	A1 저(低)독성/불연성	A3 저(低)독성/강(强)열성

제로 또는 제로에 가까운 논프레온계 자연 냉매(암모니아가스·이산화탄소·탄화수소 등)가 검토되기에 이르렀다.

[기술용어 해설]

몬트리올 의정서

오존층 파괴 문제는 1974년에 이론적으로 예측됐으나 1985년 남극대륙에서 발생한 오존홀 관측 결과가 보고되면서 이 문제는 이론상의 화제에서 단번에 정치적인 이슈가 됐다.

그리고 1987년 9월에는 오존층 보호에 관한 국제합의 형태가 이루어졌다. 그 후 의정서 체결국간의 몇 차례 회의에서 구체적으로 오존층 파괴 억제에 관한 결의가 이루어졌고 현재 특정 프레온(CFC)과 지정 프레온(HCFC)에 대한 생산·사용 삭감 스케줄이 진행 중이고 각국에서 실시하고 있다.

그 결과, 특정 프레온(CFC:Chloro Fluoro Carbon)은 1995년을 기해 생산이 금지됐고 최근 오존파괴계수(ODP:Ozone Depletion Potential) 제로인 HFC134a가 대체 프레온(Hydro Fuluoro Carbon)으로 보급돼 왔다. 마찬가지로 지정 프레온(HCFC : Hydro Chloro Fuloro Carbon)도 2030년부터는 생산하지 못한다. 그런데 빌딩용 멀티에어콘 냉매는 R22(HCFC 냉매·ODP = 0.05)의 대체 냉매로 한때 R407C가 사용된 후 R410A 등의 혼합냉매가 사용돼 왔는데 최근에는 R32(HFC 냉매 : ODP = 0·GWP = 650)가 또 다시 사용되는 시대가 됐다.

2·4 공기조화 방식과 공조설비의 기본 구성

(1) 건축 용도·규모와 공조방식 선택

1) 건축 용도와 규모

건축 용도는 도시의 복합용도 건물 예에서 보듯이 다양하다. 예를 들면 오피스 빌딩·호텔·병원·백화점·쇼핑몰·극장·학원·집합주택(아파트)·단독주택·정밀기계공장·반도체공장·제약공장·식품공장 등 복잡하고 다양하다.

특히 건축기준법 제2조에서는 특수 건축물을 "학교·체육관·병원·극장·관람장·집회장·전시장·백화점·시장·댄스홀·공연장·목욕탕·여관·공동주택·기숙사·하숙집·공장·창고·차고·위험물질저장고·도축장·화장장·오물처리장·기타, 이들과 유사한 용도로 제공되는 건축물"이라고 규정했다. 또 그 규모도 소규모에서부터 중규모·대규모 건축물에 이르기까지 천차만별이다.

그러므로 건축 설비를 설계할 때는 그 건축을 이용할 고객의 요구와 용도를 자세히 조사하고 그 규모에 상응하는 최적의 건축 설비를 구축해야 한다.

위에서 말한 특수 건축물과 유사한 용어로 특정 건축물이라는 용어가 있다. 특정 건축물은 건축물위생법에 의해 특정 용도로 이용되는 부분의 면적이 3,000㎡(학교교육법 제1조에서 규정하는 학교일 경우에는 8,000㎡ 이상)인 건축물이라고 규정돼 있다.

참고로 일본 국내 특정 건축물의 수는 2012년 현재 약 43,000동이고 그 중에 오피스 빌딩이 가장 많아 약 18,000동이다. 그 다음은 점포가 85,000동으로 전체의 60%를 차지했다고 한다.

2) 공조방식 선택

오피스 빌딩을 예로 들어 가장 적합한 공조 방식을 채택함에 있어 중요한 점을 설명한다.

① 오피스 빌딩의 특징

오피스 빌딩은 조직체 관리·운영에 필수적인 정보처리 위주의 작업을 위해 마련된 시설임과 동시에 많은 사람들이 생활하는 장소이기도 하다. 민간기업의 자체 빌딩과 임대 빌딩부터 관공서 청사에 이르기까지 폭넓은 건축물이 포함된다. 사무실은 기업 활동의 변화에 따라 실내 사용법도 크게 다르다. 그리고 건축 설비에 있어서는 정보처리 장치의 보급·고도화, 집무자를 위한 환경· 생활 조건의 충실화라는 시대적 요구에도 영향을 받고 게다가 이들의 사용 내용이라든가 요구가 유동적이다. 따라서 앞으로도 오피스 빌딩은 건축설비의 발전과 개발에 있어 중요한 건축물일 것으로 예상된다.

② 선택해야 할 공조 방식

오피스 빌딩의 공조 요소는 외기 처리·내부 존 처리(인테리어 존 공조)와 조닝방법 즉 외부 존 처리(페리미터 존 공조)의 3가지로 크게 나뉜다고 해도 과언이 아니다.

〈표 2.7〉 오피스 빌딩이 채택한 공조방식 사례

요소	도입 외기처리	인테리어 존 공조		페리미터 존 공조
		내부 처리		외벽(창문) 주위 처리
방식	① 외기처리 공조기 AHU 또는 패키지	AHU	① AHU (이관식/사관식)+단일덕트 방식 (CAV/VAV) ② AHU (4관식)+이중덕트 방식	① FCU (2관식/4관식) ② 집중 FCU+단일덕트 (CAV/VAV) ③ Wall through unit ④ 직접 난방 (증기 · 온수 · 전기) ⑤ 페리미터리스 공조방식 (이중샷시 내 배기 등) ⑥ 방사난방 · 냉방
	② 외기처리 공기 (단독 급배기)	PAC	① 대 · 중형 패키지 (수랭식/냉매식)+단일덕트 (CAV/VAV)	
	③ 내부 처리용 기기에서 처리		① 소형 분산 패키지+단일 덕트/직접 분출 (빌딩용 멀티에어콘) (수랭식/냉매식)	

일반적으로는 〈표 2.7〉에 나타내는 바와 같이 각 요소별 표준 공조시스템 편성에 의해 오피스 빌딩의 공조가 이루어진다. 특히 페리미터 존의 열부하는 계절이나 시각에 따른 변동이 많기 때문에 오피스 빌딩 등에서는 연중 냉방부하인 인테리어 존 공조와는 달리 창가에 팬코일 유닛(FCU : Fan Coil Unit) 등을 설치하는 등 페리미터 존을 개별적으로 공조할 필요가 있다.

[기술용어 해설]

조닝(zoning)

공조라든가 급수·급탕 등의 설비, 배관 계통을 각 구역으로 나누어 처리하는 것을 말한다. 공조용 조닝으로는 우선 방위별(부하별) 조닝을 들 수 있고 그 외 용도별 조닝이나 사용시간대별 조닝 등도 있다. 현재는 이 조닝의 개념이 당연시 되고 있지만 1960년대에 정풍량 단일덕트 공조방식이 전성기였을 무렵에는 이런 조닝의 개념이 일본에는 없었다.

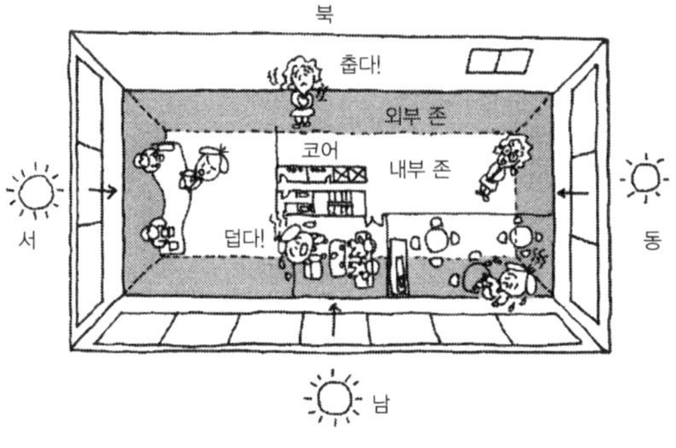

〈그림 2.10〉 방위별 조닝

그러나 최근에는 FCU 보수 관리의 복잡함이라든가 오피스 빌딩의 인텔리전트화에 따른 수손(水損) 사고방지 중요성이 높아지고 있어 실내에 물배관을 부설하지 않는 페리미터리스 공조방식이 많이 채택되고 있다. 이는 건축적 기법과 설비적 기법을 조합해 페리미터 존이 외부로부터 받는 열적 영향을 작게 함으로써 페리미터 존 전용 냉온열원을 사용하는 공조설비를 채택하지 않는 방식이다.

그 대표적인 방식으로는 〈그림 2.11〉에 나타내는 바와 같이 벤틸레이션창(ventilation window)이라든가 에어플로 윈도(air flow window) 등이 채택되고 있다.

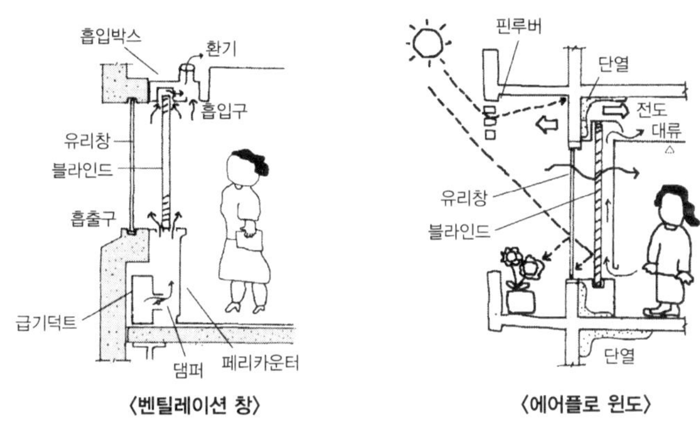

〈그림 2.11〉 벤틸레이션창과 에어플로 윈도

(2) 공기조화설비 시스템의 기본 구성

공조 시스템은 공조제어의 5대 제어인자인 공기의 온도·습도·기류·청정도·기압을 제어할 수 있는 기능을 구비하고 있어야 한다. 그 목적을 달성하기 위해 공조 시스템은 기본적으로 〈그림 2.12〉와 같이 다음과 같은 4개의 기본설비로 구성된다.

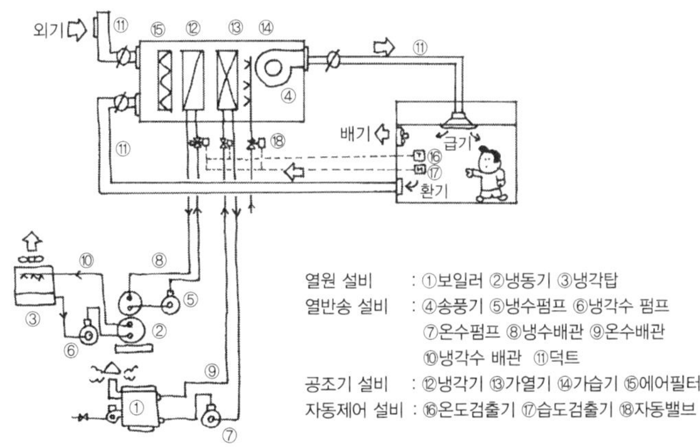

〈그림 2.12〉 공조 시스템의 기본 구성(전공기방식(all air system)의 예)

1) 열원 설비

공조 설비 전체의 열부하를 처리하기 위해 냉수나 증기·온수 등을 제조하기 위한 설비이다. 구체적으로는 〈그림 2.12〉에 나타내는 바와 같이 냉동기·보일러 등의 열원 기기류를 중심으로 냉각탑·냉각수 펌프·급수설비·관련 배관 등의 부속 설비가 포함된다. 이 설비에 관해서는 제3장에 상세히 기술한다.

2) 열반송 설비

열원설비와 공조설비 간의 가교 역할을 하는 설비로, 냉온수·증기·냉매 등을 반송해 순환시키기 위한 펌프(증기와 같이 펌프를 필요로 하지 않는 경우도 있다)·냉온수 배관·증기배관 등을 말한다.

또한 공조기 설비와 공조 대상 공간 사이에서 공기를 순환시키는 급기덕트·환기덕트 또는 외기 유입 덕트 등의 덕트계 설비도 열반송 설비에 포함된다.

3) 공조기 설비

공조 대상 공간에 공급할 온습도 등을 조정하는 공기를 만들어내는 설비로, 공기의 냉각 감습기(냉각코일)·가열기(가열코일)·가습기·에어필터(공기여과기)·송풍기 등을 하나의 케이싱에 담은 기기 설비이다.

설비 전체적으로 공기조화기·공조기·AHU 등으로 불리는 기기 설비이고, 이 설비에 관해서는 제4장에서 자세히 기술한다.

4) 자동제어 설비

요구된 공조 조건을 충족하도록 유지·운전하기 위해 앞서 기술한 3개의 설비를 자동으로 제어하는 설비이다.

특히 대규모 빌딩에 필수 설비가 된 공조설비 전체를 운전 감시하는 중앙감시 제어설비 등도 자동제어 설비에 포함되는 경우가 많다.

이 설비에 관해서는 제12장에서 자세히 기술한다.

2·5 공조방식의 분류와 그 이용 기기

일본은 오래 전부터 공조방식에 대해 다양한 시스템이 고안되고 채택되어 왔다.

그러나 현재 거의 사용되지 않는 이중 덕트 공조방식·인덕션 유닛 공조방식·멀티 존 공조기 공조방식은, 역사적으로 흥미가 다한 공조 시스템이므로 생략하기로 한다.

(1) 전(全) 공기식 공조방식과 그 이용 기기

1) 정풍량 단일 덕트 공조 방식

이 공조방식은 〈그림 2.13〉에 나타내는 바와 같이 공조기로 공기를 정화하고 온습도를 조정한 후 단일 덕트로 조화 공기(conditional air)를 실내로 송풍하는 공조방식이다.

이 공조방식은 급기량이 일정한 정풍량(CAV : Constant Air Volume)이고 급기 온습도를 부하 변동에 따라 제어하는 가장 고전적이고 기본적인 공조방식이다. 그리고 공기의 온습도 조정·정화·냄새 제거가 용이하고 환기량이 많아(통상 환기횟수 6~8회/시) 기류분포가 양호함과 동시에 외기 냉방이 용이하다.

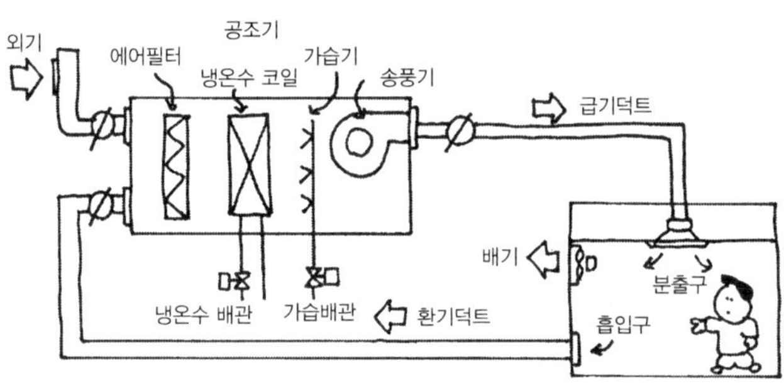

〈그림 2.13〉 정풍량 단일 덕트 공조 방식

반면에 이 공조방식은 개별 운전·제어가 불가능한데다 공조기의 송풍 동력이 커지고 덕트 점유 면적이 크다는 단점이 있다. 이 단점을 보완하는 공조방식으로는, 공조기를 세분화로 설치하는 각층 유닛 공조방식과 방위별 유닛 공조 방식, 재열기(reheater)를 Zone별로 설치하는 존 리히트(zone reheat) 공조 방식 그리고 개인실마다 재열기를 설치하는 터미널 리히트 공조방식 등이 있다.

최근에는 〈그림 2.14〉와 같이 공조기 상류에 전열교환기를 탑재해 도입 외기와 배기 사이에서 열교환을 하고 배기열을 회수하는 에너지절감형 공조시스템을 많이 볼 수 있다.

전열교환기라는 명칭은 현열과 잠열 모두를 열 교환하는 열교환기에서 유래했지만 사실은 공기 대 공기 열교환기(air-to-air heat exchanger)이다.

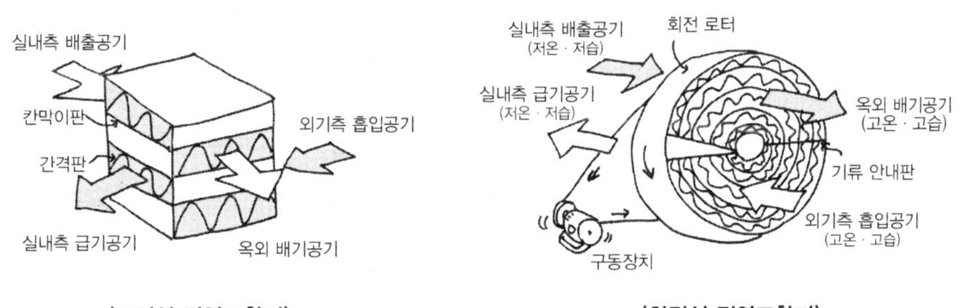

〈고정식 전열교환기〉 〈회전식 전열교환기〉

〈그림 2.14〉 전열교환기

[기술용어 해설]

외기 냉방(outdoor air cooling)

외기 온도 또는 외기 엔탈피가 실온 또는 실내공기 엔탈피보다 아주 낮을 경우 냉방이 요구될 때는 외기를 적극적으로 도입해 냉방한다.

외기 냉방을 하면 에너지 절감효과가 크다.

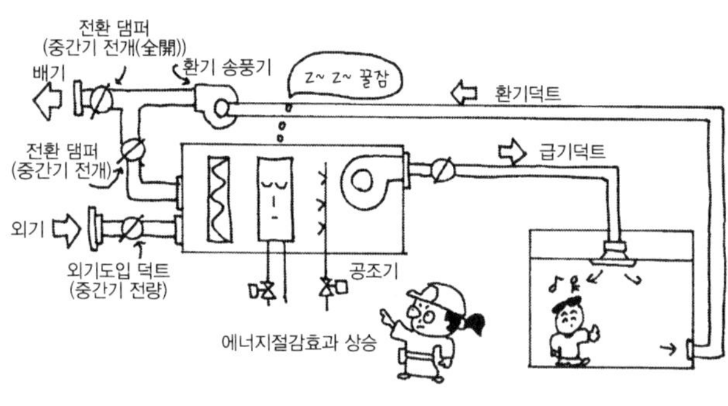

〈그림 2.15〉 외기 도입에 의한 외기 냉방

2) 변풍량 단일 덕트 공조방식

이 공조방식은 〈그림 2.16〉에 나타내는 바와 같이 존 또는 각 방마다 변풍량 유닛(VAV : Variable Air Volume unit)를 설치해 각 존 또는 각 방의 부하 변동에 따라 급기량을 변화시키는 공조시스템으로, 이 중에는 급기온도와 급기량 모두를 변화시키는 VAV시스템도 있다.

이 VAV 공조 시스템은 예를 들면 인버터(inverter) 등으로 공조기의 송풍량을 제어한다. 각 존 또는 각 방마다 온도를 제어할 수 있기 때문에 부분 부하(partial load)시 송풍량을 제어함으로써 공조기 팬 동력 절감을 도모하는 에너지절감형 공조 시스템이다.

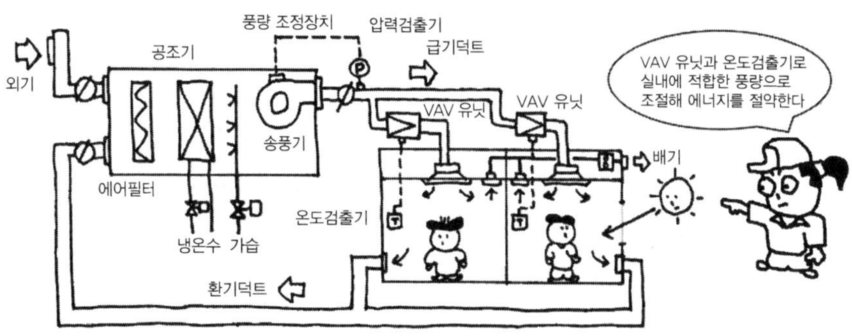

〈그림 2.16〉 변풍량 단일 덕트 공조방식

단점은 저부하일 때 각 방으로의 급기량이 줄어들기 때문에 실내의 기류분포가 악화돼 환기량이 적어진다는 것이다. 따라서 상시 거주자가 있는 거실에는 VAV의 최소 개도를 40% 정도로 설정한다.

이와 관련해 급기량은 현열에 의해 좌우되므로 습도와의 관련성이 부족하고 현열비(SHF)가 변하면 습도를 제어할 수 없다. 이 방식에 채택되는 공조기는 기본구성이 정풍량 단일 덕트 공조 방식의 경우와 같지만 공조기의 송풍기 측에 풍량제어기구(VAV 유닛)를 탑재한다.

또한 이 공조 시스템에 사용되고 있는 VAV 유닛에는 〈표 2.8〉에 나타내는 바와 같이 스로틀형·바이패스형·유인형(인덕션형)의 3종류가 있는데 바이패스형 VAV시스템은 송풍기의 동력 절감과는 무관하다.

〈표 2.8〉 VAV 유닛의 종류

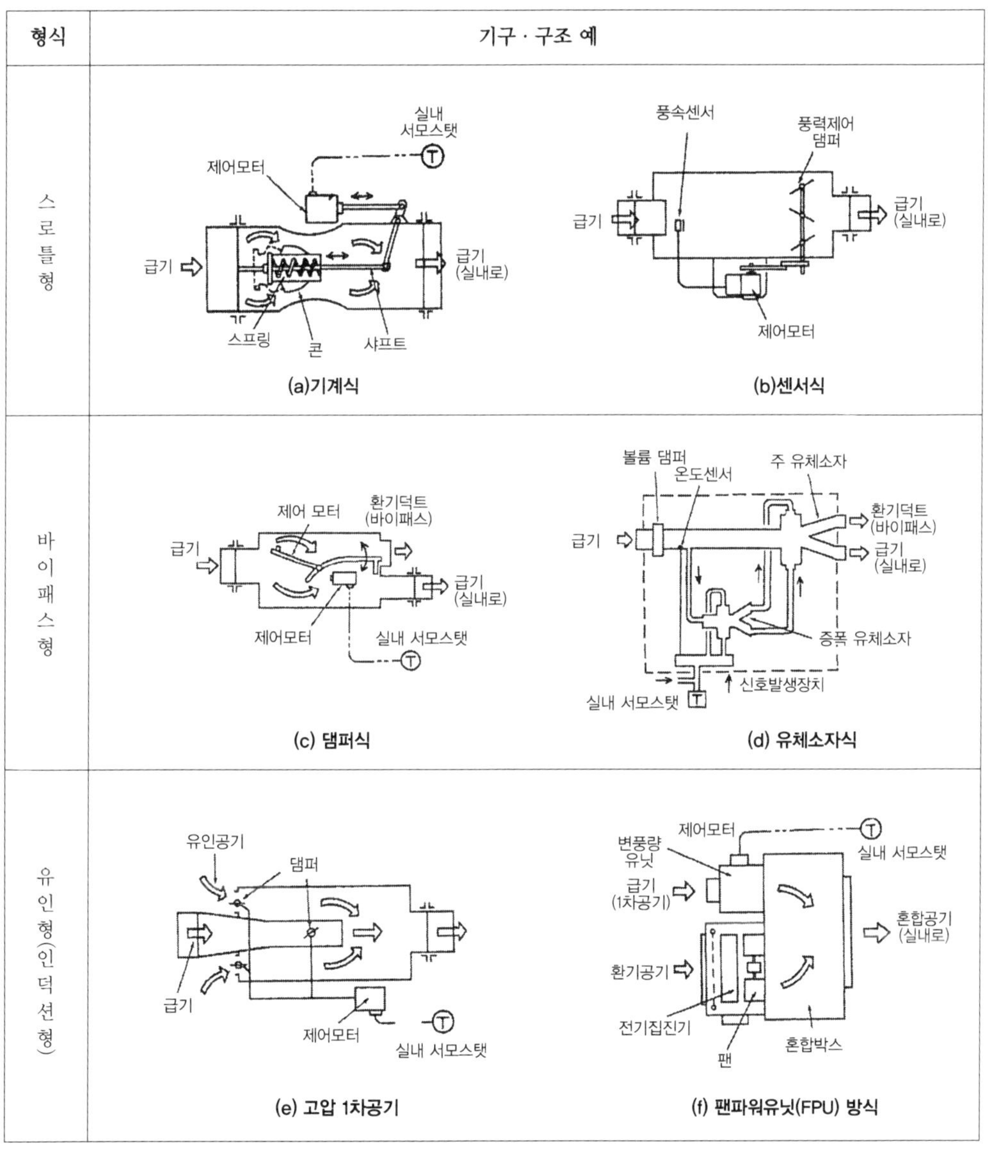

형식	기구 · 구조 예	
스로틀형	(a)기계식	(b)센서식
바이패스형	(c) 댐퍼식	(d) 유체소자식
유인형(인덕션형)	(e) 고압 1차공기	(f) 팬파워유닛(FPU) 방식

(2) 물-공기 공조 방식과 그 이용기기

1) 덕트 병용 팬코일 유닛 공조 방식

이 공조방식은 호텔 객실이나 오피스 빌딩에 주로 채택된다. 그 시스템을 〈그림 2.17〉에 나타낸다. 〈그림 2.18〉에 나타내는 바와 같이 전동기 직결 송풍기·냉온수 코일·에어필터 등을 내장한 팬코일 유닛(FCU)으로 불리는 실내용 소형 공조기를 각 방에 배치하고 중앙기계실에서 냉온수를 공급해 열을 처리한다.

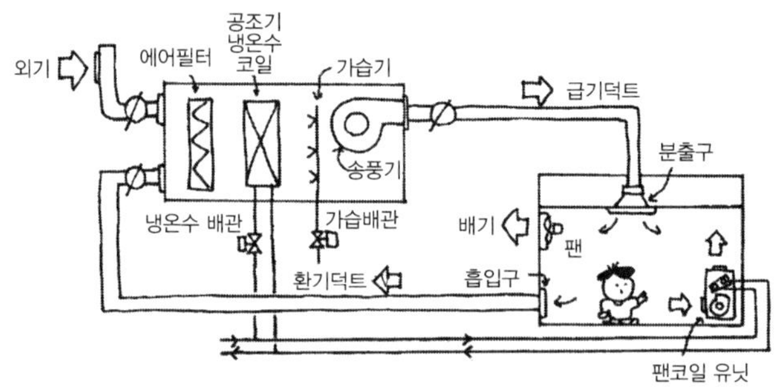

〈그림 2.17〉 덕트 병용 팬코일 유닛 공조 방식

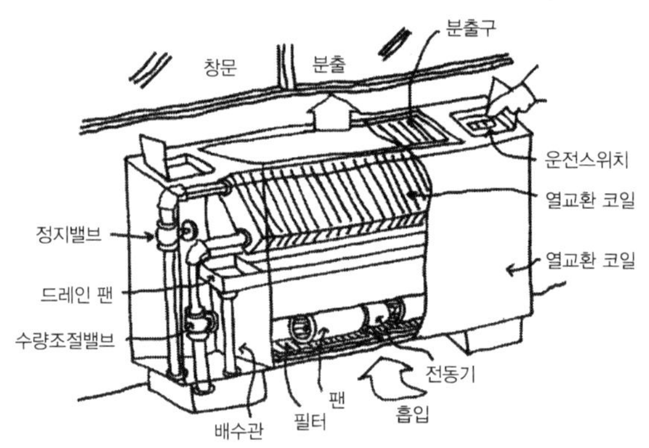

〈그림 2.18〉 팬 코일 유닛(바닥 설치형)

또한 기계실에 설치된 1차 공기처리 공조기로 불리는 공조기에 의해 외기 및 환기(return air)를 냉각 또는 가열해서 공급하는 공조방식이다. 공조기로부터의 송풍량은 건축물의 규모·용도·층고·덕트 스페이스의 유무에 따라서도 달라지는데 최소한 거주자에게 필요한 외기량은 확보해야 한다. 이 공조방식의 팬코일 유닛(FCU) 배관방식에는 2관식·3관식·4관식의 3종류가 있는데 그 각종 배관방식에 의한 특징을 비교해 〈표 2.9〉에 나타낸다.

4관식 FCU에는 냉온수 겸용 코일형(싱글 코일형)과 코일 분리형(더블 코일형)이 있다. 그러나 최근에는 3관식과 4관식을 아예 사용하지 않는다. 또한 FCU는 노출형·은폐형·상치(床置)형·천장형·로우보이(lowboy)형 등의 다양한 유형을 갖추고 있다.

〈표 2.9〉 FCU 배관방식에 의한 특징 비교

	2관식	3관식	4관식	
			겸용 코일	분리 코일
냉난방 동시운전	불가	가능	가능	가능
건설비	소	중	대	대소
배관 공간	소	중	대	대
Mixing Loss	없음	대	소	없음

[콩지식]

로보이형 FCU

이 FCU의 영문명 lowboy는 본래 "다리가 낮은 서랍장"이라는 의미이다. 반대로 "high boy"는 "수직으로 높고 다리가 달린 서랍장"을 말한다.

〈로보이형 팬코일 유닛〉

〈하이보이 서양식 서랍장〉

〈그림 2.19〉 로보이와 하이보이

2) 덕트 병용 방사 냉난방 공조 방식

이 공조방식은 〈그림 2.20〉에 나타내는 바와 같이 바닥·벽·천장 등을 냉각 또는 가열해 냉각 패널 또는 방사패널로 한다. 그리고 그 패널의 방사열(radiation heat)로 실내 현열부하의 50%~70%를 처리하고, 나머지 실내 현열부하와 실내 잠열부하는 1차 공조기로 외기 함유 공기를 냉각·감습 혹은 가열·가습 처리해 실내로 보내는 방식이다.

이 공조방식의 특징은 쾌적성이 뛰어나고 FCU 등의 실내 유닛이 옥내에 노출되지 않는 이점이 있지만 이니셜코스트(설비비)가 비교적 많이 든다. 일본에서는 동절기만을 대상으로 하는 바닥 매입형 패널 히팅이 일반적이기 때문에 주로 천장이 높은 은행 영업실이나 호텔 로비 등에 적용되고 있다.

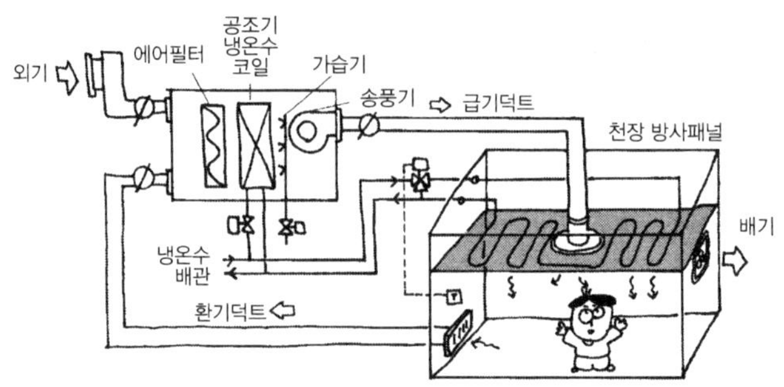

〈그림 2.20〉 덕트 병용 방사 냉난방 방식

이 경우 방사에 의한 가열은 보조난방 역할을 하고 실내 열손실량의 대부분은 덕트에서 송풍되는 공기에 의해 처리된다. 바닥 난방일 경우에는 거주자가 바닥면과 직접 접하게 되므로 바닥 표면 온도를 30℃ 이하로 한다.

바닥 패널과 천장 패널의 일례를 〈그림 2.21〉에 나타낸다.

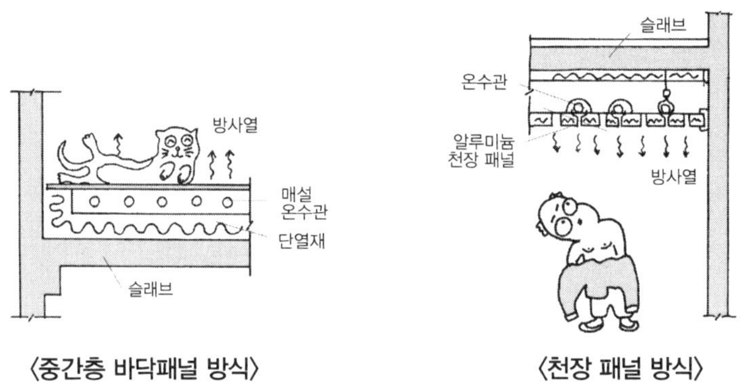

〈중간층 바닥패널 방식〉 〈천장 패널 방식〉

〈그림 2.21〉 '바닥 패널'과 '천장 패널'의 구조 예

(3) 냉매 공조 방식과 그 이용 기기

1) 패키지 공조기에 의한 공조방식

이 공조방식은 압축기·응축기·증발기 등의 냉매 사이클계 기기와, 송풍기·에어필터·자동제어 기기·케이싱 등으로 구성된다.

또한 이 공조 방식은 공장 생산 패키지형 공기조화기를 단독 또는 여러 대 설치해서 공조하는 방식이다. 패키지형 공조기에는 냉방 전용·냉난방 병용식으로 공기열원 또는 수(水)열원의 히트펌프 패키지형 공조기와 거기에 보조히터를 장착한 공조기 등이 있다. 또 실내에 직접 설치하는 직접 패키지형 공조기와 덕트 접속형 패키지 공조기가 있다.

수랭식 직접 패키지형 공조기를 〈그림 2.22〉에 나타낸다.

〈그림 2.22〉 수랭식 직접 패키지형 공조기

2) 멀티 패키지형 공조기에 의한 공조방식

과거에는 개인주택이나 사무실 등에 룸 쿨러(room cooler)로 불리는 실내 냉방 전용기가 유리창을 관통해 설치되던 시절이 있었다. 현재는 대부분이 히트펌프형이고 또 실내 유닛과 실외 유닛으로 나뉜 이른바 분리형 룸 에어컨으로 갱신됐다.

여기에 소개하는 멀티 패키지형 공조방식을 일명 빌딩 멀티 공조방식이라고도 한다. 최근에는 중소규모의 오피스 빌딩이나 대규모 오피스텔에 이르기까지 많이 사용되고 비교적 새로운 공조방식이다.

이 공조방식은 〈그림 2.23〉과 〈그림 2.24〉에 나타내는 바와 같이 다수의 옥내 유닛을 냉매관으로 연결해 1대의 옥외 유닛으로 조달하는 방식으로 냉방 전용형과 히트펌프형 및 2관식과 3관식이 있다.

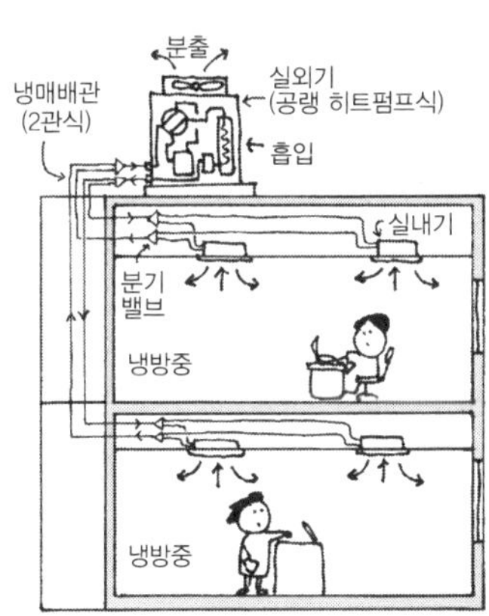

〈그림 2.23〉 멀티 패키지 유닛 :
2관 공조방식

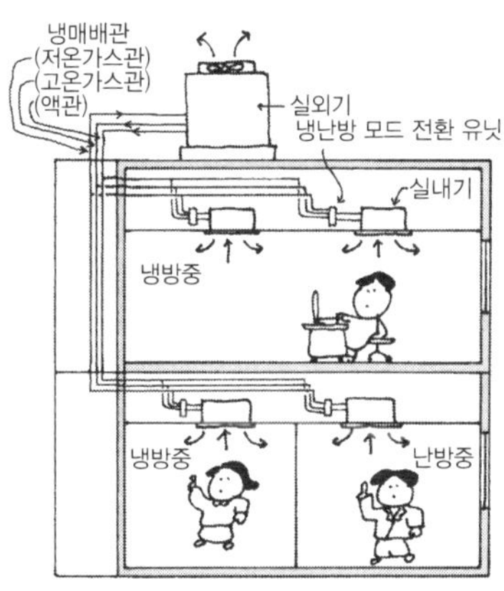

〈그림 2.24〉 멀티 패키지 유닛 :
3관 공조방식

3관식은 각 실내 유닛마다 냉방·난방을 선택할 수 있는 방식으로, 동일한 배관계에 냉난방 요구 기기가 혼재할 경우에는 다른 유닛으로부터의 배기열 회수(waste heat recovery)를 도모할 수 있지만 채택률은 전체 유닛 출하 대수의 2%~3%에 불과하다. 2001년 11월경부터는 기존의 냉매 HCFC22(R22)를 대신해 새로운 혼합냉매 R410A(R32% 50%·R125 50%)를 채택하는 유닛으로 전환되기 시작했는데 최근에는 또 다시 신종 냉매 HFC32(R32:ODP=0·GWP=650)를 탑재한 유닛으로 대체하는 등 변모하고 있다.

그 밖에 최근에는 전력수요의 평준화를 추진할 목적으로 빙축열용 빌딩 멀티 유닛도 개발, 시판되고 있다. 이 빌딩 멀티 유닛은 압축기에서 토출된 냉매가 공기 열교환기에서 방열되고 전자 팽창밸브로 압축한 후 빙축열 유닛 내의 열교환기를 냉각시켜 열교환기에서 얼음을 생성한다.

3) 수(水)열원 히트펌프 패키지형 공조기에 의한 공조방식

이 공조방식의 기본 시스템은 〈그림 2.25〉에 나타내는 바와 같이 물–공기 히트펌프 유닛·방열기(냉각탑)·가열기(보일러·열교환기 등)·순환펌프 및 루프배관으로 구성돼 있다. 건축물에는 냉방부하와 난방부하가 동시 발생할 경우에 채택되고 사계절 내내 각 방의 부하에 따라 냉방·난방을 개별적으로 선택할 수 있다. 물–공기 히트펌프 유닛을 방열 또는 가열하는 열원은 루프 배관에서 얻고, 냉방 부하와 난방 부하가 균형을 이룰 경우에는 배기열 회수(heat recovery)를 도모하는 장점이 있다.

이 유닛으로는 외기를 보급할 수 없어 별도로 공급할 필요가 있는데 이 방식은 전열교환기를 사용해 열 회수한 외기를 도입하는 경우가 많다.

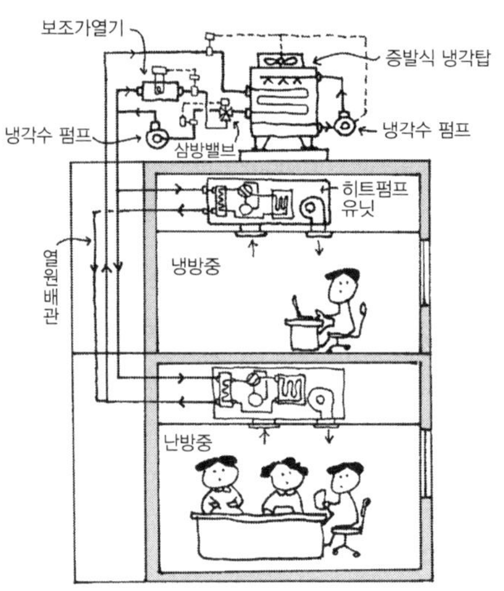

〈그림 2.25〉 수열원 히트펌프 패키지 공조방식

(4) 새로운 공조방식과 그 이용 기기

1) 바닥분출 공조방식

바닥분출 공조방식은 언더플로어 공조방식이라고도 하고 기존 공기 분출 방식의 개념을 완전히 뒤엎은 공조방식이다. 이 방식은 OA 기기의 보급과 함께 전기배선 공사의 유연성을 높이기 위해 설치된 이중바닥 즉 프리액세스 플로어(OA 플로어)를 공조용 공간으로 이용하는 공조방식이다. 공조기로부터의 급기를 이중바닥에 설치한 분출구에서 공조 공간으로 분출하는 방식이고, 실내 거주역(바닥면에서 1.8m 이하)과 비거주역(바닥면에서 1.8m 이상)으로 구분해 거주역 공간만 쾌적하게 유지하려는 목적이 있다.

〈그림 2.26〉에 나타내는 바와 같이 바닥 분출구에서 송풍된 급기는 국소 혼합류에 의해 거주역의 공기와 충분히 혼합되면서 습도·온도가 제어된다. 환기는 덕트 또는 천장 내의 챔버를 경유해 공조기로 돌아간다.

한 마디로 바닥분출 공조방식이라고 하지만 방식이 다양하다. 바닥분출 공조방식을 분출 방식에 따라 분류한 것을 〈그림 2.27〉에 나타낸다.

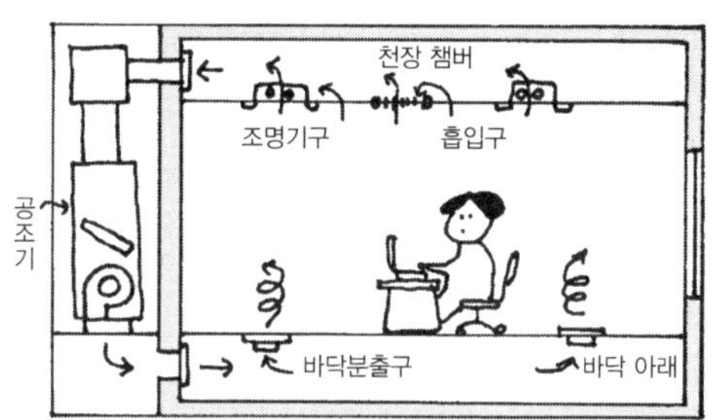

〈그림 2.26〉 바닥분출 공조 방식의 구성

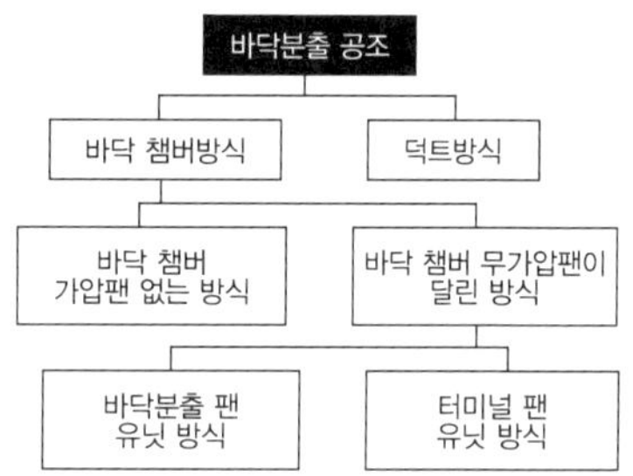

〈그림 2.27〉 바닥분출 공조방식의 분류

2) 퍼스널 공조방식

퍼스널 공조(개별 공조)는 주택 등의 소규모 건축물에 적용되면서 발전했는데 최근 기기의 고품질화·제어기술의 향상으로 제품의 신뢰성도 높아져 일반 빌딩에서 채택하는 경우가 급증하고 있다. 공조에 있어서 쾌적도는 개인마다 다르므로 가능한 한 개인의 요망에 부응하는 공조 시스템이 최선이라는 관점에서 최근 주목받고 있는 것이 〈그림 2.28〉의 파티션 분출 공조방식과 태스크&엠비언트(task&ambient) 공조방식이다.

〈그림 2.28〉의 공조 방식은 앞에서 말한 바닥분출 공조방식과의 복합 시스템으로 돼 있다. 파티션 공조방식은 워크스테이션 주위의 Low 파티션(키가 낮은 칸막이벽)에 설치한 분출구②에서 냉풍을 분출함과 동시에 Low 파티션 표면의 냉(冷)복사에 의해 OA기기로부터의 발열에도 대응할 수 있게 하는 전형적인 개별 공조방식이다.

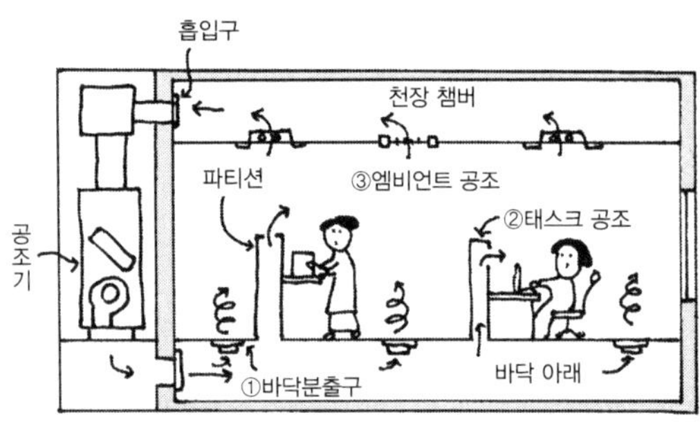

〈그림 2.28〉 파티션 공조방식과 태스크&엠비언트 공조방식

한편 태스크&엠비언트 공조 방식은 엠비언트(주변) 공조에 의해 균일한 온열환경③을 만들고 여객기의 스폿(spot) 공조처럼 태스크(자기 앞) 공조에 의해 개인 취향의 온도로 조정된다. 단, 엠비언트 공조의 온도는 종전의 일반 공조 온도보다 여름에는 더 높게 겨울에는 더 낮게 설정하는 것이 좋다.

3) 가스 히트펌프(GHP) 공조방식

가스 히트펌프(GHP: Gas Heat Pump)와 전기식 히트펌프(EHP: Electric Heat Pump)는 컴프레서 구동원이 가스인가 전기인가의 차이이다.

GHP는 하계 전력수요의 피크를 완화해 연간 가스수요의 평준화(leveling-off) 및 석유 의존도를 줄임으로써 에너지원의 다양화·안정화를 도모하기 위해 개발됐다.

GHP는 기기 능력의 차이에 따라 소규모 빌딩의 공조에 채택되는 GHP와 중·대규모 빌딩의 공조 열원으로서 채택되는 가스엔진 히트펌프로 크게 나뉜다.

일반적으로 전자(前者)를 가리키는 경우가 많으므로 여기에서는 전자에 대해 간단히 설명한다.

GHP는 실내기와 실외기로 구성되고 두 기기는 냉매배관으로 연결된다.

냉매배관 중의 사방밸브(4-way valve)를 전환하면 냉방 사이클에서는 실내기의 코일이 증발기(evaporator)로, 실외기가 응축기(condenser)로 되고 난방 사이클에서는 그 반대 역할을 하게 된다.

동력은 5.6~80.6kw(2~30HP) 정도이고 기종에 따라서는 1대의 실외기가 복수대의 실내기와 접속돼 빌딩 멀티 공조 시스템과 마찬가지로 개별 제어가 가능한 타입도 있다. 그리고 외기열원에만 의존하는 EHP에 비해, 외기 온도의 영향이 작다·예열시간이 짧다·소(小)전력 공조와 수변전설비 소용량화 등의 장점이 있다.

단점은 EHP에 비해 보급률이 낮기 때문에 비교적 비싸다는 점이다. 기타 등유(kerosene)를 사용하는 KHP(등유 히트펌프)도 있다.

2·6 난방 설비

필자의 편견일 수도 있으나 난방 설비라는 용어는 현재 사어(死語)에 가까운 상태이다.

왜냐하면 고원지대에 있는 리조트 호텔 등에도 공조 설비가 완비돼 있어 난방설비만 하는 호텔은 드물기 때문이다.

하지만 고원지대의 호화로운 별장·민박 등에서는 여전히 난방설비가 필수적이다. 여기는 냉방설비에 비해 오랜 역사를 자랑하는 난방설비에 대해 살펴보기로 한다.

(1) 난방설비 개론

일반적으로 난방설비(heating system)란 거실 등을 소정의 온도로 유지하고 외부에 빼앗기는 열 손실을 보충하기 위해 열을 실내에 공급하는 설비를 말한다.

난방으로서 가장 간단한 것은 개별난방이고 이에 대해 건축물 내의 열원실에서 각 방으로 열을 공급해 난방하는 설비가 중앙난방이다.

중앙난방에는 열을 반송하는 방법에 따라 온수·고온수 또는 증기 등의 열매체를 직접 실내의 방열기에 공급해 방열시키는 직접 난방과, 중앙기계실 또는 각 기계실에서 열매체와 공기를 열 교환해 온풍을 만들고 그 온풍을 각 방으로 공급해 난방하는 간접 난방으로 분류한다. 여기서는 중앙식 직접난방에 대해 설명한다.

(2) 대류 난방과 방사 난방

직접 난방은 실내에 설치한 방열기(radiator)의 주요 방열 형태에 따라 대류 난방(convection heating)과 방사 난방(radiation heating)으로 분류된다. 대류 난방은 〈그림 2.29〉에 나타내는 바와 같이 주철제 방열기·베이스보드 히터·컨벡터·팬 컨벡터 등의 기기를 이용해 난방을 한다.

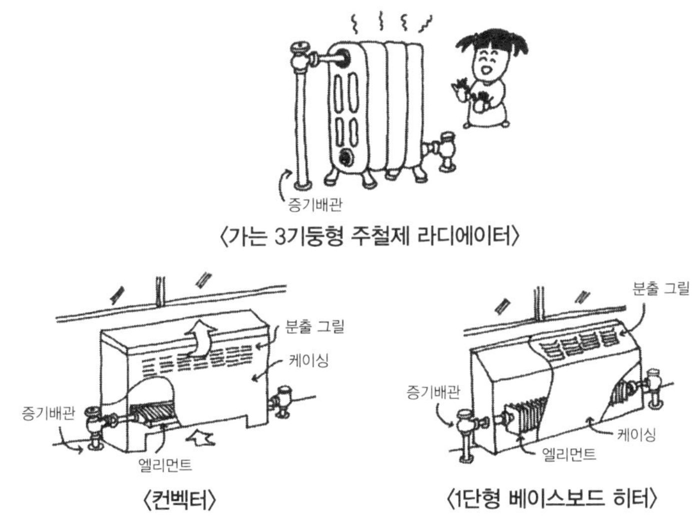

〈그림 2.29〉 난방용 방열기의 종류

[기술용어 해설]

고온수(high temperature hot water)

독일에서는 온도 110℃ 이상을 온수라고 정의한다. 일본은 특별히 그에 대한 정의는 없지만 일반적으로 온도 100℃이상을 온수라고 한다. 유럽에서는 고온수를 고온수 난방에 널리 이용하고 있지만 일본의 지역냉난방(DHC) 플랜트에서는 증기 대신 많이 사용하고 있다. 일본에서 고온수 난방을 본격적으로 채택했던 시기는 아마도 필자가 대학원생 때 설계에 참가했던 와세다대학 이공학부 신주쿠 캠퍼스였을 것이다.

그리고 기기 방열량의 50~75%가 대류를 이용하는데 사용하는 열매체에 따라 증기난방과 온수 난방·고온수 난방으로 나뉜다.

한편 방사난방은 난방의 방열 형태를 대류보다는 주로 방사에 중점을 두고 바닥·벽·천장 등을 직접 가열해 방열체로 하고, 방열량의 50~70%가 방사에 의한다. 방사난방은 대류난방과 같이 열매체의 종류에 따라 방식을 구분하지 않고 일반적으로 방사에 의한 난방방식을 방사난방(일명 패널 히팅)이라고 한다.

(3) 난방방식의 종류와 그 특징

직접 난방의 종류에는 증기난방·보통 온수난방·고온수 난방·방사난방·온풍로 난방 등이 있다. 그 중의 대표적인 난방방식은 증기난방과 온수난방이다.

〈표 2.10〉에서는 각종 난방방식의 특징을 각각의 항목에 대해 비교해 나타낸다. 그리고 〈그림 2.30〉에서는 증기난방, 온수난방, 방사난방에서의 실내 수직온도 분포를 나타낸다. 〈그림 2.30〉을 보면 방사 난방에서는 실내 바닥부와 천장부의 온도차 즉 수직온도 분포차가 작다는 것을 알 수 있다.

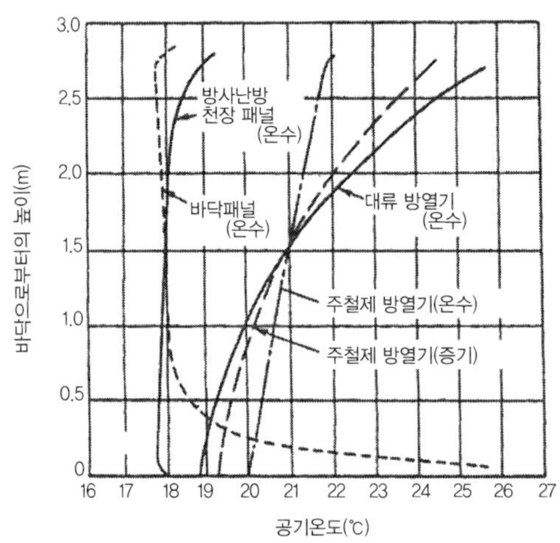

〈그림 2.30〉 각종 난방방식의 실내공기 온도분포

〈표 2.10〉 각종 난방방식의 특징 비교

항목		증기	보통 온수	고온수	방사	온풍로
열매체 열매체 온도		증기 100~110℃	온수 60~80℃	고온수 110~150℃	온수 50~60℃	공기 30~50℃
방열체 1m²당 방열량 W/m²[kcal/m²·h]		방열기 755 [650]	방열기 465 [400]	방열기 930 [800]	패널 116 [100]	없음 없음
설비비	(대규모) (중규모) (소규모)	소 소 중	대 중 소	중 대 대	대 대 대	중~대 중~대 소~대
쾌감도 환기와 병용		보통 다른 방법	양호 다른 방법	보통 다른 방법	가장 양호함 다른 방법	양호 공유
시행 유지관리 열효율 자동제어		용이함 약간 귀찮음 보통 약간 어렵다	용이함 용이함 양호 용이함	고도의 기술이 필요함 용이함 가장 양호함 용이함	특수기술이 필요함 용이함 보통 보통	용이함 보통 보통 보통
적용 건물		지역난방 대규모 빌딩 공장 학교	소~중규모 빌딩 독립주택 집합주택 병원	지역난방 저층의 대규모 빌딩 공장 학교 주택군	홀 은행 영업실 공장(고온 방사) 주택	공장 사무실 주택

[기술용어 해설]

상당 방열면적(EDR : Equivalent Direct Radiation)

직접 난방설비 용량표시법의 일종이다. 실온 18.5℃, 증기온도 102℃, 온수온도 85℃를 기준 상태로 하고 난방부하(kcal/h) 등을 증기난방에서는 650kcal/h로, 온수난방에서는 450kacal/h로 나눈 값을 단위 EDR㎡로 나타낸다. 방열기나 보일러의 용량 표시에 이용된다. 영어 약자로 이·디·알(EDR)이라고도 한다.

제3장. 공조용 냉열원 기기에 관한 지식

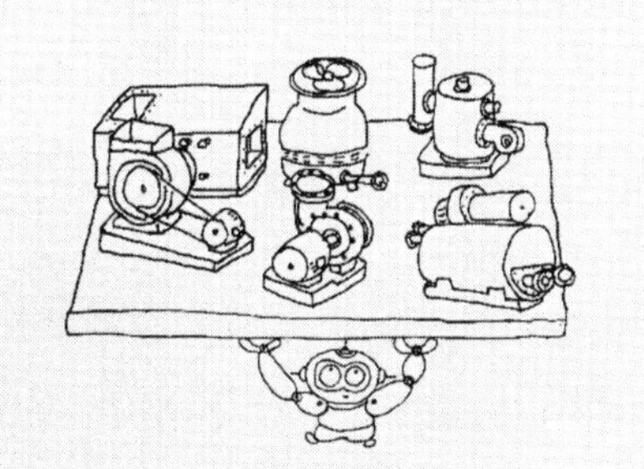

3·1 공조용 냉온열원 설비 기기란?

공조용 냉온열원 설비 기기(cooling & heating source machines)란, 냉방을 위해 필수적인 냉수(chilled water)를 제조하고 난방을 위해 필수적인 증기(steam) 또는 온수(hot water)를 제조하는 기기를 말한다. 이들 기기는 냉열원 설비기기와 온열원 설비기기로 크게 나뉘고 인체에 비유하면 심장부에 해당하는 공조 설비 기기들 중에서도 가장 중요한 역할을 맡는다.

일본과 같은 기후의 지역에서는 냉난방 모두를 필요로 하는 건물이 많다. 따라서 냉방 시에는 냉수, 난방 시에는 증기 또는 온수를 공급하기 위해 여러 냉온 열원을 조합해야 한다.

아래에서는 이들의 대표적인 열원 방식에 대해 기술한다.

(1) 전동식 냉동기+보일러 열원방식 〈그림 3.1〉

냉방 시에는 냉동기를 전력으로 가동시켜 냉수를 제조하고, 난방 시에는 도시가스·기름 등을 연소해 보일러로 증기·온수 등을 제조하는 열원 방식이다.

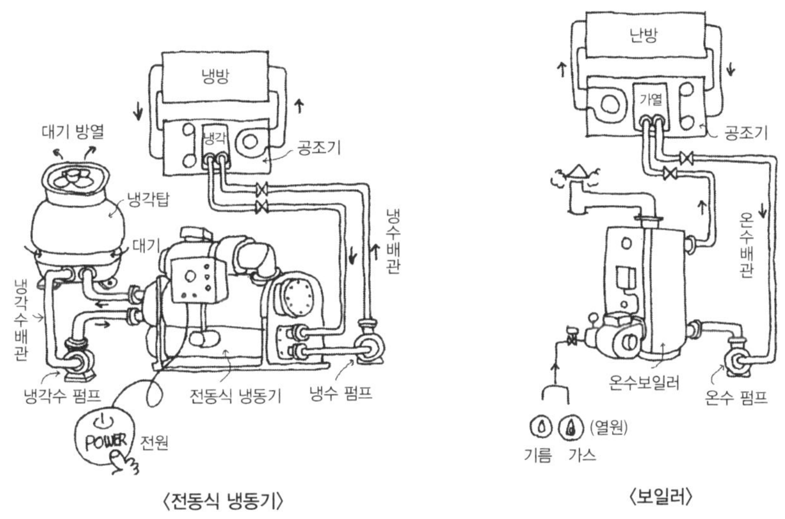

〈그림 3.1〉 전동식 냉동기 + 보일러 열원 방식

(2) 흡수식 냉동기+보일러 열원방식 〈그림 3.2〉

냉방 시에는 보일러의 증기를 이용해 흡수식 냉동기에서 냉수를 만들고, 난방 시에는 증기 보일러의 증기 또는 온수 보일러로 온수를 제조하는 열원 방식이다.

(3) 흡수식 냉온수 발생기 열원방식 〈그림 3.3〉

1대에서 냉수·온수를 공급하는 흡수 냉온수기로 냉난방 하는 열원 방식이다.

(4) 공기 열원 히트펌프식 냉동기 열원방식 〈그림 3.4〉

공기열원 히트펌프식 냉동기로 냉방·난방 하는 열원 방식이다.

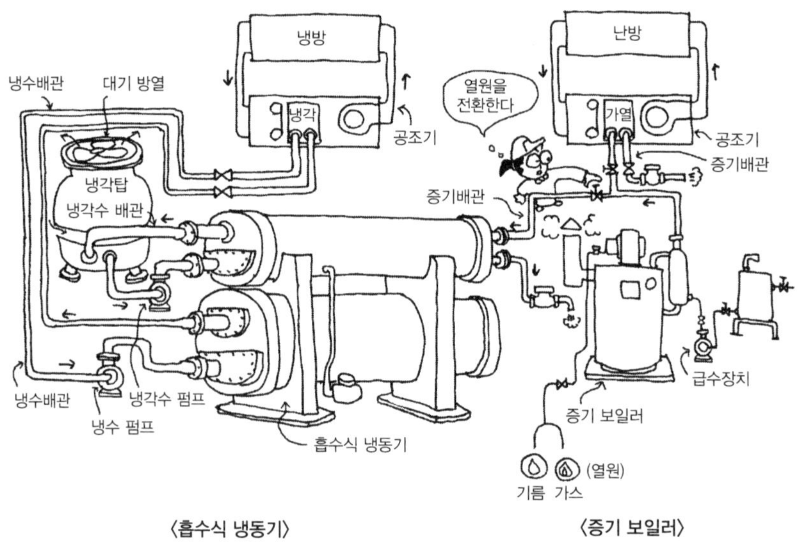

〈그림 3.2〉 흡수식 냉동기+보일러 열원 방식

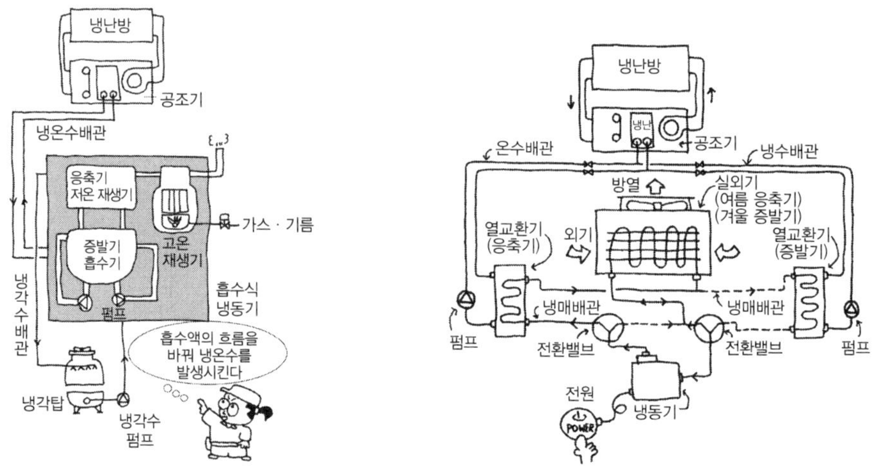

〈그림 3.3〉 흡수식 냉온수발생기 열원 방식

〈그림 3.4〉 공기열원 히트펌프식 냉동기 열원 방식

3·2 냉열원 설비 기기

냉열원 설비 기기의 주역은 단연코 냉동기(chiller)다.

기타 부속기기로는 냉수펌프·냉각탑·냉각수 펌프 등이 있는데 범용 공조용 기기로서 펌프 및 송풍기에 관해서는 이하 3·12 및 3·13에서 기술했다.

냉동기는 원리적으로 증기 압축식과 흡수식으로 크게 나뉜다.

증기 압축식 증기라고 하면 위화감을 느끼는 분도 많겠지만 압축식 증기란 냉매증기가 증발할 때의 냉각작용을 이용하는 원리로, 냉매를 반복 사용하기 위해 증발한 냉매를 압축해 상온에서 응축 액화시키고 이것을 다시 저압부로 보내 증발시킴으로써 냉동작용을 연속적으로 일으키는 방식의 냉동기다.

증기압축식 냉동기는 압축기(compressor)의 동력으로서 통상 전동기(motor)를 이용하고 그 냉매(refrigerant)로, 종전에는 프레온계 냉매로 불렸던 CHC11(R11)·CFC12(R12) 등이 사용돼 왔다.

그러나 R11·R12는 오존파괴계수(ODP)가 크기 때문에 특정 프레온으로서 1995년 말에 생산이 정지됐다. 오존파괴계수(ODP)가 더 작은 대체냉매로 채택된 HCFC22·HCFC123 등도 지정 프레온으로서 2030년에 생산 정지될 규제 대상이므로 새로운 대체냉매로 전환하기 시작했다.

신 대체냉매로 요구되는 성질로는 ①오존파괴계수(ODP)가 0(제로)일 것, ②지구온난화계수(GWP)가 작을 것, ③에너지 효율이 높을 것이다. 신 대체냉매로서 룸 에어컨의 냉매가 HCFC22(R22)에서, 혼합냉매 R407C ⇒ 혼합냉매 R410A ⇒ HFC(R32)로 바뀌고 패키지 에어컨용 냉매가 HCFC(R22)에서 혼합냉매 R407C로 바뀌어 실용화됐지만 여전히 지구온난화 계수(GWP)가 높다.

또한 지구온난화 방지를 위해 CO_2배출량을 줄이기 위한 에너지 절감 및 온실가스로 지정된 대체냉매 HFC의 대기 방출량 삭감 대책도 새로운 과제이다. 한편 흡수식 냉동기는 동력 대신 가열용 열원으로는 증기나 고온수·온수를, 냉매로는 물을, 흡수액으로는 브롬화리튬(LiBr)을 각각 이용한다.

3·3 냉동기의 종류

증기압축식 냉동기와 흡수식 냉동기는 〈표 3.1〉과 같이 분류된다. 흡수식 냉동기는 가스 또는 액체 연료를 연소해 흡수식 냉동기의 재생기를 직접 가열하는 형식이고, 이 냉동기를 직화 흡수식 냉온수기라고 해서 냉수와 온수를 동시에 공급하는 형식도 있는데 일반적으로 70.3kw(20냉동톤) 이상인 것은 이중 효용식이다.

3·4 증기압축식 냉동기의 냉동 사이클

증기압축식 냉동기는 ①압축기(compressor) ②응축기(condenser) ③팽창밸브(expansion valve) 또는 모세관(capillary tube) ④증발기(evaporator)의 4가지 주요 부분으로 구성된다.

〈표 3.1〉 공조용 냉동기의 종류와 용량 · 용도

냉동 사이클	형식			종류	냉매	구동동력 [kW]	주요 용도
증기 압축식 냉동 사이클	용적 압축형	왕복동식		전밀폐형 냉동기	HCFC-22, HFC-134a, R407	0.1 ~ 15	전기냉장고 · 냉동, 패키지형 공조기
				반밀폐형 냉동기	HCFC-22, HFC-134a, R407	0.75 ~ 45	냉동, 패키지형 공조기
				개방형 냉동기	NH_3, HCFC-22, HFC-134a	0.4 ~ 120	냉동, 카 에어컨디셔너
		회전식	로터리	소형 회전 피스톤형 냉동기	HCFC-22, HFC-134a	0.1 ~ 5.5	(전밀폐) 전기냉장고 · 냉동공조
				소형 가동 날개형 냉동기	HCFC-22, HFC-134a	0.75 ~7.5	(전밀폐) 공조 (개방) 카 에어컨디셔너
				대형 회전 피스톤형	NH_3, HCFC-22	20 ~ 300	(개방) 선박용 냉동
				스크롤 냉동기	HCFC-22, HFC-134a	0.75 ~ 7.5	(전밀폐) 공조 · 냉동 (개방) 카 에어컨디셔너
			스크류	트윈 로터형 스크류 냉동기	HCFC-22, HFC-134a	20 ~ 1,800	(밀폐) (개방) 냉동 · 공조
						0.75 ~ 6	(개방) 카 에어컨디셔너
				싱글 로터형 스크류 냉동기	HCFC-22, HFC-134a	22 ~ 1,100	(밀폐) (개방) 냉동 · 공조
	원심형			원심 냉동기	HCFC-123, HCFC-22, HFC-134a	90 ~ 7,500	(밀폐) 중 · 대규모 건축물의 공조 · 냉동 (개방) 산업용 냉각 · 지역냉방
흡수식 냉동 사이클	흡수형			소형 흡수식 냉온수기	물 (흡수제 LiBr)	-	주택 및 소규모 건물의 냉난방
				단일효용 흡수식 냉동기	물 (흡수제 LiBr)	-	배압 터빈구동 원심 냉동기와의 조합용 · 폐열용
				이중효용 흡수식 냉동기	물 (흡수제 LiBr)	-	중압 증기가 있을 경우의 일반 공조
				직화 흡수식 냉온수기	물 (흡수제 LiBr)	-	일반 건물의 냉난방(가스 · 직화 등유)

냉매가스는 압축기에서 압축된 고압·고온의 가스로, 응축기에서 냉각돼 액화한다. 이 액체는 팽창밸브로 감압돼 증발기에 들어간 뒤 주위의 열을 빼앗아 증발한다. 증발한 저압 냉매가스는 다시 압축기에 흡입된다.

이와 같이 냉동기는 증발기에서 열을 빼앗아 냉동작용을 하는 한편 응축기에서 열을 외부로 방열한다. 이 냉매의 사이클을 수치로 나타내는 데는, 압력-비엔탈피 선도 즉 냉매의 압력 P(Pa)[kgf/cm^2]를 종축으로 하고 비엔탈피 h(kj/kg)[kcal/kg]를 횡축으로 하는 〈그림 3.5〉와 같은 몰리에르 선도(Mollier Diagram)가 많이 이용되고 있다.

이상과 같이 압축⇒응축⇒팽창⇒증발의 기본적인 냉동 사이클을 나타내면 〈그림 3.5〉의 A⇒B⇒C⇒D와 같다. A는 증발기를 나와 압축기에 들어가는 상태에서 포화증기선(saturated vapor line) 위를 타고 있다. 이 냉매가스를 압축할 때 단열 압축(adiabatic compression)이 이루어지면

A ⇒ B와 같이 변화한다. 압축된 냉매가스를 응축기에서 냉각하면 압력은 일정한 상태에서 비엔탈피만 감소하고 포화액선(saturated liquid line)상의 C로 이동한다.

이 냉매액을 팽창밸브의 스로틀 작용으로 단열 팽창시키면 압력이 내려가고 비에탈피는 변함없이 D로 이동한다.

D에서는 냉매가 기체 혼합 상태에 있고 증발기로 들어가 주위의 열을 빼앗아 비에탈피를 늘려 A로 이동한다.

〈그림 3.5〉에 나타내는 압축식 냉동기의 열수지 등은 다음과 같은 식으로 표시된다.

- 냉동효과 : $Q_0 = h_A - h_D$ (kJ/kg) [kcal/kg]
- 압축 일　: $A_L = h_B - h_A$ (kJ/kg) [kcal/kg]
- 가열효과 : $Q = h_B - h_C$ (kJ/kg) [kcal/kg]

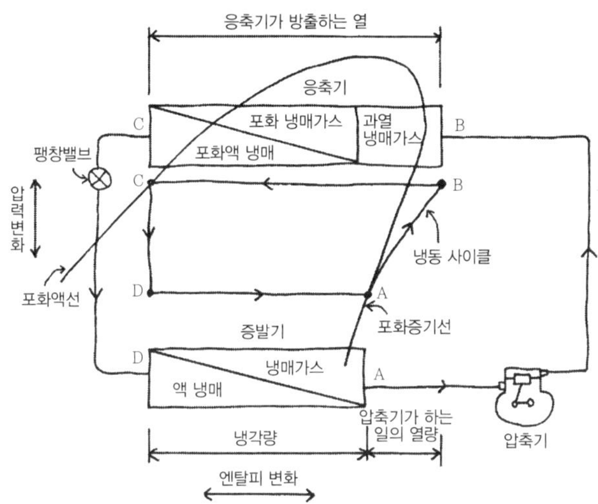

〈그림 3.5〉 압축식 냉동기의 냉동 사이클 : 몰리에르선도상의 변화

[기술용어 해설]

카르노 사이클(Carnot Cycle)

액체가 어떤 상태에서 다양한 변화를 거쳐 다시 원래의 상태로 돌아가는 상태변화의 사이클을 말하고 이상적인 열기관으로서 1824년 Carnot가 제창했다. 〈그림 3.6〉에 나타내는 바와 같이 ①등온팽창⇒②단열팽창⇒③등온압축⇒④단열압축을 반복하는 가역 사이클이다.

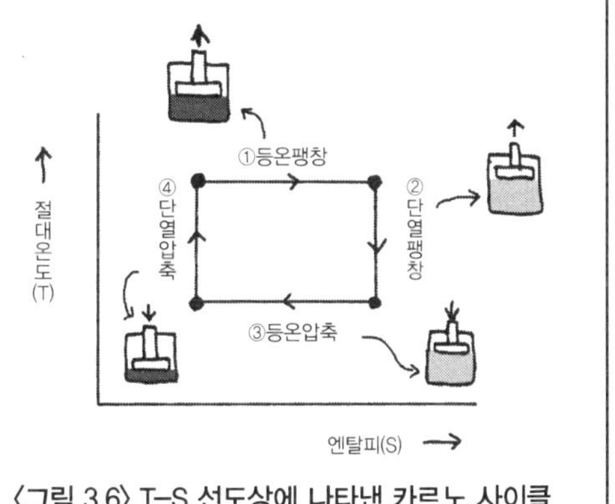

〈그림 3.6〉 T–S 선도상에 나타낸 카르노 사이클

- 성적계수 : $\varepsilon = Q_0 / AL = (h_A - h_D)/(h_B - h_A)$

  $Q = Q_0 + A_L$ (kJ/kg) [kcal/kg]

여기서 A : 일 당량 (A=1) [1/427kcal/kgf·m]

L : 일 (kgf·m)

이 같이 이상적인 역카르노 사이클은 냉동 사이클의 기본이고 다른 어떤 냉동 사이클보다 더 큰 성적계수(COP)를 갖는다. 증발온도를 T1(K), 응축온도를 T2(K)라고 하면 역카르노 사이클의 성적계수(COP)는 ε=T1/(T2−T1)로 표시된다.

이 식에서는 증발온도(압력)가 낮을수록 또 응축온도(압력)가 높을수록 성적계수 ε가 작음을 나타낸다. 실제로 냉동 사이클에서는 냉매가 관로·압축기·응축기·증발기 등 그 내부를 흐를 때의 마찰저항, 외부로부터의 열 출입 그리고 흡입밸브나 토출밸브를 흐를 때 약간의 스로틀 작용으로 인한 손실이 있어 기본적인 냉동 사이클보다 성적계수(COP)가 더 작아진다.

3·5 증기 압축식 냉동기의 종류

여기에서는 대표적인 증기 압축식 냉동기에 대해 기술한다.

(1) 왕복동 냉동기

일명 레시프로식 냉동기라고도 하고, 증기 압축식 냉동기의 하나로 옛날부터 사용돼 온 대표적인 냉동기다. 이 냉동기는 콘덴싱 유닛(condensing unit)·칠링 유닛(chilling unit) 등의 형태로 사용되기도 하고 또 룸 쿨러·패키지 공조기로도 사용된다. 대부분 7kW(2.1USRT)~351kW(100USRT) 정도의 소(小)용량을 커버한다.

〈그림 3.7〉에 나타내는 바와 같이 왕복동 냉동기는, 증발기(evaporator)·압축기(compressor)·응축기(condenser)·팽창밸브(expantion valve)와 이들을 연결하는 냉매배관으로 구성된다.

[기술용어 해설]

미국 냉동톤과 일본 냉동톤 : 냉동용량을 나타내는 용어에 냉동톤이 있다.

◇**미국 냉동톤 (United States ton of refrigeration)**

통칭 USRT라고 한다. 0℃의 물 2000 lb(1미국톤)를 24시간 동안에 0℃의 얼음으로 만드는 냉동능력을 말한다. 3,516kW(3,024kcal/h)로, 일본 냉동톤보다 약 10% 작다.

◇**일본 냉동톤(Japanese ton of refrigeration)**

통칭 JRT라고 한다. 0℃의 물 1m³를 주야로 24시간 동안에 0℃의 얼음으로 만드는 냉동능력을 말한다. 3,816kW(3,320kacl/h)로, 미국 냉동톤보다 약 10% 크다

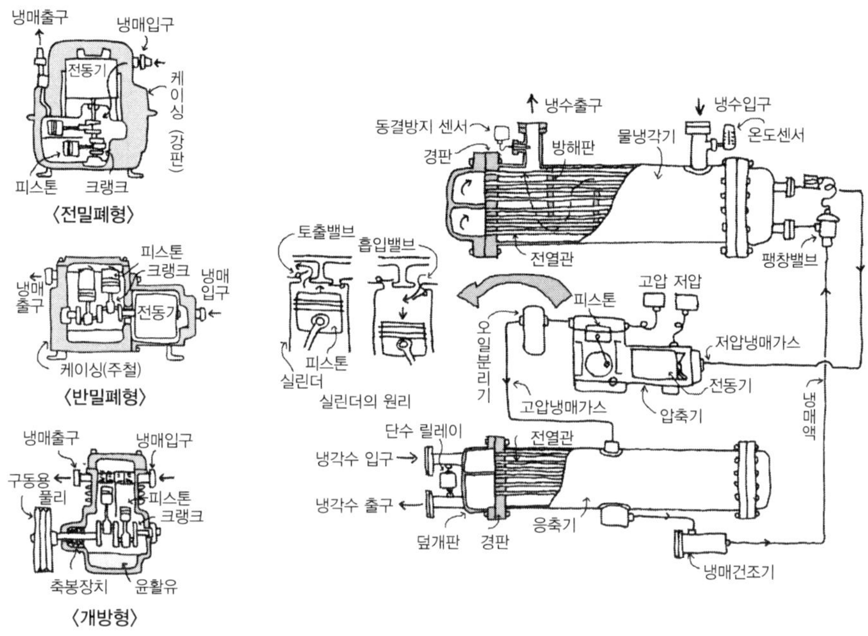

〈그림 3.7〉 왕복동 냉동기의 구성

압축 공정은 피스톤의 왕복동에 의해 흡인 압축되고 토출구에서 응축기로 압송되는 원리의 냉동기이다.

일반적으로 용량 제어에는 언로드(unload) 제어가 채택된다.

〈표 3.1〉에 나타내는 바와 같이 이 냉동기에는 전밀폐형·반밀폐형·개방형의 3종류가 있다. 그리고 이 냉동기는 어느 용량 이상이면 고압가스보안법의 규제 대상이 되므로 냉동기계책임자 자격이 있는 보안책임자를 선임할 필요가 있다.

[기술용어 해설]

브라인 (brine)

간접식 냉각 시스템에 사용되는 액체이다. 냉동기의 증발기와 냉각해야 할 장소를 순환하면서 열을 증발기로 실어 나르는 것으로 2차 냉매라고도 한다.

사용 온도에서 ①동결하지 않는다 ②비열이 크다 ③점도가 작다 ④열전도도가 좋다 ⑤부식성이 적다 ⑥불연성으로 구입하기 쉽다 ⑦저렴한 것을 선정한다.

보통 0℃ 이상에서는 물, 그 이하에서는 염화칼슘·에틸렌글리콜·프로필렌글리콜 등이 일반적으로 채택된다.

(2) 원심 냉동기

일명 터보 냉동기라고도 하고 용량은 351kW(100USRT)의 소용량부터 35,160kW(10,000USRT)의 대용량까지 있다.

대용량의 원심 냉동기는 오로지 지역냉난방(DHC : District Heating and Cooling)·대규모 공조용 플랜트 전용으로 채택되고 있다. 구성요소는 위에서 말한 레시프로 냉동기와 별다른 차이는 없지만 원심 냉동기의 압축공정은 임펠러 회전에 의해 생기는 원심력(centrifugal force)으로 냉매가스를 압축하고 고속회전이 가능하기 때문에 대용량이더라도 중량·설치면적이 작아도 된다.

고속 단층 밀폐형 원심 냉동기를 〈그림 3.9〉에 나타낸다.

통상 원심 냉동기의 용량을 제어하는 데는 흡입 베인 제어법(controlling suction vane)을 적용하고 제어범위는 20%~100% 정도이고, 성적계수(COP)는 4.5~5.5 정도다.

원심 냉동기의 압축기 용량 제어방법에는 다음과 같이 4가지 방법이 있는데, ① 흡입 가이드 베인 조절이 일반적으로 가장 많이 채택된다.

① 흡입 가이드 베인 조절법

② 흡입 베인과 디퓨저 제어

③ 고온가스 바이패스 제어

④ 회전수 제어

[기술용어 해설]

◇칠링 유닛 (chilling unit)

Water chilling unit이나 Brine chilling unit 등 오로지 액체를 냉각하기 위한 냉동장치로, 유닛화한 것을 말한다.

◇콘덴싱 유닛 (condensing unit)

냉동장치 중에서 액화장치를 구성하는 압축기·원동기·응축기·압력계·안전장치 등의 유닛(단, 증발기는 포함하지 않는다)을 말하고 수랭식과 공랭식으로 크게 나뉜다.

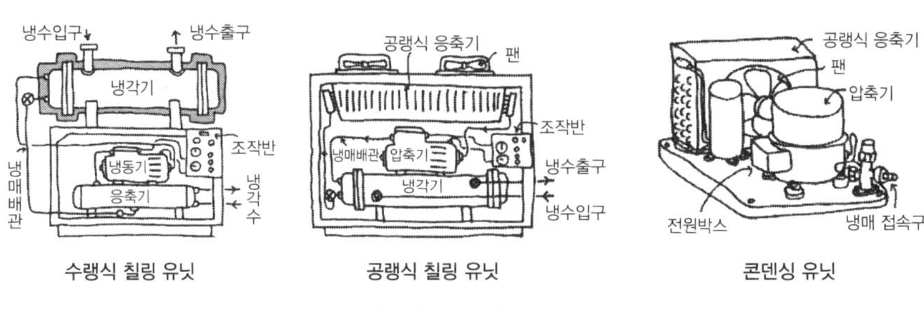

〈그림 3.8〉 칠링 유닛

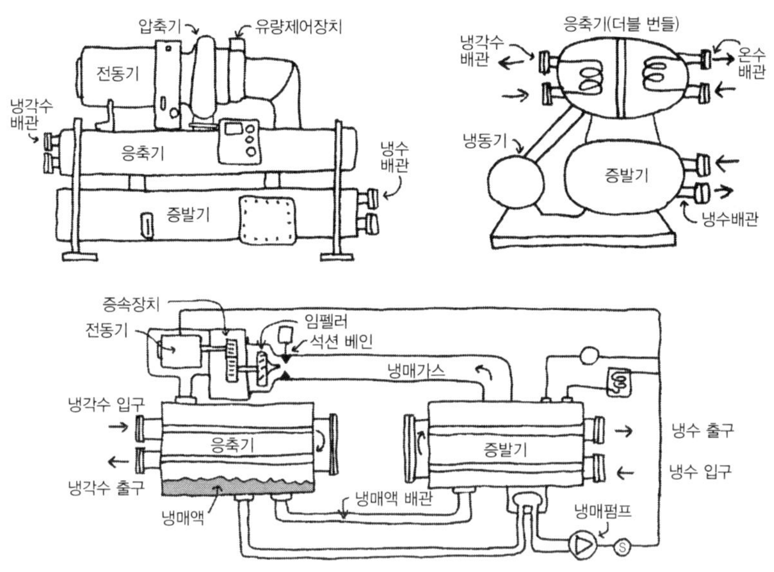

〈그림 3.9〉 고속 1단 밀폐형 원심 냉동기

(3) 회전식 냉동기

회전식 냉동기는 〈표 3.1〉에 나타내는 바와 같이 ①스크류 냉동기 ②로터리 냉동기 ③스크롤 냉동기의 3종류 냉동기로 크게 구분된다.

1) 스크류 냉동기(screw type chiller)

스크류 냉동기는 회전식 냉동기의 범주에 속하는 냉동기이기는 하나 액체냉매 압축기구의 회전운동으로 압축작용을 얻는 원리의 냉동기다. 우선 용량 면에서 소용량은 20kW(5.7USRT)부터 대용량은 1,800kW(512USRT)까지이므로 냉동 용량 면에서 볼 때 앞에서 말한 왕복동 냉동기와 원심 냉동기의 중간 용량 기종이라고 할 수 있다.

스크류 냉동기의 압축기는 〈그림 3.10〉에 나타내는 구조로 돼 있고 1축과 2축이 있는데 단순히 스크류 냉동기라고 하면 통상 2축을 가리킨다.

[기술용어 해설]

냉동기의 성적계수 (COP : Coefficient of Performance)

냉동기의 냉동용량과 그 냉동용량을 출력시키기 위한 총에너지의 열 당량비를 말한다.

따라서 COP가 클수록 에너지 절감성이 우수한 냉동기라고 할 수 있다. 예를 들어 "너는 COP가 높구나."라는 평가를 받으면 "너는 하나를 말하면 둘도 셋도 헤아리고 이해가 빠르다."라는 의미이므로 부하들을 칭찬하는 기술자의 일상 회화로 사용해 보면 어떨까?

COP라는 용어는 일반인들 사이에서 가성비 즉 비용대비 효과(cost performance)라는 의미로 사용되는 경우가 많으므로 주의한다.

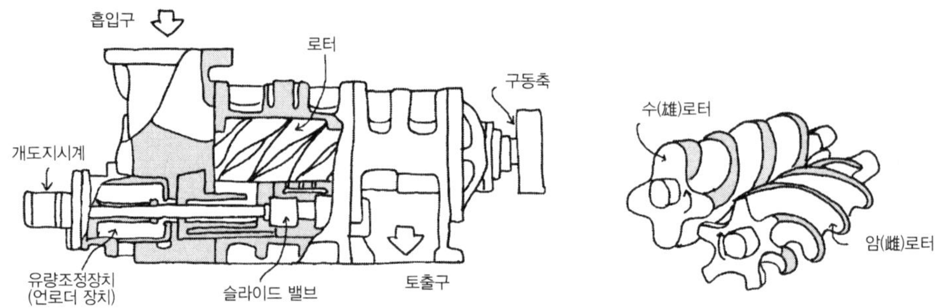

〈그림 3·10〉 스크류 압축기의 구조

스크류 냉동기는, 레시프로 냉동기에 비해 소형이고 진동이 적어 압축비가 높은 냉동기라든가 하절기와 동절기에 압력비가 변하는 냉동기에 비해 효율 저하가 적고 고효율인 점 특히 부하가 낮을 때는 제어성이 뛰어나 다방면으로 사용되고 있다.

이 냉동기는 압력비가 큰 압축에 잘 견뎌 내므로 저온용·히트펌프용에 적합하고, 앞에서 말한 왕복동 냉동기와 원심 냉동기의 중간 기종으로서 자리매김한다. 특히 빌딩 공조용으로서 뒤에서 말하는 공기열원 히트펌프에 채택되고 있다.

용량 제어에 있어서는 케이싱 내의 슬라이드 밸브를 개폐함으로써 냉매 가스가 바이패스 하는 방법을 적용하고 있어 10%~100%까지 무단계로 제어한다.

2) 로터리 냉동기(rotary refrigerating machine)

로터리 냉동기는 전(全)밀폐식 압축기를 사용해 룸 에어컨과 같이 소용량 제품에 사용되고 있다. 압축기 이외의 부분은 왕복동 냉동기와 거의 같다. 〈그림 3.11〉에 나타내는 바와 같이 로터리 압축기에는 로터리식과 슬라이딩 베인식의 2종류가 있는데 실린더(cylinder) 안에 편심해서 장착된 로터(rotor)가 회전해 실린더와 로터 사이의 공간 용적을 변화시킴으로써 냉매가스를 압축한다.

[기술용어 해설]

압축비(compression ratio)와 압력비(pressurization ratio)

왕복동 또는 로터리 엔진에서 기통 내에 흡입한 연소가스 또는 연소공기의 체적과 압축 후 체적과의 비를 말한다. 그 수치가 점화기관에서는 8~12, 디젤기관에서는 20~22이다.

냉동용 압축기계에 대해서는 압력비를 가리키지만 냉동에서는 습관상 압축비라는 기술용어가 사용되고 있는데 일반적으로는 압력비라고 한다.

이 압축기는 구조가 간단하고 잔류 냉매가스도 적기 때문에 압축비가 높아도 체적효율이 좋아 왕복동 냉동기에 비해 진동·소음이 적다.

단, 용량 조정장치가 없어 ON/OFF로 용량을 제어한다.

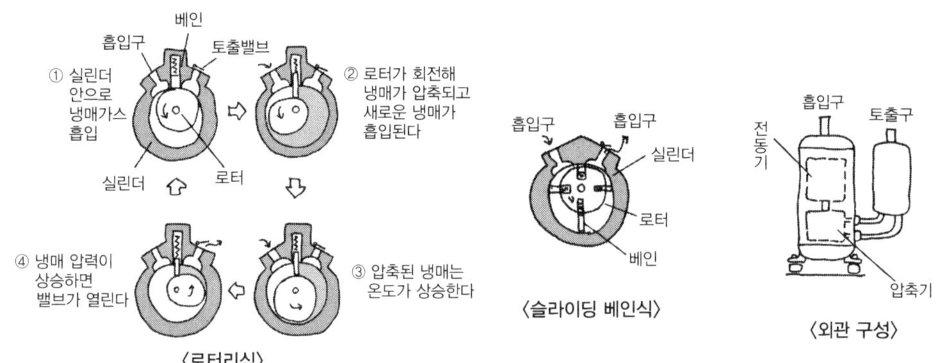

〈그림 3.11〉 로터리 압축기

3) 스크롤 냉동기 (scroll refrigerating machine)

스크롤 냉동기는 〈그림 3.12〉에 나타내는 바와 같이 소용돌이 모양의 고정 스크롤과 가동 스크롤을 조합해 압축하는 방식이다.

토크 변동이 적고 저진동·저소음이기 때문에 가정용 룸 에어컨 등의 소용량 제품에 사용되고 있다.

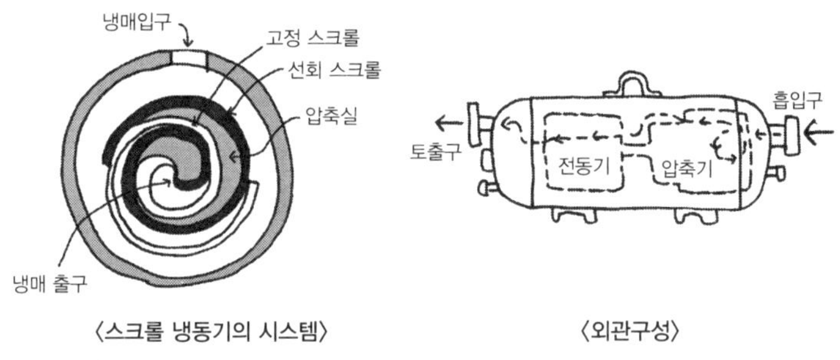

〈그림 3.12〉 스크롤 냉동기

[기술용어 해설]

토크 (torque)

회전축에 작용하는 비틀림 모멘트를 말한다. 축은 토크로 동력을 전달하고 회전수를 곱하면 전달동력이 된다.

3·6 흡수식 냉동기의 냉동 사이클

흡수식 냉동기는 ①재생기(regenerator) ②증발기(evaporator) ③흡수기(absorber) ④응축기(condenser)의 4개 주요 부분으로 구성돼 있다.

〈그림 3.13〉에서 흡수액은 흡수기와 재생기 사이를 순환하고 냉매(물)는 재생기⇒응축기⇒증발기⇒흡수기의 사이클을 순환한다. 흡수식 냉동기의 냉매는 물이라는 점에 유의한다.

증발기 내에서 냉매인 물을 증발시켜 냉동작용을 일으키고 증발한 수증기를 흡수기로 흡수액에 흡수시킨다. 수증기를 흡수해 희용액(weak solution)이 된 흡수액은, 펌프에 의해 열교환기를 거쳐 재생기로 보내져 증기·고온수 등으로 가열된다. 재생기에서 비등한 흡수액은, 수증기를 방출하고 농용액(concentrated solution)이 돼 열교환기를 거쳐 다시 흡수기로 돌아간다. 재생기에서 발생한 수증기는 응축기로 들어가 냉각돼 액화하고 증발기로 보내진다.

흡수기에서는 수증기가 흡수액에 흡수될 때 생기는 응축 잠열과 용해열을 방출하고 응축기에서는 수증기의 응축 잠열을 방출한다. 그리고 냉각수는 흡수기를 통해 응축기로 보내져 흡수기 및 응축기로 향하는 방열을 흡수한다.

여기서 주목할 것은, 흡수식 냉동기에서는 냉매인 물의 증발온도를 낮추기 위해 압력을 아주 낮게 해야 한다는 점이다.

예를 들어 증발온도를 2℃로 하면 0.7kPa[0.0072kgf/cm²abs]가 된다. 또 응축온도를 45℃로 하면 9.6kPa[0.098kgf/cm²abs]가 되고 대기압보다 압력이 훨씬 낮으므로 기내(器內)는 항상 진공에 가까운 상태로 운전해야 한다.

흡수식 냉동기의 열 수지는 용액 펌프 및 냉매 펌프의 동력·방열·흡열 등의 손실을 무시하면 다음과 같은 식으로 표시된다.

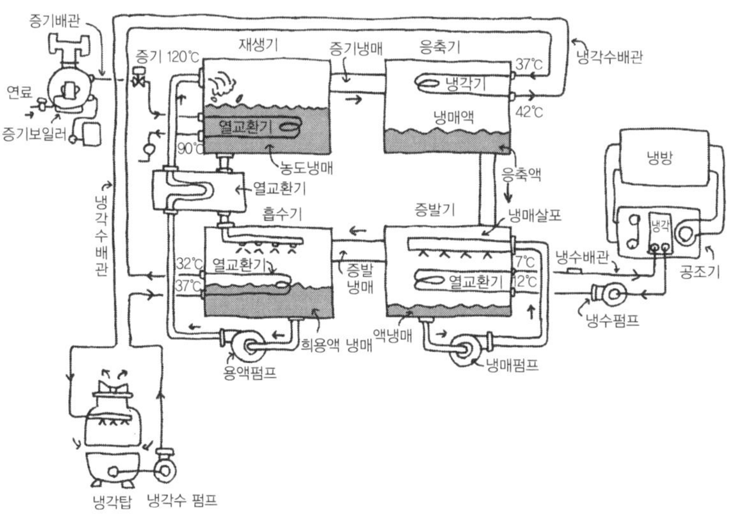

〈그림 3.13〉 흡수식 냉동기의 냉동 사이클

$Q_E + Q_G = Q_C + Q_A$ (W) [kcal/h]

여기서 Q_G : 재생기가 흡수액에 준 가열량(W) [kcal/h]

Q_E : 냉동 열량(W) [kcal/h]

Q_C : 응축기가 냉각수로 방출하는 열량(W) [kcal/h]

Q_A : 흡수기가 냉각수로 방출하는 열량(W) [kcal/h]

흡수식 냉동기의 성적 계수(COP) : ε는 다음 식으로 표시된다.

성적계수 : $\varepsilon = Q_E / Q_G$

3·7 흡수식 냉동기의 종류

(1) 흡수식 냉동기

흡수식 냉동기가 개발 초기에는 단일(1중) 효용 흡수식 냉동기가 존재했지만 현재는 에너지 절감 차원에서 단일효용 흡수식 냉동기가 거의 생산되지 않고 있어 흡수식 냉동기의 성적계수(COP)를 개선한 이중효용 흡수식 냉동기가 광범위하게 사용되고 있다.

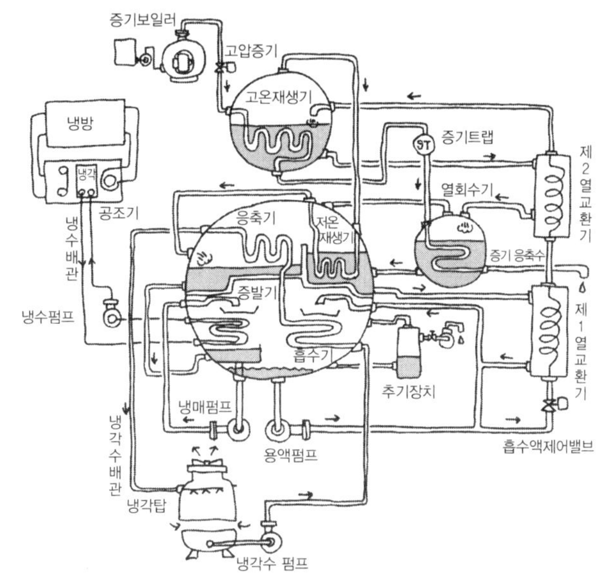

〈그림 3.14〉 이중효용 흡수식 냉동기

이중 흡수식 냉동기는, 〈그림 3.14〉에 나타내는 바와 같이 고압증기 0.7~0.8MPa[7~8kgf/cm²]·고온수 190℃ 또는 온수 80℃로 고온 재생기를 가열하고 고온 재생기에서 발생한 냉매 수증기를 다시 저온 재생기 가열에 이용함으로써 COP는 0.65~1.2 정도가 되지만 원심 냉동기의 COP는 4.5~5.5이다.

[콩지식]

증기라든가 고온수로 어떻게 냉수를 만들까?

필자가 모 사립여자대학 주거학과 담당 모 교수의 초대로 주거학과 여학생들에게 흡수식 냉동기와 관련해 강의를 한 적이 있다. 그 강의에서 한 여학생이 위의 제목을 질문했다. 필자는 이 질문에 제대로 답변도 하지 못하고 위에서 설명한 흡수식 냉동기 사이클에 대해서만 설명하고 이해된 듯 했으나 강의가 끝나도 그 여학생들은 여전히 불만스러운 표정을 짓고 있었다.

◇ 흡수식 냉동기의 특징

① 전기의 소비전력이 아주 작다. ⇒ 특고 수변전실이 필요 없다.
② 법령상의 운전자격자를 필요로 하지 않는다.
③ 기내(器內)는 대기압 이하이고 폭발 등의 위험이 없다.
④ 진동 및 소음이 적다.
⑤ 흡수제(브롬화리튬)의 독성이 적다.
⑥ 저부하일 때 운전 효율이 좋다.
⑦ 시동시간이 길다.
⑧ 기기의 중량이 무겁다.
⑨ 냉각탑의 용량이 크다. ⇒ 원심 냉동기일 경우의 2배에 가까운 용량
⑩ 냉수 출구온도는 원심 냉동기일 경우 4℃ 정도까지 사용할 수 있지만 흡수식 냉동기일 경우에는 6℃까지만 사용할 수 있다.

흡수식 냉동기에는 본체 외에 ①용액 펌프·냉매 펌프 ②용액 열교환기 ③고온 재생기 ④추기장치 ⑤용량 제어장치 등의 부속장치가 부속되어 있는데 설명은 생략한다. 단, 용량 제어범위는 10%~100% 정도이고 다음과 같은 5가지의 용량제어방식이 있다.

① 증기압 스로틀 제어방식 : 재생기 입구의 가열 증기압을 조절밸브로 제어한다.
② 용액 스로틀 제어방식 : 재생기로 보내는 용액 순환량을 조절밸브로 제어한다.
③ 증기 드레인 제어 : 재생기로 응축된 가열증기의 드레인을 조절밸브로 제어한다.
④ 증기압 스로틀과 용액 스로틀의 병용 방식
⑤ 증기 드레인과 용액 스로틀의 병용 방식

[콩지식]

게이지 압력(gauge pressure)과 절대 압력(absolute pressure)

압력 표시방법에는 게이지 압력표시와 절대 압력표시가 있는데 대기압(atomospheric pressure) 표시를 기준으로 하는 압력을 게이지 압력이라고 하고 게이지 압력에 대기 압력을 더한 것을 절대압력이라고 한다. 배관공사의 기밀·수밀 시험에서 채택하고 있는 것은 어디까지나 게이지압이다. 앞에서 말한 abs는 absolute pressure를 말하고 절대 압력을 의미한다.

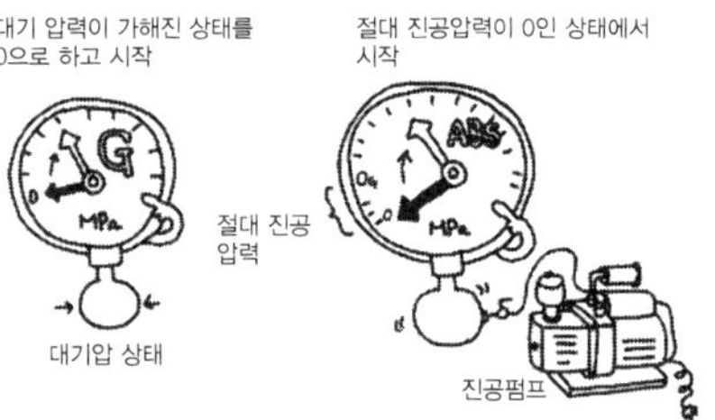

〈그림 3.15〉 게이지 압력과 절대 압력의 차이

[필자만의 노하우]

필자는 미국의 냉동기 메이커 주최로 터보냉동기에 대한 강연회가 일본에서 개최돼 참가한 적이 있었다. 필자가 "미국에서는 왜 흡수식 냉동기를 사용하려고 하지 않습니까?"라고 질문했다. 그러자 "두 냉동기의 COP 차이를 보면 쉽게 알겠죠!"라고 매정하게 대답했다.

(2) 직연소 흡수식 냉온수기

직연소 흡수식 냉온수기는 이중효용 흡수식 냉동기의 가열원으로서 증기 또는 고온수 대신 가스·등유·중유 등을 연소해 가열하는 방식이다.

이 냉온수기는 〈그림 3.16〉에 나타내는 바와 같이 냉수와 온수를 동시에 공급하기 때문에 보일러와 냉동기를 별개로 설치하는 제품보다 설치면적이 작아도 된다. 또한 고온재생기 내의 압력이 대기압 이하(93.3kPa 전후)여서 보일러 관련 법규가 적용되지 않는다. 최근에는 70~105kW(20~30 냉동톤)의 소형 기종까지도 이중 효용식으로 제작되고 있으며 옥외 설치 형식의 제품도 나와 있다.

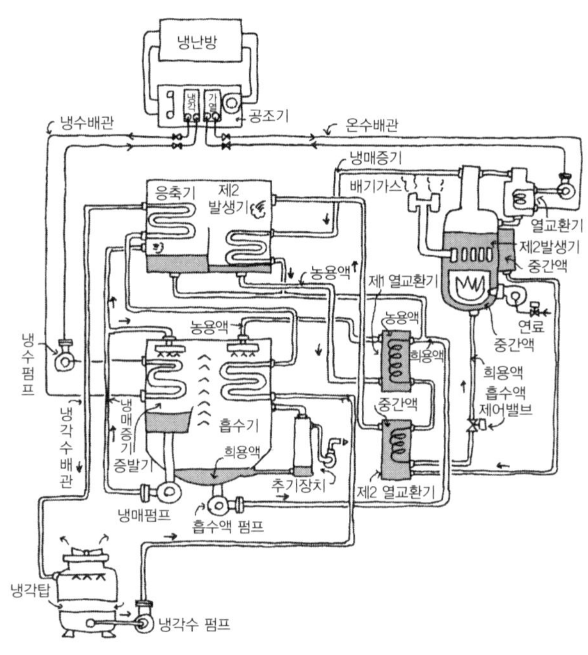

〈그림 3.16〉 이중 효용 직연소 흡수식 냉온수기

이 냉온수기에서 온수를 받는 방법에는 다음과 같은 3가지 방법이 있다.

① 냉방운전 시, 냉각수 배관에서 받는 방법
② 고온재생기 내에 온수 열교환기를 설치해 받는 방법
③ 고온 재생기 내의 외부에 온수 열교환기를 설치해 받는 방법

이 냉온수기에는 본체 외에도 고온재생기·용량조정장치·안전장치가 설치돼 있는데 여기서는 설명을 생략한다.

[콩지식]

베스트 믹스(Best Mix) 열원 시스템

일본은 건물 내에서 소비되는 다양한 에너지에 대해 전력에만 의존하지 않고 냉열·온열·전력 등을 효율적으로 경제적으로 그리고 환경부하를 줄이면서 안정적으로 공급하기 위해 복수의 에너지(전력·가스·기름 등)를 합리적으로 조합하는 시스템을 구축했는데 이 설계 콘셉트를 특히 열원 시스템의 베스트 믹스라고 한다.

(3) 소형 흡수식 냉온수 발생기

소형 흡수식 냉온수기는, 10~186kW[3~50USRT] 정도의 소형 단일효용 또는 이중효용의 직연소 흡수식 냉온수기이고 일반적으로 유닛 타입이다.

증발기 및 응축기는 전열관을 코일형의 셸&코일식(shell and coil)으로 해서 작고 가볍다. 또 추기 장치에는 팔라듐 셀 병용의 용액 이젝터 방식을 적용했으므로 추기 조작을 할 필요가 없다. 실내외 설치 겸용 타입이고 보조기(補機) 동력반·원격 조작반을 표준으로 갖췄다.

3·8 히트펌프 냉동기

냉동기는, 증발기에서는 물이나 공기를 냉각함과 동시에 응축기에서는 물이나 공기에서 열을 방출한다. 히트펌프(heat pump)는 응축기에서의 가열작용을 난방이나 급탕에 이용한다.

(1) 전동 히트펌프 냉동기

전동 히트펌프를 일명 전동 열펌프라고도 한다. 가스 히트펌프와는 달리 전력을 이용해 열을 저온부에서 고온부로 이동시키는(퍼 올리는) 기계이고 근본적으로는 냉동기이다.

그런데 열원으로서의 지하수(underground water)는 연중 거의 일정한 온도를 유지하기 때문에 수량(水量)을 충분히 얻을 수만 있다면 가장 좋은 열원이다.

그러나 지하수 채취는 지반 침하(subsidence of ground settlement)의 원인이 되기 때문에 많은 도시에서 사용을 제한하고 있다.

[기술용어 해설]

히트펌프의 성적계수 (COP)

히트펌프의 성적계수(COP)는 이론적으로 생각하면 냉동기의 성적 계수에 1을 더한 값이지만 증발 온도·응축 온도에 따라 달라진다. 일반적으로 증기 압축식 냉동기의 성적계수(COP) 4～6 정도에 대해 히트펌프의 성적계수는 공기열원일 경우 2～4 정도이고 우물물을 열원으로 할 경우에는 4～6 정도이다. 단, 실제 성적 계수는 열손실 혹은 기계적 손실로 인해 이론 성적계수의 약 50～70%이다. 〈그림 3.17〉에서는 히트펌프 성적계수의 이론값과 실제값의 관계를 나타낸다.

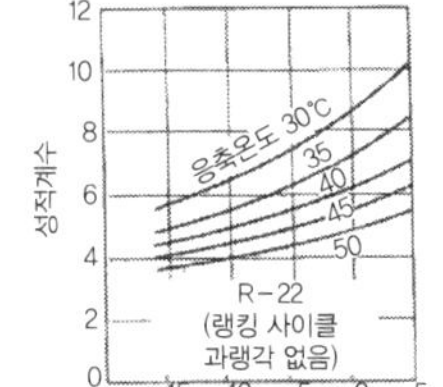

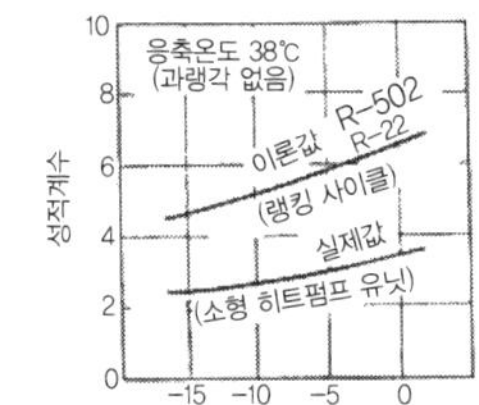

〈그림 3.17〉 히트펌프 성적계수의 이론값과 실제값

한편 열원으로서의 공기는 온도가 항상 변동하는데 난방에서는 외기온도가 낮아질수록 난방부하가 증가하는 반면에 히트펌프의 능력이 떨어져 증발기 표면에 착상(frost)하는 단점이 있다.

그러나 공기열원은, 열원으로서는 무진장이고 가까이에서 이용할 수 있고 공해(public nuisance)도 일으키지 않는다는 점에서 최근 급속히 각광을 받아 이용되기에 이르렀다. 히트펌프 냉동기를 사용하기에 적합한 건물로는 난방부하가 냉방부하에 비해 비교적 작은 건물, 내부 발생 열이 많은 건물, 동시에 냉방 부하가 발생하는 건물 등을 들 수 있다.

난방 부하가 비교적 많을 경우에는 연중 내내 압축기를 저부하로 효율이 나쁜 점에서 운전하는 시간이 길어져 경제적 효과가 없으므로 보조열원 혹은 축열을 고려해 압축기의 용량을 결정한다.

히트펌프 냉동기는 냉방 운전에 비해 일반적으로 응축온도가 높고 공기 열원일 경우에는 증발온도가 낮으므로 히트펌프의 압축기는 압축비가 커야 한다는 점에 주의한다.

참고로 공기열원 히트펌프의 난방능력을 〈표 3.2〉에 나타낸다.

〈표 3.2〉 공기열원 히트펌프의 난방능력표

중요사항 / 형식	냉매	온수온도의 범위	난방용량×10^3kW [kcal/h] (50Hz~60Hz)
왕복동식	HCFC-22	40~45℃	32/38~186/215 [28/33~160/185] 주1
열회수 터보식	HCFC-123	40~45℃	441~4418 [380~3,800] 주2
스크류식	HCFC-134a	40~45℃	26/38~2,034/2,476 [23/28~1,750/2,130] 주1
	HCFC-22	40~45℃	46/58~3,209/3,872 [40/50~2,760/3,330] 주1

(주) 1. 외기온도 -2℃, 온수 출구온도 45℃일 때의 값
2. 열회수 터보식은 난방 용량의 80% 회수 열이 있을 경우의 값

(2) 가스엔진 히트펌프

가스엔진 히트펌프(GHP)는 가스엔진으로 구동하는 히트펌프 장치이고, 엔진 배기열을 유효하게 이용함으로써 에너지절감 효과를 지향한다. 이미 시험단계가 충분히 지나 실용단계에 도달했다.

엔진 배기가스(500~700℃)나 냉각수 배기열(70~100℃)을 회수해 난방이나 급탕의 가온 또는 흡수식 냉동기의 열원이나 공기조화의 재열 등에 유효하게 공급할 수 있다.

압축기로는 개방식 왕복동 압축기 또는 스크류 압축기가 이용되고, 중형 히트펌프(70~104kW) [20~30USRT] 구동용 가스를 연료로 하는 엔진으로서 현 시점에서는 오토 사이클 엔진(전기점화 왕복동식)이 효율성·신뢰성·가격 등의 면에서 우수하다. 참고로 GHP의 열수지 일례를 〈그림 3.18〉에 나타낸다. 입력 에너지(연료 발열량)를 100%로 했을 때 회수 가능한 배기열은 약 50%이고 가열능력은 약 170%를 얻는다. 보일러와 비교하면 동일한 열 출력에 대해 연료소비량은 약 1/2이다.

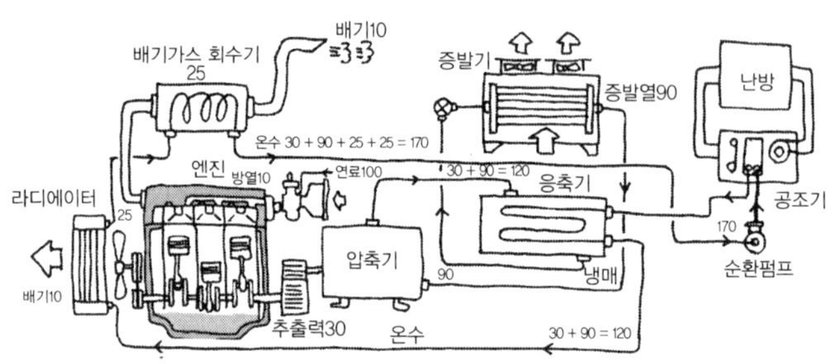

〈그림 3.18〉 GHP 열수지(공기열원 수가열 방식·난방운전)의 일례

◇ 가스 히트펌프(GHP)의 특징

① 연료로 도시가스를 사용함으로써 수전설비를 대폭 줄일 수 있어 여름철 진력의 피크수요 완화를 기대할 수 있다.

② 배기열 회수에 의한 에너지절감 효과가 크다.

③ 극한랭지에서도 엔진 배기열을 난방에 이용함으로써 히트펌프의 난방능력 및 극도의 효율 저하를 피할 수 있다.

④ 냉방능력에 비해 난방능력이 크기 때문에 난방 시 시동을 기동하는 시간이 짧다.

⑤ 엔진 회전수 제어로 용량을 쉽게 제어하고 부분부하 효율(partial load efficiency)이 높아진다.

⑥ 소음·진동이 크다.

⑦ 전동식 히트펌프에 비해 유지관리가 쉽지 않다.

⑧ 설비시스템이 복잡하고 설비비(initial cost)가 많이 든다.

3·9 냉각탑

냉각탑(cooling tower)은 일명 쿨링타워라는 단어로 익숙해졌다. 응축기에 사용하는 냉각수를 냉각하는 장치로, 냉각수의 일부를 증발시키고 그 증발잠열에 의해 냉각수 수온을 떨어뜨린다.

냉각탑은 구조에 따라 개방형 냉각탑·밀폐식 냉각탑·증발식 응축기·공냉식 응축기 등으로 분류되는데 여기서는 일반적인 공조용 냉각탑인 개방식 냉각탑과 밀폐식 냉각탑에 대해 설명한다.

(1) 개방식 냉각탑

개방식 냉각탑은 송풍기를 설치하는 위치에 따라 흡입 통풍식과 압입 통풍식이 있고 또 냉각수와 바람이 접촉하는 방법에 따라 대향류형(counter flow type)과 직교류형(cross flow type)의 2종류가 있다. 일반 빌딩에서는 흡입 통풍식이고 점유면적이 작은 대향류형이 많이 사용되고 있다.

냉각탑은 냉동기에 사용되는 냉각수를 약 5℃ 낮추는 장치로 〈그림 3.19〉에 나타내는 바와 같이 살수장치·충진재·팬·엘리미네이터·하부 수조·보급수장치·케이싱 등으로 구성된다.

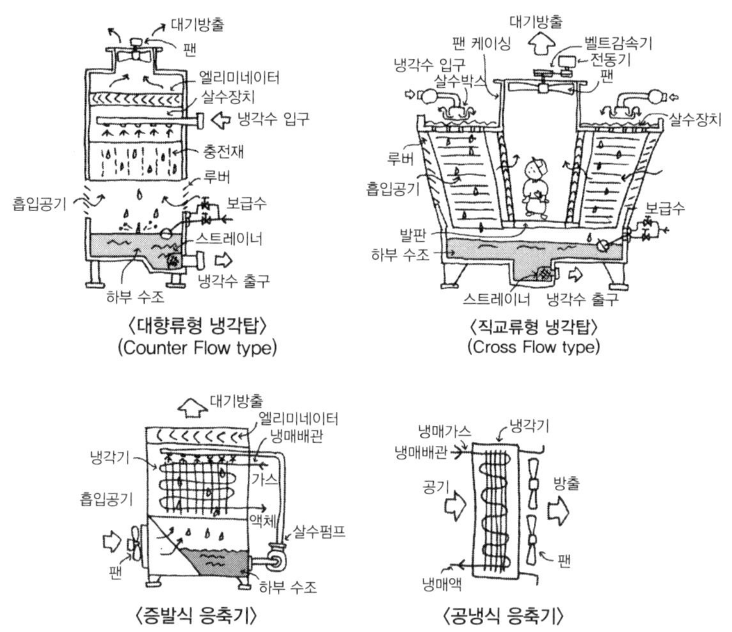

〈그림 3.19〉 개방식 대향류형 냉각탑과 응축기의 구조

냉각탑의 냉각 메커니즘은, 냉각탑 상부에서 살수된 냉각수가 충진재(filling) 사이를 물방울이나 수막 형태로 흘러내리고 그 일부가 증발할 때 발생하는 증발잠열에 의해 냉각수 수온이 내려간다.

냉각은 주로 물 증발에 의한 것이므로 극한에서도 냉각탑 입구공기의 습구온도(통상 27℃W.B.)까지이고 일반적으로는 32℃정도까지만 내려간다.

[기술용어 해설]

어프로치(approach)와 레인지(range)

냉각탑이나 에어와셔 등에서 냉각탑 출구수온과 냉각탑 입구공기 습구온도(통상 27℃W.B.)와의 온도차를 어프로치(approach)라고 한다. 〈그림 3.20〉에 나타내는 바와 같이 냉각탑·에어와셔 등에 의한 냉각은 이론적으로 도달할 수 있는 극한의 수온이 냉각탑 입구공기의 습구온도이다. 이 값이 낮을수록 냉동기에는 유리하지만 대형 냉각탑이 필요하므로 통상 5℃정도의 어프로치를 채택한다.

한편 냉각탑 냉각수의 입구온도와 출구온도의 온도차를 레인지(range)라고 한다. 통상 냉각수 입구 온도를 37℃정도, 냉각수 출구온도를 32℃ 정도의 레인지(Δt 5℃)로 하고 있다.

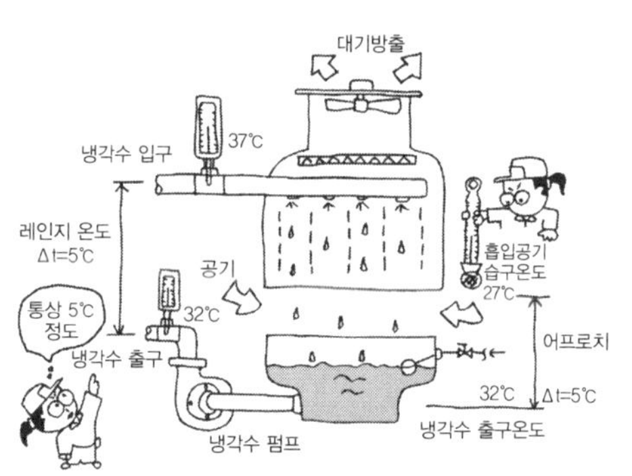

〈그림 3.20〉 냉각탑의 어프로치와 레인지

따라서 냉각탑에서는 물의 증발이나 물방울의 일부가 대기류에 의해 냉각탑 밖으로 캐리오버(carry-over)되므로 냉각수 순환수량의 2~3%정도 되는 물을 상시 보급할 필요가 있다.

그러나 지하수 채취는 지반 침하(subsidence of ground settlement)의 원인이 되기 때문에 많은 도시에서 사용을 제한하고 있다.

(2) 밀폐식 냉각탑

개방식 냉각탑에서는 냉각수와 외기가 직접 접촉하기 때문에 대기 중의 먼지·아황산가스 등을 끌어들여 냉각수 수질이 악화되는데 이것이 냉각수 배관이나 냉동기의 응축기를 오염·부식시키는 원인이 되기도 한다.

이에 〈그림 3.21〉에 나타내는 바와 같이 냉각수가 외기와 직접 접촉하지 않도록 냉각탑 내에 열교환 코일을 삽입하고 코일 외부에 냉각수를 살포하면서 강제 통풍하는 밀폐식 냉각탑이 개발돼 한 때 사용되기도 했다.

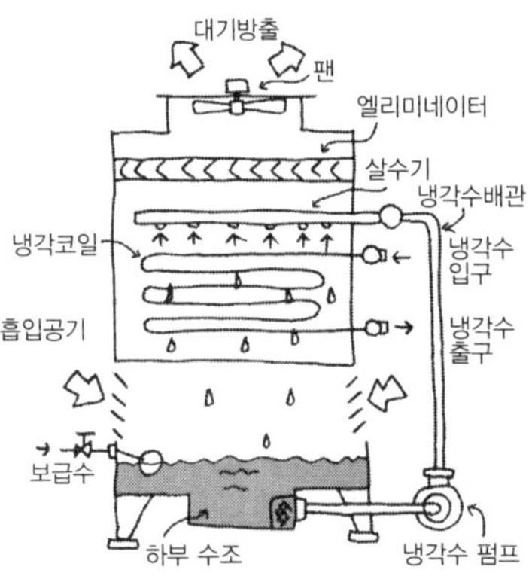

〈그림 3.21〉 밀폐식 냉각탑의 구조

그러나 밀폐식 냉각탑은 중량이 크고 고가인데다 탑재한 열교환기의 압력손실이 만만치 않다는 등의 단점이 있다.

최근 냉각탑 관련해 이슈로 떠오른 레지오넬라균에 의한 레지오넬라증 문제가 있다. 레지오넬라균은 37℃~42℃ 부근에서 가장 잘 번식하고 레지오넬라증 발병은 순환식 입욕시설의 급탕이나 냉각탑의 비산 냉각수에 기인하는 경우가 압도적으로 많으므로 시설 이용자뿐만 아니라 통행인에게도 레지오넬라증의 위험을 초래하는 일이 있다.

따라서 레지오넬라균 방지 대책으로는 살균·화학세정 등이 있는데 냉각수 수질관리에 있어서는 특히 주의 해야 한다.

[기술용어 해설]

냉각수의 수질관리

냉각수계에서 장해는 크게 스케일 장해(scale trouble)·슬라임 장해(slime trouble)·부식 장해(corrosion trouble) 등으로 나뉜다. 그 중에서 스케일(scale)은 보급수 중의 경도 성분이 농축돼 석출된 것으로 그 대부분이 탄산칼슘($CaCO_3$)이다.

슬라임(slime)은 세균 등의 미생물이 유기물이나 영양염류 등과 햇빛에 의해 번식하면서 토사와 녹 등을 끌고 들어가 진흙 덩어리가 된 것과, 냉각탑 수조나 수조 루버에 면한 조류(algae) 등이다.

냉각수의 수질기준으로는 〈표 3.3〉에 나타내는 냉동공조공업회에서 정한 규격 JRA-GL-02-1944가 있다. 냉각수의 수질이 일정한 기준 안에 들어가려면 연속 블로(blow) 혹은 정기적으로 블로 다운(blow down)을 실시하고 또 첨가제(additive) 등을 투입할 필요가 있다.

〈표 3.3〉 냉각수의 수질기준

	항목	기준치	
		순환수	보급수
기준 항목	pH(25℃)	6.5~8.2	6.0~8.0
	전기전도율 [mS/m](25℃)	80 이상 (800 이하)	30 이상 (300 이하)
	{μS/cm}(25℃)	200 이하	50 이하
	염화물이온($mgCl^-/\ell$)	200 이하	50 이하
	황화이온($mgSO_4^{2-}\ell$)	100 이하	50 이하
	산 소비량(pH4.8) ($mgCaCO_3/\ell$)	200 이하	70 이하
	전(全)경도 ($mgCaCO_3/\ell$)	150 이하	50 이하
	칼슘 경도 ($mgCaCO_3/\ell$)	50 이하	30 이하
참고항목	이온상 실리카($mg\ SiO_2/\ell$)	1.0 이하	0.3 이하
	구리 ($mgCu/\ell$)	0.3 이하	0.1 이하
	황화물이온(mgS^{2-}/ℓ)	검출되지 않을 것	검출되지 않을 것
	암모늄이온($mgNH_4^+/\ell$)	1.0 이하	0.1 이하
	잔류염소($mgCl/\ell$)	0.3 이하	0.3 이하
	유리탄산($mgCO_2/\ell$)	4.0 이하	4.0 이하
	안정도지수	6.0~7.0	-

3·10 공조용 온열원 설비 기기

온열원 설비 기기의 주역은 보일러(boiler)이고 보일러 본체 외에 연소장치·통풍장치·급수장치· 자동제어장치 및 안전밸브·압력계·수면계 등의 각종 부속품으로 구성돼 있다.

본고에서는 보일러 부속품류에 대해서는 생략하고 공조용 보일러로 널리 사용되고 있는 보일러의 종류를 소개한다. 보일러는 대기압 이상의 증기 또는 고온수·온수를 발생시키는 기기이고 공조용 보일러로는 증기 보일러와 고온수 보일러·온수 보일러가 있다.

각종 보일러의 종류를 나타낸 것이 〈표 3.4〉다.

여기서는 급탕 설비의 열원인 진공식 온수발생기 및 무압식 온수발생기 등에 대해서는 생략한다.

〈표 3.4〉 각종 보일러의 종류

보일러의 종류		보일러에서 취출하는 열매체의 종류	증기압력 또는 온수 온도	증기량 또는 열출력	보일러 효율[%]	주요용도
주철제 보일러		증기	0.1MPa 이하	0.3~4t/h	80~86	급탕 · 난방용
		저온수	120℃	29~2300kW		
위통형 보일러	수직형 보일러	증기	0.7MPa 이하	0.1~0.5t/h	70~75	난방 · 프로세스용
	노통 연관 보일러	증기	1.6MPa 이하	0.5~20t/h	85~90	급탕 · 난방 · 프로세스용
		중 · 고온수	170℃	350~9300t/h		
관류 보일러	단관식 소형 관류 보일러	증기	3MPa 이하	0.1~15t/h	80~90	난방 · 프로세스용
	다관식 소형 관류 보일러	증기	1MPa 이하	0.1~2t/h	75~90	난방 · 프로세스용
	대형 관류 보일러	증기	5MPa 이하	100t/h 이상	90	발전용
		고온수	130℃ 이하	5.8MW 이상		
수관 보일러	수직형 수관 보일러	증기	1MPa 이하	0.5~2t/h	85	지역난방용
	2통 수관 보일러	증기	0.7MPa 이하	5t/h 이상	85~90	급탕 · 난방 프로세스용
전기보일러		온수	120℃ 이하	120~930kW	98	난방 · 프로세스 · 발전용
열매체 보일러		기상	200~350℃	1.2~2300kW	80~85	전기식 공조 보조 열원용
		액상				
진공 온수기	주철제	저온수	80℃ 이하	120~3000kW	85~90	프로세스용
	노통 연관식	저온수	80℃ 이하	46~1860kW	85~88	급탕 · 난방용
주택용 소형 온수보일러		온수	0.1MPa 이하	12~41kW	60~80	급탕 · 난방용

[기술용어 해설]

보일러의 용량 표시

보일러 용량은 최대 연속 부하에서의 열 출력을 정격출력으로 하고 일반적으로 W[kcal/h]로 표시하는데 증기 보일러의 용량은 실제 증발량[kg/h] 혹은 환산 증발량[kg/h]으로 표시하기도 한다.

(1) 주철제 보일러

일명 섹셔널 보일러(sectional boiler)라고도 하고 〈그림 3.22〉에 나타내는 바와 같은 구조를 하고 있다. 이 보일러는 주철제 섹션을 니플로 접속해 보일러 본체를 구성하고 섹션 수는 5,6매~20매까지이고 증발량은 50kg/h~5ton/h 정도까지이다. 보일러 표준 규격에는 주철제 보일러를 증기 보일러로 사용할 경우는 최고 사용압력 0.1MPa(1kgf/㎠) 이하, 온수 보일러로 사용할 경우는 최고 사용압력 0.5MPa(수두압 50mH_2O) 이하 그리고 온수온도 120℃ 이하에서 사용한다고 규정하고 있다.

주철 보일러는 내식성이 뛰어나 수명이 길고 분할 반입이 가능하며 뒤에 기술하는 노통 연관 보일러에 비해 저렴하다는 등의 장점이 있다.

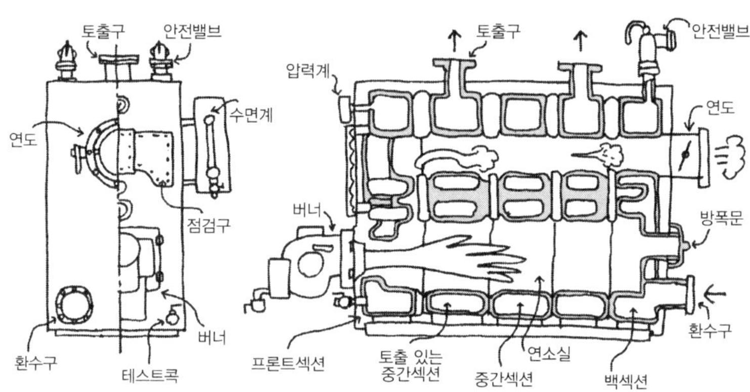

〈그림 3.22〉 주철제(sectional) 보일러의 구조

[필자만의 노하우]

필자가 입사한 지 얼마 되지 않았을 무렵, 대선배 사원이 필자를 향해 “자네, 쉬운 일이니까 도와 줄래?”라고 했다. 당시는 아직 섹셔널 보일러가 자주 사용되던 시대이기도 했다. 보니까 섹셔널 보일러의 용량을 늘리기 위해 섹셔널 보일러에 섹션을 하나 더 증설하는 일이었다.

서둘러 설계도를 완성해 선배에게 가져갔더니 “이게 뭐야?”라고 하며 웃었다.

필자의 설계도에는 기존 보일러의 한쪽 끝에 증설 섹션이 증설돼 있었던 것이다. 선배 왈, “섹셔널 보일러의 섹션에는 프론트 섹션, 백 섹션, 중간 섹션의 3종류가 있다. 이렇게 기초적인 것도 대학에서 배우지 않았어?”라고 핀잔을 들었다.

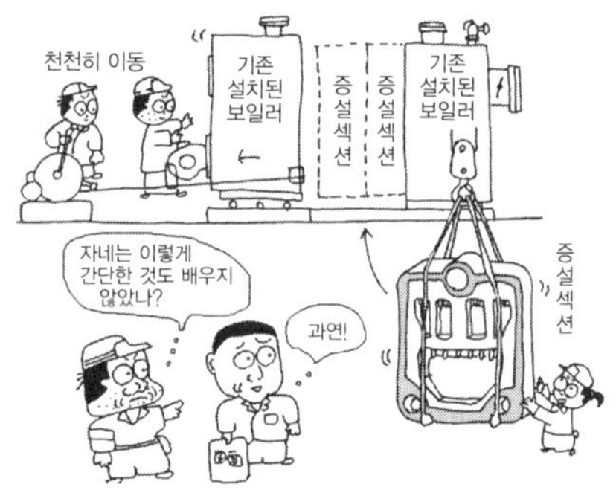

〈그림 3.23〉 섹셔널 보일러의 섹션 증설 공사

(2) 수직형 보일러

수직형 보일러는 원통형 보일러의 일종이다. 〈그림 3.24〉에 나타내는 바와 같이 수직으로 세운 드럼 내에 연소실 및 대류 전열면을 만드는 구조를 하고 있고 대류 전열면에는 비교적 소수의 연관(煙管) 또는 수관(水管)을 설치한 것이 많다.

소요 면적이 작고 구조도 간단하지만 높이에 제한이 있어 증발량 500kg/h까지의 소용량 증기 보일러 또는 온수 보일러에 사용된다.

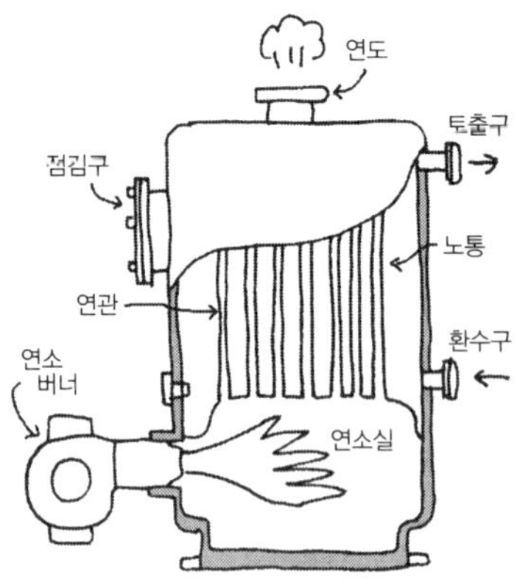

〈그림 3.24〉 수직형 보일러의 구조

(3) 노통 연관 보일러

노통 연관 보일러는 〈그림 3.25〉에 나타내는 바와 같이 원통형 통 안에 파형(波形)의 노통(연소실)과 다수의 연관(대류 전열면)을 배치한 구조로 돼 있다.

연소 가스는 노통에서 2~4패스의 연관을 통해 연도로 흐르는 구조이고 통 안의 보일러수는 노통·연관에 의해 가열된다. 이 보일러는 통 크기에 제한이 있고 압력은 1.6MPa(16kgf/㎠) 이하, 용량은 20ton/h 정도까지이다. 공조용 보일러로 이용하는 것은, 보일러 본체·급수장치·자동제어장치·안전장치 등의 부속품을 공통 베이스 위에 설치한 패키지 형식의 보일러이다.

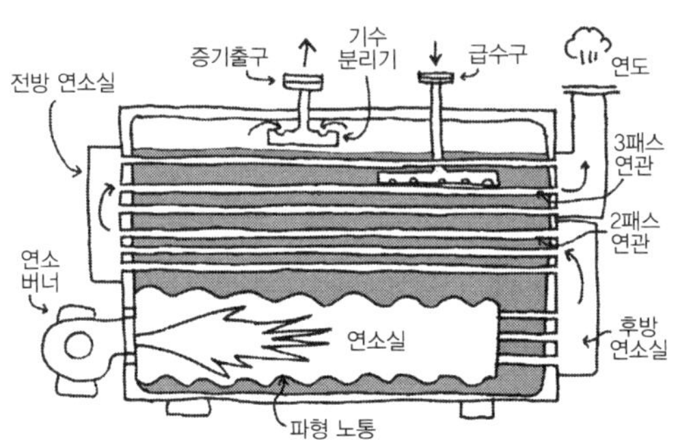

〈그림 3.25〉 노통 연관 보일러(3패스식)의 구조

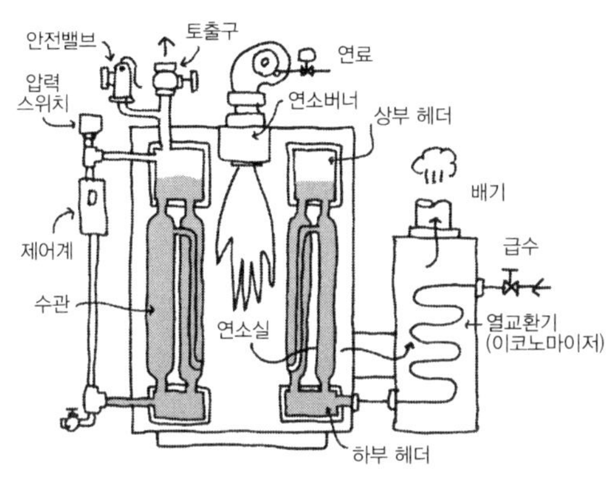

〈그림 3.26〉 소형 관류 보일러의 구조

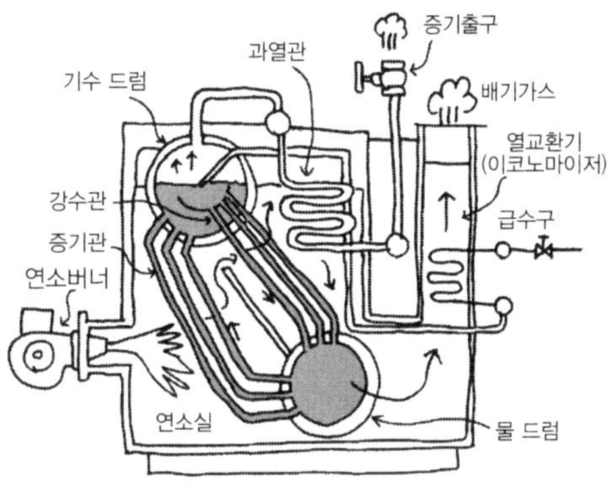

〈그림 3.27〉 2드럼 수관 보일러의 구조

(4) 소형 관류 보일러

공조용 보일러로 이용되는 관류 보일러는 그 대부분이 다관식 소형 관류 보일러이다. 관류 보일러는 〈그림 3.26〉에 나타내는 바와 같은 구조를 하고 있고 관 입구의 물이 순차적으로 예열·증발 가열되면서 가열증기를 빼내도록 전열면이 구성된 보일러이다. 용량은 약 200kg/h~2ton/h이나 압력은 1~2MPa(10~20kgf/㎠) 정도로 높은 증기압력을 얻을 수 있다. 다른 형식의 보일러에 비해 수관이 작아 직경이 큰 드럼을 필요로 하지 않기 때문에 고압에 적합하고 또 보일러 보유 수량이 적기 때문에 법규상 보일러기사자격에 적용되는 규칙이 완화됐다.

(5) 수관식 보일러

수관식 보일러에는 입형 수관식 보일러와 2드럼 수관식 보일러가 있다. 이 보일러는 〈그림 3.27〉에 나타내는 바와 같이 전열면인 다수의 수관과 드럼을 조합해 보일러수의 순환회로를 구성하고 보일러수 밀도차에 의해 자연 순환이 이루어지므로 노통 연관식 보일러에 비해 보유수량은 적다. 용량은 5ton/h 이하인 것도 있지만 통상 5~50ton/h이고 압력은 1~15MPa(10~150kgf/㎠) 범위에 있다.

따라서 공조용으로는 대형 병원· 호텔 등 고압증기를 다량 필요로 하는 건축물 외에도 지역난방(DHC)에서 원심 냉동기 구동용 증기터빈의 열원으로 이용되고 있다.

(6) 전기보일러

전기보일러는 〈그림 3.28〉에 나타내는 바와 같이 원통형 탱크 내에 시즈히터(sheath heater)를 조립해 외주부를 보호하는 구조이다.

전력설비용량 20kW를 전열면적 1㎡로 간주해 최대 전력설비용량을 전열면으로 환산하고 보통 보일러와 마찬가지로 법적 규제를 받는다.

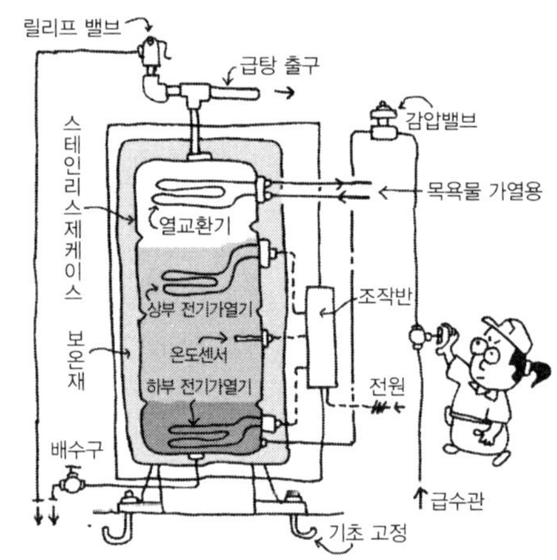

〈그림 3.28〉 전기보일러의 구조

참고로 열 출력은 120~930kW, 압력은 개방식에서는 1MPa(수두 10m) 밀폐식에서는 5MPa(수두 50m)이고 저탕량은 0.2~1㎥ 범위이다. 단, 개방식은 저탕량이 50㎥에 달해 축열조와 조합한 축열형 열원으로 하는 제품도 있다.

3·11 열교환기

열교환기(heat exchanger·heat converter)는 온도가 다른 유체를 고체 벽을 사이에 두고 간접적으로 접촉시켜 열 이동시키는 장치이다. 두 유체를 직접 접촉시키거나 혹은 축열체의 열용량을 매체로 열 교환을 하는 것도 있다.

건축설비업계에서 말하는 열교환기는, 좁은 의미에서 증기 또는 고온수로 온수를 가열하는 제품을 가리키는 경우가 많다.

그러나 열교환 조합에는 높은 온도차로 열 교환하는 물 ⇔ 증기·물 ⇔ 고온수 및 낮은 온도차로 열교환하는 브라인 ⇔ 냉수·냉수 ⇔ 냉수·냉각수 ⇔ 냉각수·온수 ⇔ 온수 등도 있다. 기타 공조 계통에는 공기 대 공기의 전열교환기도 광범위하게 사용되고 있다.

열교환기의 종류에는 ①U자형 열교환기 ②쉘엔튜브식(Shell and tube) 열교환기 ③고정 다관식 열교환기 ④수직형(立形) 셸&코일형 열교환기 ⑤플레이트 열교환기 ⑥스파이럴 열교환기 등이 있고 구조 및 용도가 다양하다.

난방용 및 급탕용 열교환기로는 물⇔증기(또는 고온수)에 쉘엔튜브식 U자형 열교환기 또는 유동두형 열교환기가 사용된다.

〈그림 3.29〉에서는 쉘엔튜브식 열교환기와 플레이트형 열교환기의 구조를 나타낸다.

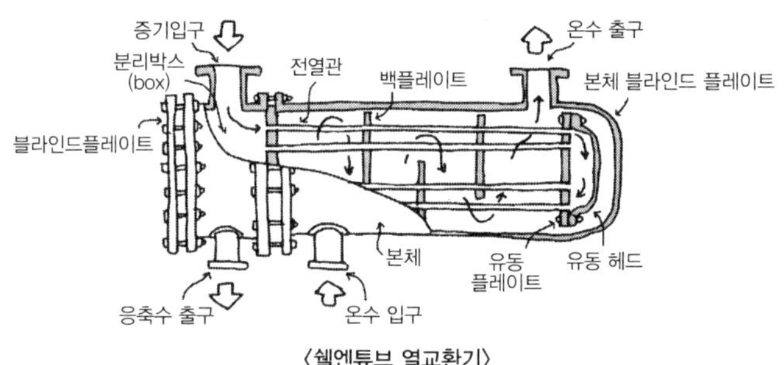

〈쉘엔튜브 열교환기〉

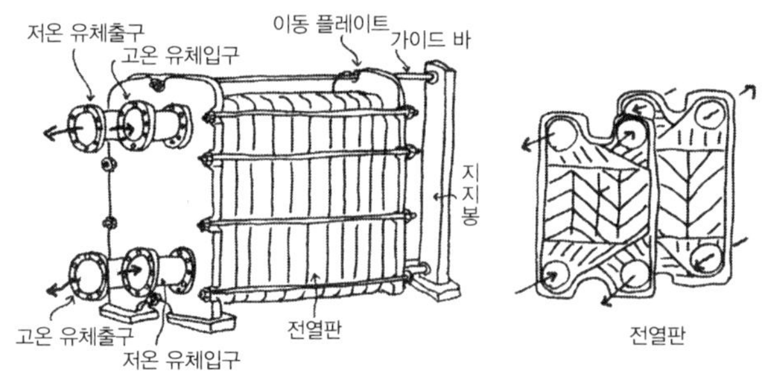

〈플레이트형 열교환기〉

〈그림 3.29〉 대표적인 열교환기의 구조

3·12 공통 기기 : 펌프편

공조·위생설비가 필수인 공통 기기에는 펌프와 송풍기가 있는데 여기서는 펌프의 필수지식에 대해 간단히 기술한다. 건축설비에 사용되는 펌프의 대부분은 터보형 펌프이고 〈표 3.5〉에 나타내는 바와 같이 구조적으로는 원심식·사류식·축류식으로 크게 나뉜다. 원심식은 다시 와권펌프와 디퓨저 펌프로 분류되고 펌프의 구조(메커니즘)에 따라서는 ①원심식 ②왕복식 ③회전식 ④특수형으로 분류한다.

〈표 3.5〉 터보형 펌프의 분류와 특징

종류		원심력		사류계	축류계
		와권펌프	디퓨저 펌프		
비속도(n_s)		100~700		700~1,200	1,200~2,000
능력	토출량	0.05~200㎥/min		3~500㎥/min	10~1,000㎥
	전양정	5~1,000m		2~30m	1~5m
특성상의 특징		양정이 비교적 낮고 양정곡선이 우하향으로 완만하게 이어지는 곡선이다. 펌프효율은 수량이 증가함에 따라 축동력이 증가한다.	와권펌프와 거의 동일하지만 펌프 효율은 높고 고효율 수량의 범위는 좁다.	원심펌프와 축류펌프의 중간적인 특성을 나타낸다. 축동력은 수량에 대해 거의 변화가 없다.	양정이 매우 높아 양정곡선의 기울기가 가파르고 도중에 불안정한 부분이 있다. 동력이 높아 수량이 증가함에 따라 축동력은 저하된다.
용도		급수·양수용 냉각수·냉온수·급탕용 순환 소화·배수·농업 관개용수 등 전반적으로 사용	보일러 급수·디스켈링 광산 배출수 등의 소유량·고양정의 용도	화력발전소 냉각수· 농업 관개용수· 하수 배출수 등의 중간 수량·중양정의 용도	하천 배출수·농업 관개용수·배출수 등 대유량·저양정의 용도

(1) 와권 펌프와 디퓨저 펌프

와권 펌프는 와권실에서 날개(임펠러)를 회전시켜 속도수두를 압력수두로 변환하는 펌프로, 〈그림 3.30〉에 나타내는 바와 같이 구조도 간단하고 펌프 케이싱도 작다. 한편 디퓨저 펌프는 임펠러에 접해 설치된 디퓨저에 의해 속도수두를 압력수두로 변환하는 펌프이고, 구조는 와권펌프와 동일하지만 펌프 효율은 당연히 높다. 와권 펌프의 성능곡선(performance curve)을 〈그림 3.31〉에 나타낸다.

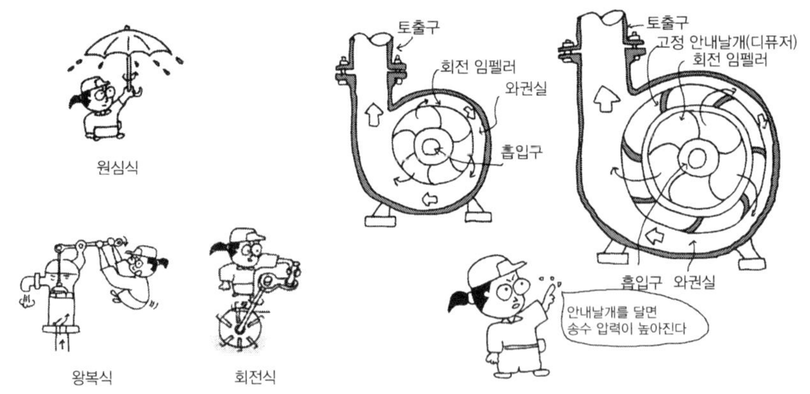

〈그림 3.30〉 와권펌프와 디퓨저 펌프의 구조

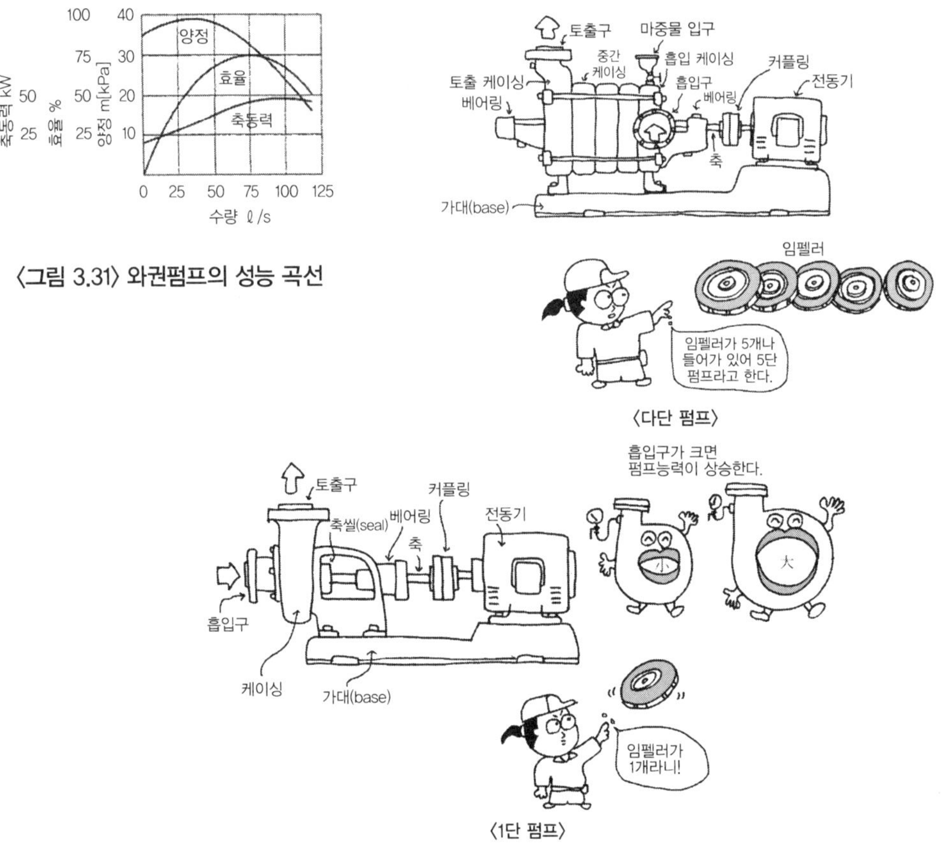

〈그림 3.31〉 와권펌프의 성능 곡선

〈그림 3.32〉 1단 펌프와 다단 펌프

(2) 1단(單段) 펌프와 다단(多段) 펌프

펌프의 양정(head)은 펌프 임펠러 외주 속도의 제곱에 비례한다. 때문에 펌프 임펠러의 외경을 크게 하고 회전수를 많이 하면 펌프 양정은 당연히 제곱에 비례해 커진다. 그러나 실제로 펌프 양정을 크게 하려면 임펠러를 직렬로 몇 단 늘어놓은 다단 펌프(multi-stage pump)를 사용한다.

(3) 편(片)흡입 펌프와 양(兩)흡입 펌프

펌프에는 펌프 흡입구가 한쪽에만 있는 편흡입 펌프(single suction pump)와 양쪽에 있는 양흡입 펌프(double suction pump)의 2종류가 있다.

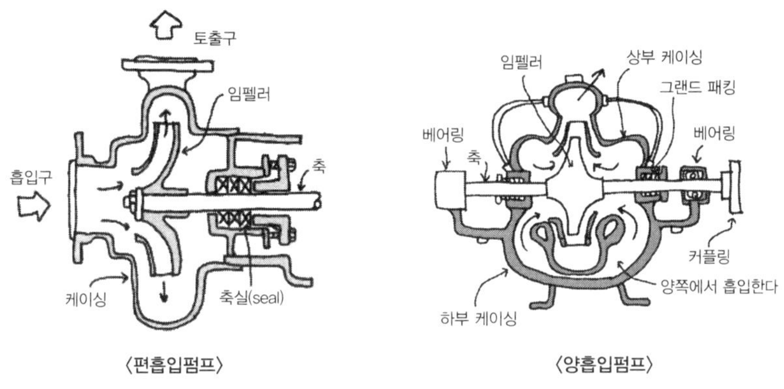

〈그림 3.33〉 편흡입 펌프와 양흡입 펌프

(4) 횡축 펌프와 종축 펌프〈그림 3.34〉

일반적으로 사용하는 펌프는 대부분이 횡축 펌프이다.

그러나 설치 면적이 좁은 경우나 캐비테이션(뒤에 설명)이 발생할 우려가 있을 경우에는 흔히 종축 펌프가 사용된다. 특히 급배수 위생설비의 지하 피트 등으로부터의 배수펌프 등에는 종축 펌프가 많이 사용되고 있다.

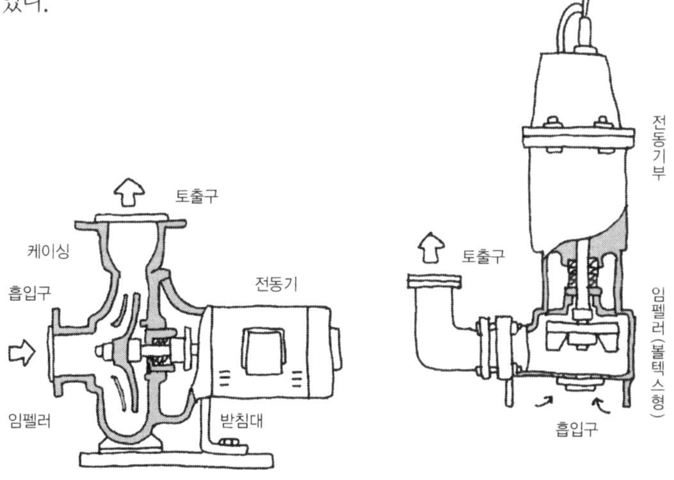

〈그림 3.34〉 횡축 펌프와 종축 펌프

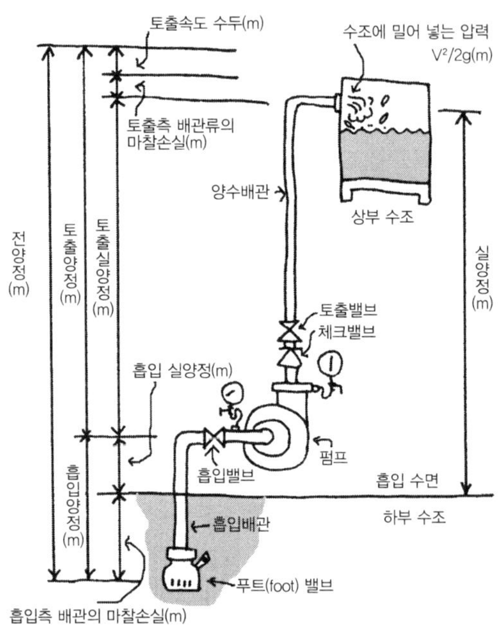

〈그림 3.35〉 펌프의 전양정(상부로 끌어 올릴 경우)

(5) 펌프의 양정 (펌프 헤드)

〈그림 3.35〉에 나타내는 바와 같이 펌프의 흡입 수위부터 토출 수위까지의 높이를 양정(Ha)이라고 한다. 그리고 펌프의 중심에서 흡입 수위까지의 높이를 흡입 실양정(Hs)이라고 하고 토출 수위까지의 높이를 토출 양정(Hd)이라고 한다.

이들 간에는 실양정(Ha)=흡입양정(Hs)+토출양정(Hd)이라는 관계가 있다.

그런데 배관계에는 ①유체의 직관 마찰손실·곡관의 마찰 손실·확대 축소관의 마찰 손실(Hf)과, ②토출속도 수두(Hvd)·흡입 수두(Hvs)가 있다.

배관 마찰손실과 각종 속도수두의 합에 실양정이 더해진 것을 전양정(H)이라고 하고, 전양정(H)=손실수두(Hf)+토출수두(Hvd)+흡입수두(Hvs)+실양정(Ha)으로 나타낸다.

(6) 펌프의 비(比)속도 (비교 회전속도)

펌프의 비속도 Ns(비교 회전속도)란, 터보형 펌프에서 임펠러의 유사성·펌프 특성과 펌프 형식 등을 결정 논의할 때 사용하는 값을 말한다. 펌프의 비속도 Ns란 실제 펌프의 날개와 기하학적으로 비슷하고 토출량 $1m^2$/min, 전양정 1m를 내는 임펠러 장착 펌프를 상정했을 때의 회전수를 말한다.

〈그림 3.36〉에 나타내는 바와 같이 비속도 Ns는 소(小)수량에 고(高)양정 펌프일수록 그 값은 작고 대(大)수량에 저(低)양정 펌프일수록 그 값은 커진다.

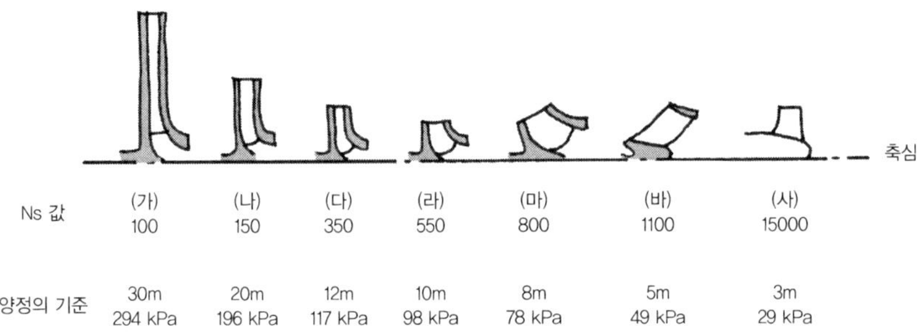

〈그림 3.36〉 펌프의 비교 속도 : Ns와 임펠러의 형상

이와 관련해 〈그림 3.36〉에서 (가)·(나)의 임펠러는 외경에 대해 출구 폭이 좁아 고양정의 와권펌프에 사용된다. (다)·(라)는 저양정의 와권펌프를 나타내고 (마)·(바)는 사류펌프의 임펠러로, 물의 흐름은 입구에서 출구에 이르기까지 경사진 방향이다. (사)는 축류펌프의 임펠러이고 물의 흐름은 완전히 축 방향이다.

비속도 Ns의 관점에서 보면 사류펌프나 축류펌프는 언뜻 보기에 와권펌프와 펌핑(Pumping)의 원리가 다르게 보이지만 사류펌프나 축류펌프도 와권펌프의 변형에 지나지 않음을 알 수 있다.

(7) 펌프의 성능곡선

종축에 펌프의 양정·효율·축동력(축마력)을 횡축에 수량을 각각 잡고 수량(水量) 변화에 대한 양정 등, 제원의 변화를 나타낸 것이 펌프의 성능곡선(performance curve)이다. 〈그림 3.37〉에서는 와권펌프(Ns≒140), 사류펌프(Ns≒710), 축류펌프(Ns≒1,550)의 성능곡선을 나타내는데 펌프의 비속도 Ns 차이에 따른 펌프의 특성이 잘 나타나 있다.

펌프별 양정·효율·축동력(축마력)에 대한 각 곡선의 특징을 살펴보아야 한다.

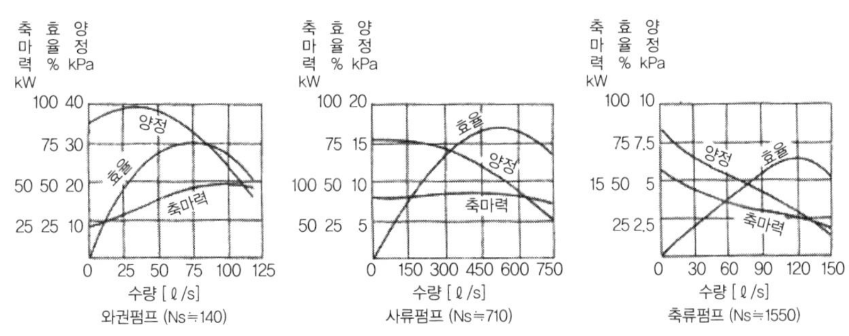

〈그림 3.37〉 각종 펌프별 성능곡선

(8) 펌프의 상사법칙

기하학적으로 비슷한 펌프에서는 상사법칙(similarity law)이 성립한다. 동일한 펌프일 경우, 회전수를 n_1에서 n_2로 바꾸면 다음과 같다.

① 토출량 Q는 (n_1/n_2)의 1승에 비례해 변한다.

② 전양정 H는 (n_1/n_2)의 2승에 비례해 변한다.

③ 축동력: L은 (n_1/n_2)의 3승에 비례해 변한다.

(9) 펌프의 '직렬운전'과 '병렬운전'〈그림 3.38〉

같은 성능을 가진 2대 펌프의 직렬운전과 병렬운전에 관해서는, 실무상 송풍기의 경우와 마찬가지로 아래의 2가지를 기억해 두면 충분하다.

① 직렬운전일 경우 : 같은 2대의 펌프를 직렬 운전해서 얻는 양정은, 각각의 펌프를 단독 운전했을 경우의 양정보다 증가하지만 그 2배보다는 작다. ⇒ 수량이 증가하지는 않는다.

② 병렬운전일 경우 : 같은 2대의 펌프를 병렬 운전해서 얻는 수량은, 각각의 펌프를 단독 운전했을 경우의 수량보다 늘어나지만 그 2배보다는 작다. ⇒ 양정이 증가하지는 않는다.

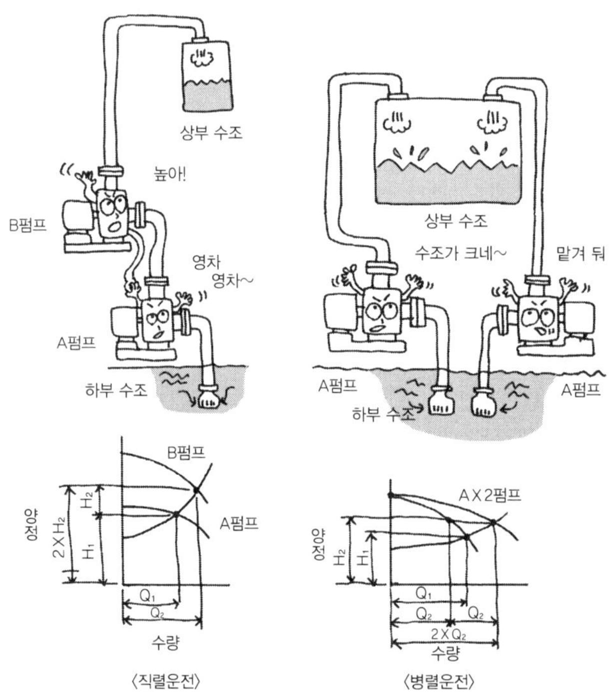

〈그림 3.38〉 펌프의 직렬운전과 병렬운전

(10) 펌프의 캐비테이션

펌프의 캐비테이션(cavitation)이란 펌프를 운전하는 중에 펌프의 임펠러 입구 등에 국부적으로 있는 점의 압력이 그 때의 수온에 상당하는 증기압 이하로 되고 그 부분에서 기포를 일으켜 공동(cavity)을 만드는 현상을 말한다. 펌프의 흡입 양정이 높을 때나 흡입 수온이 상승했을 때 발생하기 쉽고 소음·진동을 일으켜 때로는 펌프를 가동할 수 없는 상태가 된다. 일반적으로 펌프는 임펠러의 입구 부분에 캐비테이션이 발생하기 쉽다. 따라서 펌프 토출 측의 볼 밸브로 펌프의 토출 수량을 조절한다.

◇ 캐비테이션 방지를 위한 3가지 유의 사항

① 펌프 설치 위치를 가능한 한 낮게, 흡입관은 아주 짧게 하고 흡입 양정을 작게 한다.

② 펌프 흡입측에서 펌프 토출량을 줄이는 방식으로 유량을 조정하면 절대 안 된다.

⇒ 펌프의 토출측 밸브는 게이트 밸브가 아니라 글로브 밸브로 한다.

③ 펌프의 전양정에 필요 이상의 여유를 두지 않는다.

⇒ 과유불급(過猶不及), 지나침은 모자람과 같다.

(11) 펌프의 서징

펌프 송수계에 외력이 작용하지 않았음에도 토출량과 압력이 주기적으로 변동하는 현상을 서징(surging)이라고 한다. 펌프의 출구측·입구측에 설치한 압력계 및 진공계가 큰 진폭(amplitude)으로 흔들림과 동시에 주기적으로 소음·진동을 수반하는 현상이다.

◇ 펌프가 '서징현상'을 일으키는 3가지 조건

① 펌프의 양정곡선이 산형(山形) 특성을 갖고 있어 기울기가 우상향인 양정곡선 부분에서 운전할 때

② 토출배관 안에 탱크 또는 공기 고임이 존재할 때

③ 토출량 조정밸브가 탱크 또는 에어포켓(Air pocket)보다 후방(하류측)에 있을 때

3·13 공통 기기 : 송풍기편

제3장의 대미를 장식하는 화제로, 여기서는 공조·위생설비에 있어 펌프와 마찬가지로 결코 빼놓을 수 없는 설비기기인 송풍기를 소개한다. 기체(가스)에 에너지를 주고 그 압력(pressure)과 속도(velocity)를 높임으로써 압력이 낮은 곳에서 높은 곳으로 이동시키는 매우 편리한 기계를 송풍기(fan)·압축기(compressor)라고 하는데 〈표 3.6〉에 나타내는 바와 같이 송풍기와 압축기는 토출측 기체 압력에 따라 분류된다. 그런데 송풍기는 공조 설비뿐만 아니라 위생설비에도 많이 사용되고 뒤에 기술하는 환기설비나 배연설비에서도 빼놓을 수 없는 기기이다.

〈표 3.6〉 송풍기와 압축기

명칭		토출압력(게이지 압력)
송풍기	팬	9.8kPa 미만(1000mmAq)
	블로어	9.8kPa~98kPa(1~10mAq)
압축기		98kPa 이상(10mAq)

(1) 각종 송풍기의 종류와 그 특성

각 송풍기의 개요를 파악하기 위해 〈표 3.7〉에 각종 송풍기의 종류와 그 특성을 나타낸다.

(2) 다익 송풍기 (시로코 팬)

다익 송풍기는 시로코 팬이라는 별칭으로 익숙해 있다. 시로코 "sirocco"는 아라비아어의 동풍에서 유래돼 "북아프리카에서 남유럽으로 부는 모래 섞인 열풍"이라는 의미이고 미국 송풍기 메이커의 상품명이 그 뿌리이다.

시로코 팬을 영어로는 "multi-blade fan"이라고 하듯이 전곡(前曲) 날개(높이가 낮고 앞쪽으로 구부러진 날개)가 여러 개 있는 팬이고, 원심 송풍기 중에서도 가장 대표적인 송풍기다. 〈그림 3.39〉에 나타내는 바와 같은 구조를 하고 있으며 원하는 풍량과 정압을 얻는 데 가장 작은 송풍기이기 때문에 공조·환기·배연용으로 많이 사용되고 있다. 이 팬은 압력을 높이려고 회전수를 올리면 소음이 커지므로 약 600~800Pa 이하로 사용하는 것이 바람직하다.

〈표 3.7〉 각종 송풍기의 종류와 그 특성

종류		원심 송풍기			축류 송풍기
		다익 송풍기 (시로코 팬)	후향 송풍기 (터보팬)	날개형 송풍기 (에어로포일 팬)	프로펠러 팬
임펠러의 형상					
중요항목	풍량[m^3/min]	10~2,000	30~2,500	30~2,500	20~500
	정압(Pa)	100~1,230	1,230~2,450	1,230~2,450	0~100
효율[%]		35~75	65~80	70~85	10~50
비소음[dB]		40	40	35	40
특성상의 특징		풍압 변화로 인한 풍량과 동력의 변화가 비교적 크다. 풍량 증가와 더불어 축동력이 증가한다.	풍력의 변화로 인한 풍력의 변화가 비교적 크다. 동력 변화도 크다. 축동력은 리미트로드의 특성이 있다.	풍력의 변화로 인한 풍력의 변화가 비교적 크다. 동력 변화도 크다. 축동력은 리미트로드의 특성이 있다.	최고 효율점은 자유토출 부근에 있다. 압력의 변화에 유량의 변곡점은 없다.
용도		저속 덕트 공조용, 각종 공조용, 급배기용	고속 덕트 공조용	고속 덕트 공조용	환기팬, 소형 냉각탑, 유닛히터, 저압 · 대풍량

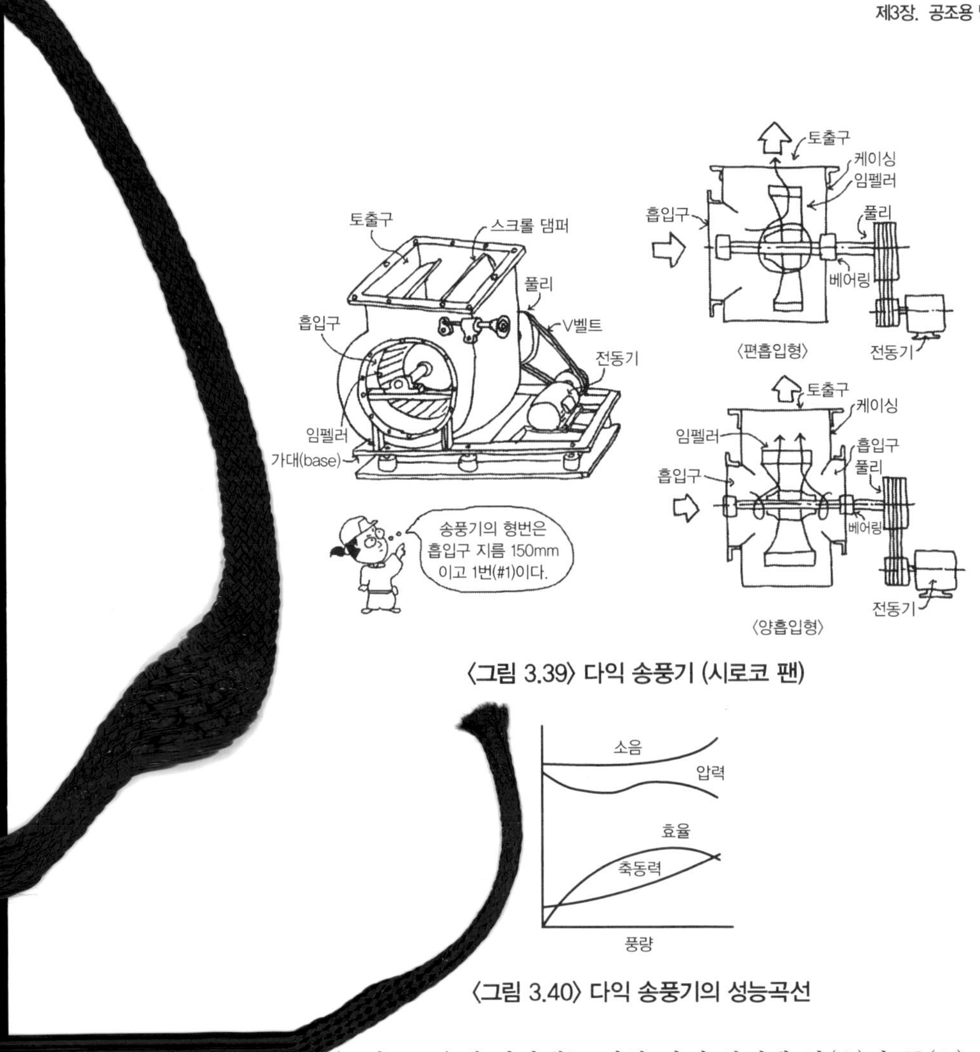

〈그림 3.39〉 다익 송풍기 (시로코 팬)

〈그림 3.40〉 다익 송풍기의 성능곡선

〈그림 3.40〉에 나타내는 바와 같이 압력에 산(山)과 곡(谷)이 있기 때문에 설계 풍량을 넘어 전동기가 과부하로 되기도 하고 서징현상을 일으키기도 하므로 선정 및 취급 시에는 주의하여야 한다.

(3) 후향 송풍기 (터보팬)

일명 터보팬이라고도 하고, 다익 송풍기에서는 얻을 수 없는 높은 압력을 얻는 데 이용되는 송풍기이다.

[기술용어 해설]

오버로드 (overload)

과부하라고 한다. 이는 기기나 장치의 용량에 대해 압력·전압·전류 등 혹은 부하측 저항이나 소비하는 에너지가 초과된 상태를 말한다.

날개의 수는 적고 회전 방향에 대해 뒤로 구부러져 있다. 2,000Pa~3,000Pa 정도로 높은 압력까지 사용돼 다익 송풍기에 비해 효율도 좋고 소음도 적다. 현재 공조용으로는 별로 사용되지 않지만 과거 공조 설비에서 고속 덕트가 유행하던 시대에는 많이 사용됐다.

(4) 날개형 송풍기 (에어로포일 팬)

송풍기 날개의 단면을 항공기 날개와 같은 형상으로 만들어 효율을 높임과 동시에 소음 발생을 줄인 팬으로 리미트로드(limit load)의 특성이 있다.

(5) 축류 송풍기 (프로펠러 팬)

〈그림 3.41〉에 나타내는 바와 같이 프로펠러형 날개를 회전시켜 송풍기 축과 같은 방향으로 공기를 보내는 팬으로서 냉각탑의 팬 등에 많이 사용되고 있다. 저압으로 대량의 공기를 송풍하기에 적합하지만 소음 발생이 크다는 단점이 있다.

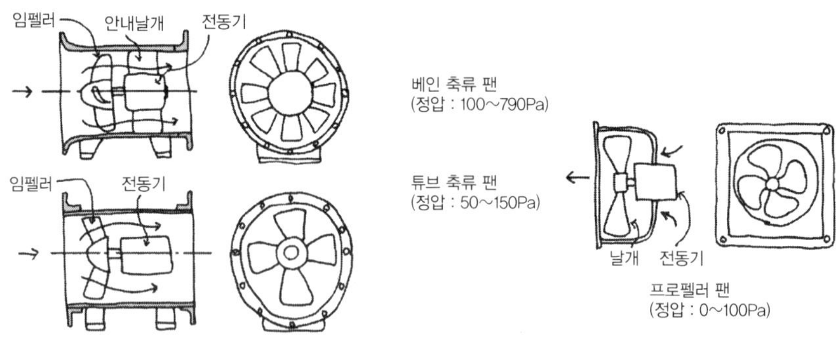

〈그림 3.41〉 축류 송풍기(프로펠러 팬)

[기술용어 해설]

한계하중 특성(limit load characteristics)

축동력은 규정 풍량 이상에서 극대치를 나타내므로 모든 운전 상태에서 과부하(overload)를 일으키지 않는 원심 송풍기나 원심 압축기의 특성을 말한다. 특히 기류에 대해 예선회[주)]하는 안내날개에 의해 후향 날개가 흡입구 부근에서 역회전한다.

주) 예선회(prewhirl) : 펌프 · 송풍기 · 압축기 등의 임펠러에 유입하는 유체가 임펠러 바로 앞에서 하는 선회운동을 말한다.

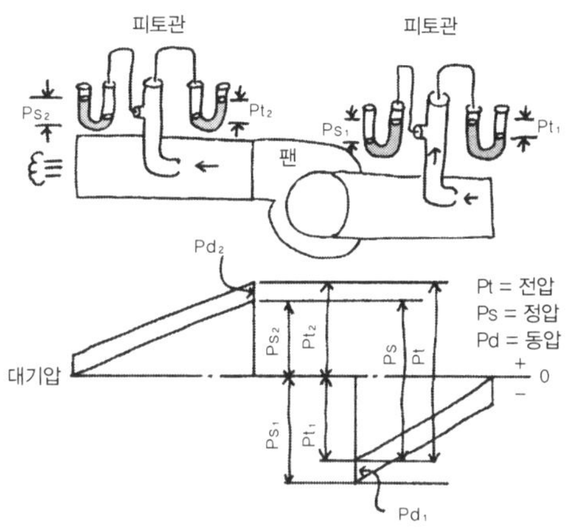

〈그림 3.42〉 송풍기 각부의 압력

(6) 송풍기 전압(total pressure)

송풍기 전압(Pt)이란 송풍기에 의해 기체에 가해지는 전체 압력의 증가량을 말하고 〈그림 3.42〉에 나타내는 바와 같이 송풍기의 토출 전압(Pt2)과 송풍기의 흡입 전압(Pt1)의 차이로 나타낸다.

(7) 송풍기의 '직렬운전'과 '병렬운전'

동일한 성능을 가진 송풍기 2대의 직렬운전과 병렬운전에 관해서는 펌프의 경우와 마찬가지로 아래의 2가지를 기억해 둔다.

① 직렬운전의 경우

동일한 2대의 송풍기를 직렬 운전해서 얻는 정압 P_T는, 각각의 송풍기를 단독 운전했을 경우 정압 P_1의 합 2배보다 조금 작아진다. ⇒ 송풍기의 풍량은 증가하지 않는다.

② 병렬운전의 경우

동일한 2대의 송풍기를 병렬 운전해서 얻는 풍량 Q_T는, 각각의 송풍기를 단독 운전했을 경우의 풍량 Q_1의 합 2배보다 조금 작아진다. ⇒ 송풍기의 정압은 증가하지 않는다.

(8) 송풍기의 서징

풍량 증가와 더불어 압력이 증가하는 우상향 압력 곡선을 보이는 송풍기(다익 송풍기 등)는 일정한 회전수로 운전하면서 토출 댐퍼를 좁혀 풍량을 줄이면 갑자기 맥동이나 진동을 일으켜 운전이 불안정해지기도 한다.

이 같이 원심식 기계에서 볼 수 있는 특유의 현상을 서징(surging)이라고 한다. 송풍기를 선정할 때 설계 풍량을 지나치게 크게 잡고 실제 운전에서는 오히려 풍량을 좁혀 서징 영역에서 운전하는 일이 있어서는 안 된다. ⇒ 지나침은 모자람과 같다!

제4장. 공기조화기에 관한 지식

4·1 공기조화기란?

공기조화기는 영어로 Air Conditioner라고 하는데 제1장 1.1 공기조화 설비 항목에서 기술한 바와 같이 공기조화 5대 제어인자는 ①온도 ②습도 ③기류 ④청정도 ⑤기압이고 그 중에서 기압을 제외한 4대 제어인자가 제어해야할 중요 인자들이다.

공기조화기 하면 요즘의 공조 기술자들은 곧바로 "에어 핸들링 유닛(AHU : Air Handling Unit) 말하는 거야?"라고 할 것만 같다. 그러나 1960년대 이전만 해도 공조 기술자들은 송풍기를 결정하고 냉온수 코일의 열수(列數)·가습방법·탑재하는 에어필터·케이싱 구조·치수 등에 이르기까지 세세하게 설계하고 결정해야 했다. 이들 공조기는 이후 4.5항에서 기술하는 공조기 내부 부품들을 현장에 반입해 조립하는 이른바 현장조립 공조기(빌트 업 공조기 : Built-up Air-conditioner)로, 그 설계·시공에 종사하는 것이야말로 공조 설비 기술자들이 보람을 느끼는 시대이기도 했다.

참고로 당시 현장조립 공조기 중에는 공조기의 케이싱으로 철판이 아니라 건축 구조체(RC 구조)를 이용하는 것도 있었다.

이로써 현재는 공조기 메이커가 공장 제품(AHU : 에어 핸들링 유닛)을 아주 간단히 현장에 반입하는 매우 편리한 시대가 됐다.

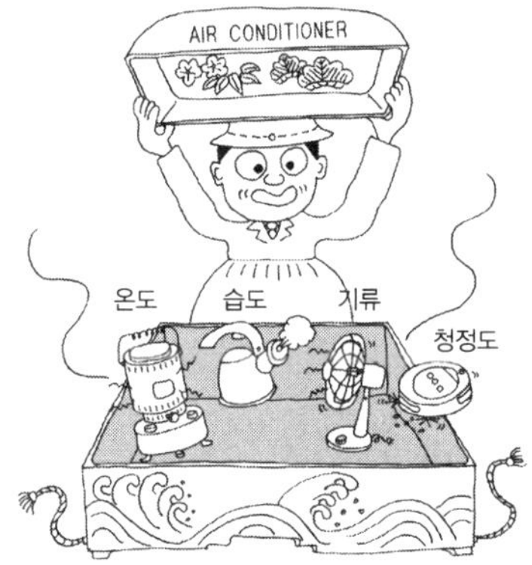

〈그림 4.1〉 공기조화기 : 4대 제어 인자의 표현

그 반면에 송풍기를 설정하거나 냉온수 코일의 열수를 계산해 본 적도 없는 공조 기술자들이 대부분이어서 과거 공조설비 기술자의 입장에서 보면 "요즘의 공조설비 설계자들은 그저 카탈로그 디자이너에 지나지 않아"라고 생각하기도 한다.

4·2 공기조화기의 분류

공조기는 열원 공급형과 냉동기 내장형으로 크게 나뉜다. 열원 공급형이란, 공조기 자체가 열원기를 갖고 있지 않아 다른 열원기계실(플랜트 룸)에서 공급하는 냉수·온수·증기 등으로 공기를 냉각·가열·감습·가습·혼합·필터링등을 실시하고 처리된 조화 공기를 필요한 존으로 송풍하는 장치를 말한다.

이런 유형의 대표적인 공조기에는 에어 핸들링 유닛(AHU)과 팬코일 유닛(FCU)이 있고, 에어 핸들링 유닛(AHU)은 다시 ①일반형 에어 핸들링 유닛 ②시스템 에어 핸들링 유닛 ③터미널형 에어 핸들링 유닛 ④각종 용도별 에어 핸들링 유닛으로 나뉜다. 한편 냉동기 내장형이란 공조기 내에 냉동기를 내장하여 만든 공조기를 말하고, ①패키지형 에어컨디셔너(약칭 : 패키지 에어컨) ②멀티형 패키지 에어컨디셔너 (약칭 : 빌딩 멀티에어컨) ③수열원 히트펌프 패키지 에어컨디셔너(약칭 : PMAC 에어컨) ④룸 에어컨디셔너(약칭 : 룸 에어컨) 등이 있다. 이들 공조기의 분류를 〈그림 4.3〉에 나타낸다.

[기억해 둘만한 사항]

필자는 과거에 싱가포르에서 52층 초고층 빌딩의 공조·환기설비 시공을 담당했던 적이 있다. 그 초고층 빌딩은 크게 3개 층으로 나뉘어 층마다 공조기계실이 있고 거기에 1대의 대형 센트럴 공조기를 설치했다. 그 공조기야말로 실제 빌트업 공조기 그 자체이고 1개 층을 공조기계실 대부분이 차지할 정도로 컸다. 그 공조기의 외부는 철골 골조를 이용해 철판이 아닌 두꺼운 강판으로 조립한 것이어서 마치 군함과도 같았다.

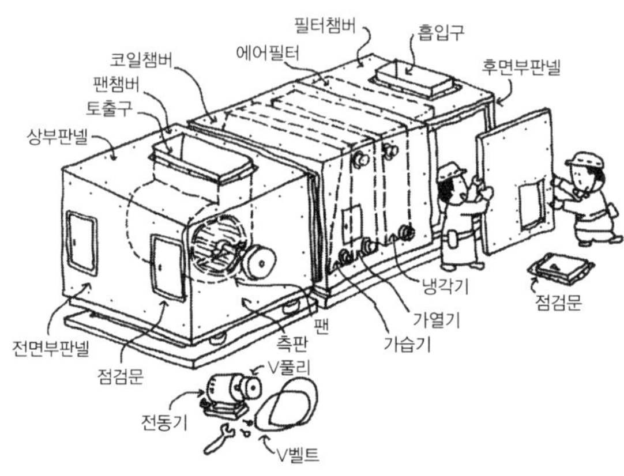

〈그림 4.2〉 현장 조립 철골 강판제 대형 공조기

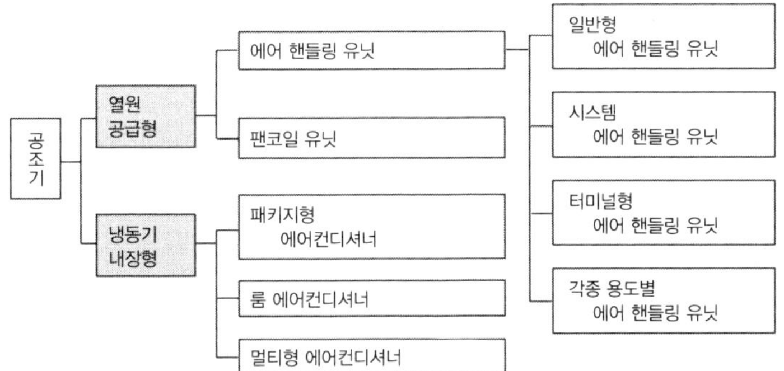

〈그림 4.3〉 다양한 공조기의 분류

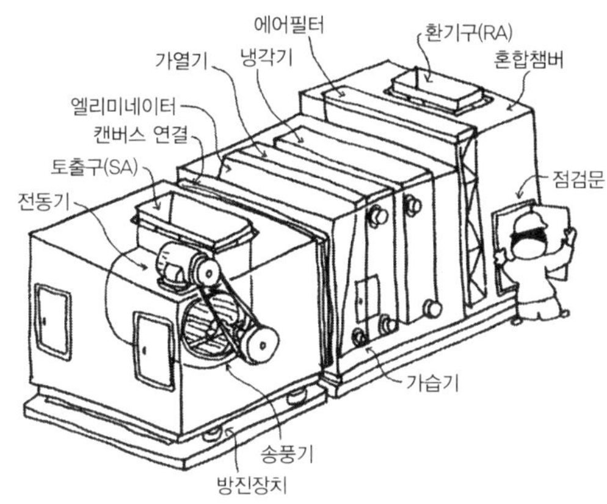

〈그림 4.4〉 일반적인 AHU의 내부 구성

4·3 공기조화기의 종류

(1) 일반형 에어 핸들링 유닛(AHU)

에어 핸들링 유닛(AHU)은 약칭 AHU로 익숙하지만 공장에서 제작되는 기성품 공조기의 대명사라고 해도 과언이 아니다.

일반적인 에어 핸들링 유닛의 내부 구성을 〈그림 4.4〉에 나타내는데 공조 기계실로의 반입을 고려해 수평형 AHU와 수직형 AHU가 있다. 각 내부 구성품의 역할에 대해서는 4.5항에서 상세히 기술한다.

현재 공조장치로 광범위하게 이용되고 있는 AHU의 용량은 일반적으로 그 처리 풍량의 차이에 따라 형번으로 표시되고 풍량 약 120~1,500m³/min, 팬의 정압 0.5~2kPa(50~200mmAq) 정도의 제품이 많이 제작된다.

비교적 대형 에어 핸들링 유닛은 건물 내에 마련된 공조기계실에 설치되고 에어 핸들링 유닛에 접속된 덕트에 의해 필요로 하는 존까지 조화 공기를 보냄으로써 공조가 이루어진다.

(2) 용도별 에어 핸들링 유닛

위에 언급한 표준 공조기에 더해 다양한 용도에 대응하는 에어 핸들링 유닛 등이 개발, 출시됐다. 예를 들면 ① 시스템 에어 핸들링 유닛(약칭 시스템 에어컨) ② 터미널형 에어 핸들링 유닛(약칭 터미널 에어컨) ③ 바닥토출 공조용 에어 핸들링 유닛(약칭 언더 플로어 공조 에어컨) ④ 클린룸용 에어 핸들링 유닛(약칭 클린룸 에어컨) ⑤ 컴퓨터실용 에어 핸들링 유닛(약칭 컴퓨터 에어컨) ⑥ All Fresh용 에어 핸들링 유닛(약칭 All OA 에어컨) ⑦ 데시칸트 공조기 등등 일일이 헤아릴 수 없을 정도의 라인업이지만 여기서 그에 대한 설명은 생략한다.

그 중 최근에 거의 사라진 공조기로는 ① 멀티 존 공조기 ② 이중 덕트 공조용 공조기 ③ 인덕션 유닛 등이 있다.

1) 시스템화 에어 핸들링 유닛

용도별 에어 핸들링 유닛의 TOP으로 소개하는 것은 시스템 에어 핸들링 유닛이다. 필자는 이 공조기의 명칭이 독특한 명칭인 줄 알았는데 줄여서 시스템 에어 핸들링 유닛으로 불리고 있으므로 이하 시스템 에어 핸들링 유닛이라고 한다.

이 시스템 에어 핸들링 유닛이란 유닛에 마이크로컴퓨터를 탑재해 각각의 존과 방의 온도·습도 설정치를 미리 입력해 둔다. 그리고 외기 상황에 따라 전열교환기나 냉수·온수의 유량, 송풍 정압 등을 최적으로 제어하고 기타 필요한 요구사항들을 정밀하게 제어할 수 있게 하는 에어 핸들링 유닛을 말한다.

또한 급기 팬·환기 팬 및 전열교환기 등을 조립해 일체화하고 배기의 현열과 잠열을 회수하는 시스템 에어 핸들링 유닛도 있다.

〈그림 4.5〉에서는 전열교환기 탑재 시스템 에어 핸들링 유닛의 일례를 나타낸다.

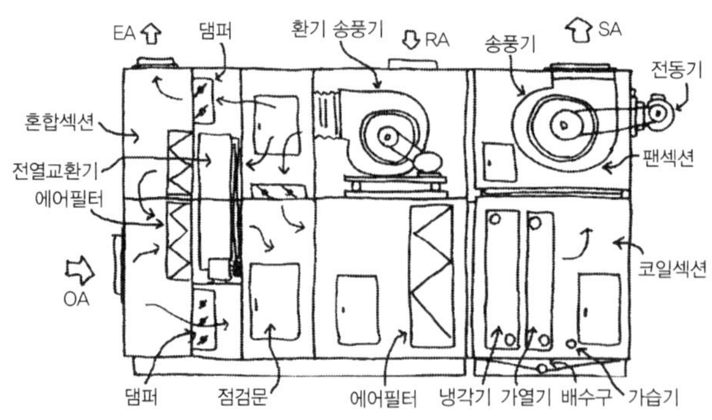

〈그림 4.5〉 시스템 에어 핸들링 유닛의 개요도

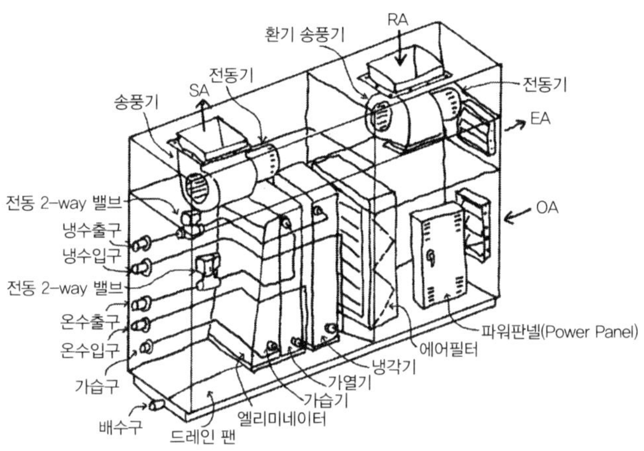

〈그림 4.6〉 상치(床置)형 터미널 에어 핸들링 유닛의 예

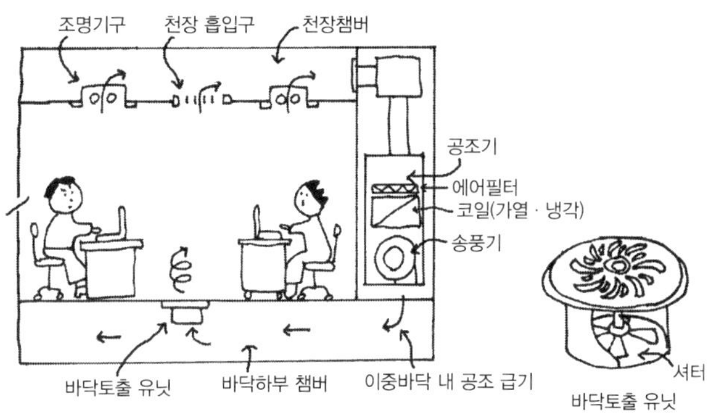

〈그림 4.7〉 바닥토출 공조용 에어 핸들링 유닛

2) 터미널형 에어 핸들링 유닛

터미널형 에어 핸들링 유닛이란 비교적 소형 에어 핸들링 유닛에 온도조절장치 등을 내장해 실내 벽체나 천장에 매입하고 각각 비교적 좁은 공조 존을 분담하도록 배치되는 에어 핸들링 유닛을 말한다. 일명 터미널 에어 핸들링 유닛이라고 한다〈그림 4.6〉.

3) 바닥 토출 공조용 에어 핸들링 유닛

제2장 2.5(4)의 1)항에서 바닥토출 공조시스템에 대해 소개했는데 바닥토출 공조용 에어 핸들링 유닛이란 그 공조 시스템용으로 특별히 개발된 공조기를 말한다. 바닥 하부를 통해 급기하는 기종이므로 마치 "물구나무 선 공조기"라고 형용할 수 있다〈그림 4.7〉.

4) 클린룸용 에어 핸들링 유닛

일렉트로닉스·바이오테크놀로지 등, 첨단산업의 생산과정·실험과정 등에서는 클린룸(Clean Room)이 필수다.

이를 위해 청정한 공기(clean air)를 만드는 클린룸용 공조기는, 고성능 에어필터(HEPA 에어필터·ULPA 에어필터 등)를 내장하고 있어 일반 에어 핸들링 유닛에 비해 고도의 성능이 요구된다. 클린룸용 공조기와 일반용 공조기의 특성 차이를 비교하면 다음과 같다.

① 일반용 에어 핸들링 유닛에 비해 연속 운전이 많고 연간 운전시간도 길기 때문에 내구성(durability)과 신뢰성(reliability)이 요구되는 공조기다.

② 일반 공조용 에어 핸들링 유닛에 비해 처리 풍량이 크다.

③ 일반용 에어 핸들링 유닛에 비해 HEPA 필터·ULPA 필터 등과 같은 고성능 필터를 내장하고 있어 송풍기의 필요 정압이 높고 용도에 따라서는 풍량의 변동이 심하다.

④ 클린룸에서는 실내를 정압(positive pressure)으로 유지해야 하므로 외기를 대량 유입할 필요가 있어 코일의 용량과 열수가 커진다.

⑤ 클린룸용 공조기는 공조기 주위의 공기가 공조기 내부로 빨려 들어가지 않도록 공조기 팬은 공조기의 전단부 쪽에 배치하고 공조기 자체를 기밀 구조로 만들어야 한다.

⑥ 클린룸 공조기 기내에 내장용으로 채택하는 단열재 등은 비산하거나 먼지를 일으키지 않는 재질이어야 한다.

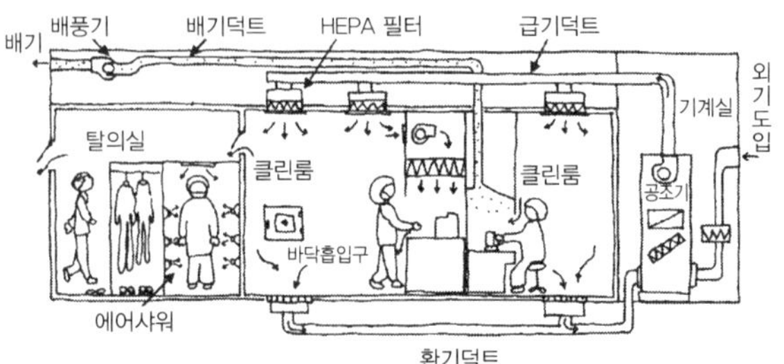

〈그림 4.8〉 클린룸용 공조기의 일례

(3) 패키지형 공조기

패키지형 공조기는 냉동기를 탑재한 공조기로 공조기의 냉온수 코일 대신 냉매 증발기(직접 팽창코일 Direct Expansion Coil)를 탑재하고 있다. 이 냉매 증발기를 열교환기로 이용하고 실내공기를 냉각 감습하는 패키지형 공조기는, 이 밖에도 압축기·팽창밸브·응축기·송풍기·에어필터 등의 부품으로 구성된다. 따라서 영어로는 "self-contained air-conditioner" 라고도 한다. 이 공조기는 냉방 전용형과 냉난방 겸용형(히트펌프형)으로 나뉘고 또 냉각방식에 따라서는 수냉식과 공냉식이 있다.

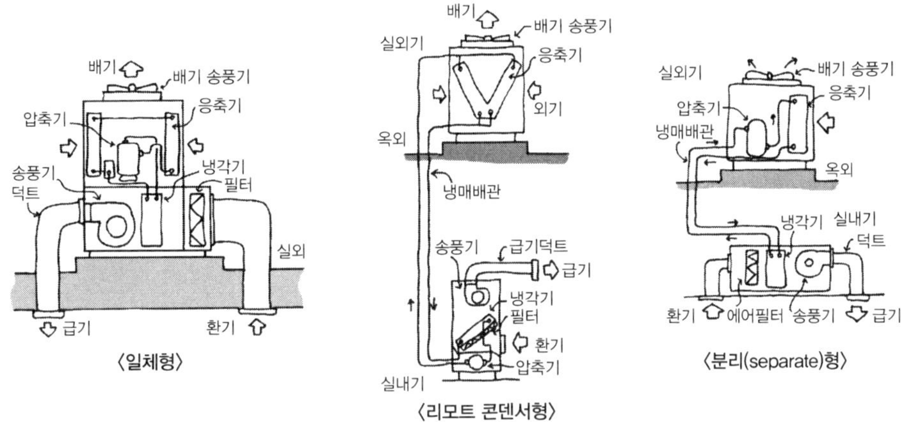

〈그림 4.9〉 패키지형 공조기의 변형(variation) 방식

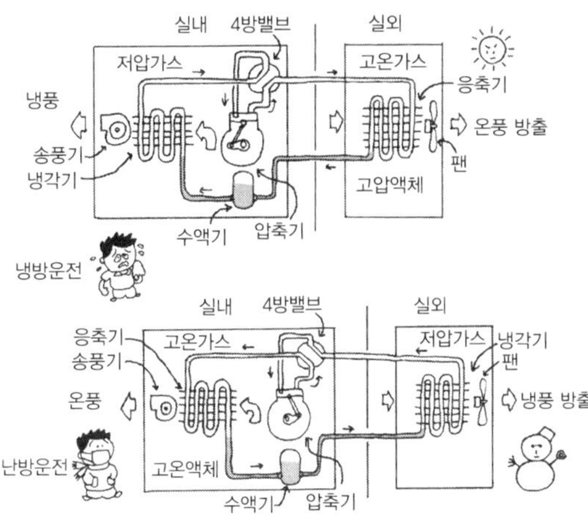

〈그림 4.10〉 공냉 히트펌프 유닛에 의한 냉난방 방식

패키지형 공조기는 〈그림 4.9〉에 나타내는 바와 같이 주요 부품을 같은 케이싱 내에 설치한 일체형 유닛이라든가 외기 열교환기(응축기)를 옥외에 설치하고 다른 주요 부품은 옥내에 설치해 냉매배관으로 접속하는 리모트 콘덴서형, 외기 열교환기(응축기)와 압축기를 옥외에 설치하고 옥내의 열교환기(증발기)를 실내에 설치하는 이른바 분리형(separate type) 등이 있다.

공냉식은 냉방 시 실내에서 채열한 열을 냉매로 대기와 직접 열 교환해 실외로 방열하는 방식을 말하고, 이에 대해 냉매에 모아진 열이 냉각수에 의해 대기로 방열되는 방식을 수냉식이라고 한다.

공냉 히트펌프식은 냉방 시에는 실내 공기에서 채열하는 실내측 열교환기를 냉매 증발기로서 이용하고 실외 열교환기를 냉매 응축기로서 이용해 대기로 방출한다. 난방 시에는 4방밸브(4-way valve)로 냉매의 흐름을 바꾸어 실외 열교환기가 증발기 역할을 하며 대기에서 채열하고 실내 열교환기가 응축기 역할을 하여 실내에 방열함으로써 난방이 이루어진다.

수냉 히트펌프식은 열원수로부터 채열이나 방열을 하고 있어 열원수로는 연중 수온이 거의 일정한 우물물을 이용하는 방식이 있다.

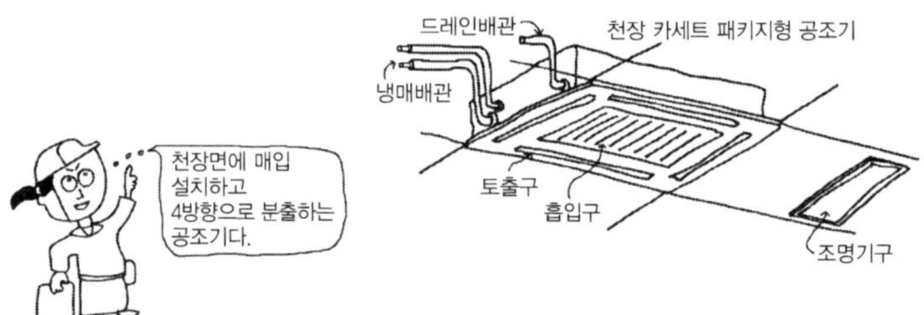

〈그림 4.11〉 천장 카세트 패키지형 공조기

[필자만의 노하우]

송풍기가 누락된 패키지 공조기

필자가 싱가포르에서 초고층 빌딩의 공조 설비시공을 담당했을 때의 체험기다. 때마침 다른 동료가 일본계 기업 싱가포르 현지 공장의 공조 설비공사(패키지 공조 설비공사)를 담당하고 있었다. 이곳의 공장용으로 일본에 발주 주었던 모 일본 메이커의 패키지 공조기가 도착하기만 학수고대하고 있었다.

그 물건이 일본에서 홍콩을 경유해 내일이면 싱가포르에 도착한다는 정보가 들어왔고 마침 준공일도 임박했기에 "이제 안심이다" 하면서 가슴을 쓸어내리고 있었을 때의 사건이었다. 그 짐을 적재하고 있던 일본선사가 갑자기 도산해 그 배가 싱가포르 항구 바로 앞에서 일본으로 U턴해 버렸다고 한다. 당황한 동료 담당자는 싱가포르 내의 공조기 대리점을 이리저리 뛰어다니다가 메이커는 다르지만 대체할 패키지 유닛 1대를 발견하고 현장에 급히 보내도록 수배했다.

그런데 현장에 도착한 물품의 포장을 열어 봤더니 송풍기가 누락되어 있는 공조기이었다. 대리점에 불평하자 대리점에서는 "주문할 때 손님이 기외정압을 지정하지 않았기 때문에 당연한 거죠"라는 대답이 돌아왔다고… "일반 상식이 무시당하는 황당함"을 통감했던 한 순간이었다.

〈그림 4.12〉 송풍기가 누락된 패키지 공조기라니?

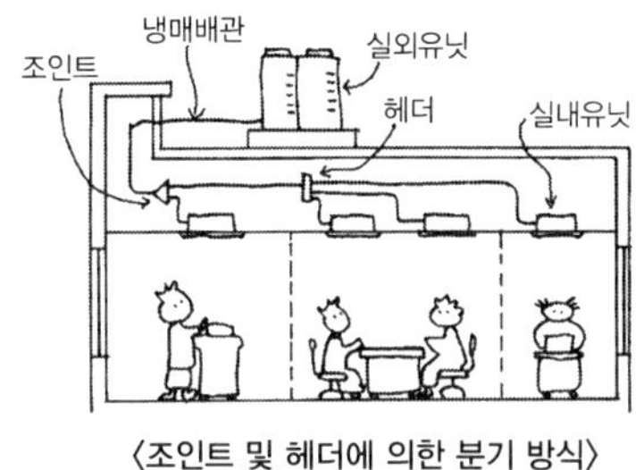

〈조인트 및 헤더에 의한 분기 방식〉

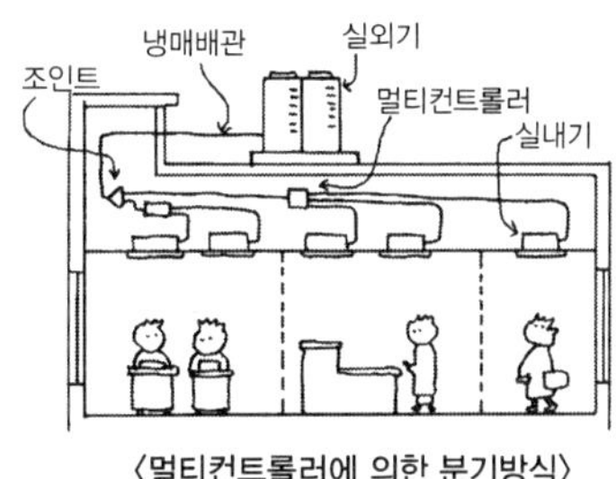

〈멀티컨트롤러에 의한 분기방식〉

〈그림 4.13〉 빌딩 멀티 공조 시스템

제2장 2.5(3)의 3)항에 기술한 바와 같이, 냉방 시에는 냉각탑에서 대기에 방열하고, 난방 시에는 보일러로 열원수를 공급하는 이른바 수열원 히트펌프 패키지 에어컨디셔너식(약칭 PMAC식)도 있다.

패키지형 공조기의 종류는 다양해 용도별로 각각의 전용 기종을 각 메이커에서 개발하고 있다. 예를 들면 건물용도별로는 사무실용·상가용·호텔용·학교용·파친코용·주방용·클린룸용·컴퓨터용·저온 저장고용·선박차량용·항공기용 등이 있다.

그리고 기능별로는 항온항습용·중온(中溫)용·연간 냉방용·이종 전압용·Spot용·All Fresh용·소(小)풍량용·VAV용 등이 있고, 또 설치장소별로는 벽걸이형·상치(床置)형·천장 카세트형·빌트인형·천장매입형·천장노출형 등의 라인업이 있다.

(4) 빌딩 멀티 공조기

빌딩 멀티 공조기는 최근에 건축물의 고도화에 부응하여 빌딩의 공조 시스템에 적합하게 개발된 멀티 공조기 시스템을 채택하고 있는 빌딩 멀티 공조기를 말하고 일명 멀티에어컨으로도 불리는 분리형 에어컨 유닛이다.

빌딩 멀티 공조 시스템은 〈그림 4.13〉에 나타내는 바와 같이 실외 유닛(실외 열원기) 1대에 여러 대(멀티)의 실내 유닛(실내기)을 접속해 구축하는 공조 시스템이다. 이 공조방식은 다음 항에서 기술하는 룸 에어컨디셔너(룸 에어컨)로 여러 개의 방을 공조할 때 공유 실외 유닛을 한 곳의 설치장소에 집약하기 위해 개발됐다고 해도 과언이 아니다.

빌딩 멀티에어컨은 1982년부터 세계적으로 판매를 시작했고 그 이후 현재까지 약 40년의 세월이 흘렀다.

개별 제어성·집중관리 용이성·시공면의 시공비 절감 등이 시장에 받아들여져 중·소규모의 건축물에서부터 최근에는 바닥면적 10,000m^3 이상의 대규모 오피스 빌딩에 이르기까지 채택되고 있다.

주) 빌딩형 멀티에어컨 제조사가 표시한 빌딩형 멀티에어컨의 능력은, 냉방 시의 외기온도는 35℃에서난방 시의 외기온도는 8℃ 하에서라는 점에 주의한다.

빌딩 멀티에어컨 공조 시스템은 기존의 물 이송이나 공기 이송에 의한 중앙식 공조 시스템(센트럴 공조 시스템)을 구축하는 경향이 강하고 중·소규모의 상가나 오피스 빌딩 등, 바닥 면적 3,000m^3 이하 특정 건축물 이외의 건축물에서도 보급률이 확대 되고 있다.

대규모 공조 시스템은 옥상에 실외기 여러 대를 설치하는 사례가 많은데 이런 경우에는 실외기 주변의 실외 공기가 숏 서킷(short circuit)으로 40℃ 이상의 외기를 공기 열원으로 이용하게 되는 케이스도 곳곳에서 발견되고 있어 반드시 절전형 공조 시스템으로 돼 있는 것은 아니다.

그런데 빌딩 멀티 공조 시스템이 등장할 때 제약 조건의 하나였던 냉매배관 허용길이 문제에 대해서도 〈그림 4.15〉와 같이 계속 개선되어 왔다.

[기술용어 해설]

쇼트 서킷 (short circuit)

실외기에서 토출된 배기가 다시 실외기의 공기 유입구로 빨려 들어가 버려 새로운 공기가 전혀 들어가지 못하고 실외기 주변의 공기가 "곧바로 순환"돼 버리는 상태를 말한다.

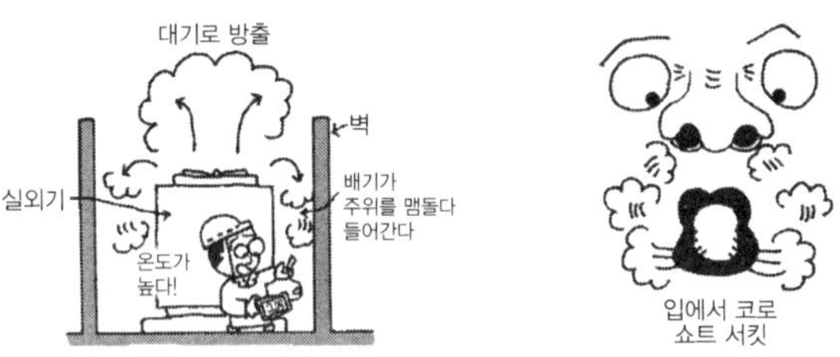

〈그림 4.14〉 쇼트 서킷의 이미지

[기술용어 해설]

빌딩형 멀티 공조기 냉매의 변천

이미 기술한 바와 같이 빌딩형 멀티 공조기는 1982년에 등장한 이래 약 40년의 세월이 흘렀고 설치한 지 20년 이상 경과한 유닛에 대한 리뉴얼 공사가 시작되고 있다. 당초 유닛은 HCFC 냉매 R22를 충진하고 있었는데 혼합냉매 407C 시대를 거쳐 마찬가지로 혼합냉매 410A 시대로 이동하고 한동안 장기 사용이 계속 되어 왔다.

그러나 그 시점에 한층 더 새로운 냉매 HFC:R32(ODP:0 · GWP:650)가 등장했다. 이 같은 흐름은 오존층파괴 문제·지구온난화 문제의 해결을 목표(ODP:0 · GWP:0)로 했다. 현 단계에서 ODP:0의 냉매는 개발됐지만 GWP:0의 냉매는 아직 개발하지 못했다. 향후 가까운 미래에는 GWP가 HFC:R32보다 더 적은 우수한 냉매가 등장할 것이다.

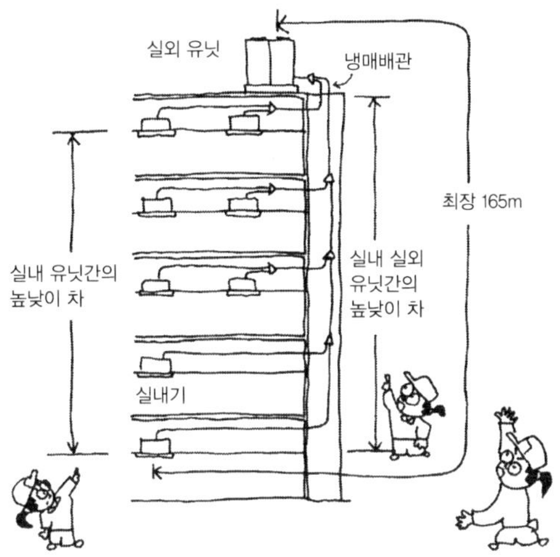

〈그림 4.15〉 냉매배관의 허용 길이

냉매관의 길이가 1989년에는 100m였던 것이 2007년에는 165m까지 연장됐다. 그리고 빌딩 멀티 공조기는 실외기의 냉매 배관계통마다 냉방·난방을 전환하는 표준형에 더해 최근에는 인버터를 적용하는 공조기가 개발됐고 그 후에는 동일한 냉매 배관계통 내에서 냉방·난방을 자유롭게 선택할 수 있는 냉난방프리형과 고층 건축물이나 한랭지의 건축물에 대응하는 수열원형 그리고 비교적 저렴한 심야전력으로 축열하는 멀티 빙축열이 등장하는 등, 다양한 타입의 빌딩 멀티에어컨이 개발됐다.

(5) 룸 에어컨디셔너

룸 에어컨디셔너는 룸 에어컨이라는 약칭으로 친숙한데 주택의 냉난방용으로 이용되는 소형 공냉 패키지 공조기다. 룸 에어컨은 압축기·응축기·증발기·송풍기·필터·제어장치·냉매회로로 구성된다.

이전에는 〈그림 4.16〉 중의 일체형(윈도형)을 흔히 볼 수 있었지만 현재는 주택이나 작은 사무실 등에서 가장 광범위하게 사용되는 것이 히트펌프 타입의 분리(separate)형 룸 에어컨이고, 실내기와 실외기로 나뉘어져 1대로 냉난방이 가능해졌다〈그림 4.16〉.

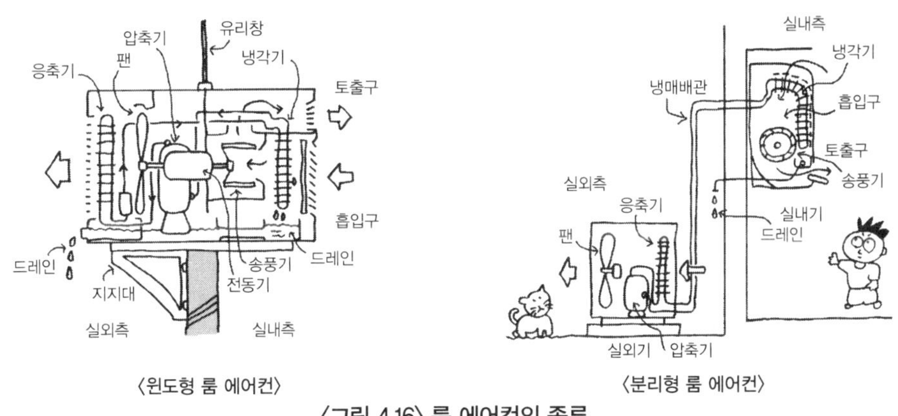

〈그림 4.16〉 룸 에어컨의 종류

단, 이미 기술한 바와 같이 최근에는 냉매가 혼합냉매 R410A에서 HFC 냉매 R32로 바뀌고 있다는 점에 주의한다.

(6) 팬 코일 유닛

팬코일 유닛은 Fan Coil Unit의 약자로 FCU라고도 한다. FCU는 〈그림 4.17〉과 같이 냉각/가열 코일·송풍기 팬·에어필터가 박스형 케이싱에 내장되고 실내 공기를 냉각·감습 또는 가열해 방을 냉난방 하는 장치다.

오피스 빌딩·호텔·병원 등에 많이 이용되고 있다. FCU의 심장부인 냉각·가열 코일은 동관과 알루미늄 핀으로 만들어져 있고 동관 내부를 흐르는 냉온수와 알루미늄 핀을 통과하는 공기에 의해 열 교환이 이루어진다.

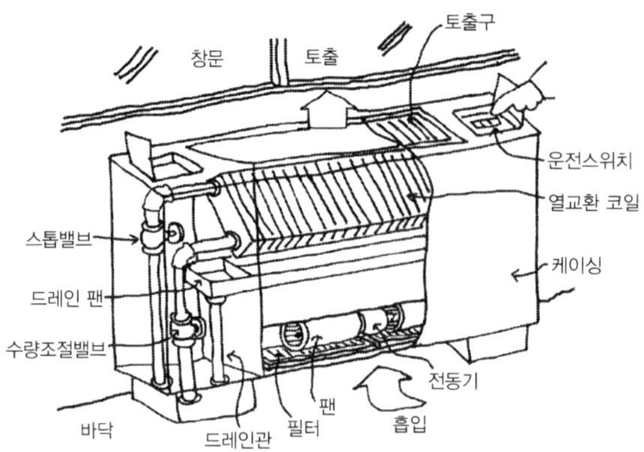

〈그림 4.17〉 상치(床置)형 팬코일 유닛의 구조

[기억해 둘만한 사항]

룸 에어컨의 운전효율 향상

전동기기의 효율은 EER(소비전력 1kW당 냉난방 능력)로 표시된다. 룸 에어컨의 EER은 최근 수십 년간 비약적으로 향상됐다(50%이상). 그 이유는 다음과 같다.

① 압축기의 효율 개선 : 앞에서 말한 바와 같이 압축기의 주류인 회전형은 종전의 왕복동형에 비해 부품수가 적어 소형·경량이고 원형운동을 하기 때문에 기계손실이 적다. 게다가 구조상 냉매 흡입 손실도 적다.

② 응축기·증발기의 전열효율 향상 : 코일의 배치를 바꾼다든가 핀을 파형(波形)으로 하는 등 그리고 냉매관의 내면에 홈이 있는 것을 사용하는 등으로써 응축기·증발기의 열전달률이 향상됐다.

③ 부분 부하율 향상 : 운전제어는 기존의 ON-OFF 제어를 대신해 인버터로 압축기의 회전수를 연속 제어하는 방식이 도입돼 부하에 따른 운전을 함으로써 절전효과가 높아졌다.

통상 냉방 시에는 코일에 냉수를, 난방 시에는 온수를 각각 흘려보내는 2관식 냉온수 코일이 적용된 FCU가 일반적이나 3관식·4관식의 배관방식도 있다.

특히 4관식용 FCU에는 싱글 코일형이 아니라 더블 코일형 FCU도 있기는 했지만 현대사회의 요구와는 거리가 멀어 3관식·4관식은 거의 채택되지 않는다. 송풍기로는 다익형 송풍기가 1대의 FCU 안에 1~2대 내장돼 있지만 FCU 송풍기의 기외(機外) 정압은 일반적으로 작다는 것이 단점이다.

참고로 최근에 발매되고 있는 FCU는 200형~1200형까지 있고 FCU의 사양을 〈표 4.1〉에 나타낸다. 통상 FCU 전동기는 고속·중속·저속의 3단계로 회전수를 선택 제어함으로써 공기와의 열 교환이 이루어진다. 최근에는 FCU 송풍기를 무(無)단계로 회전수 제어하는 기종도 있다. 에어필터의 여과재로는 세탁 가능한 그릴망을 많이 사용하는데 중성능 필터나 고성능 필터를 적용하는 기종도 있다. FCU 케이싱은 강판제이고 내면에 글라스울이나 수지 발포제를 부착해 FCU 내면의 결로를 방지한다.

〈표 4.1〉 FCU의 형번별 사양

항목 \ 형번			200	300	400	600	800	1200
성능	냉방능력	현열량 [kW]	1.35	1.94	2.76	4.02	5.84	7.00
		전열량 [kW]	1.74	2.57	3.56	5.35	7.19	8.83
	난방능력 [kW]		2.95	4.17	5.70	8.43	12.01	14.67
수량 [ℓ/s]			0.083	0.122	0.170	0.255	0.362	0.473
헤드손실 [kPa]			2.6	5.6	10.7	30.6	11.7	22.5
풍량 [m³/s]			0.094	0.142	0.189	0.283	0.378	0.567
운전소음 [dB(A)]			34	35	36	37.5	39	42
전원			단위 100V, 50/60Hz					
송풍장치	형식		앞쪽으로 기울어진 다익형 (시로코 팬)					
	입력[W]		37/50	45/55	60/75	80/95	120/145	155/185
	전류[A]		0.40/0.55	0.50/0.65	0.65/0.85	0.85/1.05	1.30/1.60	1.65/2.00

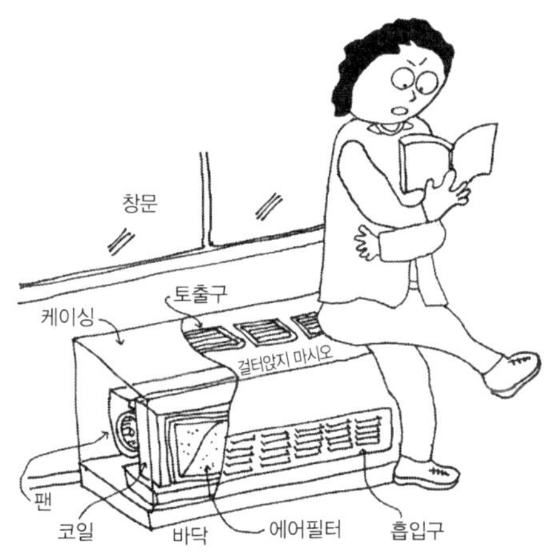

〈그림 4.18〉 Low Boy형 FCU

FCU는 그 용도에 따라 상치(床置)형과 천장형으로 크게 나뉜다. 상치형 FCU는 외관이 미려한 케이싱으로 외장되지만 일반적으로 로우보이(low boy)형으로 불리는 노출형 FCU나 페리카운터로 불리는 FCU는 창측에 받침대 같은 카운터를 설치하고 그 안에 FCU를 내장하는 은폐형 FCU도 있다.

천장형도 노출형 FCU와 은폐형 FCU로 나뉘고 은폐형 FCU에서도 카세트형(cassette type)으로 불리는 기종은 천장 안에 절반을 매입해 토출구·흡입구·점검구 패널이 하나로 된 것도 있다.

은폐형 FCU의 대부분은 천장 안에 매입하고 토출구·흡입구가 짧은 덕트로 접속돼 있어 천장면에는 토출구와 흡입구밖에 보이지 않는 것도 있다.

4·4 데시칸트 공조기

최근 공조업계에서는 데시칸트 공조시스템으로 불리는 이른바 화학감습법을 적극적으로 채택하고 있다. 참고로 데시칸트(desiccant)란 건조제 또는 제습제를 의미한다.

기존의 공조방식으로 제습할 경우에는 냉매나 냉수로 냉수코일을 냉각해 공기 중의 수분을 결로시키는 냉각·감습 방법으로 제습(감습)했고 경우에 따라서는 재열제어(reheat control)를 할 필요가 있다.

이에 대해 데시칸트 공조기를 채택하는 데시칸트 공조시스템은, 건조제로 공기 중의 수분을 직접 제거한 후 현열만 요구 수준까지 저하시키는 공조시스템이다.

바꿔 말하면 기존의 공조방식은 제습하기 위해 공기의 현열·잠열을 물리적(기계적)으로 일체 처리하는데 반해, 데시칸트 공조시스템은 현열·잠열을 화학적으로 분리해 처리하므로 에너지절감 등의 이점이 있다.

참고로 건조제로는 염화리튬(LiCI), 실리카겔(silica gel) 등이 사용되고 최근에는 뛰어난 방습성능을 가진 제올라이트도 사용되고 있다.

[기억해 둘만한 사항]

병원건축과 FCU의 역할

병원의 공조방식에는 외조기 단일덕트+FCU 방식을 채택하는 예가 많다. 병실 등의 경우에는 각 병실의 요구에 따른 실내온도로 설정할 수 있는 등의 이점이 있다.

그 반면에 FCU의 드레인 팬이나 냉수코일 등, 축축하고 비위생적인 부분에 곰팡이나 세균이 번식하기도 하고 에어필터를 청소·교환할 때 먼지가 병실 내에 비산하는 리스크가 있다. 이를 위해 1차 공기에 실내 냉방부하의 잠열처리 분을 맡기고 FCU는 현열처리 분만 맡게 해 냉수코일 등이 축축한 상태가 되지 않도록 하는 등의 계획이 필요하다.

데시칸트 공조기는 〈그림 4.19〉에 나타내는 바와 같이 ① 제습 로터 ② 현열 교환 로터 ③ 재생용 증기히터 및 코일 ④ 처리측 냉수코일(냉방용) ⑤ 처리측 온수코일(난방용) ⑥ 처리측·재생측 팬 ⑦ 처리측과 실내환기측의 필터 등으로 구성된다. 데시칸트 공조 시스템은 환경과 인간 친화적인 공조 시스템으로, 아직 실적이 그다지 많지 않지만 향후 상황에 따라서는 크게 보급될 가능성을 갖춘 공조방식이다.

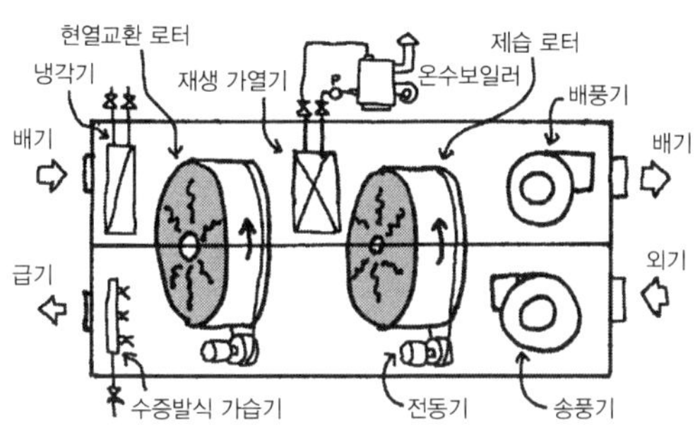

〈그림 4.19〉 데시칸트 공조기의 일례

4.5 공기조화기를 해부하다

서두 4.1항에서 언급한 공기조화기를 인체에 비유하면 다양한 기능을 하는 장기가 담기고 튼튼한 피부로 덮인 몸체(Body)라고 말할 수 있다. 여기서는 에어 핸들링 유닛(AHU) 내에 조립된 장기류를 해부한다.

(1) 송풍기 (fan)

송풍기는 공조기 케이싱 내에 설치하기 위해 일반적으로 양흡입형 다익 송풍기(시로코팬)가 사용되지만 대풍량 공조기일 경우에는 탠덤형(2열형) 송풍기를 채택하는 경우가 많다. 정압 1.5kPa 이상의 고압용 및 에너지 절감용으로는 리미트로드(limit load)형·에어로포일형 송풍기가 사용된다. 송풍기 및 전동기는 풍량 및 정압(공조기 내 정압손실과 덕트 정압손실의 합)으로 선정하는데 토출 풍속·소음 레벨을 확인한 다음 결정하기도 한다.

송풍기의 가변 풍량(VAV) 방법에는 스크롤 댐퍼 제어방식·인렛 베인 제어방식·인버터 제어방식이 있다. 그 중에서도 송풍기의 스크롤(scroll) 형상을 바꿔 송풍 특성에 변화를 주는 스크롤 댐퍼 제어방식이 일반적이지만 최근에는 인버터 제어방식을 채택하는 경우도 많아졌다. 인렛 베인 제어방식은 비교적 대형의 리미트로드 송풍기와 터보형 송풍기에 적용되는 경우가 많다. 인버터 제어방식은 중형·소형 송풍기의 전원 주파수를 변화시켜 전동기의 회전수를 바꾸고 풍량·정압을 변화시키는 제어방식으로 절전효과가 커서 컴팩트 에어컨이나 시스템 에어 핸들링 유닛에 많이 사용되고 있다.

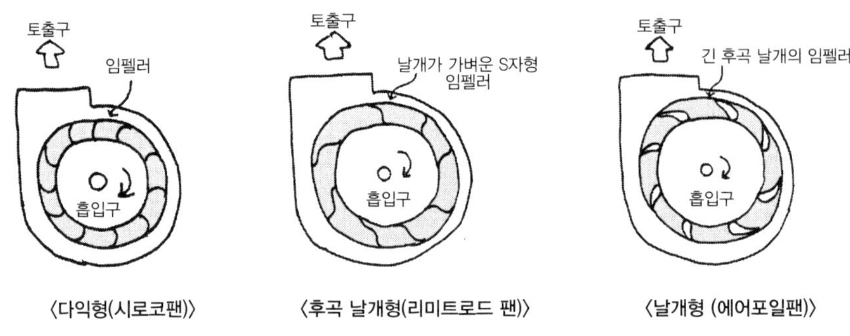

〈그림 4.20〉 에어 핸들링 유닛의 송풍기

건물의 경량화·유연(flexible structure)화 및 설비기계실의 중고층화 등으로 인해 송풍기의 진동과 고체 전달음이 바닥과 건물에 전달되는 것을 방지하기 위해 송풍기 유닛 하부에 방진장치를 부착하는 경우가 많다

(2) 냉각 코일 (cooling coil)

냉각 코일에는 통상 5~7℃정도의 냉수가 공급돼 공기를 냉각 감습한다. 코일 관으로는 외경 16mm, 두께 0.5mm가 사용되고 핀(fin)의 두께로는 0.2mm가 사용된다. 그리고 동관·알루미늄 핀에 수지 코팅한 플레이트 핀 코일이 일반적이나 부식성이 강한 공기에 노출될 경우에는 스테인레스 강관·스테인레스강 핀을 사용하기도 한다.

코일의 열수로는 통상 4~8열 코일이 많이 사용되지만 외기 처리용이나 특수 용도로는 10~12열 코일도 사용된다. 핀의 피치(간격)는 인치(25.4mm)당 6매·7매·8매·10매짜리가 있는데 냉각 코일에서는 냉각 감습으로 인한 드레인 관계상 8매 짜리가 많이 사용된다.

〈표 4.2〉 코일 용도에 따른 튜브 · 핀 재질의 예

용도	관재	핀재	피복 · 도금 등
표준 냉온수 코일	구리	알루미늄	없음
내식성 코일	구리	알루미늄	아크릴계수지 피막
염해, 아황산가스, 질소산화물 대응 코일	구리	구리	없음
중(重)염해 대응 코일	구리	구리	주석 도금
부식대응 코일(바닷물이나 염소 대응 코일)	큐프로니켈	큐프로니켈	없음
식품공장, 인쇄공장용 코일	스테인리스	스테인리스	없음
고온수 · 고압증기용 코일	철	알루미늄	없음
고온수 · 고압증기용 코일	철	알루미늄	아크릴계수지 피막

※큐프로니켈은 구리(90) · 니켈(10)의 합금이다.

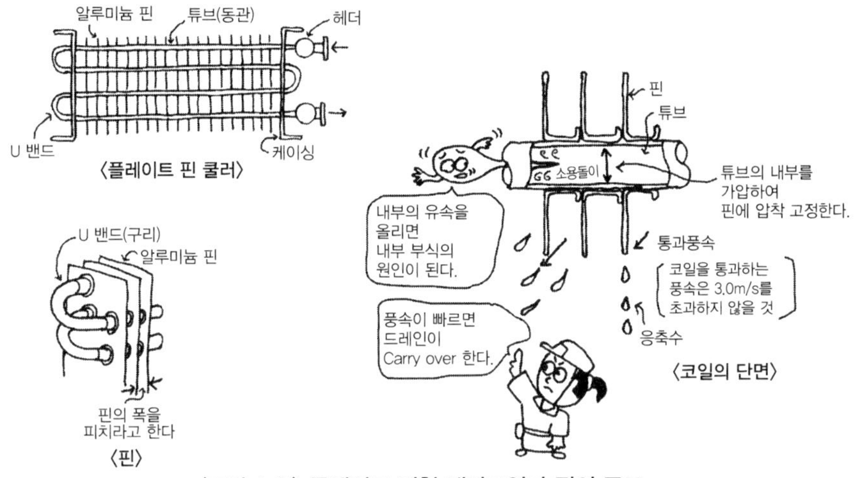

〈그림 4.21〉 플레이트 핀형 냉각코일과 핀의 구조

또한 코일 통과 풍속(면풍속)이 3.0m/s를 넘으면 코일 드레인이 밖으로 넘치기(carry over) 쉬우므로 면 풍속 2.0~3.0m/s로 설계한다. 대개는 공조 송풍기의 반송동력을 줄일 목적으로 2.5m/s 정도로 선정한다.

일부에서는 코일관의 단면 형상을 타원(ellipse)으로 하고 공기압력 손실을 줄인 코일을 채택하는 경우도 있다. 코일의 관내 직경 수속(水速)은 부식을 방지할 목적으로 관 1개당 2~25ℓ/min 범위의 서킷(하프서킷·싱글서킷·더블서킷)을 선정할 필요가 있다.

냉각 코일에 온수를 공급해 냉온수 코일로도 사용할 수 있지만 냉매나 브라인을 공급하는 냉각 코일도 있다.

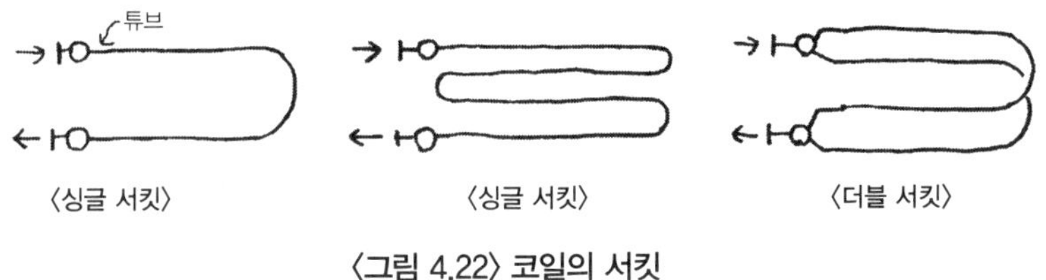

〈그림 4.22〉 코일의 서킷

(3) 가열 코일 (heating coil)

가열코일은 열매체의 종류에 따라 온수코일과 증기코일로 나뉜다. 온수코일에는 통상 60~80℃의 온수가 공급돼 공기를 가열한다. 온수코일은 냉수코일과 동일한 구조이기 때문에 냉수코일과 겸용하는 경우가 많은데 이 경우를 냉온수 코일이라고 한다.

한편 증기코일에는 저압증기 0.2MPa(G) 이하의 증기가 공급되고 열수는 기껏해야 1~2열이 일반적이다. 증기코일은 증기의 열팽창으로 인한 튜브 파손을 방지하기 위해 신축성 밴드를 붙이고 응축증기 드레인의 배수를 돕기 위해 편(片)구배 코일을 선택한다. 그리고 가열부하에 맞는 밸브나 스팀트랩을 선정해 밸브 개폐에 의한 스팀해머를 완화하는 것이 중요하다.

〈표 4.3〉 공조용 가습기의 종류

방식		구조 · 원리	개략도
증기식	노즐식	수증기의 포화증기를 노즐로 분사한다.	
	증기확산관식	스로틀 현상을 이용해 포화증기를 가열증기로 바꿔 분사한다.	
	증기발생식	전열코일, 전극판, 적외선 등으로 가열 증발시킨다.	
기화식	회전식	물을 함유한 가습 엘리먼트를 회전시켜 증발시킨다.	
	모세관식	흡수성이 높은 섬유에 모세관현상으로 물을 머금게 해서 증발시킨다.	
	낙하식	흡수성 엘리먼트에 물방울을 떨어뜨려 물을 머금게 해서 증발시킨다.	
물분무식	고압 분무식	펌프로 물의 압력을 올려 소구경 노즐로 분사한다.	
	초음파식	고주파 진동으로 물을 안개화 한다.	
	원심식	모터로 원반을 고속 회전해 원심력으로 물방울을 안개처럼 뿜어낸다.	

[기억해 둘만한 사항]

에어로핀 튜브 (Aerofin tube)

관 외측에 박판을 나선형으로 감은 열 교환기를 말하고 핀 안쪽 가장자리에 주름이 잡혀있어 링클핀관이라고도 한다. 원래는 제조사의 상품명이지만 일반적으로도 사용되고 있다.

〈그림 4.23〉 에어로핀 튜브

(4) 가습기 (humidifier)

가습기의 종류는 〈표 4.3〉에 나타내는 바와 같이 다양한 종류가 있지만 공조기에 조립하는 가습기는 일반적으로 수 가습기 또는 증기 가습기로 한다.

수 가습기는 노즐로 공기 중에 물을 분무하므로 비산 방지 목적으로 엘리미네이터(eliminator)를 설치한다.

급수압이 작을 경우에는 가습 펌프를 설치한다. 가습기의 물의 비산을 방지하는 통풍 기화식 수 가습기를 많이 채택한다.

한편 증기 가습기는 가습관에 작은 구멍을 뚫어 증기를 공기 중에 분무하는 가습기다. 증기의 응축수 드레인을 처리하기위해 가습관을 작은 박스에 담는다든가 이중관으로 만들어 건조 증기만 분무하는 방법도 채택되고 있다. 또한 증기원이 없을 경우에는 전기팬형 가습기를 사용한다.

가습기는 일반적으로 ON-OFF 제어방식이다.

(5) 에어필터 (air filter)

에어필터는 공기 중의 먼지(dust)를 제거할 목적으로 공조기에 조립하는 것으로, 건식여과식이 일반적이다. 에어필터의 여과재로 과거에는 유리섬유·폴리우레탄폼·부직포(non-woven cloth)가 많이 사용됐다. 필터는 보통 500×500, 610×610 사이즈의 유닛형이었다.

그 후로는 〈그림 4.24〉에 나타내는 바와 같이 필터의 보수 관리를 간소화하기 위해 타이머 또는 에어필터의 압력손실이 증가하면 필터 여과재를 자동으로 감는 자동 권취형 에어필터 "오토매틱 롤 에어필터"가 개발됐다.

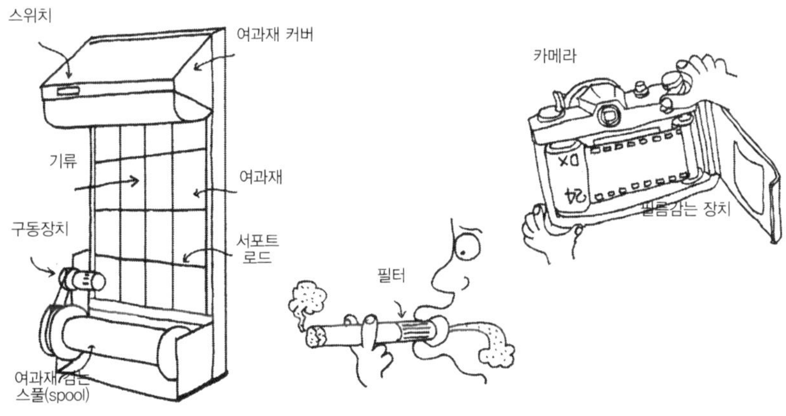

〈그림 4.24〉 자동 권취형 에어필터

1970년에 들어서면서 "건축물의 위생환경 확보에 관한 법률(구 빌딩관리법·건축물위생법)"이 획기적으로 제정됐다.

건축물위생법의 실내 환경기준으로 실내 부유 진애량은 0.15mg/㎥ 이하로 규정됐기 때문에 이 기준치에 맞추기 하기 위해 〈표 4.4〉에 나타내는 중성능 에어필터를 사용하는 공조기가 많아졌다.

구체적으로 말하면 중량법에 의한 분진 포집효율 70% 정도의 프리필터에 비해 비색법에 의한 분진포집률 60~90%의 주머니형(bag type) 에어필터나 여과재 부착형 에어필터 및 전기집진기 필터 〈그림 4.26〉를 사용하는 시대가 되었다.

〈표 4.4〉 공조용 제진(除塵) 필터의 성능별 분류

종류	형식	제거되는 분진의 입경[㎛]	분진 포집율 [%]		
			중량법	비색법	계수법
초기 먼지 제거용 에어필터	패널형, 자동 권취형, 자동 세정형	5 이상	70~90	15~40	5~10
중성능 에어필터	백타입(bag type), 여과지 접이형	1 이상	90~96	50~80	15~50
고성능 에어필터	백타입(bag type), 여과지 접이형	1 이상	98 이상	85~95	50~90
	정전형		98 이상	70~95	60~75
중고성능 에어필터	여과지 접이식	1 이하	-	-	99.97 이상

[기술용어 해설]

코일 동결 방지

북쪽 지방과 같은 한랭지 등에서는 야간에 냉방을 정지시킬 때 외기가 공조기 내에 침입해 가열코일이 얼어 코일 튜브(coil tube)가 파손되는 등의 사고가 있다. 그러므로 겨울철에 외기 유입구는 외기의 영향을 받지 않는 위치에 설치하거나 야간에 공조기의 운전을 정지할 때 외기 유입 덕트의 댐퍼를 폐쇄하는 등, 외기 침입을 막을 필요가 있다. 그리고 코일 내에는 항상 온수나 증기가 흐르게 하거나 공조기 내에 전열 히터를 마련하는 등의 대책을 세우는 예도 많다.

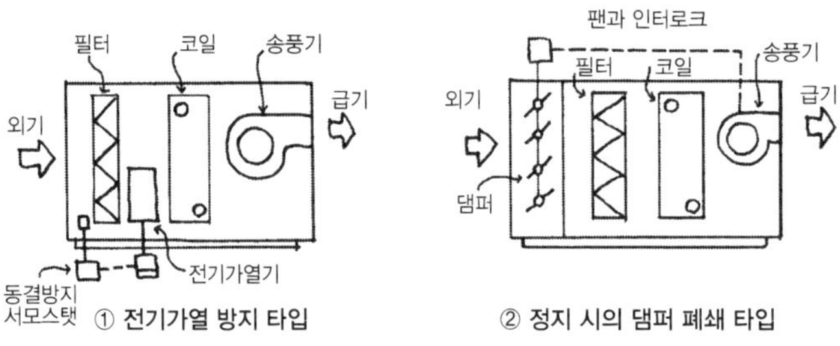

〈그림 4.25〉 온수코일 동결 방지책의 일례

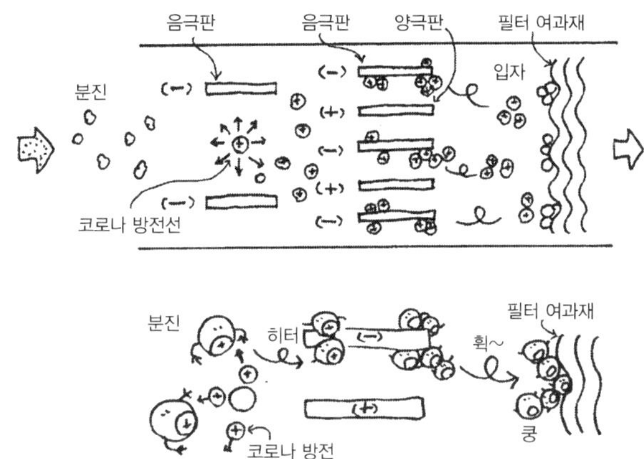

〈그림 4.26〉 전기집진기(2단 하전식)의 원리

(6) 케이싱 (casing)

케이싱은 하우징(housing)이라고도 하는데 이는 위에서 말한 사람 몸 안의 장기물을 덮는 피부에 해당한다. 통상 케이싱은 앵글이나 찬넬로 골격을 짜고 강판 안쪽에는 단열재를 부착한 패널로 마감한다. 특히 클린룸·병원·식품 등, 보온재로부터의 먼지 발생을 피하기 위한 시설에는 보온재 표면을 글라스 크로스(glass cloth)로 마감한다. 케이싱 바닥면에는 방식 처리된 드레인 팬을 설치해 코일의 드레인이라든가 가습기의 물을 받아 케이싱 밖으로 배출한다. 코일이나 필터의 케이싱은 공기가 바이패스하지 않고 탈부착이 가능한 구조로 한다.

현장 조립 에어 핸들링 유닛일 경우에는 각 유닛 단위 및 각 박스 단위로 블록화 하고 설치장소에 반입해 볼트 너트로 다시 조립한다.

4·6 공조기의 '기내 정압'과 '기외 정압'

제4장 말미에 기내 정압과 기외 정압이라는 항목이 왜 나오지? 하고 의아하게 생각하는 독자도 많을 것이다. 이하에서 "그 의도가 무엇인지" 설명한다. 〈표 4.5〉에 나타내는 공조설비 설계도 일람표 중에는 반드시 기기표(리스트표)가 포함돼 있고 그 프로젝트에서 사용하는 각 기기의 사양(specification)이 자세하게 기재돼 있다.

〈표 4.5〉 공조설비 설계도 일람표

표준사양서	공조기기	환기설비 계통도	중앙감시설비 기기표
특기(特機) 사양서	공조설비 배관 계통도	환기설비 각층의 평면도	중앙감시설비 계통도
사양 개요표	공조설비 각층의 배관 평면도	자동제어설비 기기 · 기구표	중앙감시설비도면
부지 안내도	공조설비 덕트 계통도	자동제어설비 계통도	기타도면
배치도	공조 설비 덕트 각층의 평면도	자동제어설비 각층의 평면도	각종 계산표

여기서는 공조기에 한해 이야기할 것이며, 공기조화기에 관해 특기할 사항은 다음과 같다.

◇ 공조기

형식·냉각능력·코일열수·가습형식·유효 가습량·풍량·기외정압·코일 출입구 온도·냉온수량·냉온수 온도·냉온수 손실수두·코일 통과풍속·전동기 출력·전동기의 전원종류·방진기초의 종류·대수 등, 건축설비업자가 메이커에 공조기를 발주할 때 기본이 되는 것은 설계사무소가 설계한 설계도 기기표에 명시한 기기 사양이고 특히 공조기의 기외 정압이 기록돼 있다는 점에 주목한다.

기외 정압(ex-unit static pressure)이란 공조기에 내장된 송풍기의 전압(全壓) 중 공조기 이후 또는 이전 공조장치의 필요 정압(마찰손실 : 덕트 직관/곡관 저항·토출구/흡입구 저항·소음 저감장치나 VAV장치의 저항 등)을 말한다.

바꿔 말하면 공조기 송풍기의 필요 전(全)정압에서 공조기 자체의 기내 저항(필터·코일·챔버·엘리미네이터 등의 저항)을 뺀 것이 기외 정압이다.

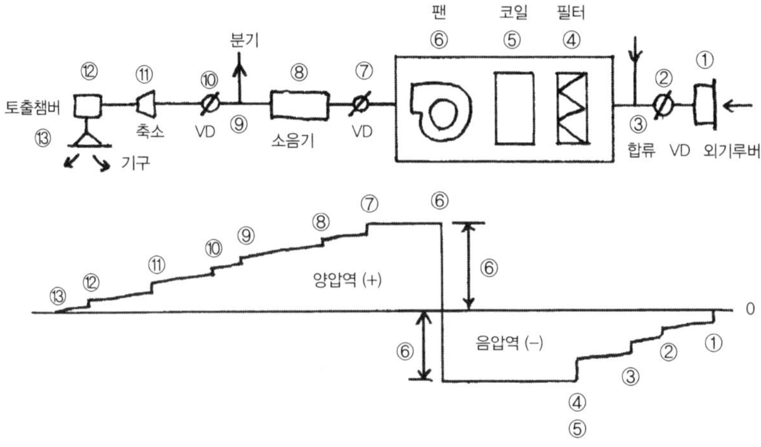

〈그림 4.27〉 공조기의 '기내 정압'과 '기외 정압'

[기억해 둘만한 사항]

일본의 공조기계실은 마치 은행 로비 모습?

필자가 싱가포르에서 공조설비공사의 시공을 담당하고 있었을 때의 일이다. 알고 지내는 싱가포르인 기술자가 일본에 갔을 때 우연히 일본 모 빌딩의 공조기계실을 견학했다고 한다. 그가 싱가포르에 귀국한 후 필자에게 말하기를, "일본의 공조기계실은 마치 은행의 로비처럼 아름다워~"라고 했다. 마치 그의 말은 "일본은 필요하지도 않은 곳에 쓸데없이 돈을 들이던데 왜 신경을 쓰는 걸까?"라는 것처럼 들렸다.

그 관계식을 표시하면 다음과 같다.

공조기의 필요 전정압 = 공조기의 기내 정압+공조기의 기외 정압

참고로 공조기의 기내 정압은 공조기 메이커가 산출해 주지만 공조기의 기외 정압은 설비 시공회사가 덕트 시공도에 기초해 새로 산출하고 공조기 메이커에 지시해야 비로소 공조기의 사양이 결정된다.

실제로는 설비 설계사무소가 제시한 사양서 그대로의 공조기를 메이커에 발주하는 경우가 대부분인데 이상적인 것은 새로 작성한 시공도에 기초해 공조기의 기외 정압을 산출한다.

단, 기외 정압을 산출할 경우 여유율(safety factor)을 지나치게 감안하지 않도록 주의한다. 현장에서 시운전 조정 작업을 개시했을 때 갑자기 토출측 덕트 풍량 댐퍼를 전폐(全閉) 상태로 운전하고 있는 경우를 자주 보게 되는데 이는 에너지 낭비이다.

제5장. 공사 시공 관리상의 필수 지식

5·1 공사 시공 관리란?

공사 시공 관리(work contract management)란 수주⇒착공⇒시공⇒시운전⇒준공⇒인도⇒사후관리라는 일련의 흐름을 책임지고 완수하는 것을 말한다.

현장소장(프로젝트 매니저)은 건설 현장에서 이후의 항에서 상술하는 Q·C·D·S·E·M의 6가지 관리항목을 중점적으로 관리한다.

〈그림 5.1〉 현장관리 6항목 Q·C·D·S·E·M은 대체 뭐지?

(1) 품질관리(Q : Quality Control)

설계도에 반영된 설계품질을 확보하고 사양서에 준해 시공상의 품질관리를 이행한다. ⇒ 미비한 품질관리로 인한 영향이 후속 공정에 미치지 않게 한다.

(2) 원가관리 (C : Cost Control)

기업이 존속하려면 기업에 이윤을 가져다주어야 한다. 합리적인 시공법 등을 적극 채택하고 실행 예산 내에서 공사가 완성되도록 무리·낭비·불균형을 줄이는 현장 관리로써 기업을 위해 이익을 확보한다.

실행 예산이 지켜지지 않는 적자 공사의 가장 큰 원인은 비상사태의 돌관공사에 돌입해 인력(man power)을 방대하게 현장에 투입함으로써 빚어지는 경우가 많다. 이 같은 최악의 사태를 피하기 위해서는 뒤에 기술하는 공정관리가 중요하다.

(3) 공정관리 (D : Delivery Control)

공조 설비 공사에서 초기에 작성한 공정표(바차트 공정표·네트워크 공정표) 등과 같이 공사가 수행되고 있는 지의 여부를 세심하게 체크한다. 만일 공사가 지연되고 있을 경우에는 해당 공사의 지연에 대한 후속 조치를 위해 그에 상응하는 행동(back up action)을 취한다. 품질관리 용어에 “데밍 서클(P⇒D⇒C⇒A)을 돌려라!”라는 말이 있는데 필자의 독단과 편견일지도 모르나 P⇒D(계획⇒시공)까지는 누구든지(?) 할 수 있지만 사실상 C⇒A(체크⇒액션)를 실시하지 않는 현장이 많다.

(4) 안전관리(Safety Control)

건설공사 현장을 무사고 무재해로 만드는 것은 건설현장을 맡은 담당자에게는 궁극적인 목표다. 흔히 “안전과 생명은 각자의 몫!”이라고 하지만 제3자의 입장에서는 현장을 정기적으로 안전 점검해 안전하고 위생적인 노동 환경을 조성할 필요가 있다.

(5) 환경보호(Environment Protection)

공사를 수행함에 있어서는 가능한 한 친환경적 환경부하가 적은 기자재를 현장에 투입함으로써 1회용 용기 등을 주로 사용하거나 현장에 불필요한 쓰레기를 반입하지 않도록 궁리한다.

[기억해 둘만한 사항]

감리와 관리(supervision & management)

영어에서는 이 용어를 속칭 감리는 “Supervision”, 관리는 “management”이라고 부르기도 한다.

감리(監理) : 발주자의 입장에서 적정한 공사계약이 이행되도록 공정한 입장에서 공사를 감독하고 단속하는 것을 말한다.

관리(管理) : 시공업자(도급자)의 입장에서 설계도서를 중심으로 계약조건을 충족하도록 현장의 운영방침에 따라 실시계획을 세우고 현장을 단속하는 것을 말한다.

(6) 사기관리(Morale Control)

생소한 용어일 수도 있으나 소규모 1인 현장이 아닌 대규모 현장에서는 비록 공조설비 담당자라고 해도 최소한 5~6명 이상이 배치되는 경우도 많다. 그런 현장에서는 현장관리를 맡은 담당자끼리도 의사소통이 원활하지 않아 흔히 세간에서 말하는 "저 현장의 담당자끼리는 사이가 안 좋아!"라는 풍문이 돌면 곤란하다.

적어도 현장 담당자들 간에는 생각하는 방향의 통일을 꾀하는 것이 현장소장의 책무다. 경우에 따라서는 담당자 배치를 바꾸거나 교체하는 등 과감하게 할 필요도 있다.

〈그림 5.2〉 현장 담당자끼리는 생각하는 방향을 통일할 필요가 있다

5·2 공사 시공계획 수립

공사 계약이 이루어지고 공사에 착수하고 나서 완성되기까지의 공사 과정에는 원칙적으로 공사 순서(work procedure)가 있다.

따라서 현장관리자는 그 공사순서에 따라 적절한 공사 시공계획을 입안하고 그 시공계획에 기초해 공사 시공을 진행해야 한다.

그리고 실시 결과와 당초 계획을 비교해 만약 차이점이 있으면 조정하고 또 필요에 따라서는 당초 작성한 시공계획서도 수정하면서 공사를 수행하는 것이 올바른 공사 관리 진행 방법이다.

이와 같이 공사 시공계획 입안은 공사 관리에 있어 가장 중요한 제1단계이며 기본적인 것이므로 충분한 예비조사에 기초해 신중하게 검토하고 공사 진척에 지장이 없도록 계획·입안해야 한다.

이와 관련해 한 마디로 공사 시공계획이라고 해도 작성·준비해 두어야 할 시공계획서를 순차적으로 제시하면 다음과 같다.

① 현장에서 시공에 착수하는 전(前)공정에서 준비해 두어야 할 계획 서류(착공 업무 리스트)

② 착공 중에 필요한 계획서류(시공 중 업무 리스트)

③ 완성 시 필요한 계획 종류(완성 시 업무 리스트)

〈그림 5.3〉에서는 사무절차 관계·현장시공 관계·구매 관계·안전 관계가 성립하기 위한 역할을 위의 방법대로 상세히 표시하였다. 즉, 설비공사 관리업무 일람표를 나타낸다. 그림에서 보듯이 현장 공사 관리 업무는 꽤 복잡하고 다방면에 걸쳐 있으므로 이 그림을 체크리스트 대신 사용하면 도움이 될 것이다.

이와 같이 복잡하고 다방면에 걸치는 업무는, 흔히 "인간 혼자서는 살아갈 수 없다"라는 격언이 있듯이 도저히 혼자서는 불가능하기 때문에 각자의 역할 분담(work sharing)을 결정하고 타인에게 의뢰할 것은 의뢰해 조직력을 활용하면서 수행해 나가는 것이 매우 중요하다.

필자의 경험으로 말씀드리면, 이 표에 있는 계획서류는 모두 중요하지만 가장 중요한 서류는 사무절차 관련 업무 중의 타 관할관청 신청·신고절차 업무와 현장시공 관련 업무 중의 시공도·제작도 작성 업무다.

흔히 일상생활에서 "작업준비 80% 실제작업 20%(Work arrangement 80%, Actual work to be done 20%)"라고 하듯이 건설공사 현장에서도 이 격언은 잘 맞는다.

여기서는 필자가 특히 말하고 싶은 두 가지 업무를 예로 든다.

(1) 관할관청 신청·신고절차 업무

이들 서류는 착공 전 OO일 이전에 제출하고 서류를 승인 허가받아 착공한 후에야 비로소 관할관청의 검사를 받게 된다. 현장에 필요한 신청서류가 늦어져 착공하지 못하고 시운전 조정에도 착수하지 못하는 사례가 많다.

그러므로 휴먼에러 방지 대책으로서 관할관청 신청·신고 절차업무 공정표를 작성해 현장 관리할 필요가 있다.

[기억해 둘만한 사항]

예실대비(豫實對比)

예실대비의 "예(豫)"란 예정의 "예"이다. 한편 "실(實)"은 실상의 "실"이다. 이 용어는 일상적인 일에도 적용되는데 예를 들면 연초에 세운 경영목표가 순조롭게 달성되고 있는지 어떤지 조목조목 실시 상황과 비교하는 것을 말한다.

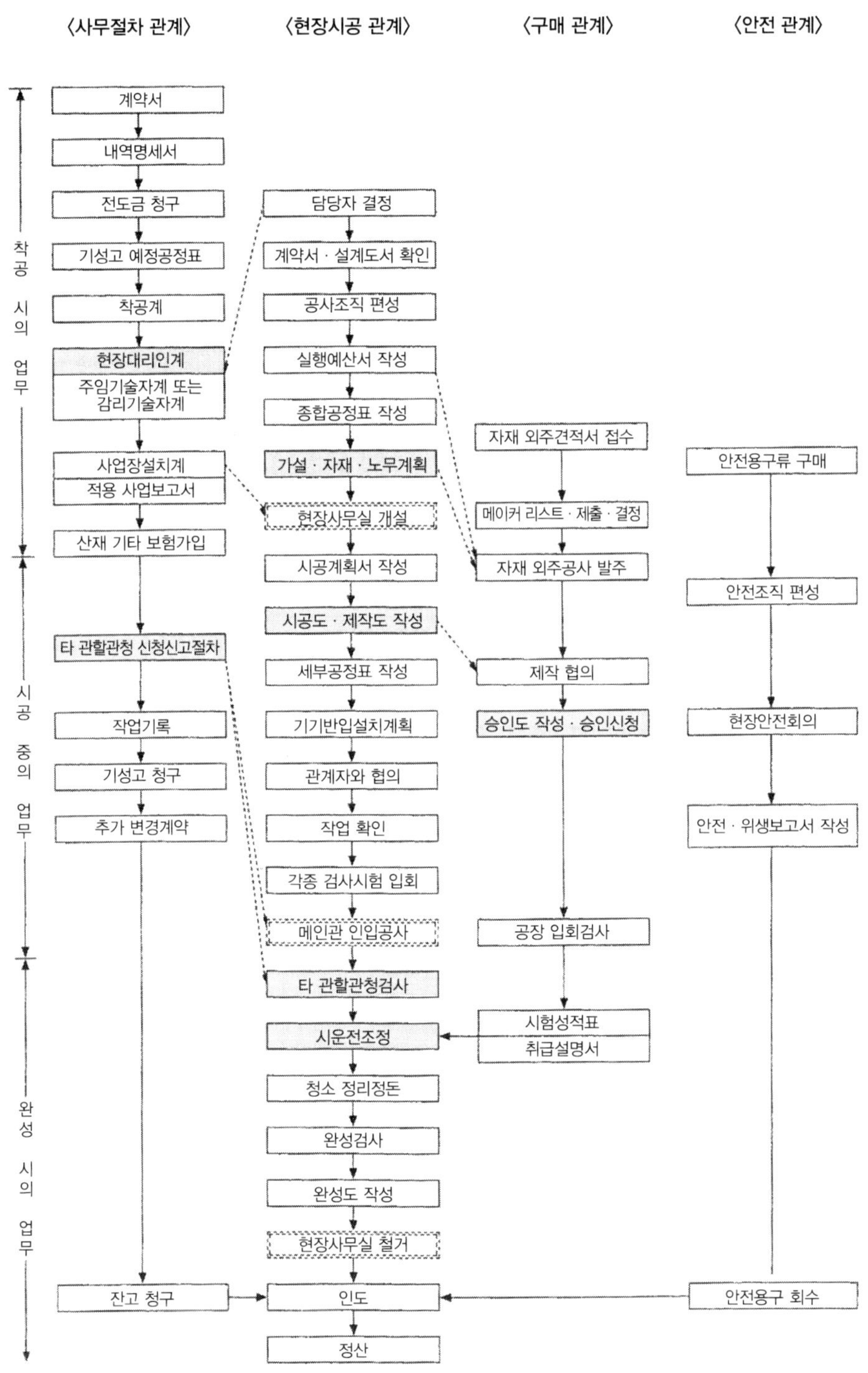

〈그림 5.3〉 공사 관리업무 일람도

(2) 공조 설비의 시공도(working drawing) 작성업무

덕트공사나 배관공사 등에 착수하려면 승인 시공도(approved working drawing)가 필수적이다. 과거 에 필자는 현장담당 부하 직원에게 "시공도 조기 작성"이라는 지시를 내리면서 입에 침이 마르도록 현장 관리 지도를 해왔다. 우선 시공도는 위생설비·전기설비 등 타 공정과의 간섭여부를 끝낸 다음 설계사무소의 승인을 받아야 하는데 시공도를 승인 받을 때까지는 많은 시간이 필요하다.

따라서 현장에서는 통상적인 공정표 외에 시공도 작성 일람표와 해당 시공도 승인 공정표를 작성해 시공도 작성 공정관리를 한다.

〈그림 5.5〉 공조 설비의 시공도 승인

(3) 장비 제작도 작성 승인업무

일반적으로 장비 제작업체가 장비류 제작도(승인용 도면)를 작성 준비하는 것이 관례로 돼 있다. 설계 장비 일람표에는 기기의 사양이 명기돼 있고 그 밖에 상세하게 결정해야 할 검토사항도 많다.

통상적으로는 설계사무소·설비 시공사·장비 제작사가 상세한 협의를 마치고 3자가 동의한 장비 제작 승인도를 토대로 비로소 장비를 제작하게 된다. 사실 원심식 냉동기나 노통 연관 보일러와 같은 대형 열원기기는, 납기(delivery time)에만 3~4개월이 소요되는 경우도 있으므로 장비 제작 승인도 작성을 포함하면 현장에 납품하기까지 4~5개월이 걸린다.

〈그림 5.6〉 기기제작·반입공정

이러한 장비 발주 지시 지연을 방지하는 휴먼에러 방지대책으로서 통상적인 공정표와는 별도로 필자는 각 현장마다 장비 제작·반입 공정표 작성을 의무화 했다.

필자는 위에서 말한 공정표 3종을 현장관리의 3종 보물(神器)이라고 했다.

그 외에도 현장에서 공사를 착공하기 전에 반드시 준비하는 도서의 하나로 시공요령서〈그림 5.7〉가 있다. 최근에는 JV(Joint Venture) 프로젝트가 증가하는 추세에 있고 또 한 회사가 시공하는 경우에도 대규모 현장에서는 덕트공사든 배관공사든 여러 협력회사가 참여해야 하는 경우가 많다. JV 각사, 각 협력업체마다 시공법이 미묘하게 다를 수 있다.

따라서 시공품질의 표준화를 도모하려면 착공하기 전에 시공 요령서를 작성하고 그 내용을 시공 관계자에게 철저히 주지시켜 둔다.

〈그림 5.7〉 '시공 요령서'는 현장공사의 바이블?

5·3 공사 품질관리의 요점

(1) 품질관리란?

품질관리(Quality Control)란 넓은 의미에서는 물건을 만들 경우 조사⇒설계⇒제작자 검사에 이르기까지 모든 단계에서 정해진 품질의 물품을 경제적으로 생산·납품하기 위해 다양한 수단을 강구하는 것을 말한다.

이를 공조 설비의 품질관리에 적용하면 "설계관리란 설계도에 제시된 품질을 충분히 충족시키도록 문제점과 개선방법을 찾아내면서 공조 설비공사를 가장 경제적으로 이루기 위해 공사의 모든 단계에서 통계적 방법 등을 채택해 공사품질을 높여 간다."

(2) 품질관리의 사이클

이 사이클은 데밍 서클(데밍의 고리)이라는 이름으로 알려져 있는데 미국의 Deming 박사가 고안한 품질관리 사이클이다〈그림 5.8〉.

데밍 서클을 건축공사에 적용하면 다음과 같이 바꿔 말할 수 있다.

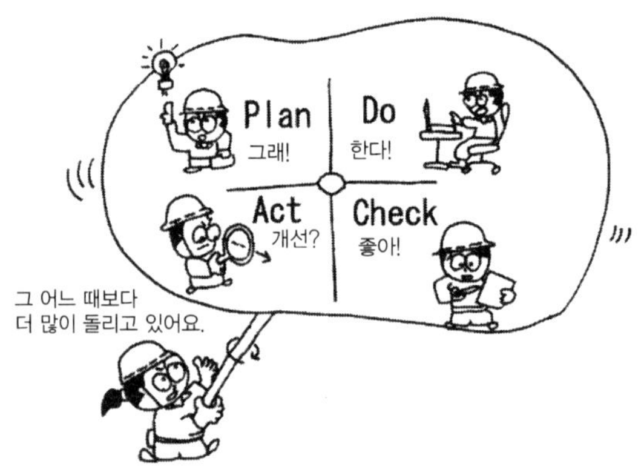

〈그림 5.8〉 데밍 서클

제1단계는 목적에 맞는 건축설비를 만들기 위한 계획·설계(P : Plan) 즉 품질기준을 구축하는 단계이고 제2단계는 설계(품질표준)에 맞는 공사(제품)를 만들기 위한 시공표준서(작업표준서)를 작성해 시공(D : Do)하는 단계이다. 제3단계는 시공에 앞서 공사(제품)가 계획 목적(설계 목적)에 일치하는 지의 여부를 검토(C : Check)하고, 제4단계는 시공 완료 단계에서의 고객만족도를 조사하고 그 결과에 기초해 문제점을 개선(A : Action)하고 다음 제1단계의 "P"로 되돌아간다.

이와 관련해 양호한 품질관리를 실시함에 있어서는 P·D 단계에만 만족하지 않고 P·D·C·A의 고리(데밍 서클)를 항상 돌리는 것이 중요하다.

(3) 품질관리의 효과

품질관리를 한다고 과연 어떤 효과가 있을까? 라고 반문하는 사람도 있다.

품질관리 효과의 사례는 다음과 같다.

① 품질이 향상돼 불량품 발생이나 트러블·클레임이 감소한다.

② 품질에 대한 신뢰성(reliability)이 증가한다.

③ 공사 원가가 확실히 감소된다.

④ 불필요한 작업(3T 작업 : 작업대기·재작업·수정작업)이 사라지고 지구자원 낭비도 저감된다.

⑤ 품질에 편차가 없어져 균일한 품질을 도모한다.

⑥ 새로운 문제점 및 개선 방법이 발견된다.

⑦ 검토 내용이 적절하고 검토 작업이 빨라짐과 동시에 큰 효과도 기대할 수 있다.

⑧ 품질검사 수수료를 대폭 줄일 수 있다.

(4) 품질관리 기법

품질관리 기법으로는 품질관리의 7가지 도구(통칭상 QC의 7가지 도구)라는 방법을 활용하는 경우가 많다.

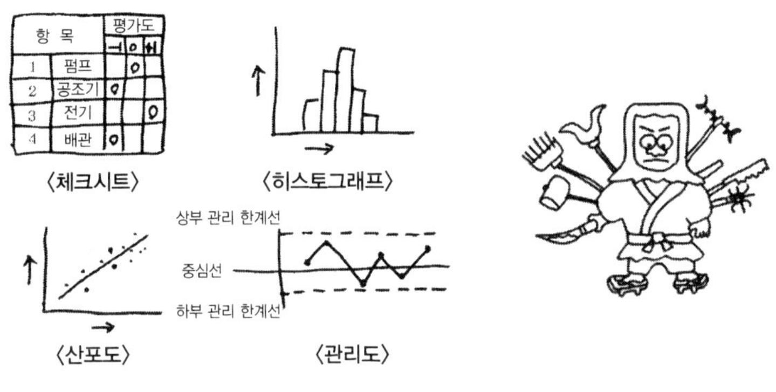

〈그림 5.9〉 QC의 7가지 도구 예

QC의 7가지 도구〈그림 5.9〉란, ①체크시트(check sheet) ②히스토그램(주상도 : histogram) ③파레토 차트(Pareto chart) ④특성요인도(cause & effect diagram) ⑤집단분류(grouping) ⑥산포도(scatter diagram) ⑦관리도(control graph)의 7가지 도구를 말한다.

지면 관계상, 현장에서 품질 관리하는 데 비교적 도움이 되는 ③파레토 차트 및 ④특성 요인도에 대해서만 기술한다. 다른 도구에 대해서는 기타 참고서를 참조해 각자 학습하기로 한다.

◇ **파레토 차트**

파레토 차트는 항목별로 구분해 출현빈도가 큰 순서로 누적 합을 나타내는 그림이다. 예를 들어 불량품을 불량 내용별로 분류하고 불량 개수 순으로 나열해 파레토 차트를 만들면 불량품의 중점 위치가 일목요연해진다. 이 그림은 이탈리아의 경제학자 파레토가 고안했다〈그림 5.10〉.

파레토 차트에서 내용을 분류한 항목이 10항목 이상일 경우에는 상위 3~4항목이 전체 항목의 70~80%를 차지함을 의미한다. 이 그림을 이용해 다양한 사례 분석하는 것을 파레토 분석이라고도 한다. 필자는 이 그림을 통해 인간은 “총체적 사고”를 하는 것보다 “중점적 사고”를 하는 것이 훨씬 중요하다는 점을 깨달았다.

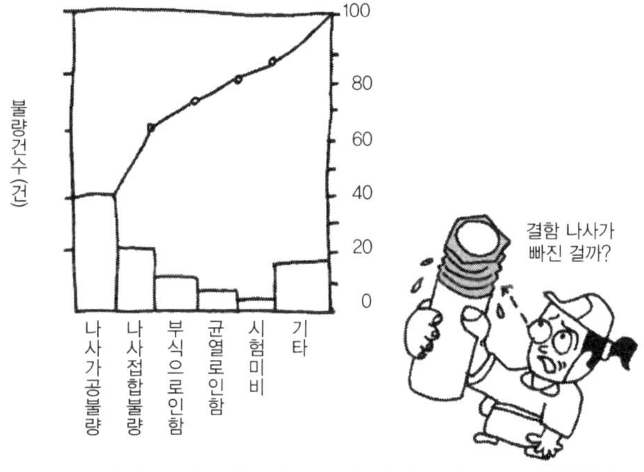

〈그림 5.10〉 파레토 차트에 의한 조기 배관 누수사고의 원인분석 예

◇ **특성 요인도**

특성 요인도는 불량이나 공정에서 일어나는 문제의 결과(특성)와 원인(요인) 관계를 체계화하여 〈그림 5.11〉과 같은 생선가시 모양으로 나타낸다.

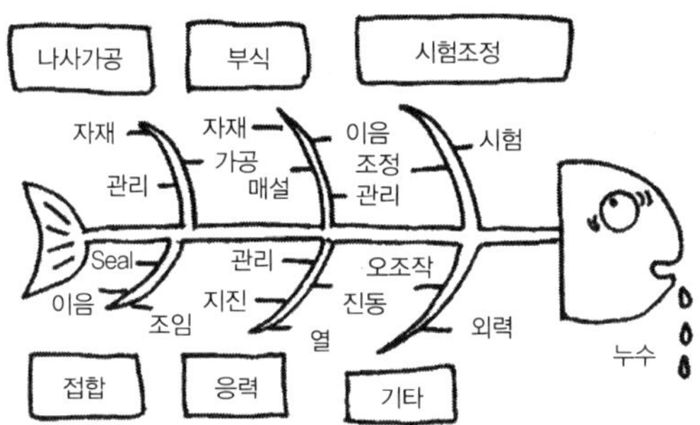

〈그림 5.11〉 급수배관 누수의 특성요인도 예

(5) 품질검사 방법

건축설비 시공단계에서 실시하는 품질검사는 매우 중요하다. 우선 검사에는 전수검사와 샘플링검사가 있다.

또 검사 대상에 따라 기자재 품질검사와 시공 품질검사로 나눈다.

1) 전수검사(total inspection)

전수검사란 검사 로트 전체에 대해 실시하는 검사를 말하고 다음과 같은 경우에는 전수검사가 바람직하다.

[기자재 품질검사]

① 대형 기기 : 냉동기, 보일러 등.

② 방재 기기 : 소화설비·방화 댐퍼·방염 댐퍼·안전밸브 등

③ 특수 기기 : 처음으로 제작되는 기기·제작 대수가 아주 적은 기기 등

④ 신기종 : 제조하기 시작한 지 얼마 되지 않은 기기 등

⑤ 분리하기 어려운 기기 : 현장 반입 후 반입구가 없어지는 기기 등

[시공 품질검사]

① 배관 압력시험 : 수압시험·만수(滿水)시험 등

② 시운전 조정 : 급수 상황·냉난방 조정 등

③ 방재 관계 검사 : 방화구획의 오픈 구역 마감 상황 등

④ 공사 은폐부분 검사 : 매설배관의 구배·천장 안쪽과 바닥 등의 보냉 공사 등

2) 샘플링검사(sampling inspection)

샘플링검사는 위에서 말한 전수검사와 짝을 이루는 검사다. 우선 검사 로트에서 미리 정해진 샘플링검사 방법에 따라 샘플을 추출해 검사한다.

다음은 그 결과를 로트 판정기준과 비교해 로트의 합격·불합격을 판정한다.

샘플링검사는 주로 다음과 같은 경우에 적용되는 경우가 많다.

① 검사 대상이 다양하고 다량이어서 불량품 혼입을 어느 정도 허용하는 경우
② 검사 항목이 많아 전수검사를 실시하기가 어려운 경우
③ 불완전한 전수검사에 비해 신뢰성 높은 결과를 얻을 수 있는 경우
④ 검사에 드는 비용이 너무 큰 경우
⑤ 비파괴검사로 해결하고 싶지만 아무래도 파괴검사를 필요로 할 경우
⑥ 평균적으로 품질 향상·개선이 도모되고 있는 경우

5·4 공사 공정관리의 요점

건설현장에서는 공사가 지체되지 않도록 공사의 진척도 관리가 매우 중요한데 이를 공사 공정관리라고 한다.

참고로 일반적인 품질관리 용어로는 일정관리가 맞지만 여기서는 건설업계에서 관습적으로 사용하고 있는 공정관리라는 용어를 사용하기로 한다.

(1) 공정관리의 기본사항

건설 공정을 계획 및 관리함에 있어서 중요한 기본문제 중의 하나는 공사 속도이고, 다음과 같은 사항과 관련된다.

① 시공의 경제성과 품질에 적합하게 실행성이 있는 최적의 공기(工期)를 선정한다. 그러나 설비공사를 수행함에 있어서는 시공사(통칭 종합건설회사)가 작성한 종합공정표에 의거해 설비공사 공정표를 작성한다.
② 〈그림 5.12〉에 나타내는 바와 같이 소정의 공기·품질·경제성의 3조건을 충족하는 합리적인 공정계획표를 작성한다.
③ 실시 공정을 분석 검토하고 이것을 계획 공정에 적용하는데 필요한 백업 액션을 반드시 취한다.

(2) 공정표의 종류

건설공사 진척도의 계획과 실제를 비교하는 데 편리한 도구가 공정표이다. 건축공사와 관련해 많이 사용되는 대표적인 공정표는 이후에 기술하는 바차트 공정표와 네트워크 공정표이다. 갠트차트 공정표도 있는데 이 공정표는 종축에 작업 항목을 횡축에 백분율을 각각 잡아 작업 달성률을 표시한다.

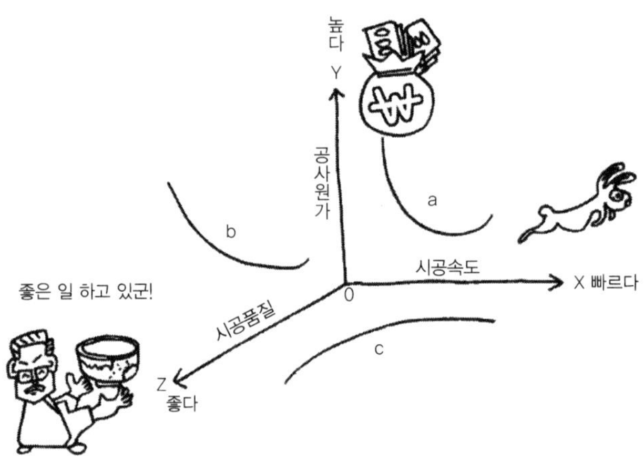

〈그림 5.12〉 시공속도·시공품질·공사원가의 상관관계도

[기술용어 해설]

공사진척도 곡선(바나나 곡선)

건설공사에서 공사 진척도를 보면 착공 전반부에는 비교적 천천히 진행되다가 준공 직전이 되면 갑자기 상승하는 경향이 있다. 공사 진척상태가 상부 허용한계선과 하부 허용한계선 사이에 있으면 특별히 이상한 상태는 아니다. 그 상태 즉 공사 기성고와 시간의 관계를 나타내는 그림의 형상을 특히 바나나 곡선 또는 S자 커브라고 부르기도 한다.

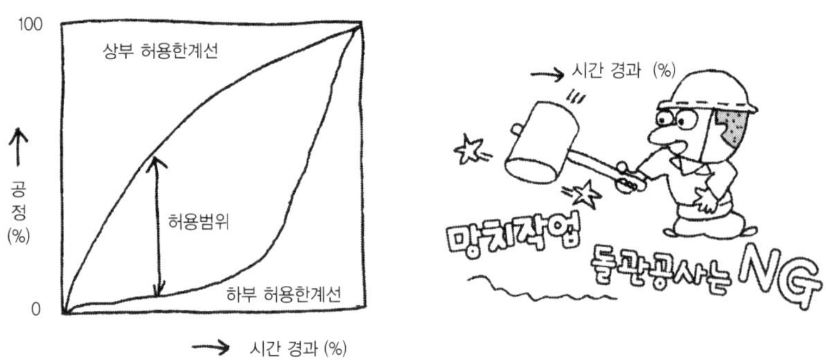

〈그림 5.13〉 공사 진척도 곡선(바나나 곡선)의 일례

1) 바 차트 공정표 〈그림 5.14〉

이 공정표는 좌측 종축에 공정 순서대로 작업명을, 횡축에 날짜를, 우측 종축에 기성고(누적률)를 각각 잡은 공정표이다.

공사 종목	월일 / 공사 항목	4월 (10 20 30)	5월 (10 20 30)	6월 (10 20 30)	7월 (10 20 30)	8월 (10 20 30)	기성고
급수 설비	인서트 슬리브 삽입	1F	2F				100%
	터파기 · 되메우기				외부		90
	배관공사		1F	2F	실외		70
	수압시험			1F	2F	옥외	50
	결로방지 · 도장공사			1F	2F	외부	30
	기구 설치공사						10

실시 / 예정

〈그림 5.14〉 바 차트 공정표의 예

이 공정표의 특징은 다음과 같다.

① 각 작업에 필요한 작업일수를 알 수 있다.

② 각 작업의 착수일과 완료일을 알 수 있다. 단, 작업간의 상관관계는 어느 정도밖에 알지 못한다.

③ 공정상의 문제가 어느 작업에 파급될 지 불분명하다.

④ 공사에 착수해야 할 여유 일수가 어느 정도인지 불분명해 다른 작업에 미치는 영향을 파악하기 어렵다.

⑤ 공정상의 문제가 생겼을 때 종합적으로 필요한 시간을 검토하는 데 시간이 걸린다.

2) 네트워크 공정표 〈그림 5.15〉

네트워크란 본래 그물망과 같은 조직(net–work)을 말하고 도로망·방송망 등과 같은 의미이다. 동그라미와 화살표로 작업 착수일 및 완료일과 다음 작업의 착수일을 나타내는 공정표는 규모가 크고 복잡한 공사의 공정관리에 적합하다. 이 공정표의 특징은 다음과 같다.

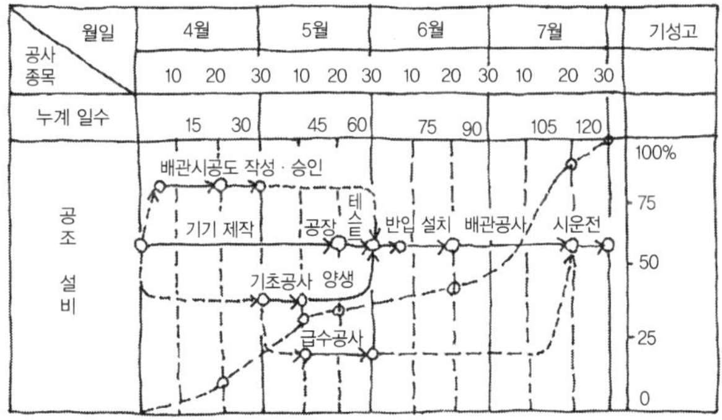

〈그림 5.15〉 네트워크 공정표의 예

① 도형적 표현법을 쓰고 있어 친숙하고 이해하기 쉽다.
② 각 작업의 상호관계를 파악하기 쉽고 또 공사 여유 일수도 계산하기 쉬워 작업의 여유 유무나 지연 등을 쉽게 알 수 있다.
③ 크리티컬 패스(critical path)를 추출함으로써 공정상의 문제점을 중점적으로 관리하기 쉽다.
④ 병렬작업(평행작업)도 알 수 있어 작업 조정이나 안전관리 활동에 활용할 수 있다.
⑤ 공사 규모가 크거나 공정·작업이 복잡할 경우에 적합하다.
⑥ 이 공정표는 작성하기 어려워 상당한 숙련도가 필요하다.

(3) 공정표 작성

현장공사 시공을 담당함에 있어 우선 현장시공 담당자는 건축설비공사 전용 공정표(progress schedule)부터 작성한다.

이를 위해서는 건축회사가 작성한 건축 본체공사(골조·내장·외장·가설 비계공사 등)를 포함한 종합공정표를 참고로 설비공사 전용 공정표를 작성한다. 이 때 작성의 기초가 되는 공사종목별 작업일수는 정기휴일·날씨 등에 기인하는 작업불능 일수 등을 빼고 추정한다.

또한 1일 표준시공량은 각 공사단체 등이 공표한 값이나 소속 회사의 데이터 등을 참고해 산출한다.

(4) 바 차트 공정표 작성순서

바 차트 공정표는 아래와 같은 순서로 작성한다.

① 좌측 종축에는 공사 종목·공사 세무사항 등을 순서별로로 기재한다.
② 우측 종축에는 작업합계의 누적 기성고를 기재한다.
③ 상단 횡축에는 날짜(공사일수)를 기재한다.
④ 공사종목별로 작업일수를 할당하고 작업순위마다 상단의 날짜(공사일수)에 따라 횡선을 긋는다. 이때 건축공사·급배수 위생설비공사·전기설비공사 등 관련 공사도 고려한다.
⑤ 월간(일정기간) '누계 기성고'를 작도해 선으로 연결하면 일반적으로 전반부는 완만하고 도중에 가파르고 후반부는 또 다시 완만한 곡선(커브)이 그려진다. 이것이 바로 앞에서 말한 S자 곡선(S자 커브)이다.

(5) 네트워크 공정표 작성순서

위에서 말한 바차트 공정표 작성순서에 이어 네트워크 공정표 작성순서에 대해 소개한다. 이 공정표를 작성함에 있어서는 많은 특수 전문용어를 미리 학습해야 하는데 지면관계상 여기서는 설명을 생략한다.

〈그림 5.16〉 건설업에서 '사망사고'가 발생하는 요인

5.5 공사 안전관리의 요점

담당 건설공사 현장을 무사고 무재해로 마무리한다는 것은 현장 담당자들의 소원이기도 하다. 참고로 건설업에 있어서의 노동재해는 전체산업의 30%를 차지한다. 그 중에서도 〈그림 5.16〉에 나타내는 바와 같이 추락·전도(轉落) 사고에 의한 사상자 수·사망자 수의 비율이 높아 추락·전도 사고는 중대재해로 지정돼 있다.

(1) 재해 발생률의 지표

고용 노동부에서는 재해발생 정도를 다음과 같은 3가지의 지표로 나타내고 있다.

① 도수율 : 근로 1,000,000시간당 발생하는 노동재해 사상자의 수를 나타내고 이는 재해발생 빈도 지표이다. 도수율=(사상자 수/총 근로시간×1,000,000)

② 강도율 : 실제 근로 1,000시간당 발생하는 노동손실 일수를 나타내고 이는 재해규모 정도를 나타내는 지표이다. 강도율=(노동손실 일수/총 실제 근로시간×1,000)

③ 연천인율(年千人率) : 근로자 1,000명당 1년 동안에 발생한 사상자를 나타내고 이는 발생빈도 지표다.

(2) 안전관리 진행 방법

공사현장에서는 안전관리 업무를 추진하기 위해 다양한 추진책을 쓰고 있는데 그 대표적인 것을 나타내면 다음과 같다.

① 안전관리자의 책임과 권한의 명확화

② 작업환경 정비 ⇒ 안전통로 확보·공사용 설비 정비·공법의 안전화·공정의 적정화·휴게소 설치 등

③ 근로자의 안전의식 강화 ⇒ 안전지침 배포 등

④ 안전조회 실시

⑤ 툴 박스 미팅 (TBM) 실시

⑥ 안전점검 실시

(3) 안전작업을 위한 요건

공사 현장의 안전한 작업을 위해 노동안전위생규칙(안위칙)에는 다양한 안전요건이 자세하게 규정돼 있는데 그 항목만 열거한다.

1) 비계와 통로의 안전요건

①이동사다리(안위칙 527조, 〈그림 5.17〉) ②접이식 사다리(안위칙 528조, 〈그림 5.18〉) ③사다리 길(안위칙 556조) ④가설통로(안위칙 552조) ⑤고정발판의 구조(안위칙 563조의 1항) ⑥높은 곳에서 물체 투하(안위칙 536조) ⑦현장통로의 안전(안위칙 541조·542조) 등

2) 기타 안전작업 요건

①굴착공사의 안전 ②크레인에 의한 양중의 안전 ③가스용접·절단 작업의 안전 ④아크 용접작업의 안전 ⑤도장작업의 안전 ⑥산소가 결핍된 위험작업의 안전 ⑦감전사고 방지 등

〈그림 5.17〉 이동 사다리

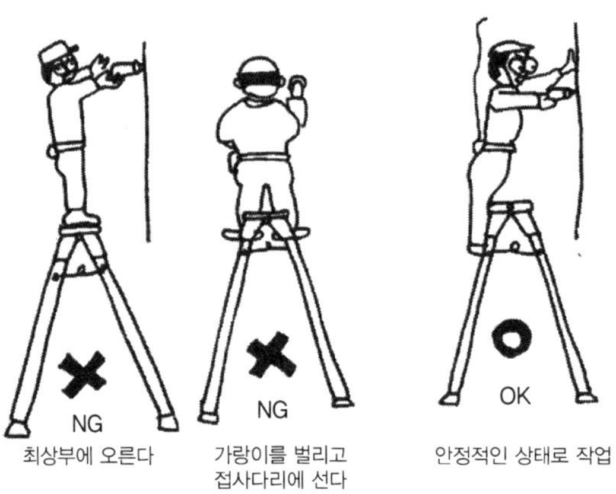

〈그림 5.18〉 접사다리

5·6 공사 원가관리의 요점

건설기업은 자선사업단체가 아니라 어디까지나 영리사업단체다. 공사 현장에서 적절한 이익을 남기는것은 기업의 입장에서는 필수적이고 중요한 과제이다.

이 목적을 위해 현장 담당자는 현장을 운영하며 공사원가를 관리하는 셈인데 적정한 이익을 창출하려면 조기에 실행 예산을 작성하고 거기에 기초해 공사원가를 관리해 나가는 것이 가장 중요하다. 가끔 현장에서 "적자공사가 돼 버렸다" 는 말을 듣는 일이 있는데 맨 처음부터 적자 실행 예산을 짜야만 했던 특수한 경우를 제외하면 이따금 공정 지연으로 돌관공사에 돌입해 인력이 비정상적으로 투입된 경우에는 여지없이 적자공사가 되기 쉽다.

따라서 무리·낭비·불균일을 최대한 배제하고 3T 공사(작업대기·재작업·수정 공사)가 발생하지 않도록 공정관리를 하는 것이 공사 원가관리의 요점이다.

5·7 공사 시공관리의 요점

(1) 장비 기초 공사

장비 기초공사는 이후에 설명하는 장비 반입 설치공사의 전(前)단계(전공정)에서 반드시 완전하게 완성해야 하는 공사다. 따라서 장비 기초공사를 실시함에 있어서는 최소한 기초공사의 기초지식을 습득해 둔다. 여기서는 기초공사의 기초지식에 대해 기술한다.

1) 장비 기초

냉동기·보일러·송풍기·펌프·공조기 등의 장비류는 물론 물탱크·고수위탱크·오일탱크 등을 설치할 경우에는 장비를 바닥 위에 직접 설치하지 않고 반드시 콘크리트로 다진 기초(foundation·plinth)나 강재(鋼材)로 만든 지지대(cradle) 위에 설치한다. 장비 기초나 장비 지지대의 역할은 장비류를 바닥 위에 견고하게 설치하고 운전이나 지진 등으로 장비류가 이동하거나 쓰러지지 않게 하는 것이다. 또한 펌프나 송풍기 등 장비와 모터가 연결돼 있을 경우에는 그 중심(alignment)이 어긋나지 않도록, 큰 수조 등에서는 전체가 뒤틀리지 않도록 유지하게 하는 것을 목적으로 한다.

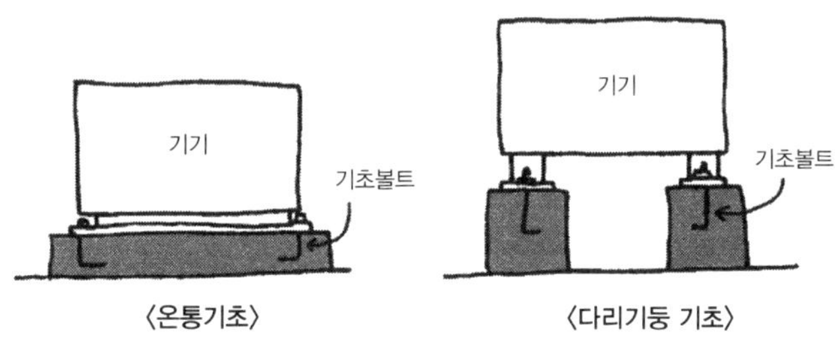

〈그림 5.19〉 평면의 형상에 따른 기초의 분류

참고로 기초 형상은 그 위에 설치하는 장비의 형상에 따라 〈그림 5.19〉에 나타내는 바와 같이 장비의 바닥 전면에 하는 기초(통칭 : 통기초)와 장비의 다리만 설치하는 기초(통칭 : 다리기둥 기초)가 있다.

기계실 콘크리트 바닥에 설치하는 콘크리트 기초는 〈그림 5.21〉에 나타내는 바와 같이 무근 또는 철근 콘크리트로 하고 철근은 바닥 콘크리트의 철근과 용접하거나 강선(鋼線)으로 묶는(緊結) 등 기초 위에 올리는 장비류의 중량을 견뎌내야 하는 강도로 해야 한다.

옥상에 설치하는 장비의 기초가 지붕의 방수층을 파손하지 않도록 기초 위까지 지붕 방수층을 높인다. 그리고 공장 등의 기계실에서 다짐바닥에 장비 기초를 설치하는 경우에는 다짐바닥과 일체화하거나 다짐바닥 아래까지 지면을 파고 들어가 콘크리트를 타설해 장비 기초로 하는 경우도 있다.

장비 기초 위에 장비를 장착할 때에는 장비와 장비 기초를 앵커볼트로 체결(緊結)해야 한다. 앵커볼트는 장비의 진동 등으로 인해 장비 기초에서 빠져 나가지 않도록 기초 콘크리트나 바닥의 철근과 체결하고 쉽게 빠지지 않는 구조로 한다.

[기억해 둘만한 사항]

미끄러져 버린 송풍기 기초

모 현장에서 돌관공사에 쫓겨 송풍기의 콘크리트 기초 타설이 상당히 지연됐다. 기초 콘크리트를 타설한 지 4일 후, 송풍기를 설치하고 시운전을 개시했더니 송풍기가 시동되는 순간 송풍기와 함께 해당 콘크리트 기초가 미끄러져 이동된 것 같다.

그 원인은 콘크리트 양생 일수 부족으로 콘크리트 강도가 나오지 않은데다 바닥 표면을 거칠게 했어야 했는데 게을렀다. 필자의 경험으로는 콘크리트 타설 후 최소 10일간의 콘크리트 양생기간이 필요하다.

〈그림 5.20〉 미끄러져 버린 송풍기 기초

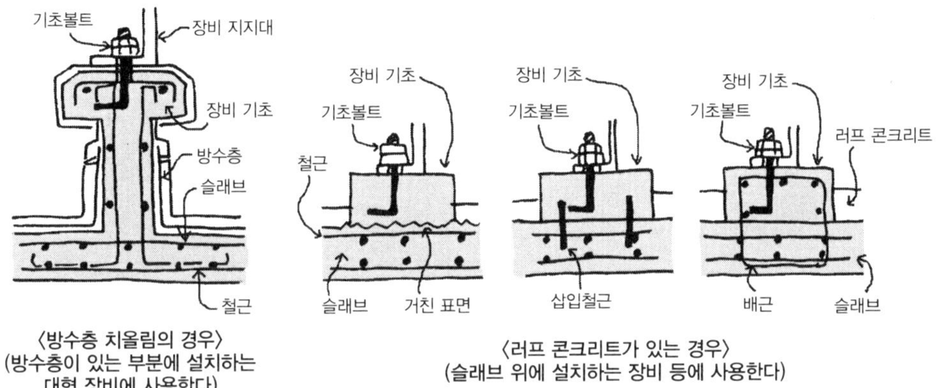

〈그림 5.21〉 기계실 콘크리트 바닥에 설치하는 콘크리트 기초

[기술용어 해설]

후시공 앵커(post-installed anchor)

콘크리트 타설 후 설비 기기류를 고정·지지할 목적으로 콘크리트에 박는 앵커를 말한다. 금속계 앵커·접착계 앵커(케미컬 앵커)·기타 앵커(컬 플러그) 등이 있다.

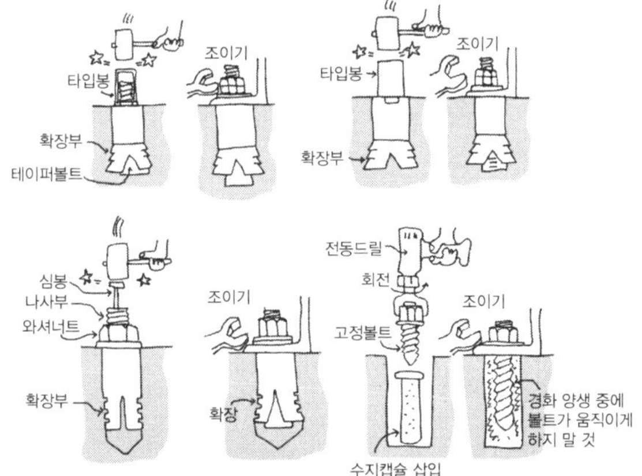

〈그림 5.22〉 다양한 후시공 앵커의 종류

[기술용어 해설]

콘크리트 양생기간

타설 콘크리트가 '소정의 강도'를 발휘할 때까지 걸리는 일수·기간(curing time)을 말한다. 참고로 콘크리트 강도는 물·시멘트의 비율로 결정되지만 타설기간은 28일 4주간의 압축강도를 표시하는 것으로 규정돼 있다.

2) 방진 기초

냉동기·펌프·송풍기 등의 회전기기는 회전부의 불균형 등으로 진동(vibration)을 일으키는 일이 많다. 이런 회전기기를 바닥 위나 콘크리트 기초 위에 직접 설치하면 그 진동이 건축 구조체를 통해 다른 장소로 전달돼 그 곳의 바닥이나 벽을 진동시키고 때로는 고체 전달음을 일으키는 원인이 되기도 한다. 이 같은 현상이 발생하지 않도록 큰 진동이 예상되는 회전기기와 기초 사이에는 방진장치를 삽입한다.

그런데 방진장치는 장비의 중량·진동수 등에 따라 사용해야 할 방진재가 달라진다. 일반적으로 소형·경량이고 진동수가 높은 중·소 용량의 송풍기 등에는 방진고무가 사용된다.

한편 대형이고 중량이 있어 비교적 진동수가 낮은 송풍기·왕복동식 냉동기·발전기 등에는 금속 스프링 등이 사용된다.

공장의 다짐바닥 등에 장비를 설치할 경우에는 보통 방진기초를 필요로 하지 않지만 장비 및 장비 기초가 건물의 기초보 위에 있을 경우에는 그 보를 통해 진동이 전달되기도 한다. 예를 들면 반도체 공장과 같이 미약한 진동에도 예민한 시설에는 장비의 방진장치에 특히 주의를 기울인다.

참고로 장비를 지지대 위에 설치할 경우에는 방진장치를 지지대와 기초 사이에 삽입해 항상 장비가 지지대와 하나로 움직이게 한다. 방진재를 사용할 경우에는 장비와 기초가 체결되지 않아 느슨해지므로 지진발생 시 등에는 장비가 어긋나거나 때로는 전도될 위험이 있다.

이 같은 위험이 예상될 때는 〈그림 5.24〉에 나타내는 바와 같이 장비 이동이나 전도를 방지하기 위해 내진 스토퍼를 설치해 둔다.

[기술용어 해설]

고체 전반음(solid borne sound)

콘크리트나 철골·철근 등의 고체에 전달되는 진동이 벽 등을 진동시킴으로써 건물 공간에 확산되는 현상을 말한다.

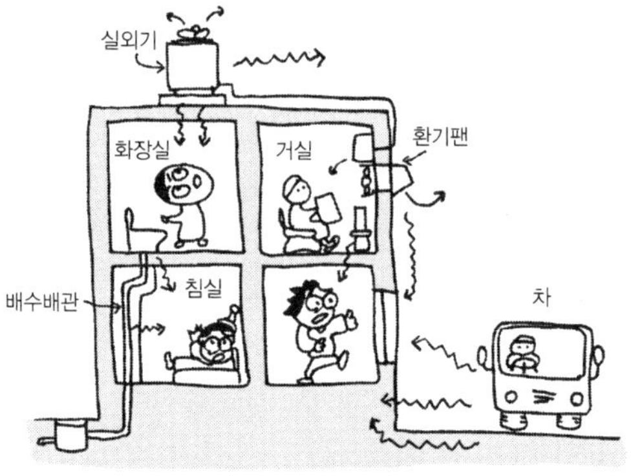

〈그림 5.23〉 고체 전반음의 예

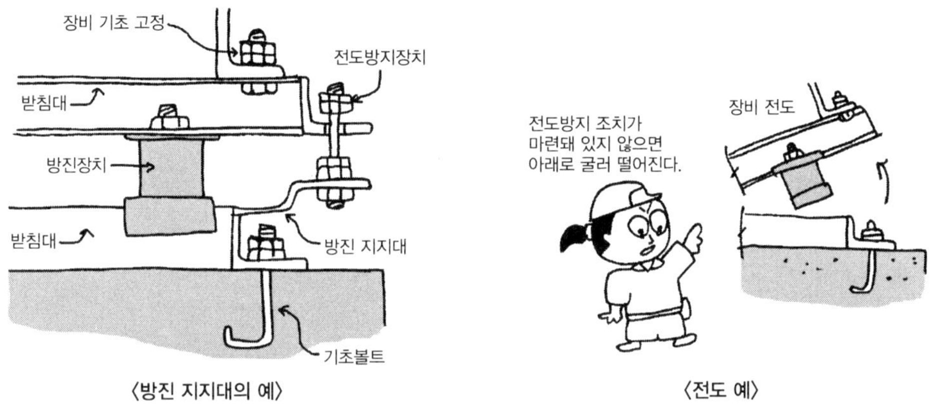

〈방진 지지대의 예〉 〈전도 예〉

〈그림 5.24〉 내진 스토퍼 (미끄럼방지용 · 전도방지용)

⑵ 장비 반입 공사

공조 설비 기기를 소정의 설치장소에 반입해 설치하기까지의 공사를 장비 반입공사라고 하는데 이 과정에서는 수직방향 양중 및 수평 이동(옆으로 끌기)이 수반되므로 특히 무거운 장비를 건축현장 내에 반입할 때는 건축공사회사(통칭 종합건설회사)와 면밀하게 사전 협의(반입시기·반입방법 등)해야 한다.

[기술용어 해설]

머신 해치(machine hatch)

중량 장비(주) 또는 대형 장비류 반출입용 개구부를 말한다. 장비류 반출입에 필요한 치수로 제작되고 머신 해치 상부에 고리를 설치해 두는 것 외에도 비가 들이치지 않게 신경 써서 설치한다.

이 해치는 장래에 장비를 교체(리뉴얼)할 때도 이용되므로 일시적이 아니라 영구적으로 사용할 수 있는 구조로 한다.

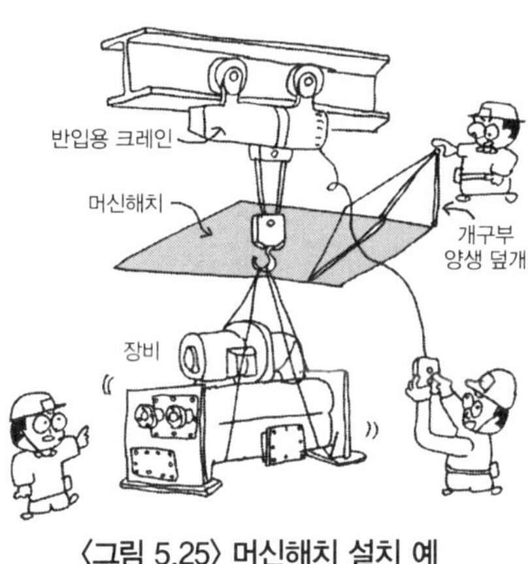

〈그림 5.25〉 머신해치 설치 예

(주) 공조 설비에서 중량 장비란 원심 냉동기나 노통 연관 보일러가 1대당 총 중량이 15~20톤이나 되는 장비를 말하고 장비 반입 시에는 특히 유의한다.

〈그림 5.26〉 장비 수평 운반시 루트 상부를 아래층에서 바닥 보강 지지하는 작업

장비 반입공사의 유의점을 열거하면 다음과 같은 사항을 들 수 있다(순서 무관).

① 건축공사의 마무리 시기 및 장비 반입용 개구부 폐쇄시기에 대해 건축 담당자와 충분히 협의해 장비 양중 지연 등으로 인한 대기 상태가 절대로 일어나지 않게 한다.

② 한 번에 필요 이상의 장비 수량을 반입하여 공간 점유·기기 자재 흩어짐·오손(汚損) 등이 발생하지 않게 한다.

③ 현장 내에서 이동(장내 운반)할 때는 반입 통로·개구부를 충분히 검토해 주위의 벽·바닥 등 마감 부분에 대한 손상 방지 조치를 강구함과 동시에 위해(危害) 방지 조치 등의 안전대책을 세워 둔다.

위에서 말한 무거운 장비류를 건물내로 운반할 때 건축 구조상 해당 바닥의 내하중이 부족할 것으로 예상될 경우에는 그 장비를 옆으로 끄는 루트에 대한 바닥 슬래브 보강 지지를 아래층에서 적절히 실시한다〈그림 5.26〉.

④ 시가지에서 장비 반입공사를 할 때는 현장 주위의 교통사정 등을 검토해 반입날짜와 반입경로에 지장이 없는지 등을 확실하게 협의하고 필요에 따라서는 관할기관에 사전에 신고(경찰서에의 도로 점유·전용 허가증 등)한다.

⑤ 장비를 반입할 때는 기초공사가 완성된 상태와 더불어 관련 공사와도 충분히 사전에 조정(덕트·배관·급배수관·전기·건축 마감공사 등)한다.

⑥ 장비를 반입할 때는 작업장소의 환경(조명·환기·통로 등)을 확실하게 정비하고 그 정비 상황을 사전에 확인한다.

⑦ 장비 반입공사를 수행할 때는 경험이 많고 적절한 작업책임자를 선임해 작업지시·명령계통을 명확히 한다.

(3) 장비 설치공사

장비 설치공사란 장비를 반입한 후 소정의 위치까지 이동하고 거기에 마련된 기초(콘크리트 기초·지지대 기초) 위에 설치해 고정하는 것을 말한다.

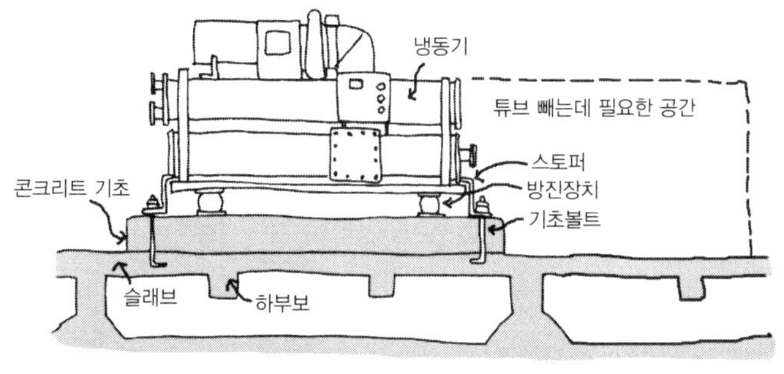

〈그림 5.27〉 냉동기 설치 시공 예

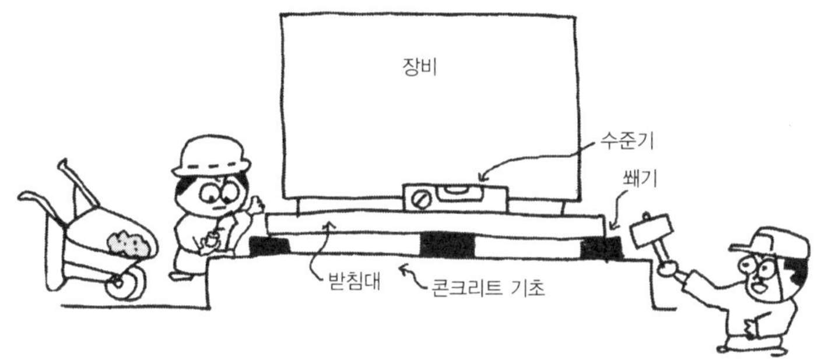

〈그림 5.28〉 냉동기 설치 시 수준기로 레벨 조정하는 작업

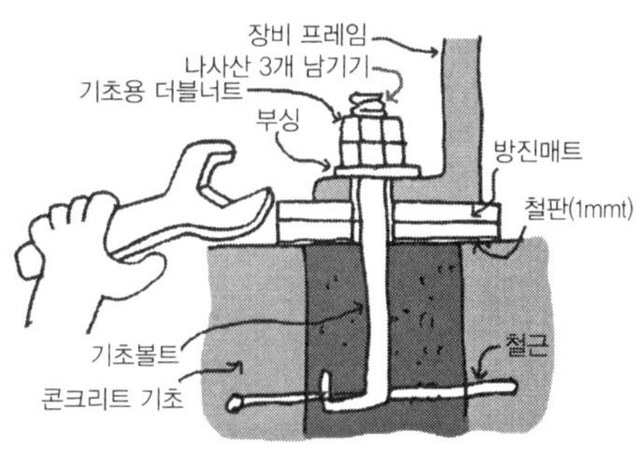

〈그림 5.29〉 기초 앵커 볼트의 결속

한마디로 공조 설비 장비라고 하지만 그 종류는 다종다양하다.

여기서는 대표적인 공조 설비 장비별로 설치상의 요점에 대해 간단히 기술한다.

1) 냉동기

냉동기에는 원심식 전동냉동기 외에 많은 기종이 있는데 여기서는 냉동기 설치상의 공통 유의 사항에 대해 설명한다〈그림 5.27〉~〈그림 5.29〉.

① 냉동기는 수준기(레벨) 등을 사용해 기초 위에 수평으로 설치하고 장비의 진동 등으로 냉동기 본체가 이동되지 않도록 기초 앵커볼트 등으로 기초에 견고하게 고정한다.

② 냉동기의 기초는, 냉동기 운전 시 그 중량의 3배 이상에 달하는 운전하중을 충분히 견뎌내는 콘크리트 또는 철근 콘크리트 구조로 만들고 표면은 모르타르 마감으로 한다. 단, 흡수식 냉동기일 경우에는 회전부분이 없으므로 정하중에 견디는 강도가 있으면 된다.

③ 시공도 작성단계에서의 문제이기는 하지만 냉동기 응축기의 튜브를 빼내기 위해 튜브를 빼내는 방향으로 공간을 넉넉히 둔다. 또한 냉동기 주위에도 보수점검 공간으로 최소 1m 이상의 공간을 확보한다.

④ 무거운 장비의 기초는 가능한 한 큰 보(girder) 위에 중량이 실리도록 설치한다.

⑤ 공기열원 히트펌프 냉동기 등의 실외 유닛을 옥상 등에 설치할 경우에는 인근에 대한 소음 대책에 유의한다.

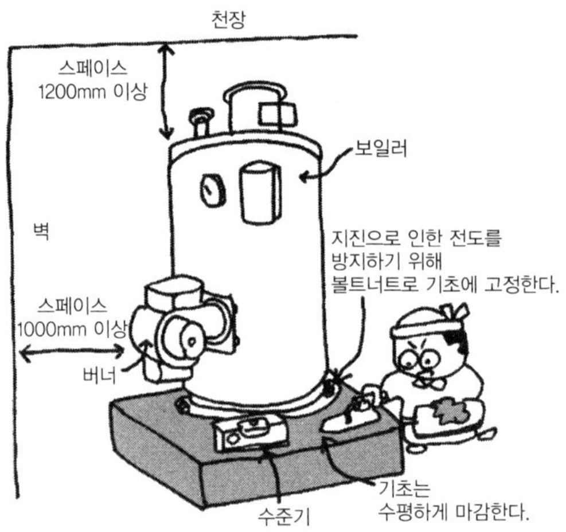

〈그림 5.30〉 수직형 보일러 설치 예

[기술용어 해설]

동하중과 정하중

동하중(dynamic load)이란 시간적으로 변동하는 하중을 말하고 풍하중·지진하중·기계진동으로 인한 하중 등이 그 대표적인 예이다.

정하중(static load)이란 고정하중·적재하중 등과 같이 구조물에 가속도 등을 일으키게 하지 않는 정지된 하중을 말한다.

〈그림 5.31〉 '동하중'과 '정하중'

2) 보일러

보일러에는 노통 연관 보일러 외에 많은 기종이 있는데 여기서는 보일러 설치상의 공통 유의사항에 대해 기술한다.

① 보일러는 수준기(레벨) 등을 사용해 기초 위에 수평으로 설치해 지진 등으로 보일러 본체가 움직이는 일이 없도록 기초 앵커볼트 등으로 기초에 견고하게 고정한다.

② 보일러 기초를 콘크리트 기초로 해서 만수(滿水) 시 중량의 3배 이상에 달하는 장기 하중을 충분히 견뎌낼 수 있게 한다. 또한 기초 표면은 금속 마감 또는 모르타르 마감으로 한다.

③ 보일러 설치 시에는 보일러의 주위 공간 등, 법적으로 정해진 사항이 많으므로 관련 법규에 의거해 설치 공사한다.

3) 냉각탑

냉각탑은 거의가 옥상 방수바닥 위에 설치되는 경우가 많다.

① 냉각탑은 수준기(레벨) 등을 사용해 독립된 옥상 방수 기초 위에 수평으로 설치하고 앵커볼트 등으로 기초에 견고하게 고정한다.

② 냉각탑 보급 급수구는, 보급수를 효율적으로 보급할 수 있도록 고가수조의 저(低)수위보다 가능한 한 2m 이상의 낙차를 둔다.

[기술용어 해설]

장기 하중과 단기 하중

장기 하중(permanent load)이란 고정하중·적재하중(눈이 많이 내리는 지역에서는 적설하중 포함) 등을 통합해 장시간에 걸쳐 작용하는 하중을 말하고 상시 하중이라고도 한다. 한편 단기하중(temporary load)이란 고정하중·적재하중 등 상시적으로 작용하는 하중에, 지진 시·폭풍 시·적설 시 등과 같이 일시적으로 작용하는 하중을 통합한 설계용 하중을 말한다.

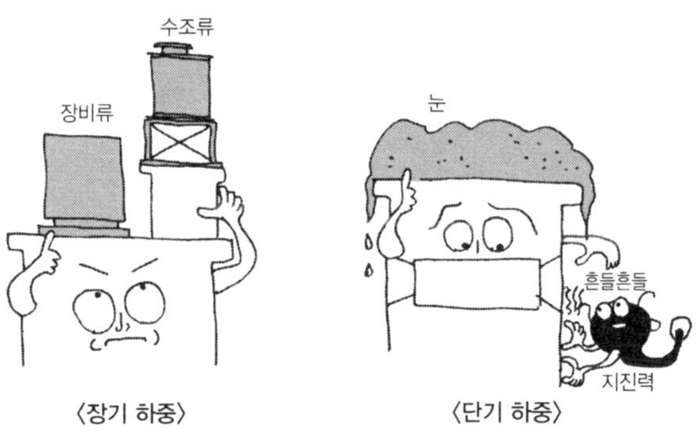

〈그림 5.32〉 '장기 하중'과 '단기 하중'

③ 냉각탑 주위의 배관에는, 그 배관의 중량이 냉각탑에 직접 실리지 않도록 배관을 지지한다. 냉각탑에 냉각수관 및 보급수관을 연결함에 있어서는 플렉시블 이음(flexible joint)을 설치해 냉각탑 본체에 배관하중이 실리지 않게 한다.

④ 냉각탑은 굴뚝·외기 루버·배기 루버 등으로부터 영향을 받지도 주지도 않을 정도로 거리를 두고 설치한다.

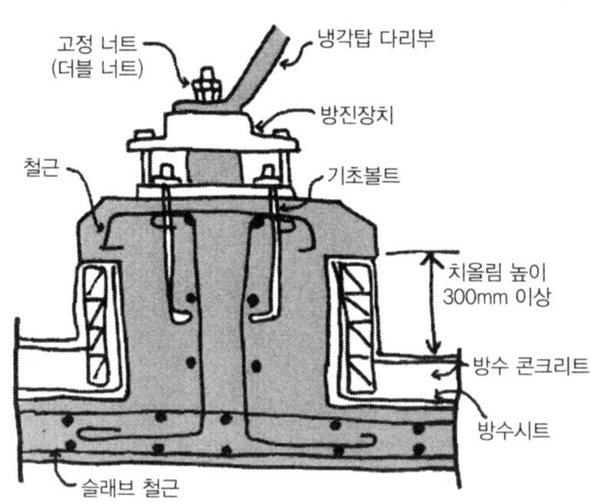

〈그림 5.33〉 냉각탑용 방수기초와 냉각탑 설치 예

4) 공기조화기 (에어 핸들링 유닛)

① 에어 핸들링 유닛의 기초는 높이 150mm 이상의 콘크리트 기초이며 일반적으로 그 기초 위에 방진패드를 설치하고 수평으로 설치한다. 지진 등으로 인해 옆으로 움직이는 이동방지 목적으로 스토퍼를 설치한다.

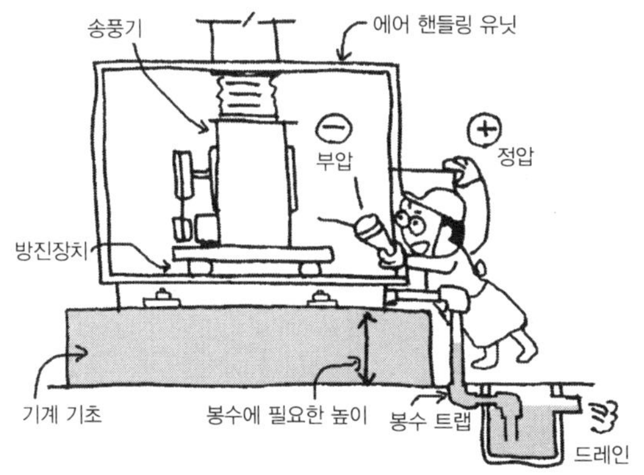

〈그림 5.34〉 에어 핸들링 유닛 설치 예

② 에어 핸들링 유닛의 방진장치는 송풍기 방진과 중복되지 않도록 즉, 더블 방진(주1)이 되지 않게 한다.

③ 에어 핸들링 유닛으로부터의 드레인을 배출하는 데 트랩이 설치되므로 특히 에어 핸들링 유닛의 기초 높이에 주의한다.

5) 팬 코일 유닛(FCU)

① 일반적으로 상치형 FCU는 실의 외벽면(페리미터 존)을 따라 설치하되 벽면에서 50mm~60mm 정도 떨어져 설치한다. 벽 또는 바닥에 고정철물로 고정한다.

② 천장형 FCU는 천장에 직접 매달아 지지하는 것이 아니라 천장 콘크리트 바닥 슬래브에서 FCU의 네 모서리에 매달아 수평으로 지지한다.

③ 천장 매입형 FCU는 메인티넌스(보수관리)가 용이하도록 FCU 가까이에 반드시 점검구를 설치한다.

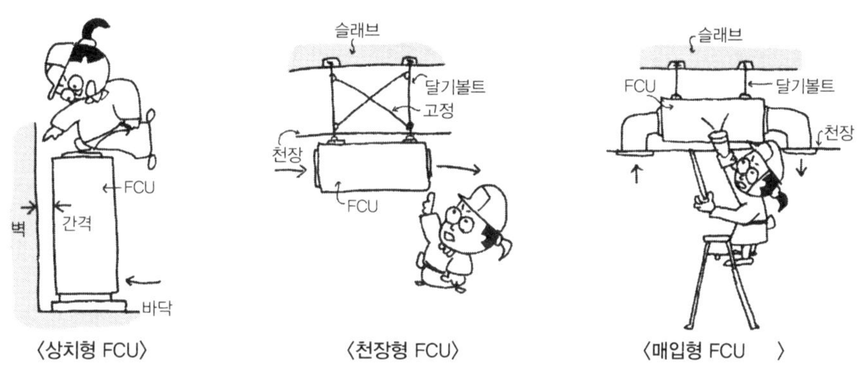

〈그림 5.35〉 FCU 설치 예

6) 송풍기

송풍기의 종류도 여러 가지가 있는데 여기서는 송풍기를 대표하는 원심 송풍기(시로코 팬) 설치상의 유의점에 대해 기술한다.

① 10번(주2)이상의 대형 송풍기는 반드시 철근콘크리트 기초 위에 설치한다.

② 송풍기의 진동이나 소음 발생의 영향이 별로 문제되지 않을 경우에는 콘크리트 기초 위에 방진패드를 설치한다.

③ 2번 이상의 송풍기를 천장형으로 설치할 경우에는 〈그림 5.36〉에 나타내는 바와 같이 반드시 형강 받침대를 사용하고 매달아 지지한다.

단, 2번 미만의 송풍기는 직접 전산볼트로 매달아 지지해도 된다.

주1 : 더블 방진이란 방진재(방진장치)가 직렬로 2개 이상 연결되는 것을 말한다.

주2 : 보통 송풍기의 크기는 번수로 표시하는 것이 관례다. 참고로 1번(#)의 크기는 송풍기 흡입 구경으로 결정되므로 원심 송풍기일 경우에는 150mm, 축류 송풍기일 경우에는 100mm이다.

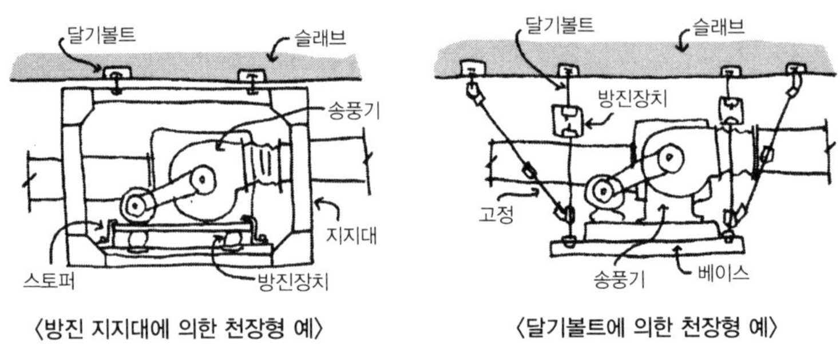

〈방진 지지대에 의한 천장형 예〉 〈달기볼트에 의한 천장형 예〉

〈그림 5.36〉 방진 천장형 송풍기 시공 예

7) 펌프

펌프에도 다양한 기종이 있는데 여기서는 원심식 와권펌프 설치상의 유의점에 대해 기술한다.

① 펌프의 흡입 능력은 상온에서 6m 정도이므로 개방회로 배관일 경우에는 가능한 한 흡수면과 가까운 위치에 설치한다.

② 펌프 흡입관은 가능한 한 짧게 하고 공기가 고이는 일이 없도록 펌프의 흡입구를 향해 1/50~1/100 정도의 상향 기울기 배관으로 한다.

③ 펌프 토출관 측에 체크밸브와 스톱밸브를 설치한다.
또한 토출관측 양정이 30m(294kPa)를 초과할 경우에 설치하는 체크밸브는 반드시 충격 흡수식 체크밸브를 선택하여 워터 해머를 예방한다.

④ 펌프에 의한 진동·소음 발생 우려가 있을 경우에는 펌프와 배관(토출관·흡입관)을 연결할 때 방진 이음매를 사용한다. 단 개방식 배관일 경우에는 토출배관 측에만 설치한다.

[기억해 둘만한 사항]

펌프로부터의 배수 처리

펌프 기초 표면에 배수홈과 배수망을 설치하고 가장 가까운 배수계통으로 간접 배수한다.

〈그림 5.37〉 펌프 기초 표면상의 배수홈과 배수망

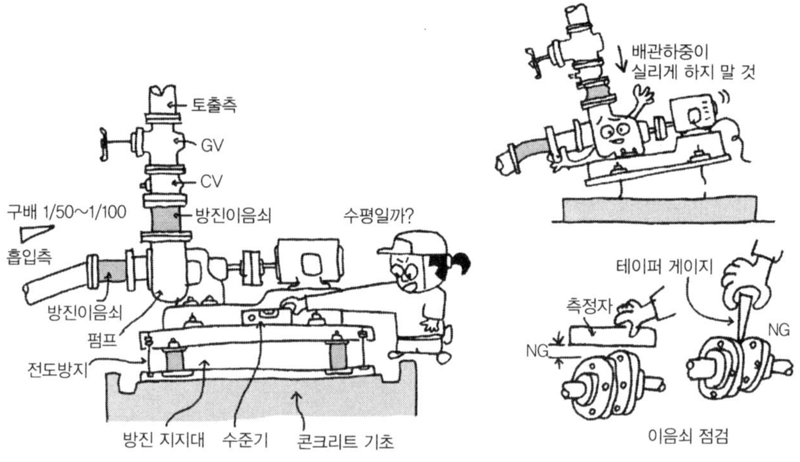

〈그림 5.38〉 와권펌프 설치 예

〈그림 5.39〉 룸 에어컨의 쇼트 서킷 개선 예

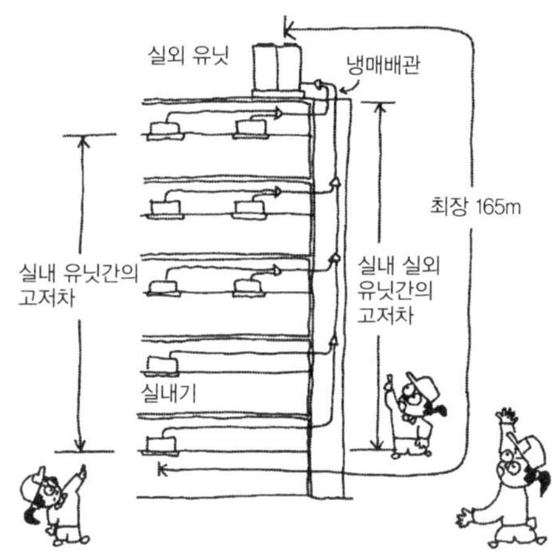

〈그림 5.40〉 실외기와 실내기 및 실내기끼리의 낙차한계 예

8) 룸 에어컨(히트펌프 에어컨)

① 실외기는 실외기끼리 상호간에 쇼트 서킷을 일으키지 않을만한 위치에 설치한다.

② 냉매관의 실제 길이는 100m(상당 길이로는 125m) 이하가 많으므로 제조회사에 확인한다.

③ 실외기와 실내기의 낙차는 50m 이하, 실내기들 간의 낙차는 30m~40m 이하인 기종이 많다.

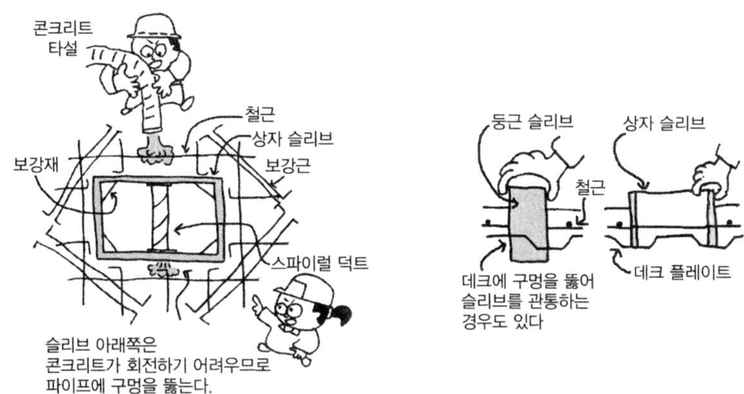

〈그림 5.41〉 덕트 관통용 개구부의 Boxing 공사

(4) Boxing 공사·보 관통 슬리브 삽입공사·인서트 공사

1) Boxing 공사

덕트공사 등에서는 덕트를 철근 콘크리트 바닥·벽에 관통시켜야 하는 경우가 있다. 그런 경우에는 미리 건축 골조에 개구부(opening)를 만들어 콘크리트 타설 전에 〈그림 5.41〉에 나타내는 바와 같이 Boxing 공사를 실시한다.

단, 내진벽에 덕트류를 절대로 관통시켜서는 안 된다.

그에 수반해 바닥·벽 등의 개구부에는 철근 보강공사를 다음과 같은 요령으로 적절하게 실시한다.

① 바닥 개구의 최대 지름이 양방향 모두 배근간격(배근피치) 이하이고 〈그림 5.42〉(a)에 나타내는 바와 같이 철근을 완만하게 구부리면 개구부를 피해 배근할 수 있을 경우에는 그 개구부 보강을 생략한다.

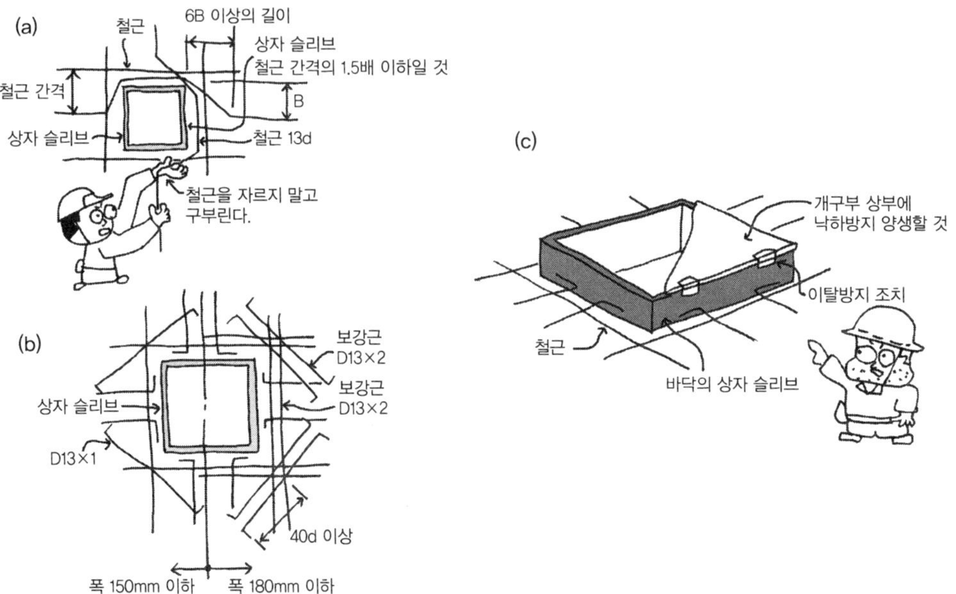

〈그림 5.42〉 바닥·벽 개구부의 철근 보강

② 바닥 개구·벽 개구가 클 경우(배근피치 이상의 개구부)에는 〈그림 5.42〉(b)에 나타내는 바와 같이 개구로 인해 나누어지면 같은 양의 철근으로 주위를 보강한다. 또한 개구 모서리부에는 상하 슬래브 철근 안쪽에 대각선 방향으로 철근을 보강한다〈그림5.42〉(c).

2) 보 관통 슬리브 삽입 공사

배관이나 스파이럴 덕트를 보에 관통시킬 경우에는 〈그림 5.43〉에 나타내는 바와 같이 콘크리트 타설 전에 적절한 슬리브(sleeve)를 대들보 안으로 넣어 공사한다. 보 관통 슬리브재로는 보이드관 등을 채택하는 경우도 있지만 금속제나 철관제 슬리브가 더 바람직하다.

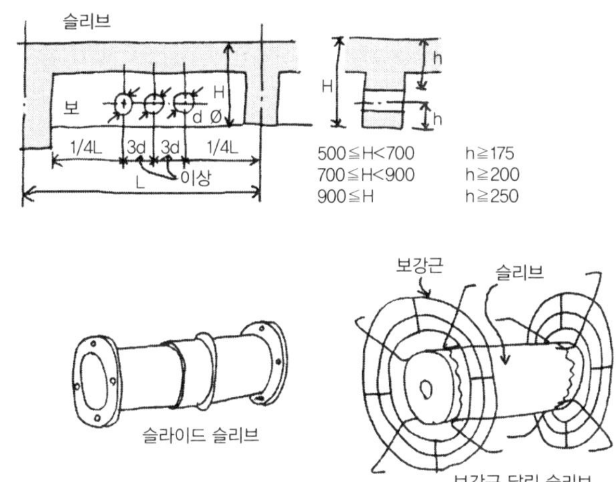

〈그림 5.43〉 보 관통 슬리브 삽입 공사

3) 인서트 공사

인서트(insert) 공사란 덕트나 배관을 천장 슬래브 하면에서 전산볼트로 매달아 지지하기 위해 바닥 슬래브 콘크리트를 타설하기 전에 미리 〈그림 5.44〉에 나타내는 바와 같이 강제(鋼製) 인서트 철물을 박아 두는 공사를 말한다.

모 배관 시공사의 이야기인데 요즘은 인서트 철물을 미리 박지 않는다고 한다. 왜냐하면 건축공사가 단납기로 가는 추세여서 그 시기까지 제대로 된 시공도를 준비하는 현장이 드물기 때문이다.

더욱이 그 시공도에 기초한 인서트 부설 시공도 등을 사전에 완비하는 현장이 극소수여서 사용할 수 있을지 없을지도 모르는데 한번에 1000원이나 드는 인서트 철물 대신 후시공 앵커공법을 채택하겠다는 생각이다.

또한 최근 초고층 빌딩의 바닥 공법으로는 이른바 철골 구조의 슬래브공법(데크 플레이트)을 채택하고 있어 거의가 후시공 앵커공법에 의존하고 있다.

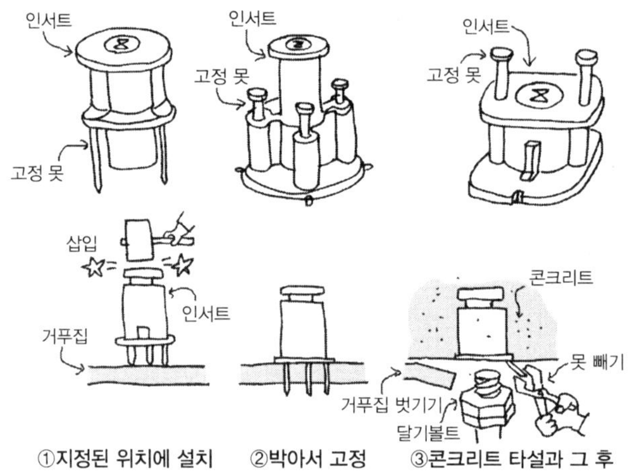

〈그림 5.44〉 강제(鋼製) 인서트 철물과 인서트 박기 공사

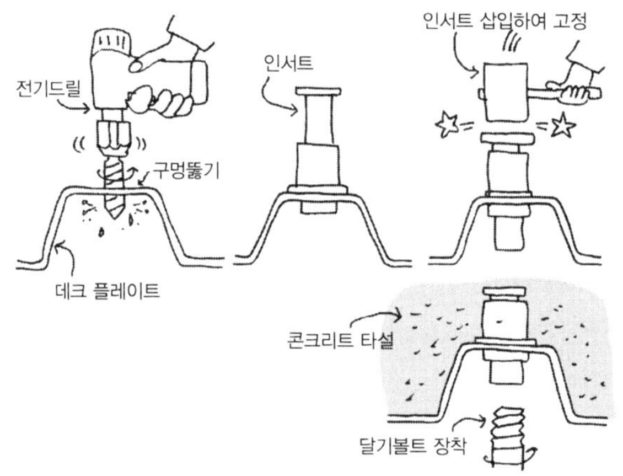

〈그림 5.45〉 강제 데크 슬래브에 대한 후시공 앵커 타설 공사

5·8 설비공사의 공업화 공법

(1) 공업화 공법이란?

타 산업에서는 제품의 품질·생산성 향상·생산비 절감 등의 요구를 공업화(industrialization) 함으로써 달성해 왔다. 한편 건축물 생산 형태는 수주·단품 생산이라든가 현지·야외 조립 생산을 이유로 다른 산업에 비해 생산성이 지극히 낮아 공업화가 현저하게 뒤쳐졌다.

그러나 건축물의 대형화·고층화라든가 건축물의 고기능화·다양화·단납기화 등의 요구에 더해 1989~90년경 과열된 거품경제의 영향으로 건설 노동자를 구하기가 어렵고 생산성 향상(D)·품질 확보(Q)·안전작업 추진(S)·생산비 절감(C)·지구환경보전(E)의 측면에서 건축업계도 공업화에 도전할 필요성이 생겼다.

종전의 건설 현장에서는 현장작업이 당연해 물류산업(logistics)의 합리화라는 사고방식이 드물었다.

건설현장에서도 물류산업의 합리화 사고방식을 적극 도입 즉 자재를 현장이 아닌(off-site) 공장에서 제품 형태로 제작 가공(prefabrication)하고 현장에서는 조립만 하는 작업(assembly work)으로 제작가공의 현장작업(site-work)을 최소화함과 동시에 현장작업의 기계화도 추진함으로써 건축생산 시스템의 기술혁신(technology innovation)을 도모하는 것이 공업화 공법이다.

(2) 공업화 공법 채택사례

1) 프리패브(prefabrication) 공법

기존에는 건설자재의 제작·가공 대부분이 건설현장에서 이루어졌다.

참고로 배관·덕트의 제작·가공 및 일부 조립작업을 공장에서 하는 프리패브 작업(off-site prefabrication)으로 바꾸고 현장에서는 가공자재를 연결·조립만 하는 공법을 프리패브 공법이라고 한다.

이 같은 프리패브 공법을 적극 도입하면 건축설비공사의 생산성 향상을 크게 도모하고 그 외에도 부차적인 효과로 제품의 품질향상·균일화 및 현장의 노동재해 제로 목표를 달성할 수 있다.

2) 유닛 공법

유닛 공법이란 공장에서 프리패브 가공한 부재를 하나의 유닛으로 조립해 현장에 반입, 설치함으로써 종전에는 건축 골조공사 완료 후 장시간에 걸쳐 실시했던 기기 설치작업과 배관·덕트 공사를 단기간에 끝내는 공법을 말한다.

대표적인 유닛 공법으로는 펌프 헤더 유닛 공법〈그림 5.46〉·수직 샤프트 유닛 공법(일명 라이저 유닛 공법〈그림 5.47〉)·배관/덕트 복합 유닛 공법 등이 있다.

그리고 기계실 관련으로는 기기 주위의 복잡한 연결 배관과 기기를 일체화한 펌프 유닛 공법·공조기 유닛 공법·냉동기 유닛 공법 등이 있다.

[기억해 둘만한 사항]

로지스틱스(logistics)

이 용어는 최근 일반기업에서도 매우 중요한 부문으로 인식되고 있는데 한자로는 병참이라고 번역됐다. 로지스틱스란 전쟁터에서 싸우는 병사들에게 물자(병기·식료·의료 등)를 보내주는 행위를 말한다. 결코 전쟁을 긍정하는 것은 아니지만 로지스틱스가 미숙하면 전선에서 싸우는 병사들은 전의를 상실해 전쟁에서 이길 수 없다.

최근에는 3개 층에 걸쳐 설치되는 3열 공조기와 3개 층 분의 샤프트 배관을 유닛화 해 현장의 크레인으로 한꺼번에 들어 올려 소정의 위치에 설치하는 복합 유닛공법을 채택한 실적도 있다.

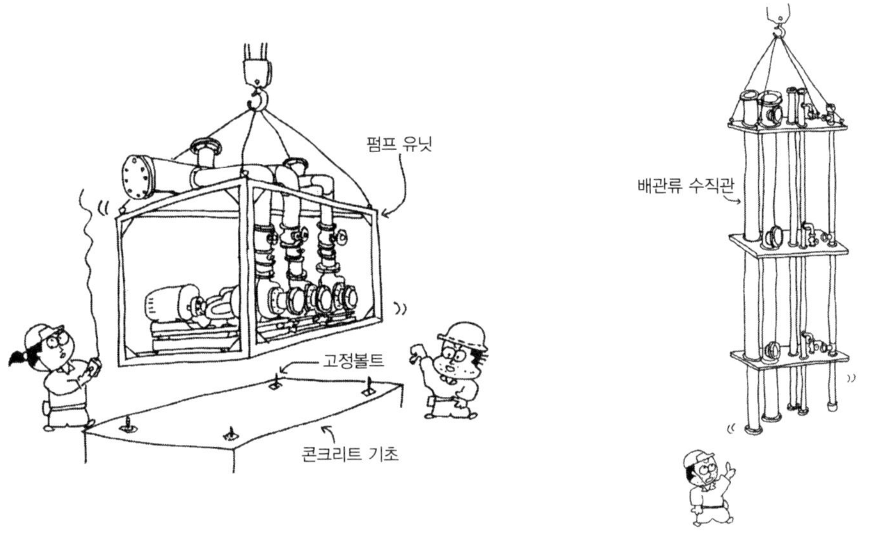

〈그림 5.46〉 펌프 헤더 유닛 공법

〈그림 5.47〉 라이저 유닛 공법의 실례

3) 블록화 공법

기기 주변의 유닛공법에 대한 발상을 더욱 발전시켜 열원 기계실 전체의 기기·배관을 몇 개의 블록으로 분할해 블록화 하고 기기·배관 유닛으로 현장에 반입해 조립하는 공법이다. 이 공법은 유명한 장난감인 레고 조립을 연상하면 이해하기 쉽고 필자는 이 공법을 일명 레고공법이라고도 한다.

4) 건축 작업과의 일체화·복합화 공법

이 공법은 건축과 설비를 일체화·복합화로 구축·시공함으로써 작업을 과감하게(drastic) 합리화하는 공법이다. 대표적인 예가 시스템 천장 공법·플로어(슬래브) 유닛 공법·리프트업 공법 등이다. 이 공법을 적용하면 초고층 건물의 미해결 과제 즉 자재 반입에 필요한 인력 절감및 자재 반입 원가절감 목표를 단번에 달성할 수 있고 또 현장 공사작업이 현저히 줄어드는 부차적인 효과도 기대된다.

(3) 전천후형 자동화 건설 공법

종전의 건축현장은 통상 실외에서 이루어지기 때문에 현장작업은 아무래도 날씨에 좌우됐다. 여기에 소개하는 건설공법은 이 문제를 해결하는 데 가장 앞선 건축공사의 기계화·공업화 공법인 동시에 건축의 전반적인 구축을 자동화하는 공법이다.

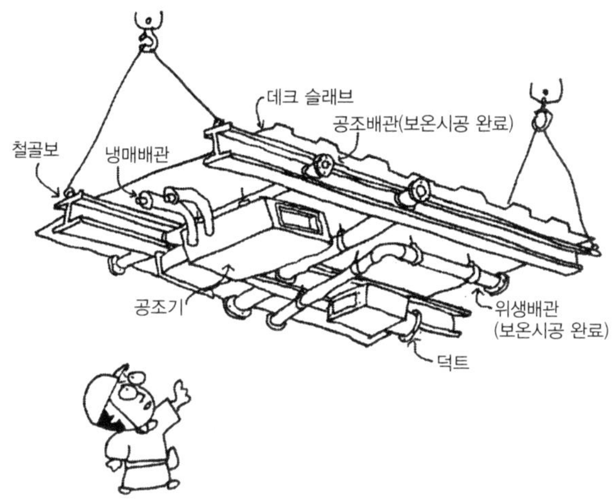

〈그림 5.48〉 플로어(슬래브) 유닛 공법의 예

맨 처음 지상에서 지붕이 있는 최상층을 구축하고 최상층을 슬라이드 업 하면서 하층을 차례차례 구축해 가는 공법이라든가 크레인이 달린 가설 지붕을 슬라이드 업 하면서 건축 공사를 진행하는 방법도 있다.

작업장은 지붕이 있고 메이커의 공장처럼 작업환경도 양호해 기존의 공법보다 소수의 인원으로도 작업할 수 있어 생산성이 크게 향상된다.

[기술용어 해설]

리프트 업 공법

층고가 높은 주 기계실(main plant room)에 중량 배관 등을 복층으로 하는 공법을 말한다. 〈그림 5.49〉에 나타내는 바와 같이 바닥 레벨에서 배관작업을 1층 완료할 때마다 리프트 업(lift-up)해 최종적인 모습으로 천장 배관을 완성시키는 공법이다. 배관 양중 및 매달아 지지하는 강재는 고가이지만 현장작업의 생산성 향상, 안전성 향상이라는 점에서 탁월하다.

〈그림 5.49〉 리프트 업 공법의 개념도

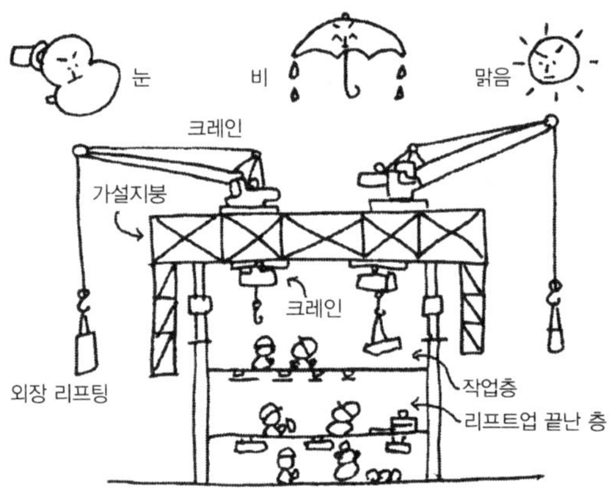

〈그림 5.50〉 전천후형 자동화 건설 공법의 예

제6장. 덕트 설비공사의 필수지식

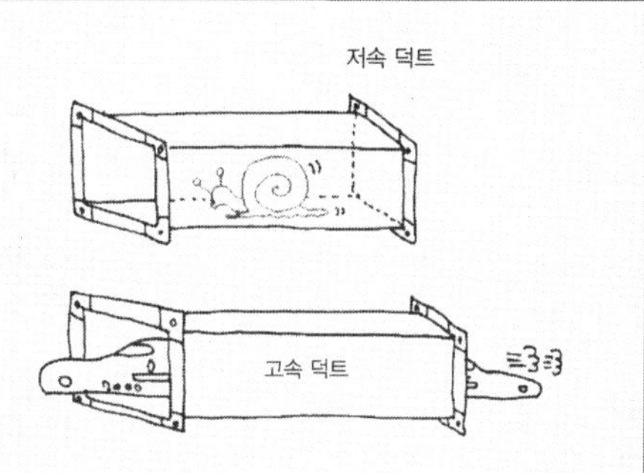

6·1 덕트 설비공사란?

건축설비에 있어서 덕트 설비공사와 배관 설비공사는 2대 필수 공사(trunk works)이다. 덕트 설비공사는 일반적으로 기체(gas)를 운반, 배출하기도 하고 분체(powder) 등을 반송하기도 하는 이른바 덕트(풍도라고도 한다)를 가공·제작해 소정의 장소에 설치(installation)하는 공조 설비에서 빼놓을 수 없는 공사다.

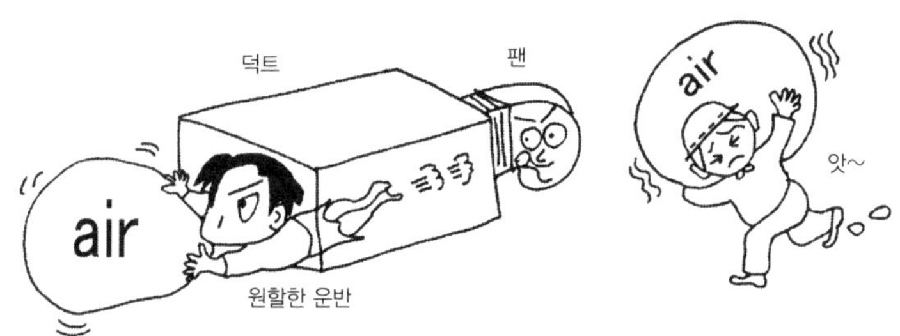

〈그림 6.1〉 덕트(풍도)의 역할

6·2 덕트공사 변천사

우리에게는 예전부터 온고지신이라고 하는 말이 존재하는데 온고지신이란 "옛 것을 익혀 새로운 것을 안다"는 의미이다.

이 말의 뿌리는 논어의 위정(爲政)으로 알려져 있고 "과거의 사실을 연구해 새로운 지식과 견해를 펼친다"는 뜻이다. 그런 의미에서 덕트 공사의 효시에 대해 조금 언급하기로 한다.

일본에서는 덕트 설비의 시작은 1908년 아카사카 궁궐현장에서 발전 되었다고 한다. 그 이전의 덕트 기술은 일명 양철 장인 등으로 불리는 판금 장인의 세계였다.

〈그림 6.2〉 기와기둥과 기와기둥 잇기

원래 동판지붕과 철판지붕 모두 예전부터 존재했고 기와지붕도 사용됐으나 심(seam)공법은 존재하지 않았다.

철판지붕의 기와가락 잇기에 사용하는 심공법은 1868~1912년도 사이에 서양식 건축이 도입되면서 들어왔는데 1860년도 이전에 동판지붕 장인이 철판지붕 장인으로 전업하면서 덕트 공사도 하게 됐을 것이다.

그러면서 덕트제작 기술은 덕트용 시밍(seaming)이 그루브 심에서 피츠버그 록 심으로 그리고 버튼펀치 심으로 형태가 변화됐다.

[기술용어 해설]

함석과 양철

설비 업계에서는 함석과 양철이라는 단어를 평범하게 사용한다. 함석은 포르투갈어의 고어 "타타나가(tutanaga)"가 그 뿌리인데 그 말이 와전된 것으로 알려져 있다. 함석을 영어로 "Galvanized sheet Metal"이라고 하는 것처럼 강판을 아연으로 피복한 재료이고 지붕을 잇는 재료로 사용된다. 한편 양철은 주석으로 도금한 얇은 강판이고 네덜란드어의 Blik에서 유래한다.

〈그림 6.3〉 함석과 양철

그루브 심(Grooved Seam)	피츠버그 록 심 (미쯔이 심, 아메리카 심) (Pittsburgh Lock Seam)	버튼펀치스냅 록(버튼펀치) (Button Punch Snap Lock)	스핀 심(Spin Seam)
1929년까지	1929년부터	1964년부터	2001년부터
7~10 외측 내측 각(角)그루브 심 7~10 외측 내측 그루브 심	5 이상 10~15 외측 내측	12~15 외측 내측	덕트 핀을 말아서 회전 가능한 심으로 한다
판 2개를 접어 구부린다 덕트 판 1개를 홈에 넣는다	판 2개를 접어 구부린다 덕트 판 1개를 홈에 넣는다	1홈에 넣는다 폴(pawl)가공 덕트 절곡홈	회전심 그랜드 플랜지

〈그림 6.4〉 대표적인 '덕트 심'

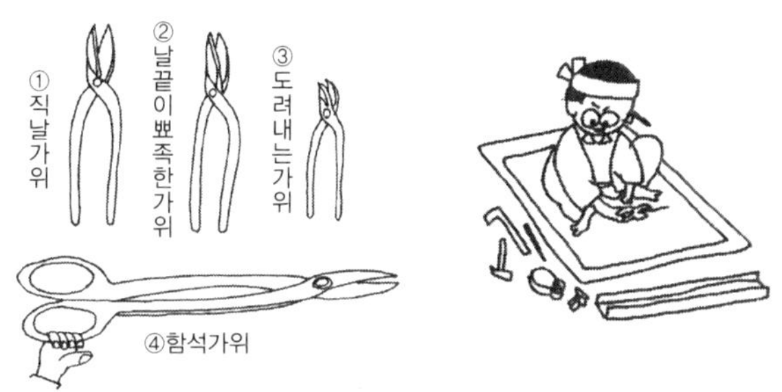

〈그림 6.5〉 대표적인 덕트와 절단

그에 따라 사용하는 공구나 기계도 〈그림 6.5〉, 〈그림 6.6〉에 나타내는 바와 같이 바뀌었다. 최근에는 손 공구에서 전동공구·전동기계로 이동하고 특히 컴퓨터가 내장된 자동화 라인 및 새로운 덕트 요구에 부응하는 덕트 공사의 기술혁신에 대응하면서 눈부시게 진전됐다.

필자는 일본의 덕트공사 히스토리라는 메인 타이틀의 기사를 오무사가 발행하는 "설비와 관리" 월간지 2017년 5월호부터 11월호까지 7회에 걸쳐 연재했다.

①플라즈마 자동 절단기

②심 접이기

③절곡기

④스폿 용접기

⑤리브성형기

〈그림 6.6〉 철판 덕트 제작·가공의 기계류

이 연재 기사의 부제목은 다음과 같다.

제1회 : 일본의 덕트 공사는 이렇게 시작됐다.

제2회 : 덕트는 현장에서 수작업으로 만들었다

제3회 : 고도 성장기에 덕트는 프리패브화 시대로 돌입

제4회 : 플라즈마 절단기가 인력절감·에너지절감의 막을 열었다

제5회 : 빌딩 멀티에어컨 등이 덕트 업계에 급격한 변화를 가져왔다

제6회 : 접이식 덕트의 개발·시공을 효율화했다

제7회 : 덕트 기술은 일취월장 발전을 계속하고 있다

[기술용어 해설]

SMACNA 공법

SMACNA란 Sheet Metal Air-conditioning Contractor's National Association(미국 박판 철판공조공사업협회)의 약자로 본 협회가 채택하고 있는 덕트 공법을 SMACNA 공법이라고 부른다. 전세계의 덕트 설비 업계에서는 "SMACNA 공법"이 바이블로 돼 있고 최근에 사용되지 않는 C슬리브 / D슬리브도 널리 사용된다고 한다.

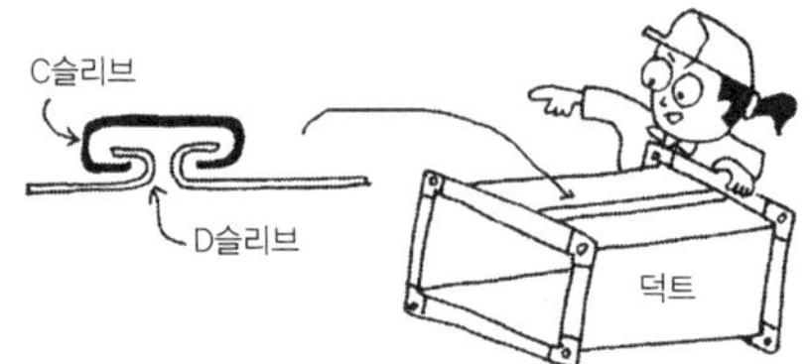

〈그림 6.7〉 SMACNA 공법의 C슬리브 / D슬리브

사실 짧은 부제목의 문장들이지만 일본 덕트 공사의 역사를 단적으로 보여준다. 그 과정에서 특필할 만한 것은 종전에는 앵글 플랜지 덕트 공법(FA 공법) 일변도였으나 코너볼트 공법이 도입됐다는 점이다.

필자의 독단과 편견일지도 모르나 일본 덕트공사의 역사를 한마디로 표현하면 덕트 가공·제작에 채택돼 온 그루브 심 ⇒ 피츠버그 록 심 ⇒ 버튼펀치 심 ⇒ 루즈 심 도입의 역사라고 해도 과언이 아니다.

참고로 〈도표 6.1〉(1), (2)는 위에 언급한 수가공 작업~기계가공 작업의 차이를 덕트 제작·가공의 흐름으로 나타낸다.

[기술용어 해설]

코너볼트 공법(Corner Bolt 공법)

직사각형 덕트 공법 중의 하나로 덕트의 네 모서리에 코너피스를 부착하고 4세트의 볼트로 조이는 획기적인 덕트 접속 공법이다. 코너부 이외의 플랜지 부분을 기계식 방법으로 꽉 조이는 공법으로 공판 플랜지 공법(TF 공법)과 슬라이드 온 플랜지 공법(SF 공법)이 있다.

	코너볼트 공법 덕트	
	공판 플랜지 덕트(TF 덕트)	슬라이드 온 플랜지 공법(SF공법)
구성도	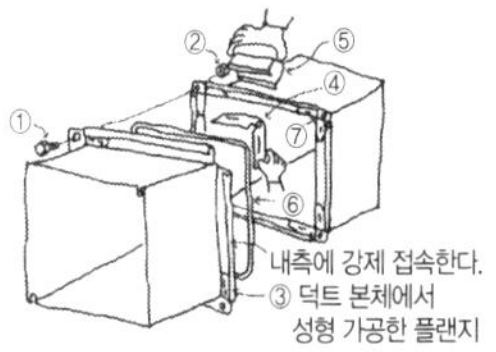 ① ② ③ ④ ⑤ ⑥ ⑦ 내측에 강제 접속한다. ③ 덕트 본체에서 성형 가공한 플랜지	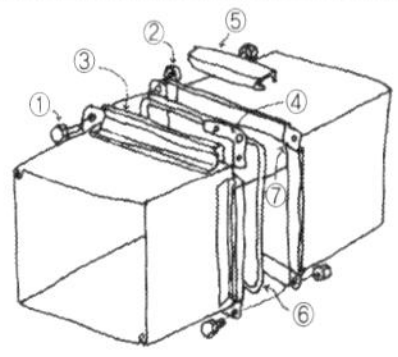 ① ② ③ ④ ⑤ ⑥ ⑦
플랜지 접속법	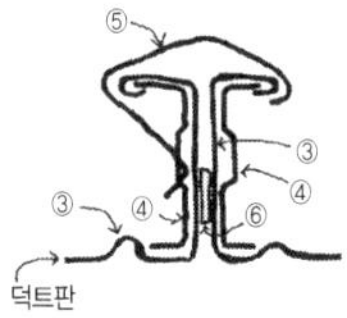 ⑤ ③ ④ ⑥ 덕트판	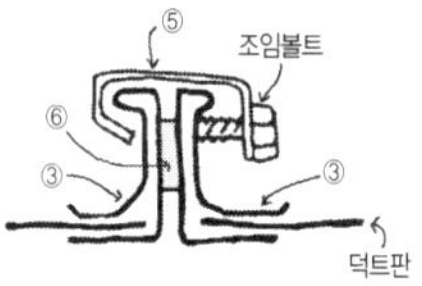 ⑤ 조임볼트 ⑥ ③ 덕트판
구성 부재	① 볼트(네 모서리 코너부만) ② 너트(네 모서리 코너부만) ③ 공판 플랜지 ④ 코너 피스 ⑤ 기계식 플랜지 접속 ⑥ 가스킷 ⑦ Seal재(네 모서리 코너부만)	① 볼트(네 모서리 코너부만) ② 너트(네 모서리 코너부만) ③ 슬라이드 온 플랜지 ④ 코너 피스 ⑤ 기계식 플랜지 접속 ⑥ 가스킷 ⑦ Seal재(네 모서리 코너부만)

〈그림 6.8〉 공판 플랜지 공법(TF공법)과 슬라이드 온 플랜지 공법(SF공법)

〈도표 6.1〉 덕트 제작·가공의 흐름(1)

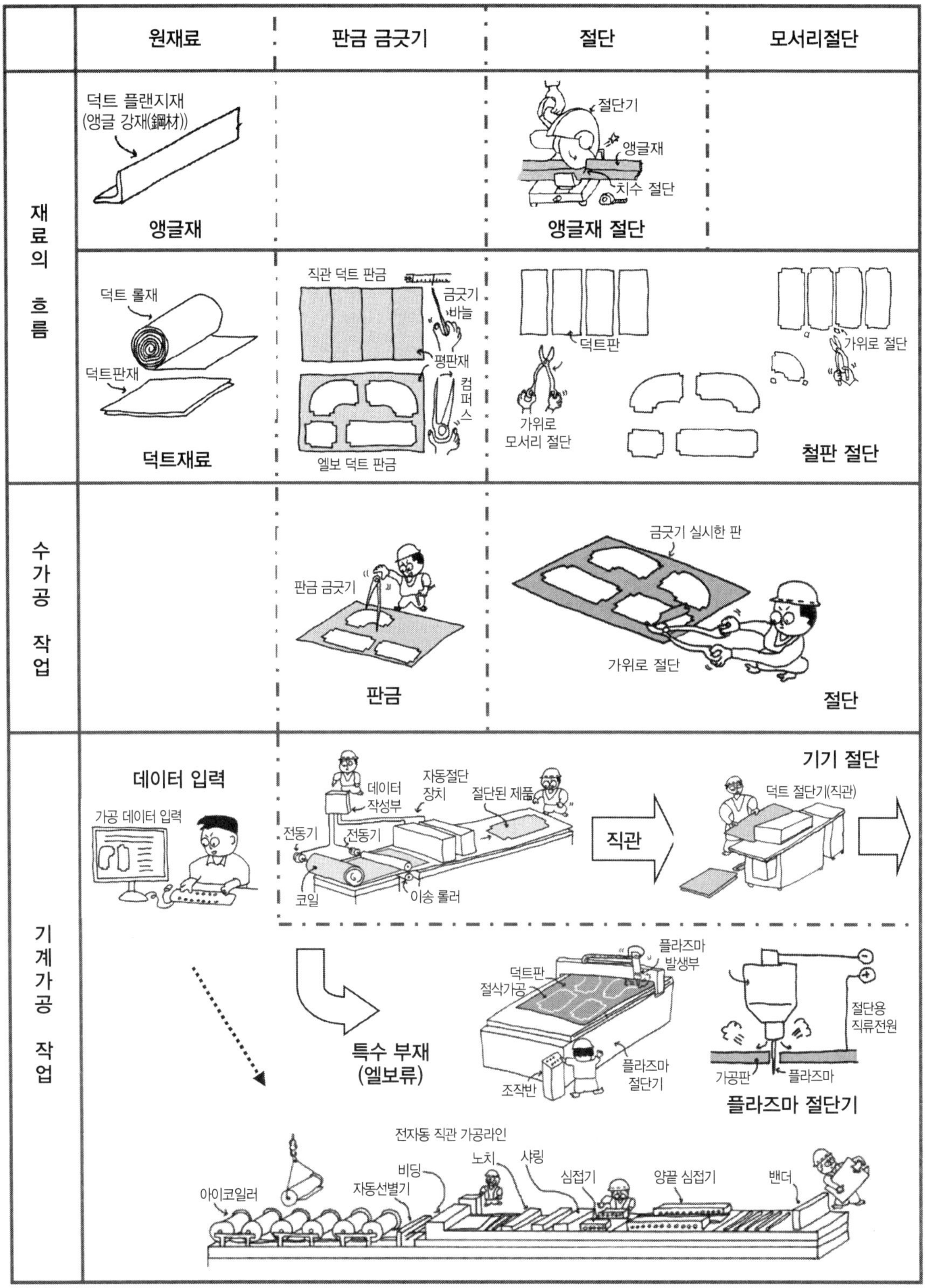

	원재료	판금 금긋기	절단	모서리절단
재료의 흐름	덕트 플랜지재 (앵글 강재(鋼材)) **앵글재**		절단기 앵글재 치수 절단 **앵글재 절단**	
	덕트 롤재 덕트판재 **덕트재료**	직관 덕트 판금 금긋기 바늘 평판재 컴퍼스 엘보 덕트 판금	덕트판 가위로 모서리 절단	가위로 절단 **철판 절단**
수가공 작업		판금 금긋기 **판금**	금긋기 실시한 판 가위로 절단 **절단**	
기계가공 작업	**데이터 입력** 가공 데이터 입력	데이터 작성부 자동절단 장치 절단된 제품 전동기 전동기 코일 이송 롤러 직관	**기기 절단** 덕트 절단기(직관)	
		특수 부재 (엘보류)	플라즈마 발생부 덕트판 절삭가공 조작반 플라즈마 절단기	절단용 직류전원 가공판 플라즈마 **플라즈마 절단기**
		전자동 직관 가공라인 아이코일러 비딩 자동선별기 노치 샤링	심접기 양끝 심접기	밴더

〈도표 6.1〉 덕트 제작·가공의 흐름(2)

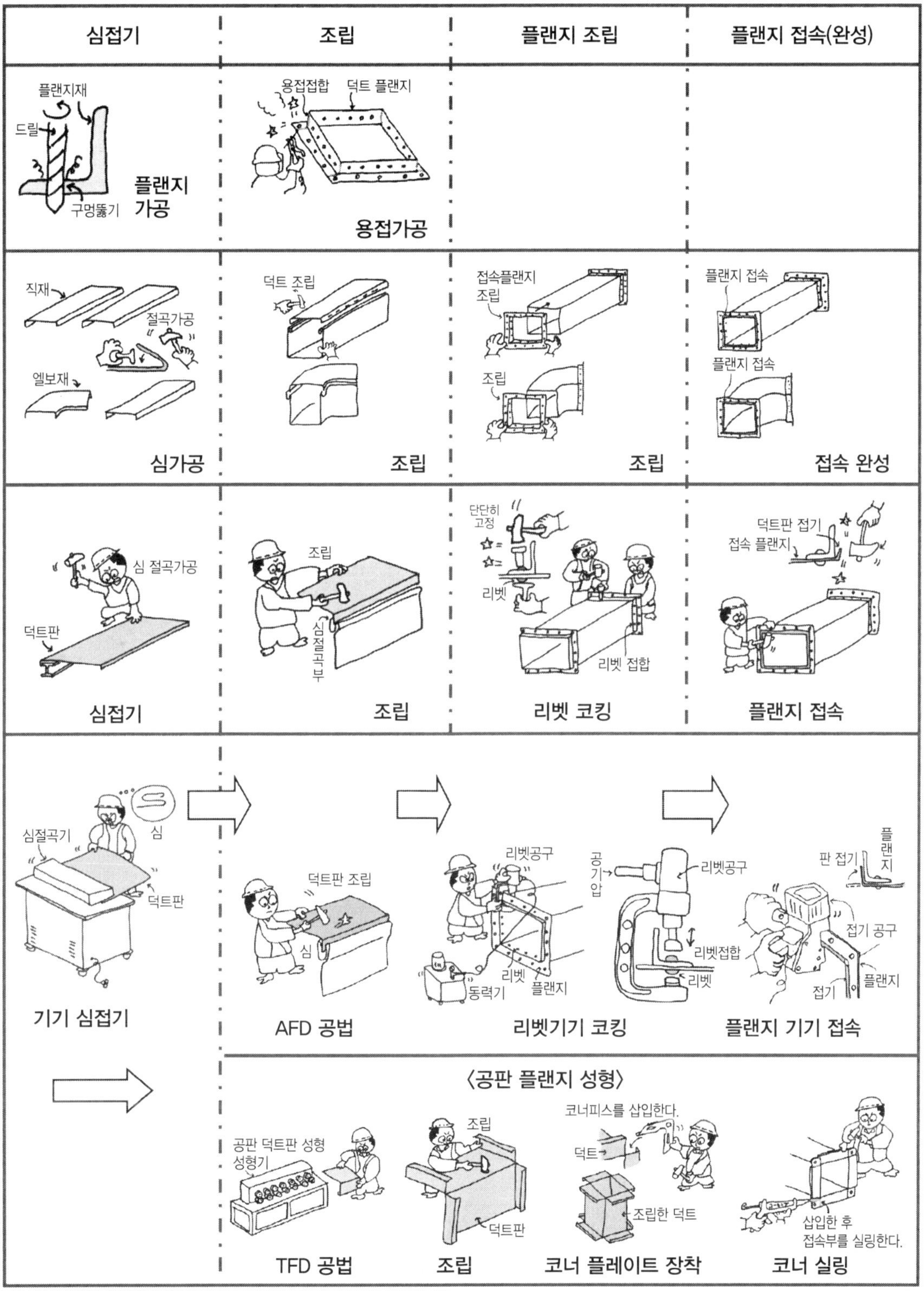

심접기	조립	플랜지 조립	플랜지 접속(완성)
플랜지재 드릴 구멍뚫기 플랜지 가공	용접접합 덕트 플랜지 용접가공		
직재 절곡가공 엘보재 심가공	덕트 조립 조립	접속플랜지 조립 조립 조립	플랜지 접속 플랜지 접속 접속 완성
심 절곡가공 덕트판 심접기	조립 심절곡부 조립	단단히 고정 리벳 리벳 접합 리벳 코킹	덕트판 접기 접속 플랜지 플랜지 접속
심절곡기 심 덕트판 기기 심접기	덕트판 조립 심 AFD 공법	리벳공구 리벳 동력기 플랜지 공기압 리벳공구 리벳접합 리벳 리벳기기 코킹	판 접기 플랜지 접기 공구 플랜지 접기 플랜지 기기 접속

〈공판 플랜지 성형〉

공판 덕트판 성형 성형기 TFD 공법	조립 덕트판 조립	코너피스를 삽입한다. 덕트 조립한 덕트 코너 플레이트 장착	삽입한 후 접속부를 실링한다. 코너 실링

6·3 덕트설비공사의 종류

우선 덕트 공사의 주역인 덕트를 다음과 같이 분류할 수 있다.

(1) 사용 목적별 덕트 분류

① 공조설비용 덕트

공조설비용 덕트는 조화공기를 공기조화 설비에서 룸으로 급기, 룸에서 공기조화 설비로 환기, 또는 필요한 외기 도입을 목적으로 하는 전용 덕트다. 위의 덕트를 각각 급기덕트(SAD : Supply Air Duct)·환기덕트(RAD : Return Air Duct)·외기덕트(OAD : Outdoor Air Duct) 라고 한다.

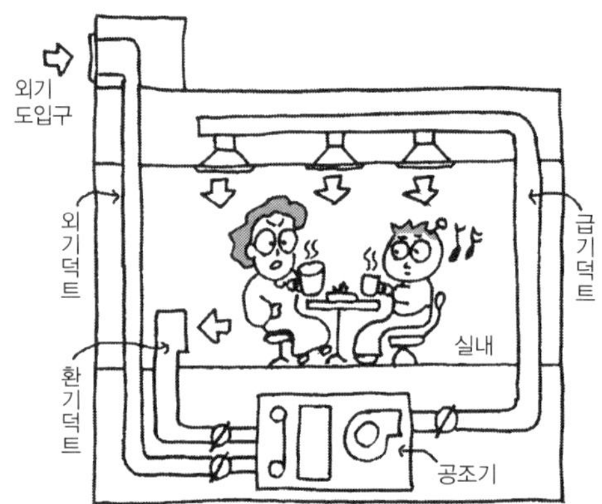

〈그림 6.9〉 공조설비용 급기 덕트·환기 덕트·외기 덕트

② 환기설비용 덕트

공기조화 설비에 포함되는 환기설비에만 사용하는 덕트이고 환기설비용 덕트에는 급기덕트(SAD : Supply Air Duct)와 배기덕트(EXD : Exhaust Duct)가 있다.

③ 배연설비용 덕트

배연설비용 덕트는 배연 설비도 공기조화 설비에 포함되지만 배연 덕트는 전적으로 화재가 발생했을 때 긴급대피 시의 배연(smoke exhaust)을 목적으로 사용되는 덕트이다. 따라서 배연덕트는 SED(Smoke Exhaust Duct)로 불린다.

④ 반송설비용 덕트

반송설비용 덕트는 일명 공업용 덕트라고도 한다. 기체배관 등과 같이 오로지 물체(분말·고체 등) 반송용으로만 제공되는 덕트이다.

(2) 사용 재료별 덕트의 분류

덕트 재료에는 여러 종류가 있는데 공조·환기·배연 설비용 덕트 재료로는 뭐니뭐니해도 아연도금

〈그림 6.10〉 환기설비용 급기 덕트·배기 덕트

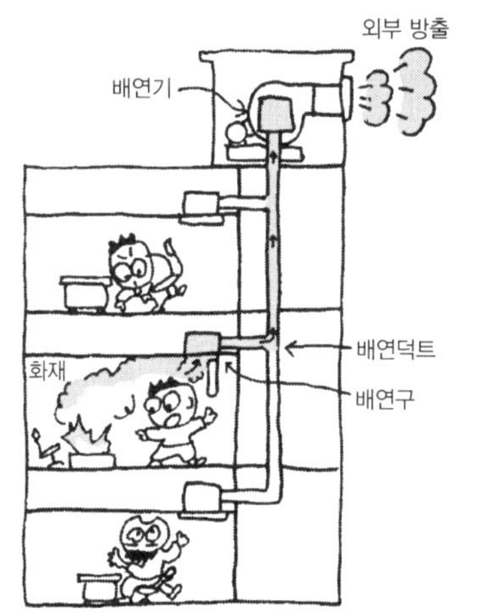

〈그림 6.11〉 배연설비용 배연 덕트

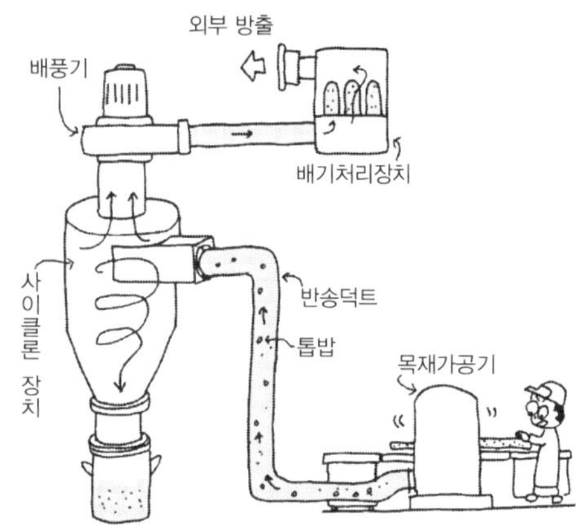

〈그림 6.12〉 반송설비용 덕트

강판을 가장 광범위하게 채택하고 있다.

현 시점에서 생각할 수 있는 덕트 재료의 종류를 열거하면 다음과 같다.

① 아연도금 철판제 덕트 ② 강판제 덕트 ③ 스테인리스 강판제 덕트 ④ 염화비닐 라이닝 강판제 덕트 ⑤ 경질 염화비닐판제 덕트 ⑥ 글라스 울 덕트 ⑦ 골판지 덕트 ⑧ 콘크리트 덕트 ⑨ 플렉시블 덕트 ⑩ 갈바늄 강판제 덕트 ⑪스테인리스강 강관제 덕트 ⑫ 배관용 탄소강 강관제 덕트

주의 : 최근에는 종전에 사용하던 아연도금 철판을 대신해 일명 꽃무늬 철판으로 불리면서 Super Dyma(S사)·에코갈(J사)이라고도 하는 건축자재용 고(高)내식성 도금 강판도 출시되고 있다.

(3) 형상별 덕트의 분류

보통 덕트라고 하면 각(角)덕트를 연상하게 되는데 그 형상에 따라 아래와 같은 덕트가 있다.

① 직사각형 덕트(Rectangular duct)

사각형 덕트와 각덕트라는 호칭도 있으나 가장 광범위하게 채택되는 형상의 덕트다. 동일한 풍량을 송풍하는 데는 정사각형 덕트(Square duct)가 가장 효율적이다.

② 원형 덕트(round duct)

원형 덕트는 주로 소구경(ø100∼ø300)의 분기 덕트(branch duct)로 사용되고 있지만 공장용 환기덕트 등에는 ø1000 이상의 대구경 덕트가 사용되기도 한다. 최근 출시된 원형 덕트의 대부분은 그루브 심으로 공장에서 가공·생산된 스파이럴 덕트(spiral duct) 이다. 스파이럴 덕트의 장점은 공기 누출량이 적다·사이즈(구경) 표준화·단납기 제품(스톡 제품)·구조상 강도가 크다는 점이다. 단점은 보급 당초에는 비교적 고가였다·커플링이 하나라도 부족하면 다음 덕트를 연결할 수 없다·시공 도중의 설계 변경 등에 신속하게 대응하기 어렵다는 점 등이다.

③ 삼각형 덕트(triangle duct)

삼각형 덕트는 거의 눈에 띄지 않지만 옥상 노출 덕트 등의 덕트 상판에 빗물 등이 평상시 체류하지 못하게 할 목적으로 사용된다.

④ 마름모꼴 덕트(rhombus duct)

마름모꼴 덕트는 정사각형 덕트를 마름모꼴로 설치하면 ③과 동일한 목적을 달성할 수 있다.

⑤ 오발 덕트(타원형 덕트 : oval duct)

오발 덕트는 원형 덕트와 직사각형 덕트의 특징을 가진 덕트로, 원형 덕트가 들어가지 않는 공간에도 적합하다. 또 원형 덕트와 똑같은 방법으로 접속할 수 있다. 오발 덕트는 스파이럴 덕트를 오발포머라는 가공기에 의해 타원형으로 가공·제작돼 다양한 형태의 아스펙트비를 얻을 수 있다. 덕트 치수와 판 두께의 관계는 오발가공을 하기 전의 스파이럴 덕트 치수에 준한다.

6·4 덕트 사이즈 결정법

덕트 사이즈의 결정법을 마스터하는 것은 덕트 설계상의 문제이지 덕트 시공에서는 필요하지 않다고 생각하는 분도 많을 것이다. 설계 변경이나 시공도 작성 시에는 덕트 사이즈를 변경해야 하는데, 덕트 사이즈 결정법을 알고 있으면 일일이 설계사무소의 도움을 받지 않아도 된다.

덕트 치수 결정법(duct sizing)에는 역사적으로 ①등압법(Equal Pressure Loss Method) ②등속법(Equal Velocity Method) ③정압 재취득법(Static Pressure Regain Method) ④전압법(Total Pressure Method)의 4가지 방법이 있는데 여기서는 지면 관계상 ③과 ④는 생략하고 비교적 사용빈도가 많은 ①등압법과 ②등속법에 대해 기술한다.

(1) 등압법(Equal Friction Loss Method)

덕트 치수 결정법 중에서 가장 광범위하게 채택되는 이 방법을 일명 등마찰손실법(Equal Friction Loss Method)이라고도 한다. 이 방법은 덕트 길이 m당 덕트 내의 공기마찰저항 손실을 일정한 값으로 선택해 모든 덕트의 치수를 결정해 가는 방법이다.

등압법을 적용하면 아연도금 철판 덕트의 마찰손실선도라든가 덕트 설계용으로 개발된 이른바 Ductuler로 불리는 덕트 계산자(일례는 〈사진 6.1〉)로 덕트 치수를 정할 수 있다.

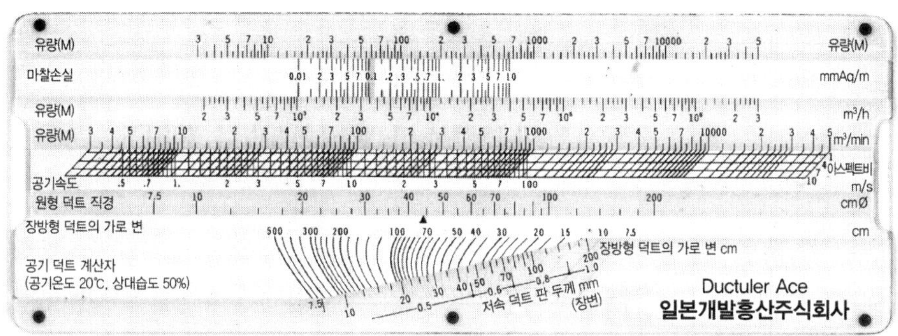

〈사진 6.1〉 덕트 계산자 : Ductuler

[기억해 둘만한 사항]

덕트의 형상

동일한 재료 또는 동일한 단면적의 덕트일 경우 동일한 송풍량이면 원형 덕트가 직사각형 덕트보다 단위길이당 압력손실(마찰손실)이 더 적다.

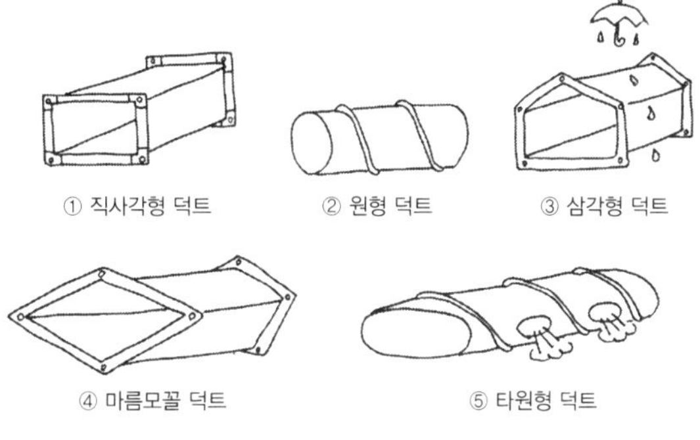

〈그림 6.13〉 다양한 형상의 덕트

[기술용어 해설]

직사각형 덕트의 아스펙트비 (duct aspect ratio)

직사각형(사각형) 덕트에서 긴 변과 짧은 변의 비율을 말한다. 참고로 아스펙트비는 1(정사각형)에 가까울수록 공기 마찰저항이 작아져 바람직한 형상이 된다.

〈그림 6.14〉 직사각형 덕트의 아스펙트비

따라서 이 방법은 저압 덕트의 치수를 결정하는 데 가장 많이 채택되고 있다.

참고로 위의 덕트 공기마찰 저항손실 값으로는 0.78~1.47Pa/m(0.08~0.15mmAq/m) 정도가 권장된다.

등압법의 특징은 다음과 같다.

① 덕트 치수를 정하기 간편하고 또 송풍기의 소요 정압을 산정하기 쉽다.

② 덕트 내의 풍속은 덕트 말단으로 감에 따라 감속하므로 소음이 적다.

③ 공기 토출구의 압력이 각각 다르므로 토출 풍량을 조정하기가 번거롭다.

④ 주 덕트계와 분기 덕트계 모두 동일한 마찰손실 값을 채택하고 있으므로 급기 덕트계에는 계산값 이상의 풍량이 흐른다. 바꿔 말하면 덕트 말단으로 갈수록 풍량이 증가한다. 역으로 환기덕트·배기덕트는 말단으로 갈수록 흡입 풍량이 감소한다.

⑤ 정압 재취득을 무시하고 있으므로 고속 덕트의 덕트 사이즈를 결정하는 데 본 방법을 채택했을 경우에는 덕트 상류부와 덕트 하류부에서 풍량의 균형(풍량 밸런스)이 현저히 나빠진다.

⑥ 송풍 동력은 정압 재취득법(설명 생략)을 적용한 것보다 더 커진다.

이 단점을 다소나마 보완하는 방법으로는 분기점부터 주관 덕트까지의 압력손실과, 분기점부터 분기 덕트 말단까지의 압력손실이 비슷해지도록 설계하는 이른바 개량 등압법(설명 생략)도 있다.

(2) 등속법 (Equal Velocity Method)

덕트 내의 풍속을 덕트 주관과 덕트 분기관 모두를 항상 일정한 속도치로 정해 덕트의 치수를 결정하는 방법이다. 일반적으로 등속법은 공업용도에 채택된다.

〈표 6.1〉 등속법에 의한 덕트 내 최소 권장유속(반송 풍속)의 예

(a) 작업에 의한 분류

작업	후드 형식과 흡입풍속	반송 풍속
스프레이 연마	-	18
자동차 차고	테일 파이프와 주방후드	10
주방용 레인지	후드 앞면 개구부 속도 0.5m/s	7.5~9
그라인더	표준 후드	18
암석 천공(건식)	-	18
후드배기	후드 개구부를 통과하는 흡입속도 0.8~1.0m/s	18
분무 도장	부스, 부스 단면에서 0.5~0.8m/s	7.5~10

(b) 반송 물질에 의한 분류

반송 물질	반송 풍속	반송 물질	반송 풍속
모래	35	양모	~25
시멘트	35	목면	~22.5
철가루	32.5	미분탄	~20
소금	27.5	톱밥	~15
밀가루	29	-	-

단, 배연 덕트만은 예외적으로 덕트 내의 속도(20m/s)를 일정하게 하는 등속법으로 덕트 사이즈를 결정하는 경우가 많다.

등속법은 기류 내에 분체 등이 포함되는 공기 반송용 덕트의 치수를 결정하는 데 채택되므로 분체 등의 피(被)반송 물체가 덕트 내 풍속의 변화 등으로 덕트 내에 침체·퇴적되지 않도록 〈표 6.1〉에 나타내는 바와 같이 최소 권장유속(반송속도)을 선택해 덕트 치수를 결정한다. 이 방법은 덕트계 저항 계산에서 저항값이 구간마다 달라지기 때문에 복잡하다.

6·5 덕트 호칭과 압력 범위

(1) 저속 덕트방식 채택에 있어서의 유의 점

설비 업계에서는 오래 전부터 저속 덕트 방식을 채택했다. 덕트 내의 풍속을 낮게 잡아 압력손실(마찰손실)을 작게 하면 덕트 치수가 커져 공사비가 많이 든다. 하지만 저속 덕트 시스템에서 발생하는 소음이 작아지고 송풍 동력도 작아져 송풍기 운전비가 저감된다.

한편 고속 덕트 방식을 채택해 덕트 내의 풍속을 높게 잡고 덕트 치수를 작게 하면 덕트 공간은 작아지지만 소음이 크고 송풍 동력도 커져 송풍기 운전비가 많이 든다. 일반적으로 덕트 공사비와 송풍기 동력은 〈그림 6.15〉에 나타내는 바와 같이 트레이드오프(trade-off, 상쇄) 관계에 있다.

따라서 덕트 치수는 덕트 공사비의 원가 감가상각비와 송풍기 동력비의 합이 작아지도록 선정한다.

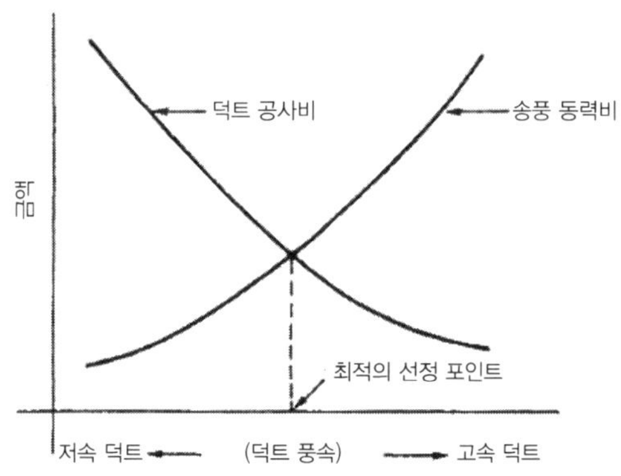

〈그림 6.15〉 덕트 공사비와 송풍 동력의 관계

[기억해 둘만한 사항]

소수점 일(0.1)의 덕트 사이즈 설계법

필자가 공조설비 설계업무에 종사하고 있었을 무렵에는 덕트 치수를 정하려면 반드시 일단락 짓기 좋은 0.1mmAq/m(0.98Pa/m)라는 설계치를 표준치로 채택하고 있었기 때문에 "덕트 사이즈는 소수점 일(0.1)로 정한다."라는 전문용어(jargon)가 설계부 내에 고착화 됐다.

(2) 고속 덕트방식 채택에 있어서의 유의 점

고속 덕트 방식은 철판 진동이나 와류(소용돌이)로 인해 소음이 발생하기 때문에 이런 문제를 해결하기 위해 덕트 보강재 강화·가이드 베인 사용·소음박스 적용(多用) 등에 신경을 써야 한다. 때문에 고속 덕트 공사비는 저속 덕트 공사비에 비해 생각보다 많이 든다.

결론부터 말하면 과거에는 이중덕트 공조방식이 유행하면서 고속 덕트 방식이 전성기였던 시대도 있었다. 그러나 현재는 에너지 절감형 덕트 시스템이라는 관점에서 배연덕트나 공업용 배기덕트에 적용하는 경우를 제외하고 거의가 저속 덕트 방식으로 완전히 대체됐다.

참고로 〈표 2〉에서는 저속 덕트 방식과 고속 덕트 방식의 제원치(약산치)를 비교해 나타낸다.

〈표 6.2〉 '저속덕트 방식'과 '고속덕트 방식'의 제원치(개략치) 비교

	주 덕트 풍속[m/s]	분기 덕트 풍속[m/s]	팬 전압[Pa](mmH$_2$O)	팬 동력[kW]
저속덕트 방식	8~15	4~6	490~735(50~75)	30~37
고속덕트 방식	20~30	10~12	1,470~2,450(150~250)	75~100

(3) '덕트 호칭'과 '압력 범위'

일찍이 설비업계에서 채택됐던 고속 덕트·저속 덕트라는 호칭은, 〈표 6.3〉에 나타내는 바와 같이 현재 HASS 010-1933에서 저압 덕트·고압 1덕트·고압 2덕트라는 압력범위 분류를 대신한다. 사실은 필자도 과거에 이 덕트 규격 제정의 일원으로서 참여했다.

〈표 6.3〉 덕트 분류

압력 분류에 의한 덕트 호칭	압력 범위		유속 범위[m/s]
	상용 압력[Pa](mmH$_2$O)	제한 압력[Pa](mmH$_2$O)	
저압 덕트	+490 (+50) 이하 −490 (−50) 이하	+980 (+100) 이하 −735 (−75) 이하	15 이하
고압1 덕트	+490(+50) 이상 +980(+100) 이하 −490(−50) 이상 −980 (−100) 이하	+1,470(+150) 이하 −1,470(−150) 이하	20 이하
고압2 덕트	+980(+100) 이상 +2,4500(+250) 이하 −980(−100) 이상 −1,960 (−200) 이하	+2,940(+300) 이하 −2,450(−250) 이하	20 이하

주1) 상용 압력 : 통상 운전에서 덕트 내의 최대 정압을 말한다.
2) 제한압력 : 덕트 내의 댐퍼를 갑자기 폐쇄하는 등으로 인해 압력이 일시적으로 상승하는 경우의 제한압력을 말한다. 제한압력 이내라면 덕트의 안전강도나 공기누출량 등이 유지되는 것으로 한다.
3) 고압1 덕트 · 고압2 덕트를 배연용 덕트로 사용할 경우의 유속 상한은 25m/s 정도로 한다.

6·6 아연도금 철판제 덕트의 강도와 판 두께

덕트 품질 요건의 하나로 강도(strength)·강성(rigidity)이 있다. 덕트 자체는 어느 정도의 강성을 구비하고 있어야 한다. 원칙상 있어선 안 되는 일이긴 하지만 천장아래에 설치된 덕트가 종종 현장에서는 타 업자가 발판(foothold)을 대신해 사용한다는 점인데 여기서는 덕트 강도(강성)의 역할을 하는 부재 3가지에 대해 기술한다.

(1) 강판제 덕트 이음매(seal)의 위치

설비업계에서는 덕트 심을 〈그림 6.16〉에서 나타내는 바와 같이 그루브 심(Grooved Seam) ⇒ 피츠버그 록 심(Pittsburgh Lock Seam : 아메리카 심) ⇒ 버튼 펀치·스냅 록(Button Punch Snap Lock : 버튼 펀치 심) ⇒ 스핀 심(Spin Seam)의 과정을 거쳐 현재 다양한 용도의 덕트에 채택하고 있다.

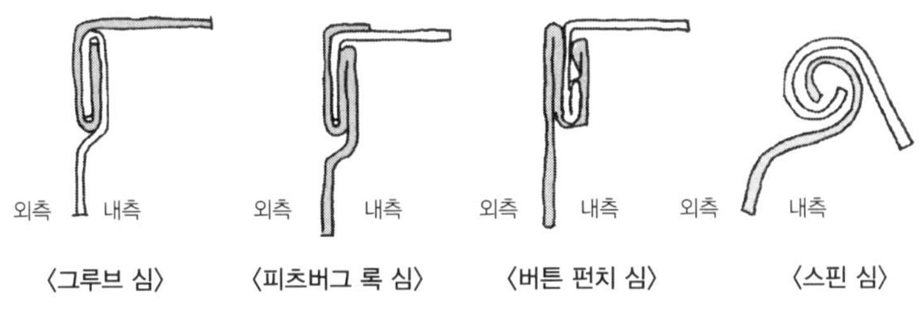

〈그림 6.16〉 일본에서 채택되고 있는 다양한 덕트 심

그런데 직사각형 덕트를 가공·제작함에 있어서는 귀퉁이의 이음매의 수가 덕트 강성에 큰 영향을 끼친다. 사실 직사각형 덕트를 가공·제작할 때 심부(이음매)의 수에는 〈그림 6.17〉에서 나타내는 바와 같이 4개 선택지가 있다. 〈그림 6.17〉(a)는 보통 원심 덕트(one seam duct)로 불리는데 강성은 떨어지나 공기 누출량은 적다는 이점이 있다. 〈그림 6.17〉(b)는 흔히 L 피스 덕트로 불리고 강성 면에서는 (d)보다 떨어지는 반면에 공기 누출량은 (d)덕트의 절반이다.

바꿔 말하면 이음매의 수와 공기 누출량은 서로 트레이드오프(상쇄) 관계에 있다고 말할 수 있다. 〈그림 6.17〉(c)의 덕트는 주방용 덕트로 채택되는데 덕트 내에 남아 있는 유지류 등이 덕트 하면 (下面)으로부터 새어 떨어질 우려가 없기 때문이다.

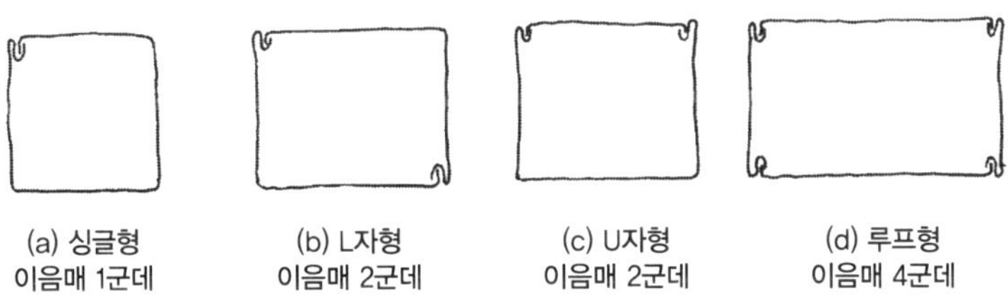

〈그림 6.17〉 직사각형 덕트의 심(이음매) 위치 선택지

이에 관해서는 설계사무소의 사양서에 특기로 기재되는 경우가 많으므로 시공요령서 등에 옮겨 적어 재 시공하는 일이 생기지 않도록 미리 덕트 제작업자에게 주지시켜 두어야 한다.

(2) 덕트 보강재

아연도금 철판제 직사각형 덕트를 접속 연장할 경우 일반적으로 앵글 플랜지 공법(AF공법)을 많이 적용했는데 이 공법은 덕트 접속기능 외에도 덕트에 강성 기능을 부여한다. 또한 기계설비 공통사양서 중에 다이아몬드 브레이크라는 항목이 있다. 거기에는 "사각형 덕트로 폭 또는 높이가 450mm 이상이고 보온을 하지 않는 덕트에는 간격 300mm 이하의 피치로 보강 리브를 넣어야 한다."고 규정돼 있다.

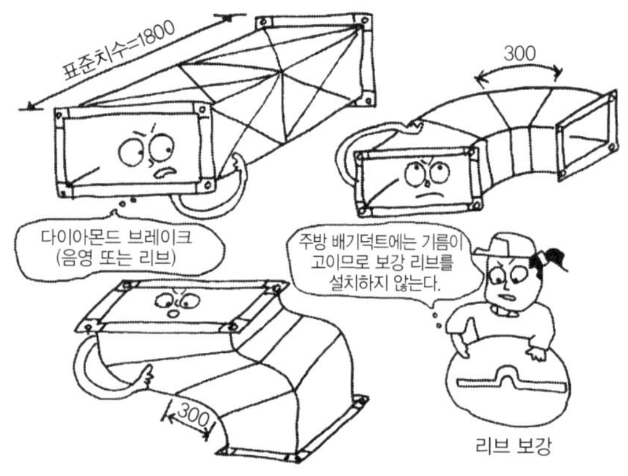

〈그림 6.18〉 덕트의 다이아몬드 브레이크에 의한 철판 보강 예

(3) 직사각형 아연도금 철판 덕트 판 두께의 불가사의

직사각형 아연도금 철판 덕트의 판 두께는 0.5mm~1.2mm까지 있는데 그렇게 채택한 근거는 무엇일까?

덕트의 판 두께는 덕트의 강성을 확보하는 데도 기여하나 덕트 판의 진동 등을 방지함에 있어서도 크게 기여한다. 참고로 〈표 6.4〉는 아연도금 철판 덕트를 채택한 판 두께 표인데 사실 덕트의 판 두께는 직사각형 덕트(사각형 덕트)의 긴 변 방향 치수에 따라 정해진다.

필자가 아주 흥미로웠던 것은 이 표에 있는 덕트의 판 두께가 어떻게 정해졌는지 지금도 불분명하다는 점이다.

이를 밝히는 아주 좋은 기회인만큼 필자는 아래의 두 가지를 제안한다.

◇제안1 : 〈표 6.4〉에 규정돼 있는 각(角)덕트의 판 두께 결정법을 실험 등을 통해 산,학,연 공동으로 다시 검토해 이론적으로 밝힌다.

◇제안2 : 현재 덕트 업계는 덕트에 격자 보강 리브 덕트 등을 광범위하게 채택하고 있다. 이로써 설비업계에는 종전의 덕트 판 두께보다 더 얇은 1번수나 2번수 판 두께의 덕트가 보급되고 있어 지구자원의 절약에 기여하고 있다.

이 격자 보강 리브 덕트는 (주)타무라칸토가 2001년 1월에 개발한 덕트로, 개발과 동시에 동업 타사에 사용을 허가한 결과 동(同)공법을 적용한 덕트가 전체적으로 급속히 확산, 채택되기에 이르렀다.

따라서 기계설비 공통 사양서에도 "각덕트에 이런 부류의 격자 보강 리브를 채택했을 경우 덕트의 판 두께는 각각 덕트의 긴 변이 OOmm이하일 때는 OOt의 판 두께를 채택한다."라는 특기사양을 신규로 추가한다.

〈표 6.4〉 직사각형 덕트의 판 두께

덕트의 압력 구분	저압 덕트[mm]	고압1 덕트[mm]	고압2 덕트[mm]	판 두께[mm]
덕트의 장 변	450 이하			0.5
	450 이상 750 이하			0.6
	750 이상 1500 이하	450 이하		0.8
	1500 이상 2200 이하	450 이상 1200 이하		1.0
	2200 이상	1200 이상		1.2

주1) 코너볼트 공법이란 공판공법 덕트 및 슬라이드 온 플랜지공법 덕트를 말한다.
2) 공판공법 덕트의 장 변은 최대 2200mm까지다.
3) 공판공법 덕트에서는 단면의 종횡비를 1 : 4 이하로 한다.
1 : 4를 넘을 때에는 강도가 충분하도록 보강재로 보강한다.

6·7 덕트 설계·시공상의 유의점

(1) 일반적 주의사항

덕트를 설계·시공함에 있어서는 우선 다음과 같은 사항에 유의한다.

1) 덕트 작업공간에 대한 검토

① 덕트 반입·행깅(Hanging) 등의 공간을 확보한다.

② 덕트 플랜지의 볼트를 조이기 위한 작업공간을 확보한다.

〈그림 6.19〉에 나타내는 바와 같이 가로로 긴 직사각형 덕트를 덕트 샤프트나 천장면에 고정할 경우 작업공간이 좁으면 덕트 플랜지와 접속하는 볼트를 조이기 어렵다. 즉 설계도·시공도에는 들어가 있어도 이런 설계도·시공도는 "그림의 떡"이다.

③ 보온 보냉 공사나 도장 공사(노출 주차장의 덕트 등)를 시공할 수 있는 작업 공간을 확보한다.

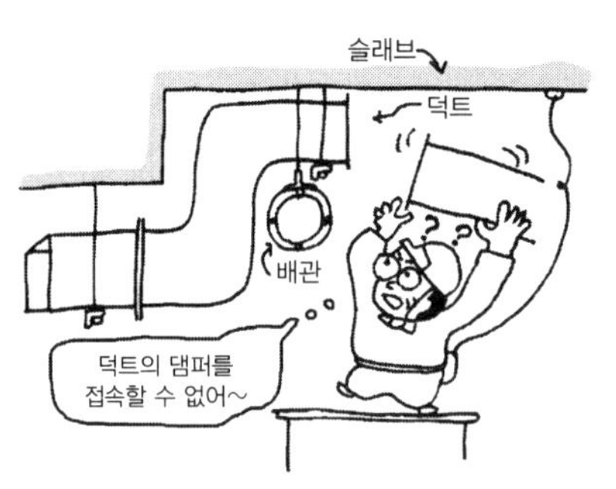

〈그림 6.19〉 '플랜지 볼트'를 어떻게 조이면 될까?

2) 보수점검 작업 등에 대한 검토

① 풍량 조정 댐퍼(VD)의 조작·개도(開度) 확인 작업 및 방화 댐퍼(FD)의 온도퓨즈 교체 작업에 지장이 없게 한다. 그리고 점검구를 설치할 경우에는 댐퍼용 점검구와의 위치 관계에 유의한다.
⇒ "쓸모없는 점검구"가 되지 않도록 주의한다.

② 송풍기 등의 주유·벨트 교체 및 점검문 개폐 등에 지장은 없는지 사전에 충분히 검토한다.

3) 벽 관통부·바닥 관통부의 시공

① 방화구획·방화벽·방연벽 등을 관통하는 덕트의 틈새를 락 울 보온재료·기타 불연재로 메운다. 또 그 관통부에 보온을 실시할 경우에는 락 울 보온재를 사용한다

② 일반 벽 관통부의 되메우기(back filling)에 대한 법적 규제는 없지만 인접실에서 들리는 소음 방지(cross talk 방지 등)와 방화를 위해서라도 가능한 한 되메우기 작업을 한다.

특히 기계실처럼 소음이 심한 실의 관통부는 되메우기 작업을 완전하게 해야 한다. 보온하지 않은 덕트에 되메우기 작업을 할 때는 덕트 표면에 내식성 도료를 칠한 다음 실시한다.

[기술용어 해설]

격자 보강 리브 덕트

격자 보강 리브 덕트(lattice reinforcement rib duct)는 종전의 다이아몬드 리브로 바꿔 덕트 전면(前面)에 격자상으로 리브를 보강한 덕트이다.

〈그림 6.20〉 격자 보강 리브 덕트의 예
TLD(Tile Rib Duct)

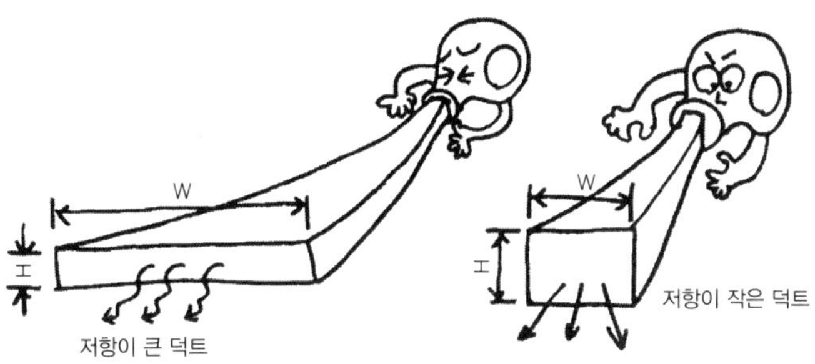

〈그림 6.21〉 직사각형 덕트의 아스펙트비

또한 덕트의 진동이 직접 벽에 전달되지 않게 하려면 덕트 외주부에 락울 또는 기타 불연성 완충재로 되메우기 작업을 한다.

③ 지붕 등의 방수층을 관통할 경우에는 배관을 관통시킬 때와 마찬가지로 특별히 신경을 쓴다.

4) 주방용 덕트·욕실용 덕트 등 '고온 다습한 곳'의 시공

① 덕트의 이음매·커플링을 바깥쪽에서 Seal재로 실링 작업한다.

② 내부에 응축수가 생길 우려가 있을 경우에는 드레인 배관을 만든다.

(2) 덕트 가공·제작 및 시공상의 유의점

1) 덕트의 아스펙트비(aspect ratio)

직사각형(사각형) 덕트의 긴 변과 짧은 변의 비를 아스펙트비라고 하는데 4 : 1 이하(최대 8 : 1 이하)로 하는 것이 좋다. 동일한 풍량을 보낼 경우 이상적인 아스펙트비는 1 : 1의 정사각형 덕트가 가장 효과적이다.

주 : 등압법으로 덕트 치수를 산출할 경우, 덕트의 단면적이 같다고 동일한 풍량이 보내질 것이라고 착각하면 안 된다.

2) 덕트의 '급확대'와 '급축소'

덕트 형상은 덕트의 국부저항이 증가하는 일이 없도록 가능한 한 변형시키지 않는 것이 좋다. 아무래도 급확대, 급축소를 해야 하는 경우라든가 덕트 중간에 코일 등을 삽입 설치할 때는 〈그림 6.22〉에 나타내는 각도를 준수한다. 또한 급확대를 실시할 경우 확대각도 $\theta \leq 15°$로 해야 하며 하류에서 갑자기 확대하면 소용돌이(eddy flow)가 생기기 쉽다.

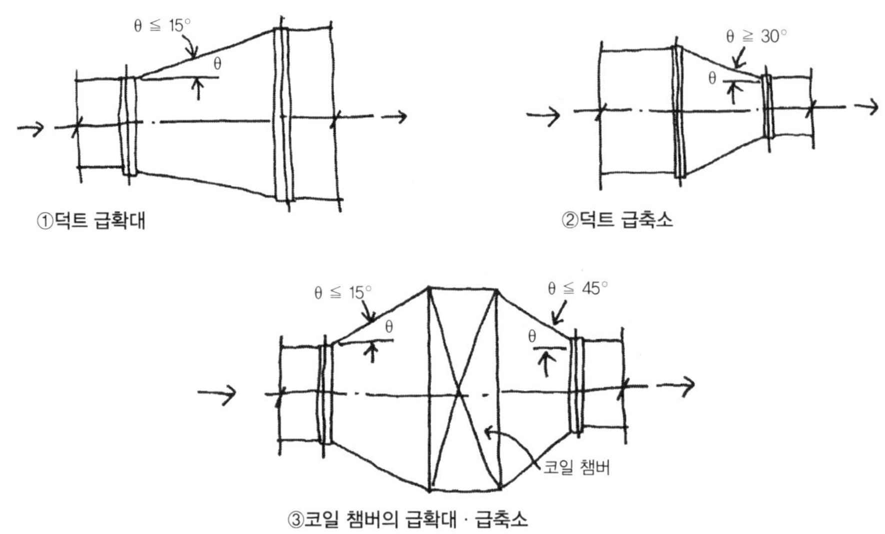

〈그림 6.22〉 덕트의 '급확대'와 '급축소'

3) 덕트의 곡률 반경

덕트의 직관이 방향을 바꿀 경우에는 벤트 덕트나 엘보 덕트라는 곡관을 사용한다. 그 경우에는 〈그림 6.23〉에 나타내는 바와 같이 국부저항을 최대한 작게 하려면 덕트가 휘어지는 부분(벤트·엘보부)의 곡률 반경 R을 덕트폭 W 이상으로 한다. 이 공간을 확보하기가 어려울 경우에는 가이드 베인(guide vane) 등을 넣은 각(角)엘보를 채택하는 것이 바람직하다.

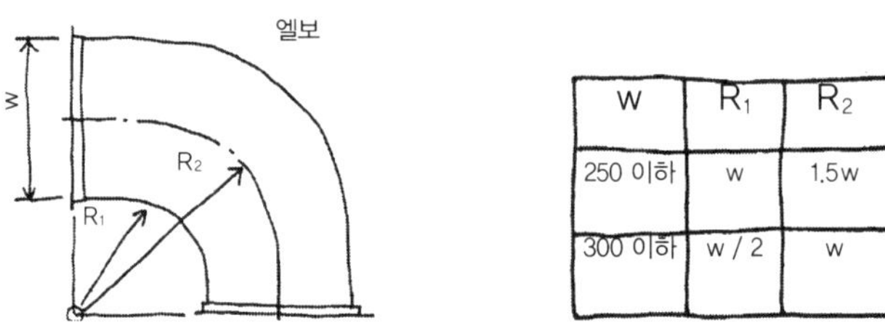

W	R_1	R_2
250 이하	w	1.5w
300 이하	w / 2	w

〈그림 6.23〉 덕트 곡선부의 곡률 반경

4) 원형 덕트 접속법

원형 덕트(둥근 덕트·스파이럴 덕트) 접속에는 〈그림 6.24〉에 나타내는 바와 같이 삽입 이음 접속법 또는 플랜지 이음 접속을 채택한다.

5) 댐퍼 설치법

댐퍼를 제작·설치하는 공사는 덕트 공사에 부수되는 공사이다. 그 댐퍼류는 〈그림 6.25〉에 나타내는 바와 같이 용도에 따라 풍량조정 댐퍼(VD)부터 역류방지 댐퍼(CD)에 이르기까지 다종 다양하다.

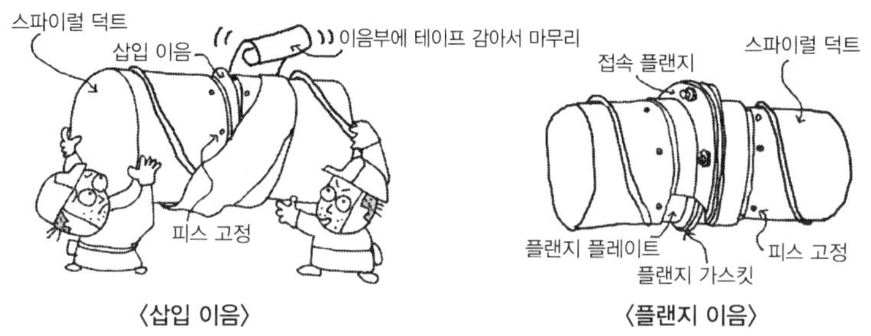

〈삽입 이음〉 〈플랜지 이음〉

〈그림 6.24〉 원형 덕트의 '삽입 이음 접속법' 및 '플랜지 이음 접속법'

댐퍼 종류명	종별기호	표시기호	
		단선	복선
풍량조절 댐퍼	VD	VD	VD
방화 댐퍼(공조 환기)	FD	FD HFD FVD	FD HFD FVD
방화 댐퍼(배연)	HFD		
풍량조절겸 방화 댐퍼	FVD		
모터 댐퍼	MD	MD	MD
피스톤 댐퍼	PD	PD	PD
연기감지 연동 댐퍼	SD	SD SFD	SD SFD
방화겸 연기감지 연동 댐퍼	SFD		
역류방지 댐퍼	CD	CD	CD

〈그림 6.25〉 각종 댐퍼와 덕트 시공도 상의 표시 기호

통상 댐퍼 메이커에 미리 주문하고 공장 제작된 댐퍼류가 현장에 반입되면 덕트 설치공이 필요한 개소에 설치한다.

댐퍼를 취급함에 있어 꼭 주의해야 사항은 다음과 같다.

① 풍량 조정 댐퍼(VD)

〈그림 6.26〉에 나타내는 바와 같이 풍량조정 댐퍼에는 (a)평행익 댐퍼 (b)대향익 댐퍼 (c)버터플라이형 댐퍼 (d)슬라이드형 댐퍼 (e)스플릿형 댐퍼의 5종류가 있다.

이 중에서 가장 많이 사용되는 VD는 풍량 조정기능이 뛰어난 (b)의 대향익 댐퍼다. 특히 유념할 점은 대향익 댐퍼 설치 방향이다.

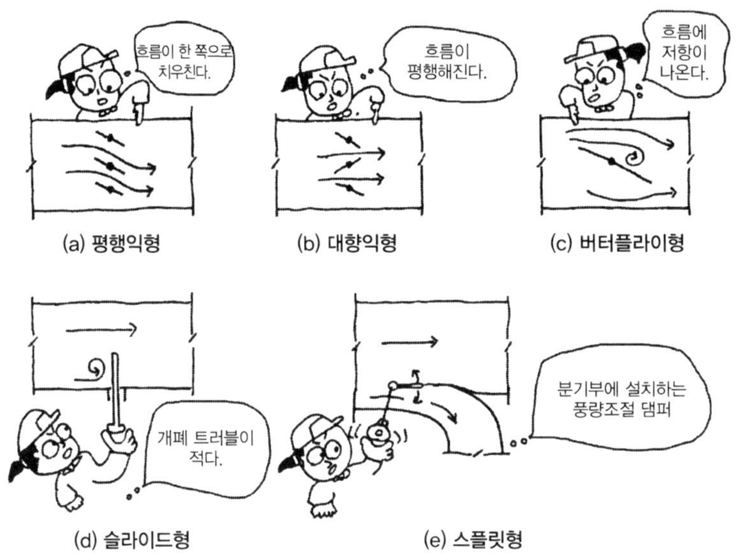

〈그림 6.26〉 풍량 댐퍼의 종류

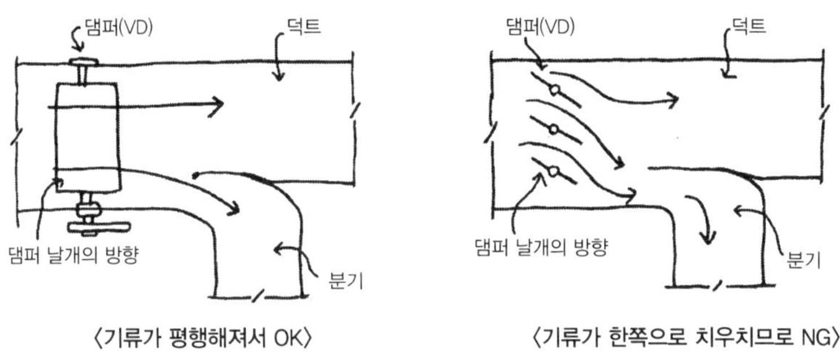

〈그림 6.27〉 대향익 풍량조정 댐퍼의 설치 방법에 주의한다

즉 〈그림 6.27〉에 나타내는 바와 같이 대향익 댐퍼의 날개가 기류방향에 대해 수평이 아니라 수직 방향이 되도록 설치해야 한다.

② 방화 댐퍼의 온도퓨즈

방화 댐퍼 종류에는 공조환기용 FD와 배연용 HFD의 2종류가 있다.

공조환기용 FD의 온도퓨즈 작동 온도는 72℃로 하지만 배연용 HFD의 온도퓨즈 작동 온도는 280℃로 높은 것을 사용한다.

FD·HFD를 덕트 가공·제작사에 의뢰하다 보면 그에 대한 지식이 별로 없는 덕트 제작·제작사가 부적합한 온도퓨즈가 부착된 FD·HFD를 현장에 반입하는 경우가 있으므로 주의한다.

③ 방화구획 관통 방화 댐퍼(FD)를 고정 지지하는 방법

〈그림 6.28〉에 나타내는 바와 같이 화재발생 시 방화 댐퍼(FD)가 낙하하지 않도록 본체를 4점 지지로 한다.

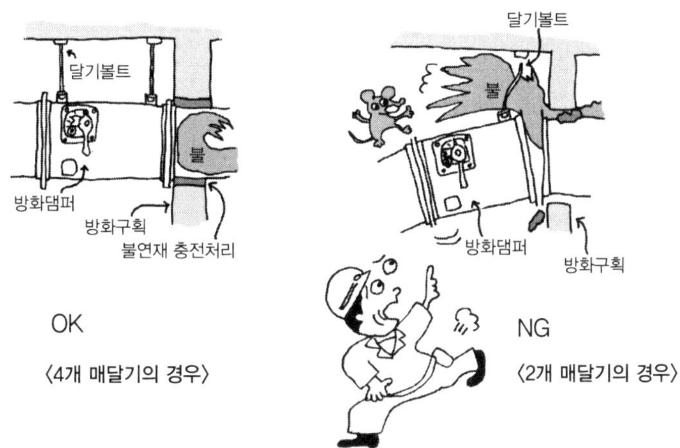

〈그림 6.28〉 방화구획을 관통하는 FD 고정 지지방법

6·8 송풍기 주위의 덕트 시공

송풍기 주변의 덕트를 시공함에 있어서는 특별한 주의가 필요하므로 새로 2항을 만들어 다음과 같이 주의 항목을 기술한다.

① 송풍기 토출 직후 덕트를 연결할 때는 가능한 덕트의 굴곡 방향이 송풍기 회전방향과 반대가 되지 않도록 한다. 부득이 회전 방향에서 반전시킬 경우에는 〈그림 6.29〉와 같이 반드시 가이드 베인(안내날개)을 설치해 덕트의 국부저항 및 소음 발생을 줄이는 조치를 강구한다.

② 송풍기 토출 직후의 굴곡은 〈그림 6.29〉와 같이 굴곡 되는 부분까지의 거리를 적어도 팬 날개 지름의 1.5배 이상을 확보해 갑자기 꺾이는 것을 피한다.

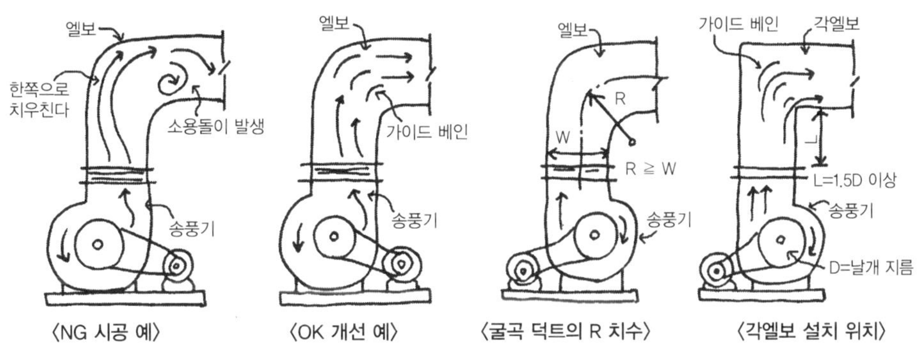

〈그림 6.29〉 송풍기 토출 덕트를 올바르게 연결하는 방법

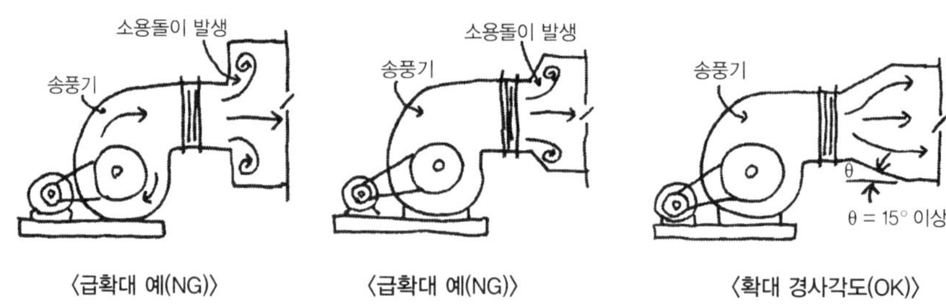

〈그림 6.30〉 송풍기 토출측 덕트의 올바른 접속법

③ 송풍기 토출 측에서 토출 덕트를 접속할 경우에는 〈그림 6.30〉에 나타내는 바와 같이 송풍기 토출구 단면에서 토출 덕트 단면으로 급격하게 변형되는 것을 피하기 위해 경사각 15° 이내에서 점진적으로 확대한다.

④ 송풍기의 축 방향에 직각으로 접속되는 흡입 덕트의 폭 A는 〈그림 6.31〉에 나타내는 바와 같이 팬 임펠러 크기 보다 크게 잡아 팬 흡입구 부근에서의 압력 손실이 가능한 한 적게 한다.

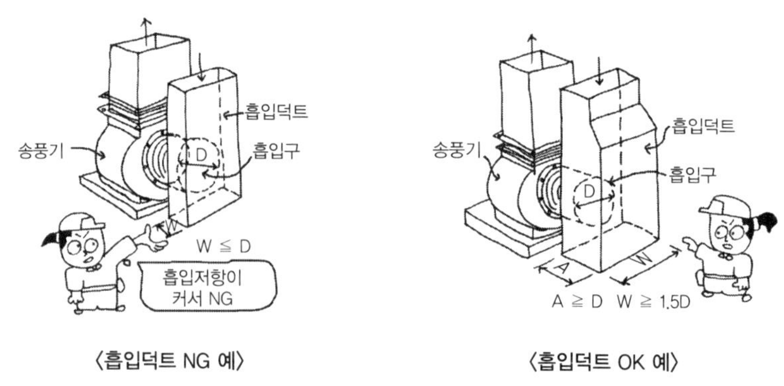

〈그림 6.31〉 송풍기 흡입측의 올바른 덕트 접속

⑤ 송풍기 흡입구가 덕트의 직각 휨부 가까이에 있을 경우에는 〈그림 6.32〉에 나타내는 바와 같이 반드시 가이드 베인을 설치한다.

⑥ 송풍기 흡입구와 접속하는 덕트에서 국부저항이 커질 경우에는 〈그림 6.33〉에 나타내는 바와 같이 벨 마우스(bell-mouth) 등을 설치한다.

⑦ 송풍기 흡입구측 덕트부의 경사각이 7° 이상일 경우에는 〈그림 6.34〉에 나타내는 바와 같이 직관 덕트를 설치해 팬에 접속한다.

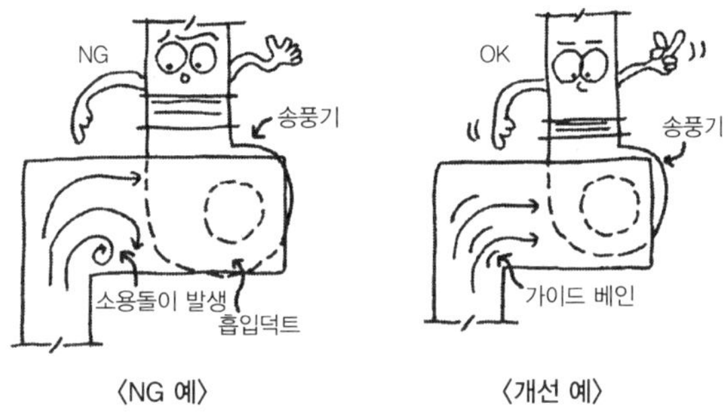

〈그림 6.32〉 송풍기 흡입구 측 덕트의 좋고 나쁜 예 (1)

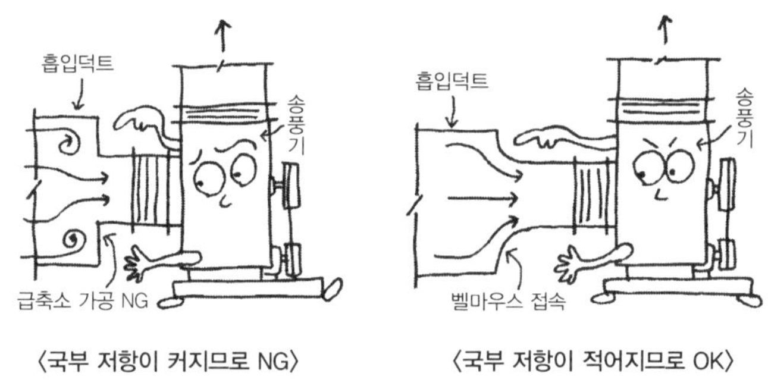

〈그림 6.33〉 송풍기 흡입구 측 덕트의 좋고 나쁜 예 (2)

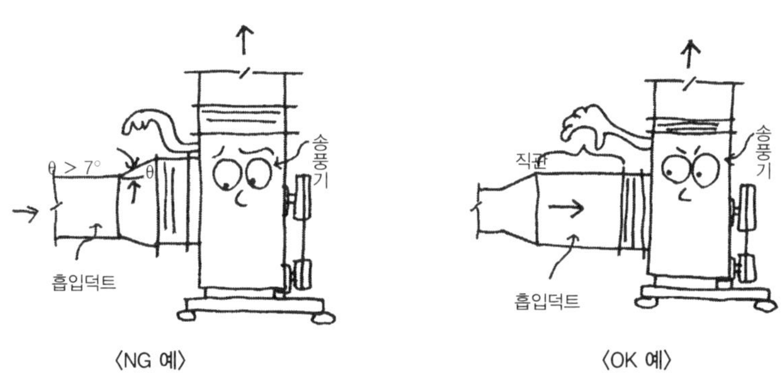

〈그림 6.34〉 송풍기 흡입구 측 덕트의 좋고 나쁜 예 (3)

⑧ 양(兩)흡입형 송풍기가 설치되는 챔버(케이싱)의 크기는 〈그림 6.35〉에 나타내는 바와 같이 챔버(케이싱) 벽면과 팬 흡입구 사이의 거리가 팬 임펠러의 직경 이상이 되도록 확보한다.

⑨ 풍량 측정구는 가능한 한 층류(laminar flow)가 되는 위치에 설치한다.

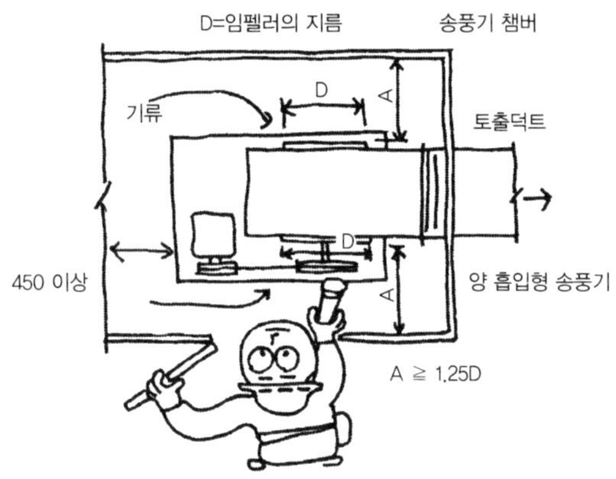

〈그림 6.35〉 양(兩)흡입형 송풍기의 챔버 (케이싱)

6·9 덕트로부터의 공기 누출과 실링 작업

배관계에서는 수압시험 등의 내압시험을 실시해 배관에서 유체가 누출되는 현상을 모두 없애는 것이 상식이다.

그러나 덕트계에서는 클린룸용 덕트 등의 일부를 제외하고 사양서 등에 특기(特記)가 없는 한 공기누출시험을 요구하지 않아 실시하지 않는다. 공기누출시험을 실시하더라도 배관계의 누출시험과는 달리 누출률 0% 달성은 불가능한 것으로 묵인되고 있다. 왜냐하면 송풍계는 덕트에서 공기가 약간 새더라도 치명적인 지장으로 이어지지 않기 때문이다.

그런데 덕트로부터의 공기누출량에 크게 영향을 끼치는 것은 덕트의 가공·제작 정밀도이어서 덕트를 설계·계획할 때 정확하게 설정하기는 어렵다. 과거에는 대규모 빌딩의 덕트계에서 공기누출량이 10% 이상이나 됐던 시대도 있었다. 때문에 일반 덕트계에서는 미리 총 송풍량의 누출량을 10% 정도로 감안하고 송풍량을 할증해 실제로 송풍기를 선정하기도 했다.

일반적으로 아연도금 철판제 직사각형 덕트의 공기누출량은 스파이럴 덕트나 유리섬유 덕트에 비해 크다. 이는 덕트의 구조도 그렇지만 이전에는 덕트 심을 조밀하게 하더라도 수작업으로 하는 부분이 많아 덕트공의 숙련도에 기인하는 덕트 가공 정밀도의 차이가 컸기 때문이다.

그러나 현재는 덕트 가공·제작의 대부분이 기계화·자동화로 이루어지고 있어 덕트 실링이 확실하게 되면서 덕트의 품질도 현저히 향상됐다.

따라서 현재 프리패브 덕트는 통상 5% 이내의 공기누출량에 머무르고 있어 덕트공의 기능 차이로 인한 공기누출 문제는 완전히 해결됐다고 확신한다.

주의 : 덕트 이음매의 좁은 틈새에서 새는 공기누출량 관계식 등도 공표돼 있다. 지면 관계상 여기서는 생략한다.

이로써 덕트로부터의 공기누출량은 근대적인 덕트 가공·제작 프로세스가 개선돼 종전보다는 훨씬 낮아졌다.

그러나 배연 덕트 등과 같은 고속 덕트의 공기누출량은 여전히 무시할 수 없는 문제여서 소정의 설계 풍량을 확보할 수 없는 경우도 많다.

따라서 클린룸용 덕트 등에서는 〈그림 6.36〉에 나타내는 바와 같이 공기누출시험(air leak test)를 확실하게 실시한다.

덕트 실링 방법은 덕트로부터의 공기누출량에 크게 영향을 끼치는데 HASS에는 덕트의 Seal Class와 그 Seal의 필요 개소가 규정돼 있다〈그림 6.37〉.

참고로 〈그림 6.38〉에서는 덕트 용도·압력 구분에 의한 이음매와 Seal Class의 조합을 나타낸다.

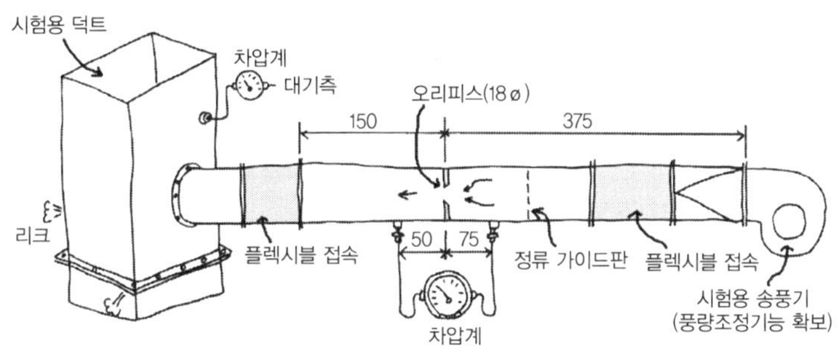

〈그림 6.36〉 정압 덕트용 공기누출 시험장치의 구성 예

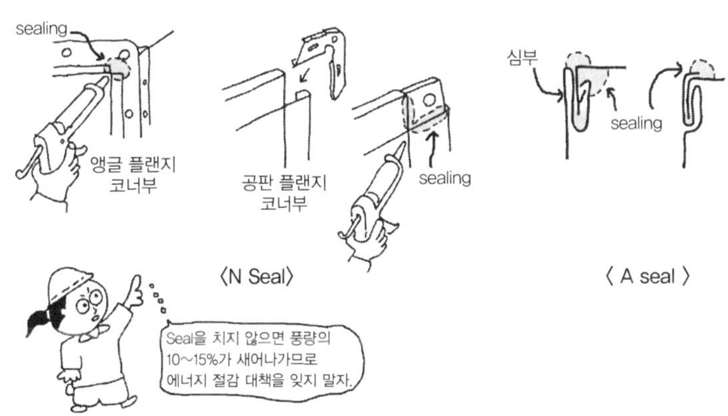

〈그림 6.37〉 덕트의 Seal 클래스와 그 Seal이 필요한 곳

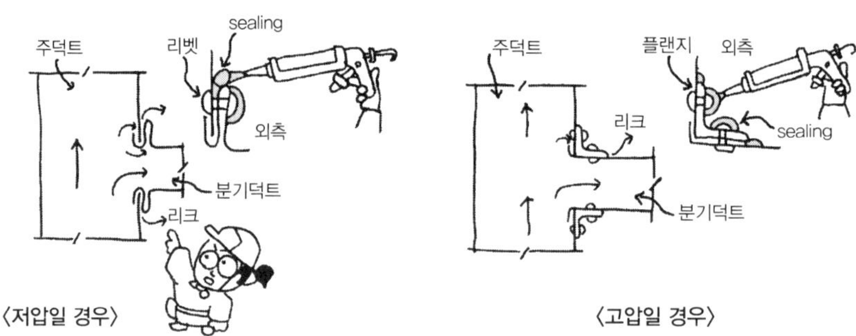

〈그림 6.38〉 덕트 용도·압력 구분에 의한 심과 Seal 클래스의 조합

[기억해 둘만한 사항]

엄격한 공기누출시험

과거에 싱가포르에서 52층 초고층 빌딩의 공조환기 설비공사 시공을 담당하고 있었을 때의 일이다.

입찰을 수주할 때는 몰랐는데 두께 3cm나 되는 공사 특기사양서 중에 "공조용 덕트는 누출방지 목적으로 덕트 심부의 모든 덕트 외면에 납땜과 동시에 모든 덕트에 대한 공기누출시험을 실시하고 게다가 공기누출률 1.0%이하가 되도록 전수시험을 실시한다"라는 일반적으로는 도저히 생각할 수 없는 조항이 기재돼 있었다.

"원자력 연구소의 덕트는 아니니 납땜만은 봐 달라"고 간청해 대체안으로 Seal재를 도포하는 것으로 겨우 승낙 받았다.

때문에 미국에서 3M Seal재를 다량 주문했다. 드디어 도착한 3M Seal재를 가지러 공항에 갔더니 그 컨테이너 안이 비어 있었던 황당한 일도 체험했다.

한편 덕트 공기누출장치 제작에도 착수하게 되었는데 오리피스를 정식으로 구매하는 데 애먹었다. 더구나 공기누출률 1%이하의 목표를 달성하는 데도 시행착오를 거듭해 그 준비기간만 해도 3개월 이나 걸렸다. 지금은 웃을 수 있는 추억으로 남았다.

〈그림 6.39〉 싱가포르 공항에 도착한 빈칸의 "Seal재 컨테이너"

제7장. 배관 설비공사의 필수지식

7·1 배관 설비공사란?

건축설비에서 배관설비 공사와 덕트설비 공사는 2대 핵심 공사(trunk work)이다. 배관설비 공사는 인체에 비유하면 혈관(blood vessel)에 해당한다. 그 역할은 공조 설비에 있어서 필수적인 피(blood)를 소정의 장소(공조기·FCU 등)까지 보내고 또 소정의 장소에서 심장부(냉온열원기)까지 되돌리기 위한 이른바 배관(piping)을 설치하는 공사이다.

일반적으로 배관이라는 말에는 두 가지 해석이 있다. 하나는 배관 재료(piping materials)라는 의미이고, 또 하나는 배관 공사(piping works)라는 의미다.

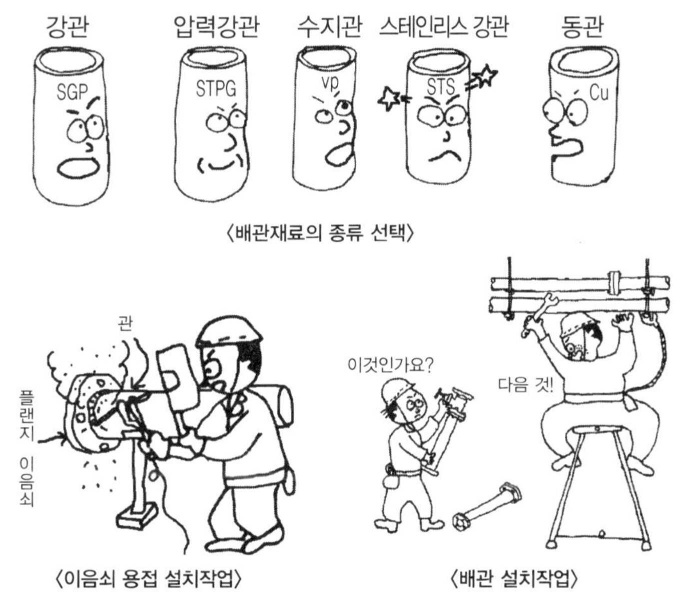

〈배관재료의 종류 선택〉

〈이음쇠 용접 설치작업〉 〈배관 설치작업〉

〈그림 7.1〉 배관재료와 배관공사

배관설비 공사는 우선 배관 재료를 조달(procurement)해 필요한 길이로 절단·가공(cutting &processing)하고 가공한 배관 부재를 건축 골조에 설치(installation)하고 배관으로부터 누설(leakage)이 없는지 확인하는 작업이다.

이 프로세스를 나사이음 배관공사의 예로 표현하면 〈그림 7.2〉에 나타내는 바와 같이 ①배관절단⇒②절삭나사가공⇒③나사 접속⇒④설치작업=⑤누설시험과 같은 일련의 작업 흐름이 된다.

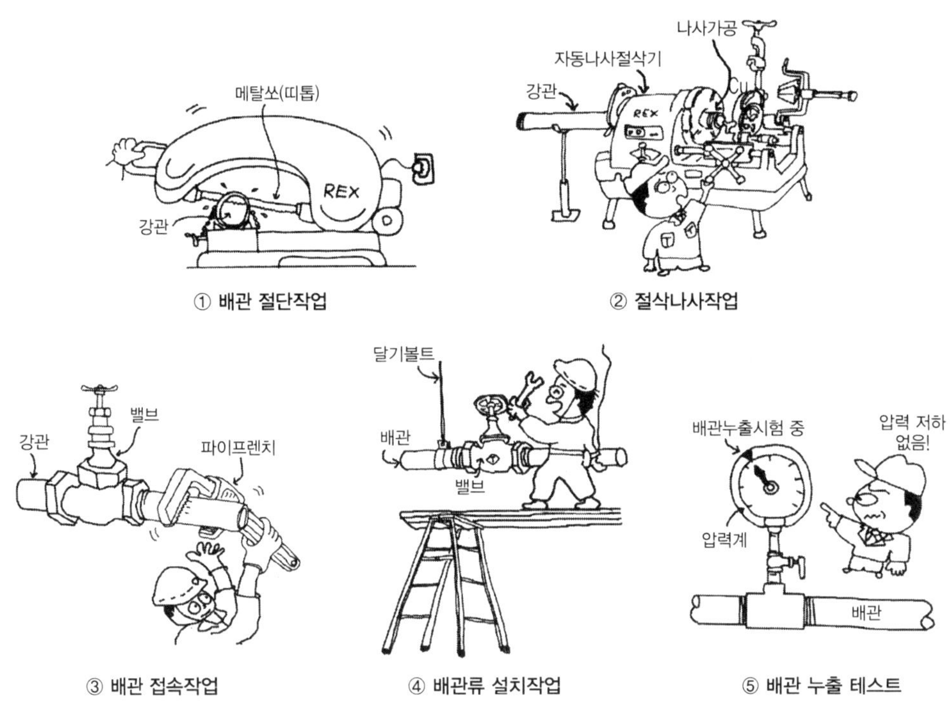

〈그림 7.2〉 나사 배관공사 흐름의 예

[기억해 둘만한 사항]

밀폐계 배관에 왜 백관이 필요한가?

필자는 싱가포르에서 55층 초고층 빌딩의 공조·환기 설비공사 시공에 종사했던 적이 있다. 그 현장에서 냉동기의 냉수 배관재료 사양에 '흑관 사용'이라고 명기돼 있었다. 필자가 공사 경험해 본 바에 의하면 흑관은 증기관·오일관에만 사용하는 것이라는 선입견에 사로잡혀 있었다. 설계사무소에 "냉수 배관 재료로 왜 흑관을 사용합니까?"라고 문의했더니 "냉수관은 밀폐계 배관이어서 부식될 우려가 절대로 없으니까..."라는 대답이었다.

7·2 공조 설비 배관의 분류

통상적으로는 공조 설비 배관이라고 하지만 분류방법이 다양하다.

(1) 배관 용도에 따른 분류

공조설비 배관을 용도별로 분류하면 〈그림 7.3〉과 같은 배관의 종류가 있다.

1) 냉수 배관

냉열원 기기(냉동기류)의 증발기(evaporator)에서 만들어내는 냉수(통상 5℃~7℃)를 말단의 냉방기기(공조기·FCU 등)까지 보내 약 10℃~12℃까지 올린 환수를 다시 증발기까지 리턴하는 배관을 말한다. 축열조 방식을 채택하고 있는 개방계 배관은 제외하고 일반적으로 밀폐계 배관을 채택하고 있으므로 배관재로는 강관에 아연을 도금한 일명 백관(배관용 탄소강 강관 : SGP)이 많이 사용돼 왔다.

2) 냉각수 배관

냉열원 기기(냉동기류)의 응축기(condenser)에서 내보내는 37℃정도의 냉각수를 냉각탑까지 보내고 냉각탑에서 약 32℃까지 냉각시킨 후 응축기까지 리턴하는 배관이다.

냉각수 배관은 개방계 배관이므로 냉수 배관에 비해 용존산소(DO)나 대기오염물질이 혼입될 우려가 있기 때문에 배관 재료로는 관내에 라이닝 처리를 한 강관이나 스테인리스강 강관을 채택하는 경우가 많다.

3) 온수 배관

온수 배관은 온열원 기기인 보일러·냉온수발생기 등에서 발생시킨 온수(약 40℃~60℃)를 말단의 난방 기기(공조기·FCU·방열기 등)로 보내고 온열원 기기까지 환수해 순환시키기 위한 배관이다. 물론 온수 배관이라고 하면 고온수 난방 등에 사용되는 온도 100℃ 이상의 고온수 배관도 온수 배관의 하나다.

[기술용어 해설]

용존산소(DO)

물에 녹아 있는 산소(DO : dissolved oxygen)의 양을 말하고 단위는 [mg/l]로 표시한다. 물의 오염(pollution)을 나타내는 지표는 아니지만 산화철·아황산제일철 등 환원물질에 의한 직접 산화라든가 유기오염물을 생물학적으로 정화하는 것으로 미생물이나 어패류 서식에 없어서는 안 된다.

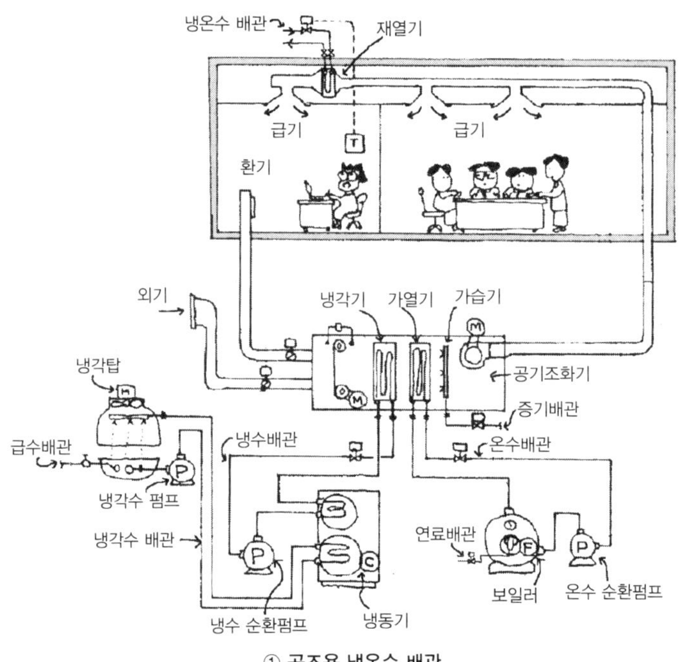

① 공조용 냉온수 배관

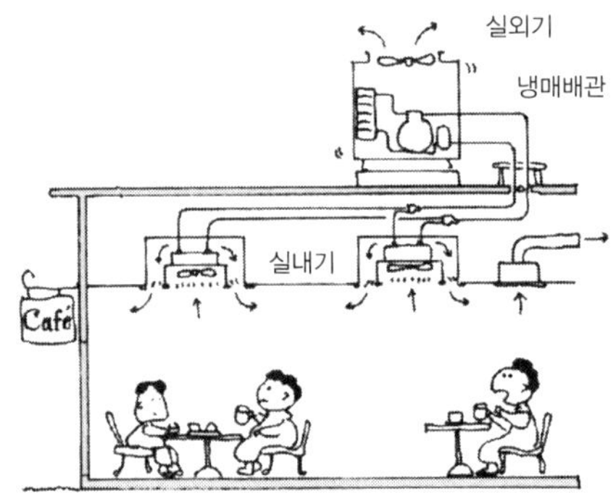

② 공조용 냉매 배관

〈그림 7.3〉 용도별 공조 배관

4) 냉온수 배관

우리나라는 냉방 시즌과 난방 시즌이 있다. 냉방 시기에 냉수만 통과시키고 난방 시기에 온수만 통과시킬 경우 이 같은 배관을 특히 냉온수관이라고 부른다.

5) 증기 배관

증기 보일러에서 발생하는 증기를 공급하는 배관을 말한다. 공조기의 증기코일까지 직접 증기를 공급하는 경우도 있지만 보통은 증기⇒온수 열교환기에서 온수로 바꿔 공급하는 경우가 많다. 최근 병원·호텔 등 이외의 건물에서는 증기 수요가 적기 때문에 증기배관 시공 예가 적어 감소 추세에 있다.

증기 공급관에는 아연도금을 하지 않은 흑관(SGP)이 사용되고 있는데 응축 증기 리턴관인 증기환수관은 탄산을 부식시키기 쉬우므로 반드시 스테인리스강 강관을 채택하는 것이 좋다.

6) 오일 배관

오일 연소 보일러에 오일(등유·중유 등)을 공급하는 배관이 이른바 오일 배관이고 부식(corrosion)될 우려가 없으므로 통상 흑관(SGP)을 사용한다. 그러나 배관 이음부에서 기름 누출(oil leakage)이 없도록 오일배관 공사에서는 나사 접합이 아닌 용접 접합을 채택한다.

7) 냉매 배관

최근 빌딩 멀티에어컨 공조방식이 급속히 보급됨에 따라 냉매배관 시공 예가 급증하고 있다. 배관재로는 동관이 사용된다.

(2) 배관 방식에 의한 분류

배관방식은 유수방식·회로방식·환수방식·반송방식의 4가지로 분류할 수 있다.

1) 유수방식(water flow system)에 의한 분류

이 분류에는 ①단일 방향 배관 시스템과 ②재순환식 배관 시스템이 있다.

① 단일 방향 배관 시스템(once-through piping system)

〈그림 7.4〉에 나타내는 바와 같이 흘려보낸 유체가 그대로 돌아오지 않는 이른바 "일회용 배관방식"을 말한다. 급배수 위생설비의 급수배관·급탕배관·배수관이 좋은 예이다.

② 재순환식 배관 시스템(recirculation piping system)

〈그림 7.4〉와 같이 흘려보낸 유체가 갔다가 다시 돌아오는 이른바 "재순환 배관 방식"이다.

[기술용어 해설]

고압 증기·중압 증기·저압 증기

증기 압력은 게이지 압력으로 표시되는데 일반적으로 ①저압 증기(게이지 압력 : 0.1MPa 미만) ②중압 증기(게이지 압력 : 0.1MPa~0.2MPa) ③고압 증기(게이지 압력 : 0.2MPa 이상)의 3종류로 분류하고 있으나 이에 대한 명확한 규정은 없다. 공조설비 용도로만 사용될 경우에는 통상 2kgf/㎠ 이하의 증기가, 의료용·세탁소용으로는 0.2~0.5MPa 증기가 각각 사용된다.

그러나 같은 공조용이라고 하더라도 공조 냉열원 기기의 이중 효용 흡수식 냉동기에는 0.8MPa 이상의 고압 증기가 사용되고 있다.

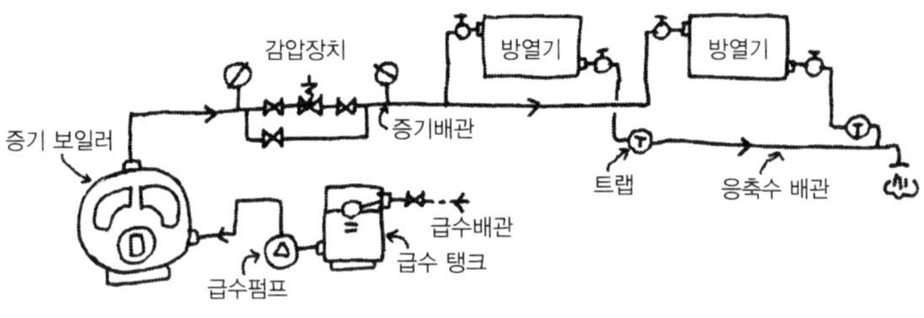

① 단일 방향 배관 시스템

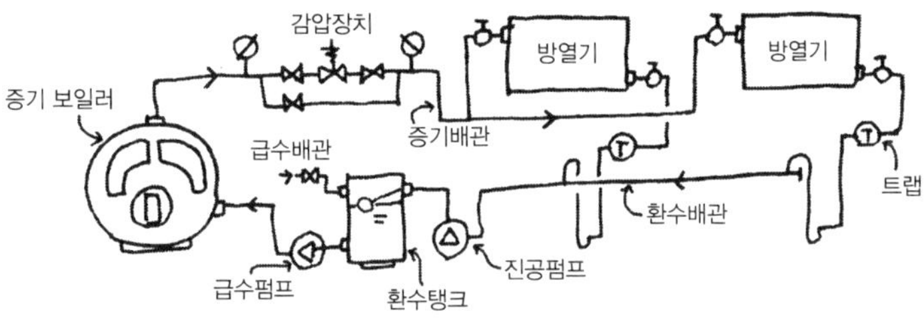

② 재순환식 배관 시스템

〈그림 7.4〉 단일방향 배관 시스템과 재순환 배관 시스템

[기술용어 해설]

펌프의 실양정 (actual pump head)

펌프를 포함하는 관로계에서 상부 토출 액체면과 하부 흡입 액체면의 차이를 말한다(JIS B 131).

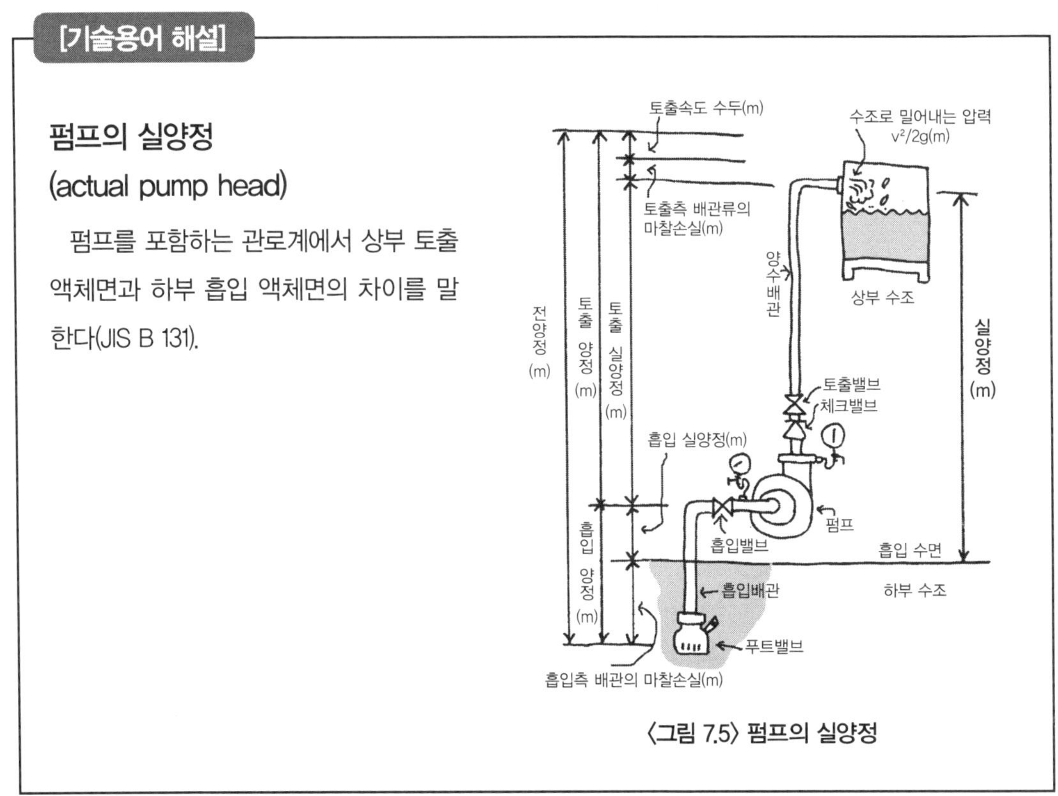

〈그림 7.5〉 펌프의 실양정

2) 회로방식(flow circuit system)에 의한 분류

이 분류에는 ①개방식 배관, ②밀폐식 배관의 2종류 배관방식이 있다.

① 개방식 배관 방식(open-type piping system)

〈그림 7.6〉에 나타내는 바와 같이 배관 도중에 유체가 공기에 노출되는 배관방식으로 축열조 이용 배관·냉각수 배관 등이 이 배관방식의 구체적인 예이다. 이 배관방식은 일단 유체가 공기에 노출되기 때문에 용존산소(DO)등에 의한 부식에 문제가 있고 또 순환펌프 선정 시에는 실양정을 고려할 필요가 있기 때문에 펌프동력도 당연히 커진다.

② 밀폐식 배관방식(closed-type piping system)

〈그림 7.6〉과 같이 배관계가 밀폐된 상태 이른바 "순환되는 배관 방식"을 말한다. 공조 설비의 배관 방식으로는 밀폐식 배관 방식이 많이 사용된다.

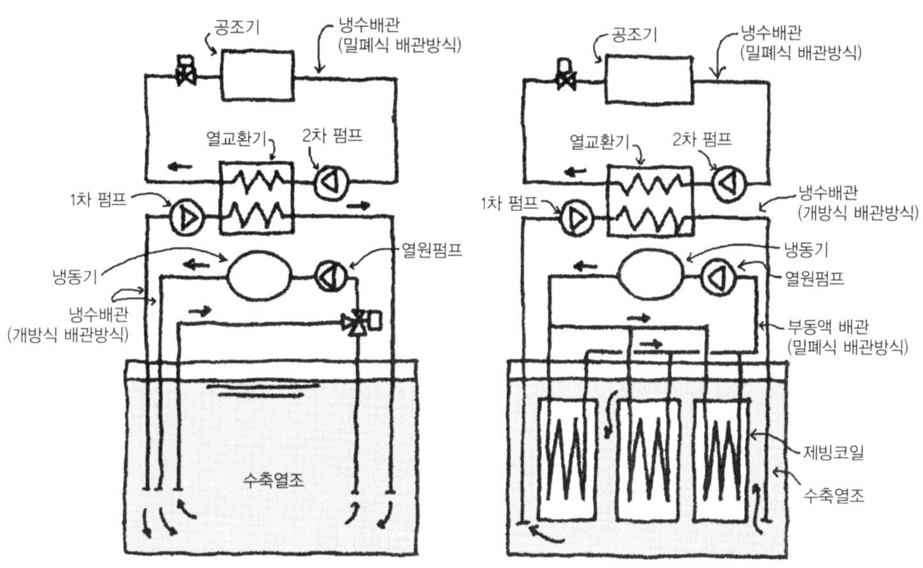

〈그림 7.6〉 개방식 배관방식과 밀폐식 배관방식

3) 환수방식(water return system)에 의한 분류

이 분류 방식에는 ①직접 환수 배관방식과 ②간접 환수 배관방식이 있다.

① 직접 환수 배관방식(direct return piping system)

〈그림 7.7〉에 나타내는 바와 같이 각 공조 기기(공조기·FCU·방열기 등)로 송수된 냉수·온수 등이 그대로 열원 기기까지 환수되는 배관방식이다. 직접 환수 배관방식은 이 배관계에 연결되는 장비류가 다수이면 각 장비까지 연결되는 배관의 총 길이가 달라지므로 각 장비를 흐르는 유량이 불균일(unbalance)하게 되므로 그 유량 밸런스를 유지하기 어려운 단점이 있는 배관 방식이다.

② 간접 환수 배관방식(reverse return piping system)

〈그림 7.7〉과 같이 각 공조 장비(공조기·FCU·방열기 등)로 송수된 냉수·온수가 그대로 돌아가지 않고 각 말단 장비 까지 일단 돌아간 후에 열원 장비까지 돌아오는 배관 방식이다. 이 환수방식은 각 공조 장비까지의 배관 총 길이가 같아지게 한 배관방식으로, 배관공사비는 비교적 비싸지만 위에서 말한 직접 환수방식의 단점을 해결한 방식이다.

4) 반송방식(water conveyance system)에 의한 분류

이 분류에는 ①2관식 배관 ②3관식 배관 ③4관식 배관의 3종류가 있다.

① 2관식 배관(two-piping system)

〈그림 7.8〉에 나타내는 바와 같이 냉방 시기에는 냉수를, 난방 시기에는 온수를 공급관과 환수관 2개의 배관으로 통과시키는 배관 방식이다. 이 배관방식을 복관식이라고도 하는데 일반적으로 공조 설비용 배관으로는 이 배관방식을 채택한다.

② 3관식 배관(three-piping system)

〈그림 7.8〉과 같이 공조 장비류에 상시 냉수·온수를 공급하기 위해 냉수관과 온수관 2개의 공급관을 설치하고 환수관은 공통관으로서 열원 장비까지 리턴하는 배관 방식이다. 환수관은 공통관이어서 냉수와 온수가 섞여 Mixing Loss가 발생하는 단점이 있다.

③ 4관식 배관(four-piping system)

〈그림 7.8〉에 나타내는 바와 같이 냉수관과 온수관으로 2개의 공급관을 설치하고 환수관도 냉수관과 온수관을 각각 단독으로 2개의 배관을 연결하는 배관방식이다. 이 배관 방식은 각 유닛·각 계통마다 냉방운전·난방운전 실시를 목적으로 한다.

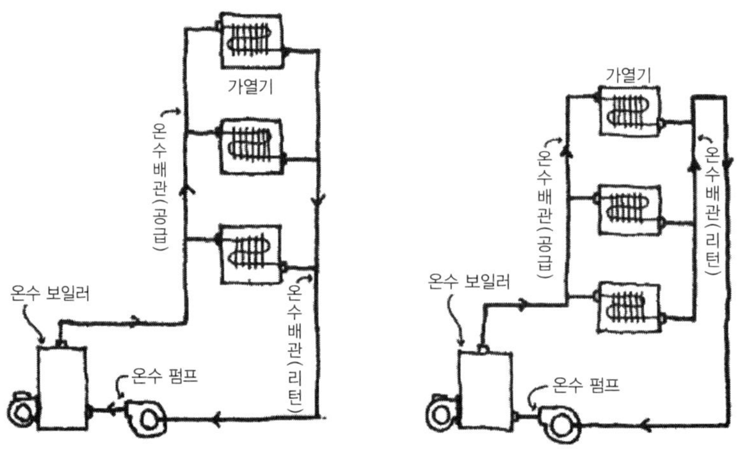

〈그림 7.7〉 직접 환수 배관방식과 간접 환수 배관방식

3관식 배관 및 4관식 배관 방식은 페리미터 존의 냉난방 요구에 대응하기 위한 배관 방식으로 한때 유행하던 시대가 있었으나 현재는 거의 채택되지 않고 "그 옛날의 그리운 배관 시스템"으로 남았을 뿐이다. 〈표 7.1〉에서는 2관식 배관·3관식 배관·4관식 배관 시스템의 특성을 비교해 나타낸다.

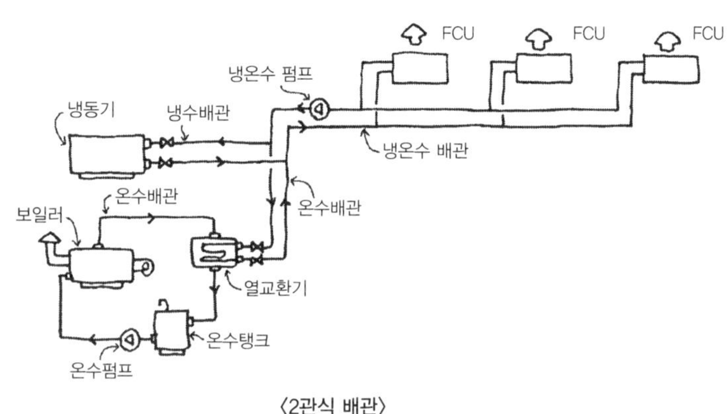

〈2관식 배관〉

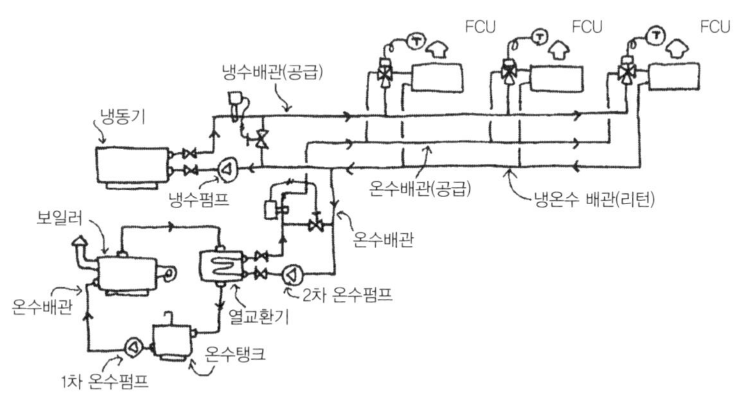

〈3관식 배관〉

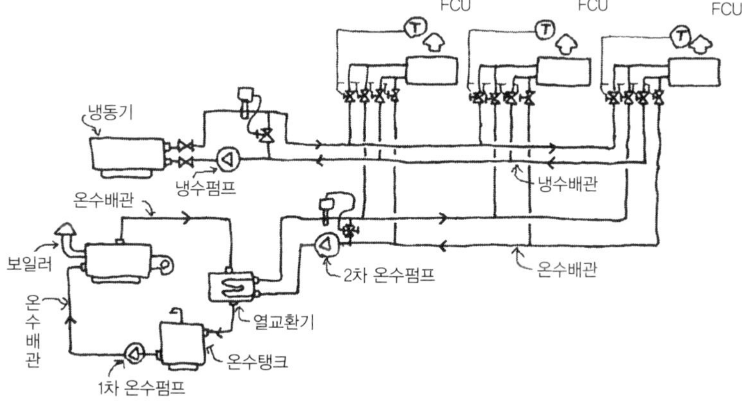

〈4관식 배관〉

〈그림 7.8〉 2관식 배관·3관식 배관·4관식 배관

〈표 7.1〉 2관식 배관 · 3관식 배관 · 4관식 배관 시스템의 특징 비교

배관 시스템 / 비교항목	2파이프 시스템	3파이프 시스템	4파이프 시스템	
			싱글 코일 유닛	더블 코일 유닛
①냉방 · 난방 동시운전 여부	×	○	○	○
②초기비용	◎	○	△	×
③배관 공간	◎	○	△	△
④에너지 절감(mixing loss)	◎	×	△	◎

◎ : 매우 유리하다, ○ : 유리하다, △ : 불리하다, × : 매우 불리하다

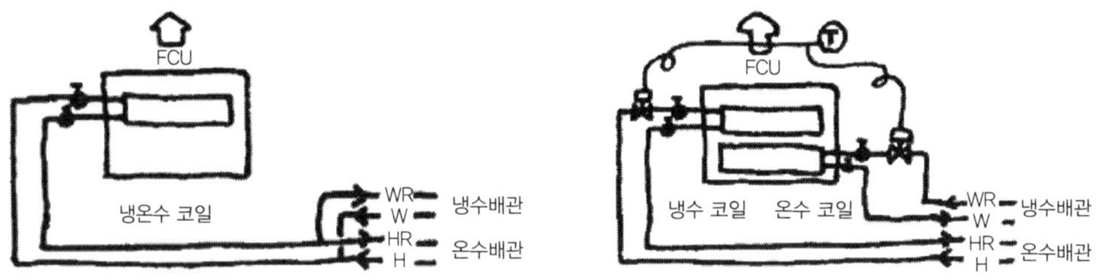

〈그림 7.9〉 싱글 코일 FCU와 더블 코일 FCU

7·3 공조 설비용 배관 재료

배관공사에 없어서는 안 되는 것이 배관 재료(piping material)인데 그 종류는 〈표 7.2〉에 나타내는 바와 같이 다종다양하다. 배관 재료중에서 하면 급배수 위생설비용 배관재료는 공조용 설비 배관에 비해 그 종류도 복잡하고 다방면에 걸쳐 있다.

그런데 〈표 7.2〉를 보면 알 수 있듯이 배관 재료는 금속 배관재료와 비금속 배관재료로 크게 나뉜다. 배관 재료(관종)는 용도·유체의 화학적 성질·유체 온도·유체 압력·관의 외부 조건·관의 외압·관 시공성·관의 중량 그리고 수송성·기타 여러 조건을 고려하여 선택, 결정해야 한다.

아래에서는 공조용 설비용을 대표하는 배관재료에 대해 설명한다.

7·3·1 금속 배관 재료

(1) 배관용 탄소강 강관(SGP : JIS B 3452)

배관용 탄소강 강관은 통칭상 "가스관"으로 불리고 "SGP(Steel Gas Pipe)"라는 약칭으로 친숙해져 있으며 오래 전부터 가장 많이 사용되는 배관재료 중의 하나다.

〈표 7.2〉 건축설비 배관재료의 분류와 종류

명칭		규격	기호
탄소강관	배관용 탄소강 강관(백)	JIS G 3452	SGP(백)
	배관용 탄소강 강관(흑)	JIS G 3452	SGP(흑)
	압력배관용 탄소강 강관(백)	JIS G 3454	STPG(백)
	압력배관용 탄소강 강관(흑)	JIS G 3454	STPG(흑)
	수배관용 아연도금 강관	JIS G 3442	SGPW
수지피복 강관	수도용 경질 염화비닐 라이닝 강관	JWWA K 116	SGP – VA, VB, VD
	수도용 내열성 경질 염화비닐 라이닝 강관	JWWA K 140	SGP – HVA
	플랜지가 있는 경질 염화비닐 라이닝 강관	WSP 011	FVA, FVB, FVD
	플랜지가 있는 폴리에틸렌 분체 라이닝 강관	WSP 039	FPA, FPB, FPD
	플랜지가 있는 내열성 수지 라이닝 강관	WSP 054	H – FVA, H – FCA
	수도용 폴리에틸렌 분체 라이닝 강관	JWWA K 132	SGP – PA, PB, PD
	소화용 경질 염화비닐 외면 피복 강관	WSP 041	SGP – VS
	배수용 경질 염화비닐 라이닝 강관	WSP 042	D – VA
	배수용 염화비닐 코팅 강관	메이커 규격	
	배수용 논타르 에폭시 코팅 강관	WSP 032	SGP – TA
	나일론 코팅 강관	메이커 규격	
	폴리에틸렌 피복 강관	JIS G 3469	P1H, P2S, P1F
스테인리스강 강관	일반배관용 스테인리스강 강관	JIS G 3448	STS – TPD
	수도용 스테인리스강 강관	JWWA G 115	
	배관용 스테인리스강 강관	JIS G 3459	STS – TP
	수도용 파상(波狀) 스테인리스강 강관	JWWA G 119	
	가스용 스테인리스강 플렉시블관	일본가스협회	
	급수용 스테인리스강 플렉시블관	메이커 규격	
주철관	구상화 흑연 주철관	JIS G 5526	D – CIP
	수도용 구상화 흑연 주철관	JWWA G 113	D – CIP
	배수용 주철관	JIS G 5525	CIP
강관	동 및 동합금 심리스관	JIS H 3300	
	피복 동관	JWWA H 101	
	수도용 동관	JWWA H 101	
	냉매용 플레어 및 납땜관 이음	JIS B 8607	

SGP는 과거에 가스용 배관으로만 사용됐고 JIS G 3457 가스관(1951년)⇒JIS G 3432 가스배관(배관용 강관)(1955년)⇒JIS G 3432 배관용 강관(가스관)(1958년)⇒JIS G 3452 배관용 탄소강 강관(1962년)⇒JIS G 2452 배관용 탄소강관(2004년)과 같은 우여곡절 끝에 가스관이라는 호칭이 정해진 것은 1962년 JIS 개정된 후이다.

현재 배관용 탄소강 강관의 규격은, ①외경 공차가 너무 크다 ②내경치수·진원도에 대한 규정이 없다 ③ 철강 5원소 중에 화학성분 P(인)와 S(유황)만 규정된 특징을 갖고 있다.

그런데 SGP는 현재 공조 공사에도 위생 공사에도 널리 사용되고 있다. 건축용도·배관용도에 따라 차이가 있기는 하지만 전체적으로 배관의 약 60%~80%는 SGP를 사용하고 있다고 해도 과언이 아니다.

통상 SGP는 사용압력이 비교적 낮은 증기·물(단, 수돗물은 제외)·오일·가스·공기 등의 배관재료로 사용된다. 일반적으로 SGP의 사용압력은 1MPa(10kgf/cm²) 이하이고 사용온도는 −15℃~350℃의 범위를 기준으로 한다.

통상적으로 SGP 제조 방법에는 호칭직경 100A 이하의 SGP에 적용되는 단접 강관 제조법 즉 CW(Continuous butt Weld)법과, 호칭직경 125A 이상의 SGP에 적용되는 전기저항 용접 강관(일명 전봉관) 제조법 즉 ERW(Electric Resistance Weld)법의 2종류가 있다.

여기서 특기할 사항은 특수 SGP로서 구상 부식(groove corrosion) 대책을 강구한 내구상(耐溝狀) 부식 전봉 강관 SGP(MN)이 강관 제조업체에서 제조되고 있다는 점이다.

(2) 압력 배관용 탄소강 강관(STGP : JIS G 3454)

압력용 탄소강 강관은 'STGP'라는 애칭으로 불리고 있는데 'Steel Tubing Piping General'의 머리글자를 딴 것이다. SGP와는 달리 JIS G 3454에는 화학성분 C·Si·Mn·P·S 이른바 철강 5원소가 규정돼 있다.

[기술용어 해설]

철강의 5원소

철강에 포함되는 P(인)·S(유황)·C(탄소)·Si(규소)·Mn(망간)의 5원소를 말한다.

〈그림 7.10〉 철강의 5원소

STPG는 사용압력 10MPa(100kg/㎠), 사용온도 15℃~350℃ 정도의 압력배관에 사용된다. 제조 방법에는 심리스 관 강관과 전기저항 용접 강관의 2종류가 있고 인장강도에 따라 "STPG38"와 "STPG40"이 있고 각각 관의 두께(일정번호)가 있다.

(3) 스테인리스강 강관 (STS-TPD : JIS G 3448, STS-TP : JIS G 3459)

스테인리스강(Stainless Steel 이하 STS강이라고 한다)은 불수강이라고도 하고 관 표면에 부동태 피막(passive state film)이 형성되므로 녹이 없는(Stain-less) 강(鋼) 또는 녹이 잘 슬지 않는 강 즉 내식성 재료로 간주된다.

그러나 내식성 재료로 간주되고 있기는 하지만 SGP 등과 마찬가지로 국부적으로 부식이 많이 발견된다. 이와 관련해 STS의 부동태 피막을 파괴하는 환경인자의 대표적인 것은 염소 이온이다. STS에는 명확한 정의가 없어 일반적으로 12%이상의 크롬(Cr) 철합금을 STS라고 생각하면 된다.

[기억해 들만한 사항]

SGP의 표준길이 5.5m의 불가사의?

일본은 SGP의 표준길이가 5.5m로 돼 있다. 들리는 말에 의하면 그 경위는 1912년경 가스관 제조 설비를 독일에서 수입했을 때 데마크사의 사양에 표준길이가 5.5m로 돼 있어서 그대로 일본에 정착해 버린 것 같다.

한편 동관·STS 관 등은 표준길이를 4m로 사용되고 있다. 건축현장 등에서 배관재료를 현장 내에 반입할 때 표준길이 4m의 동관은 조금도 문제되지 않지만 표준길이 5.5m의 SGP는 양중기에 그대로 실리지 않아 문제가 돼 현장에서 고생했던 적이 있다.

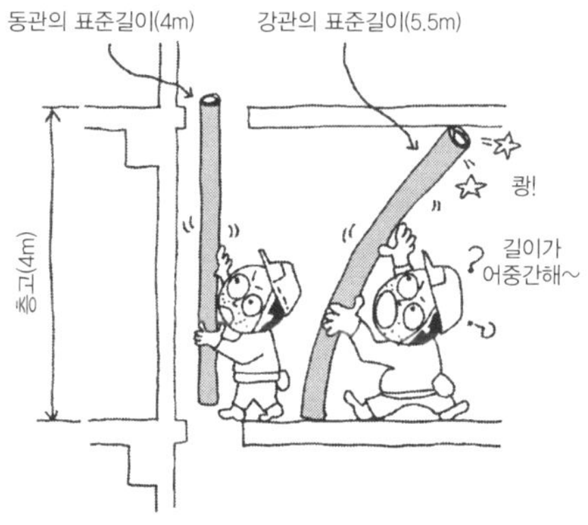

〈그림 7.11〉 강관의 표준길이 관과 동관의 표준길이 관

STS강관은 그 용도에 따라 〈표 7.3〉과 같이 분류되고 있다.

〈표 7.3〉 스테인리스강 강관의 분류

항목	JIS G 3448 (일반배관용 스테인리스강 강관)	JIS G 3459(배관 스테인리스강 강관)
적용 범위	급수, 급탕, 배수, 냉온수의 배관 및 기타 배관용	내식용, 고온용 및 저온용
종류	STS 304와 STS316의 2종류	STS304, STS304L, STS321 등 13종류
기호	STS-TPD	STS-TP
제조 방법	용접관만 열처리를 한정하지 않음	용접관과 심리스관을 채택하고 고용 가열 처리한다.
호칭	통상 호칭법은 Su다. Su10(10A)~Su25(25A)는 같은 호칭. 단, Su40 · Su50 · Su60 · Su75는 A 호칭에서는 각각 32A · 40A · 50A · 65A가 되므로 주의한다. Su80(80A) 이상은 Su 호칭이든 A 호칭이든 같다.	호칭지름 A와 B가 있다.
외경	Su40 이상은 가스관과 같은 사이즈	가스관 사이즈
길이	원칙적으로 4,000mm	지정하지 않음
두께	1종류만	스케줄 5S~80
외경 허용차	JIS G 3459보다 더 엄격하게 규정	30mm 미만 ±0.3mm 30mm 이상 ±1%
두께 허용차	±10%	2mm 미만 ±0.2mm 2mm 이상 ±10%
부속서	용해시험을 규정한다.	특별한 품질 규정으로 고온 항복점 또는 내력(耐力), 초음파 탐상검사, 와류 탐상검사, 부식 검사를 규정한다.

종전에는 건축설비용 배관 재료로 STS강관은 "고가이고 사치스러운 강관"이라는 이미지가 강했으나 최근 그런 이미지는 완전히 불식돼 건축설비 배관 중에서 시장점유율을 확실하게 점점 늘려가고 있다. 이는 STS관은 내식성·내열성이 뛰어나고 경량이며 가격이 SGP에 비해 예전만큼 비싸지 않다는 인식이 각인됐기 때문일 것이다. 따라서 내식성을 필요로 하는 배관이나 고온용·저온용 배관으로 자주 사용되기에 이르렀다.

건축설비용 배관으로 주로 사용되는 STS강관에는 다음과 같은 2종류가 있다.

① 일반 배관용 스테인리스강 강관(JIS G 3448)

이 STS 관은 기호 STS-TPD라고도 하고 최고 사용압력 1MPa(10kg/㎡) 이하의 냉온수관·급수관·급탕관·배수관 등에 사용된다. 또 STS 관에는 "STS304"와 "STS316"의 2종류가 있는데 "STS316"은 수질·환경 등의 면에서 "STS304"보다 더 높은 내식성이 요구되는 용도에 사용된다.

② 배관용 스테인리스강 강관(JIS G 3459)

이 STS관은 기호 STS-TP로도 불리고 내식용 배관·고온용 배관 및 저온용 배관에 사용되며 스케줄 번호 5s·10s·20s·40s·80s·120s·160s가 있다.

그 외에도 1MPa(10kg/cm²) 이하에서 사용되는 수도용 스테인리스강 강관(JWWAG 115-82·기호 SSP)으로는 STS304와 STS316의 2종류가 있다.

(4) 동관(JIS H 3300·JWWA H 101)

동관(copper tube)은 표면에 형성되는 보호피막 때문에 산·알칼리·염류 등의 수용액이나 유기화합물에 대해 상당한 내식성을 가지며 전기전도도나 열전도도가 꽤 큰 배관재료이다. 그러나 동관은 주의를 기울이지 않으면 구리 이온에 의해 물이 청색으로 변하는 문제라든가 급탕용 동관 부식(erosion·corrosion) 그리고 점모양의 부식(pitting corrosion)등을 일으키기 쉽다.

동관은 기계적 성질이 우수해 납땜·땜납·확관(擴管) 등에 의한 접합이 용이하고 가공성이 풍부하기 때문에 급수관·급탕관·냉매관을 비롯해 열교환기의 코일 배관 등에도 널리 사용되고 있다.

동관으로는 인탈산동 심리스 관(JIS H 3300)과 동합금 심리스 관이 많이 사용된다. 이 관들은 전기동을 인(P)으로 탈산 처리해 냉간 인발법 등에 의해 제조된 심리스 관인데 두께에 따라 K타입·L타입·M타입으로 분류된다. K타입과 L타입은 주로 의료배관용으로, L타입과 M타입은 주로 수도 배관용·급수 배관용·급탕 배관용·냉온수 배관용·도시가스 배관용으로 사용된다. 참고로 관두께는 M타입⇒L타입 ⇒K타입 순으로 두꺼워진다.

수도협회 규격인 수도용 동관(JWWA H101)에는 M타입으로 피복이 없는 것과 외면에 합성수지를 피복한 피복 동관이 있다. 최근에는 시공성이 풍부한 피복 동관이 개발돼 주택 배관을 중심으로 그 실적이 증가하고 있다.

이와 관련해 빌딩 멀티에어컨 공조용 냉매배관 재료로는 고압에 견디는 일반 냉매배관(제1종 동관·제2종 동관·제3종 동관)을 선택해 채택하는 것이 불가피하다.

7·3·2 비금속 배관 재료

비금속 배관재료는 ①경질 폴리염화비닐 관 ②폴리올레핀 관 ③무기재료 관의 3종류로 크게 나뉜다. 주로 급배수 위생설비용 배관에 사용되는 배관 재료이므로 여기서는 대표적인 비금속 배관재료의 명칭만 소개한다.

① 경질 폴리염화비닐 관(JIS K 6741)

② 폴리에틸렌 관

수도용 폴리에틸렌 2층 관(JIS K6762)·가교 폴리에틸렌 관(JIS K6769)

③ 폴리부텐 관(JIS K6778)

7·4 배관공사를 지지하는 부재료

배관공사를 시공하려면 배관을 지탱하는 부재료는 필수적이다. 아래에서는 그 부재료에 대해 간단히 소개한다.

(1) 관 이음쇠류

다양한 배관망을 구축함에 있어 중요하고 빼놓을 수 없는 재표가 관 이음쇠류이다.

① 관 나사 이음쇠

나사 접속 배관에 사용되는 관 이음쇠에는 엘보·T(티이)·소켓·유니온 등 많은 종류가 있다 〈그림 7.12〉.

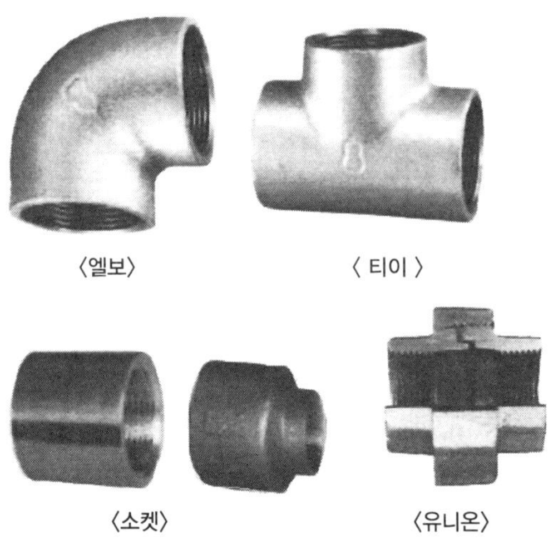

〈그림 7.12〉 다양한 이음쇠류

〈그림 7.13〉 나사 이음쇠류

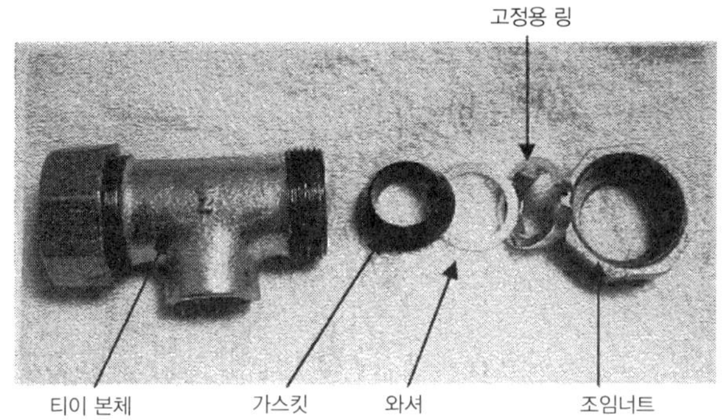

〈그림 7.14〉 강관용 기계관 이음쇠의 종류와 명칭

〈그림 7.15〉 STS 배관용 기계관 이음쇠의 종류와 명칭

② 용접 이음쇠

용접접속 배관에 사용되는 관 이음쇠다. 관 나사 이음쇠와 마찬가지로 다양한 용접 이음쇠가 있다.

③ 기계관 이음쇠(메카니컬 관 이음쇠)

이 이음쇠는 배관을 기계적(mechanical)으로 접속할 때 매우 편리한 관 이음쇠다.

(2) 배관용 특수 이음쇠류

이 이음쇠에는 신축 관 이음쇠와 플렉시블 관 이음쇠의 2종류가 있다.

① 신축 이음쇠(expansion joints)

이 이음쇠는 일반적으로 팽창 이음쇠 또는 익스팬션 조인트로 불린다. 관 축방향의 신축을 흡수하기 위해 사용하는 관 이음쇠이고 그 신축 흡수기구에 따라 슬리브형 신축 관 이음쇠·벨로우즈형 신축 관 이음쇠·밴드형 신축 관 이음쇠의 3종류로 분류된다. 또한 밴드형 신축 관 이음쇠의 일종으로 스위블 조인트가 있다.

〈스위블 조인트 방식〉 (스리쿠션)

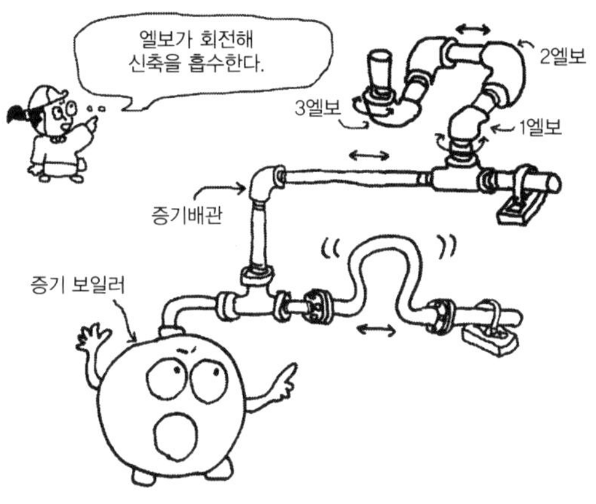

〈그림 7.16〉 신축 밴드와 스위블 조인트

② 플렉시블 관 이음쇠(flexible joints)

이 이음쇠는 주로 건물 도입부의 건축설비 배관·건물의 익스팬션 조인트부, 기기 접속부 등에 사용된다. 또한 지진·지반 침하로 인한 변위 발생, 특히 빌딩의 층간 변위 등을 흡수해 배관에 내진성·면진성을 갖게 함으로써 건축설비의 기능 유지와 기능 확보에 기여한다. 이 같은 조인트의 종류는 사용 재료나 그 기구 등에 따라 금속제 플렉시블 관 이음쇠·메카니컬 플렉시블 관 이음쇠(예 : 볼 조인트·하우징형 관 이음쇠 등)·고무제 플렉시블 관 이음쇠 등이 있다.

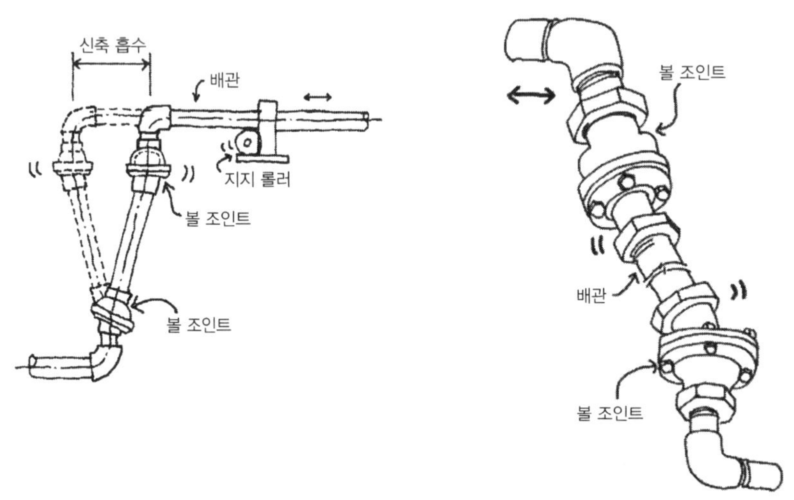

〈그림 7.17〉 볼 조인트·하우징형 관 이음쇠

(3) 밸브류

관로의 도중에 설치되는 밸브류에는 다음과 같은 종류가 있다.

① 범용 밸브

건축설비에 사용되는 밸브류는 관로에 조립돼 관로차단(shut−off)·유량조정·압력조정·유체의 역류방지를 목적으로 하고 여기에는 볼 밸브(글로브 밸브·스톱 밸브)·차단 밸브(게이트 밸브·슬리스 밸브)·역지 밸브(체크 밸브) 등이 있다. 통상적으로 구경 50A 이하의 밸브는 나사 접속형에, 구경 65A이상의 밸브는 플랜지 접속형에 각각 채택되는 경우가 많다.

② 자동제어 밸브

자동제어 밸브는 온도·습도·압력 등의 신호에 따라 유체의 유량이나 혼합비 제어를 소형 모터 또는 공기압 등으로써 자동 조작이 가능한 구조의 밸브다. 자동 밸브에는 2방향 밸브·3방향 밸브·전자 밸브·온도조절 밸브(온조 밸브) 등이 있다.

③ 특수 밸브류

특수 밸브류에는 감압 밸브·안전 밸브·스트레이너·자동 공기빼기 밸브·증기 트랩·정수위 밸브·충격방지 밸브·배수 트랩류·밸브 없는 통기구 장치 등이 있다.

[기술용어 해설]

층간 변위(relative story displacement)

지진력 또는 풍압 등의 수평력을 받는 골조 각 층 위치에서의 상대적인 수평위치를 말한다.

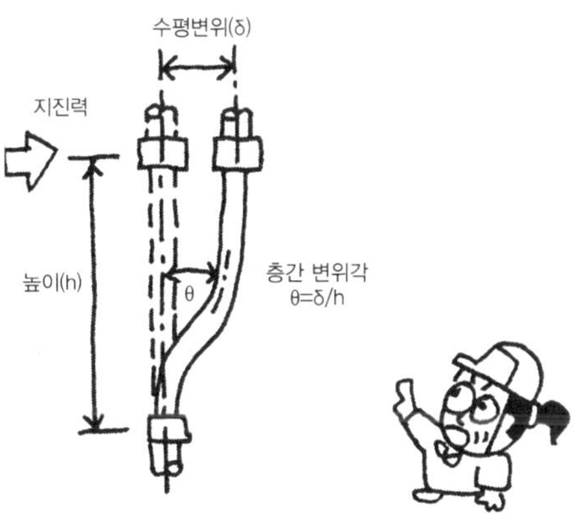

〈그림 7.18〉 층간 변위란?

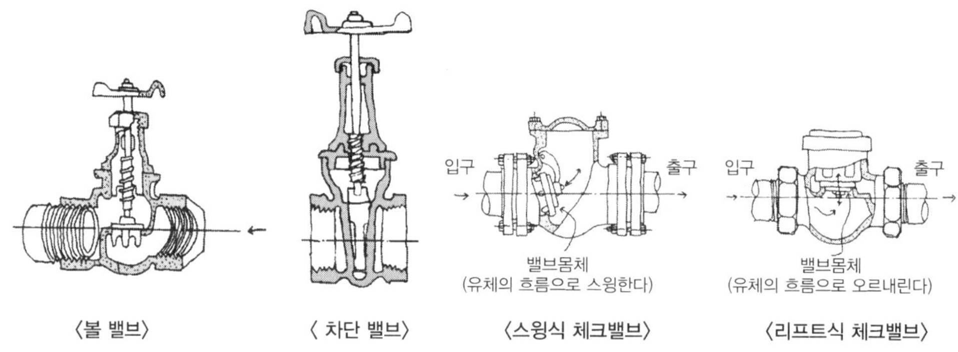

〈그림 7.19〉 볼 밸브·칸막이 밸브·체크 밸브

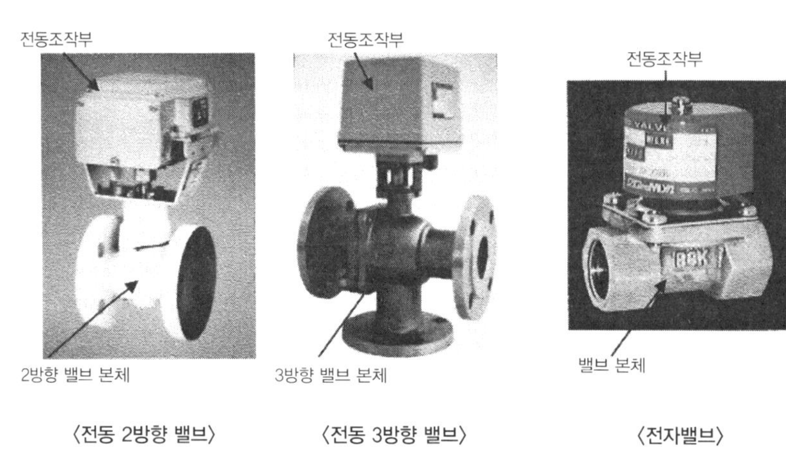

〈그림 7.20〉 2방향 밸브·3방향 밸브·전자밸브

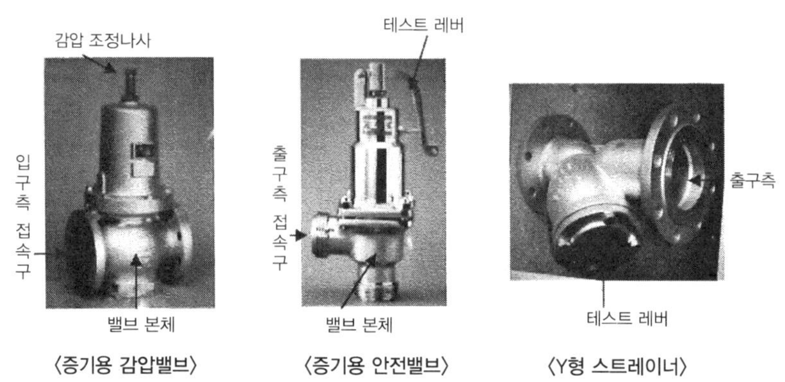

〈그림 7.21〉 감압 밸브·안전 밸브·Y형 스트레이너

(4) 계기류

대표적인 계기류에는 다음과 같은 종류가 있다.

① 온도계

유체의 온도를 측정할 목적으로 설치하고 그 형식에는 접촉방식과 비접촉 방식이 있다.

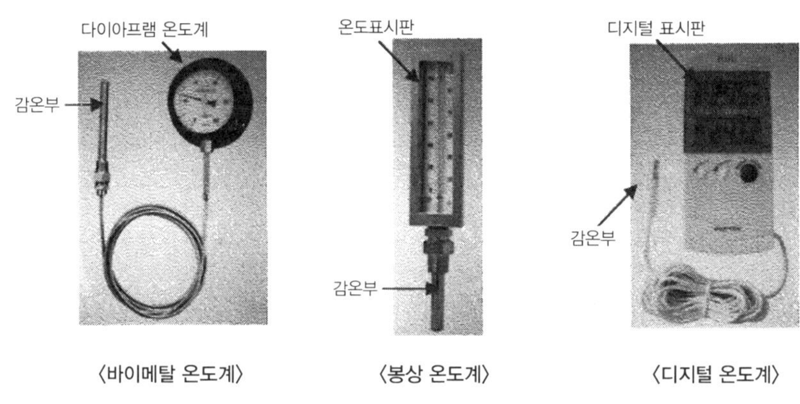

〈그림 7.22〉 바이메탈 온도계·봉상 온도계·디지털 온도계

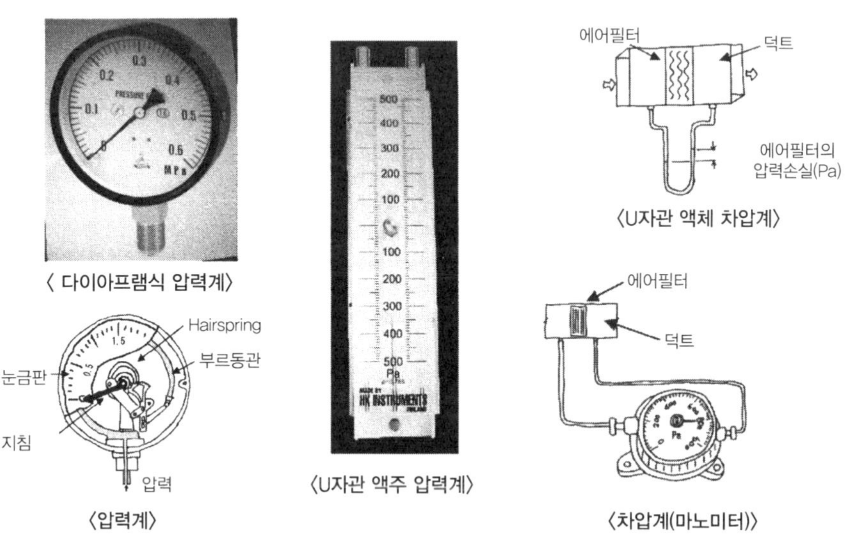

〈그림 7.23〉 다이아프램식 압력계·U자관 액주식 압력계

② 압력계

유체의 압력을 측정할 목적으로 설치하고 U자관 액주계 등을 1차 압력계, 부르동관 압력계 등을 2차 압력계라고 한다.

③ 유량계

유체의 유량을 측정할 목적으로 설치하고 차압식(오리피스식) 유량계·면적식 유량계·용적식 유량계 등이 있다. 기타 전자 유량계·초음파 유량계 등도 있다.

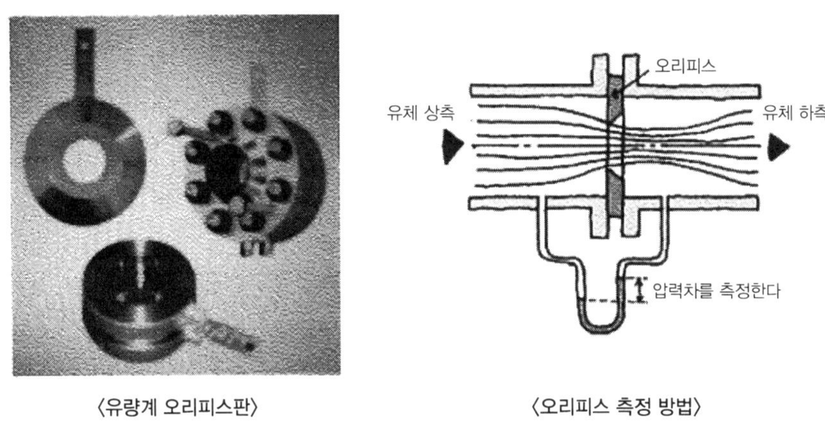

〈유량계 오리피스판〉 〈오리피스 측정 방법〉

〈그림 7.24〉 차압식 유량계와 그 측정방법

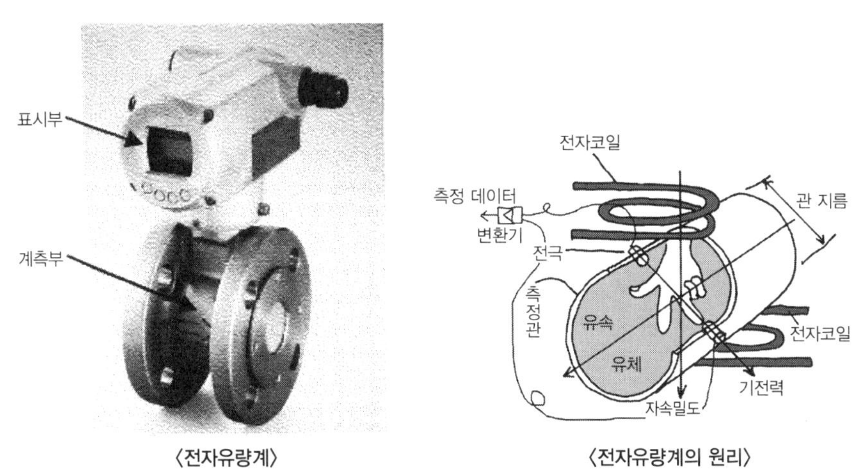

〈전자유량계〉 〈전자유량계의 원리〉

〈그림 7.25〉 전자유량계와 그 원리

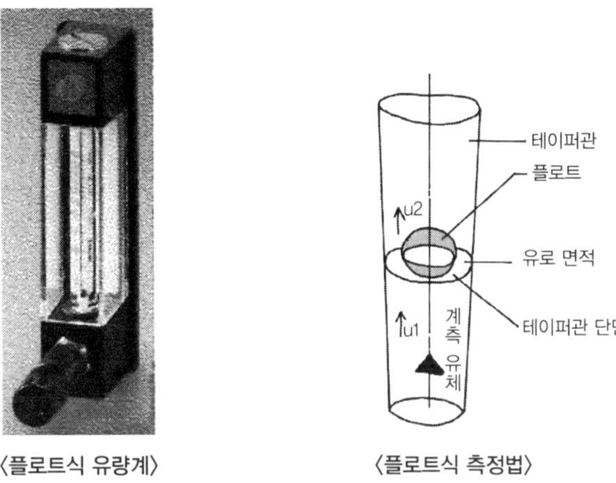

〈플로트식 유량계〉 〈플로트식 측정법〉

〈그림 7.26〉 플로트식 유량계와 그 측정방법

(5) 배관 지지·고정 재료

배관 지지·고정 재료에는 일반적으로 다음과 같은 5종류의 재료가 사용된다.

① 배관 달기볼트

배관을 상부에서 매달아 지지하는 달기볼트로, 현재는 아연도금 강봉(鋼棒)이나 스테인리스제 전조 나사가공을 실시한 전(全)나사 달기볼트가 사용되고 있다.

② 수직밴드와 행깅 밴드

배관은 수직관일 경우에는 수직밴드로, 횡주관일 경우에는 행깅 밴드로 지지한다. 특히 STS 강관 배관 지지 밴드에는 부식 때문에 합성수지 피복한 밴드를 사용한다.

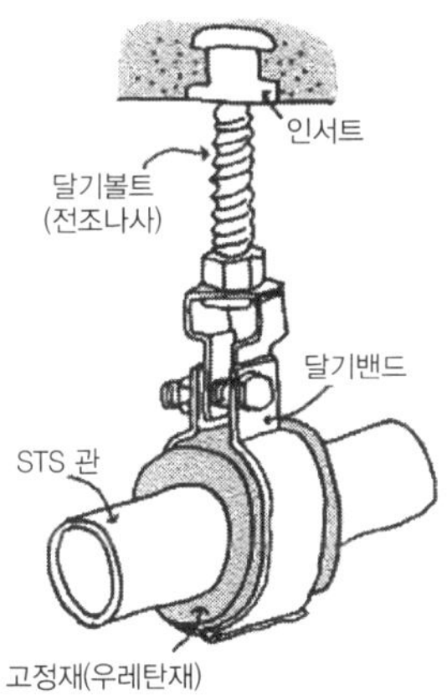

〈그림 7.27〉 달기볼트·달기밴드에 의한 횡주배관 지지

③ 인서트 볼트·후시공 앵커·쐐기 볼트

인서트 볼트·후시공 앵커는 배관을 상부 콘크리트 바닥에서 달기볼트로 매달아 지지할 경우에 사용하는 볼트이다. 한편 쐐기 볼트는 중량 배관을 기계실 등에서 매달아 지지할 경우에 채택되는 행잉 볼트이다.

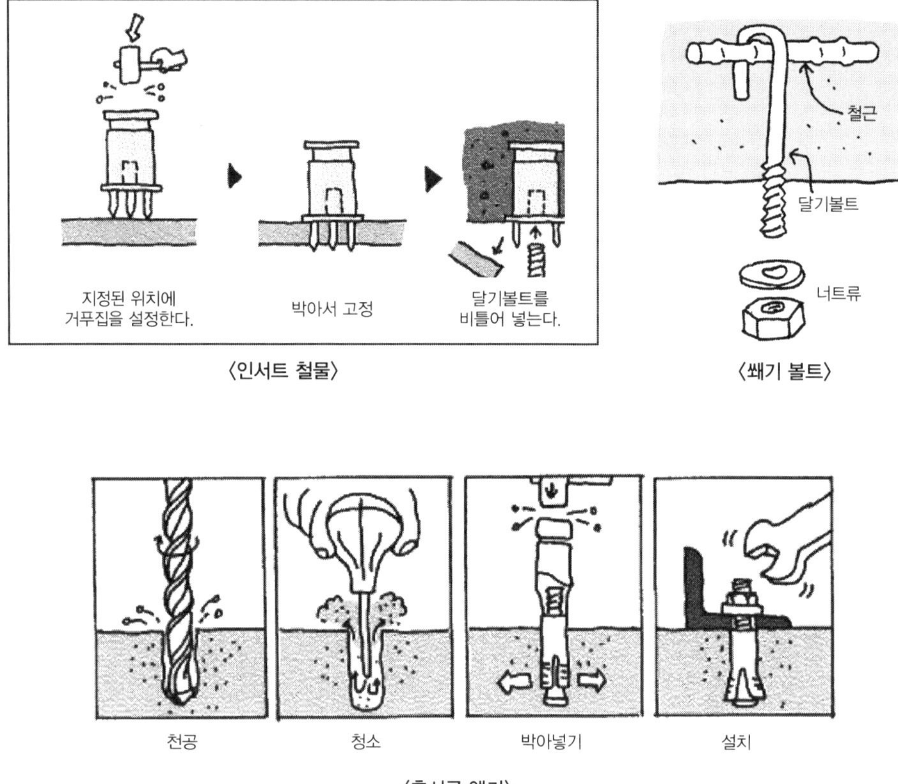

〈그림 7.28〉 인서트 볼트·후시공 앵커·쐐기 볼트

④ 공통 달기 지지대

배관을 단독으로 매달아 지지하는 대신 형강을 사용해 복수의 배관을 매달아 지지하는 지지대다. 여기서 특히 주의할 것은 3점 이상의 달기를 지지하려면 달기볼트의 하중 부담을 균일하게 하기가 어렵기 때문에 반드시 2점 지지로 해야 한다.

⑤ 공통 바닥 지지대

바닥 등에 배관을 노출 배관으로 할 경우에 채택되는 배관 지지대다.

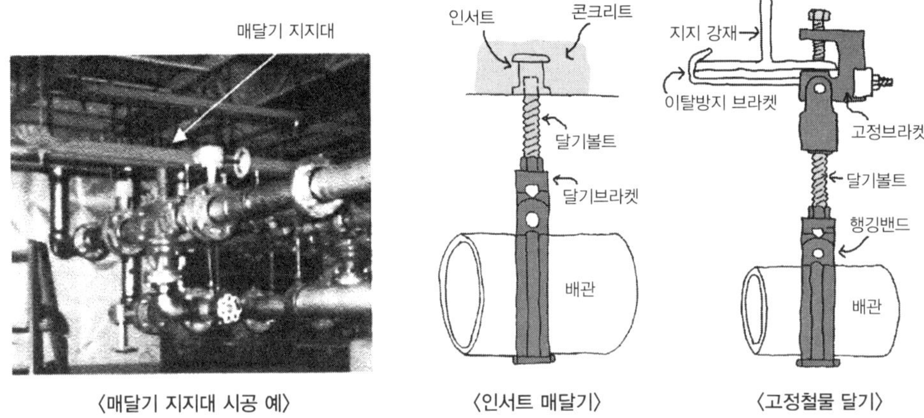

〈매달기 지지대 시공 예〉 〈인서트 매달기〉 〈고정철물 달기〉

〈그림 7.29〉 공통 달기 지지대에 의한 배관 지지 예

〈공통 바닥 지지대 시공 예〉 〈바닥에 두는 지지대 시공 예〉

〈그림 7.30〉 공통 바닥 지지대에 의한 배관 지지 예

7·5 배관 재료별 배관가공 및 그 접합법

배관 접합 방법은 배관 재료에 따라 다양한데 여기서는 대표적인 공조설비 배관 접합법의 종류를 금속배관 재료에 한정해 간단히 기술한다.

(1) 배관공사의 기본 프로세스

일반적으로 배관공사는 배관재료 선정·조달⇒관 절단⇒관 가공⇒배관 현장에서의 접합·설치⇒기밀시험·수압시험⇒시운전 조정이라는 기본과정을 거친다.

이후로는 대표적인 배관 재료별 배관 가공과 그 접합법에 대해 요점만 기술한다.

〈그림 7.31〉 배관공사의 기본 프로세스

(2) SGP : 절삭나사 가공법 및 접합법

나사 접합법은 지금도 많이 채택되고 있는 SGP 접합법의 하나이고, 이 접합법에 채택되는 나사는 평행나사(JIS B 022)가 아니라 경사진 관용 테이퍼 나사(JIS B 0203)다.

또한 SGP 나사 접합법은 소구경 관(15A~50A 정도)을 접속하는 데 적용된다.

① 관 절단

띠톱(band saw) 관 절단기·메탈쏘(metal saw) 관 절단기를 사용해 관축에 직각으로 관을 절단한다. 참고로 관을 절단하는 방법이 불량하면 결함나사가 발생하는 원인이 되기도 하므로 관을 절단할 때 주의한다. 그리고 나사절삭기 탑재형 누름커터로 관을 절단하면 관을 절단한 내면에 흠집(burr)이 발생하므로 내면 라이닝 강관을 절단할 때는 절대로 사용하지 않는다.

② 나사 가공

〈그림 7.34〉에 나타내는 바와 같이 나사 절삭기로 관 선단을 나사 가공하는데 최근 나사절삭기에는 자동절삭 기능이 있는 다이 헤드가 탑재돼 있어 익숙해지면 누구든지 간단하게 나사가공을 할 수 있다.

이 때 중요한 것은 나사가공이 올바르게 됐는지의 여부를 체크하기 위해 가공한 나사를 마디마디에서 나사 게이지로 검사한다.

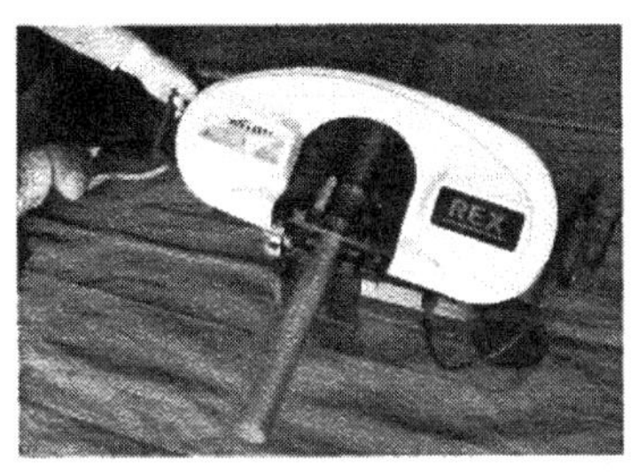

〈띠톱에 의한 관 절단〉

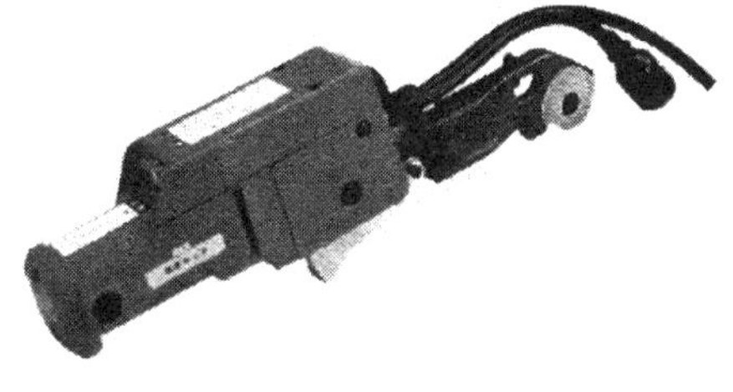

〈메탈쏘 절단기〉

〈그림 7.32〉 띠톱 관 절단기와 메탈쏘 관 절단기

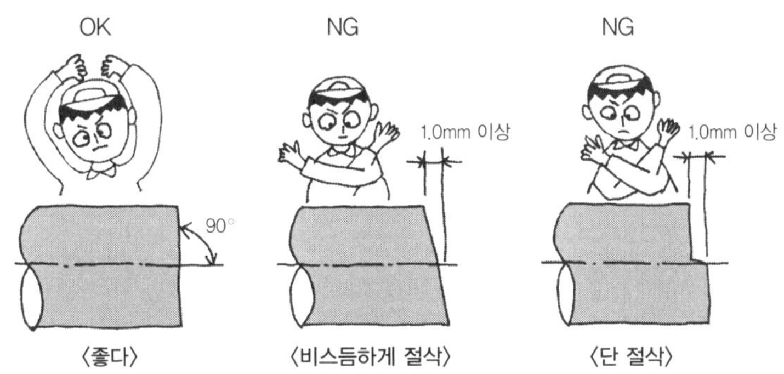

〈좋다〉 〈비스듬하게 절삭〉 〈단 절삭〉

〈그림 7.33〉 관 절단의 좋은 예와 나쁜 예

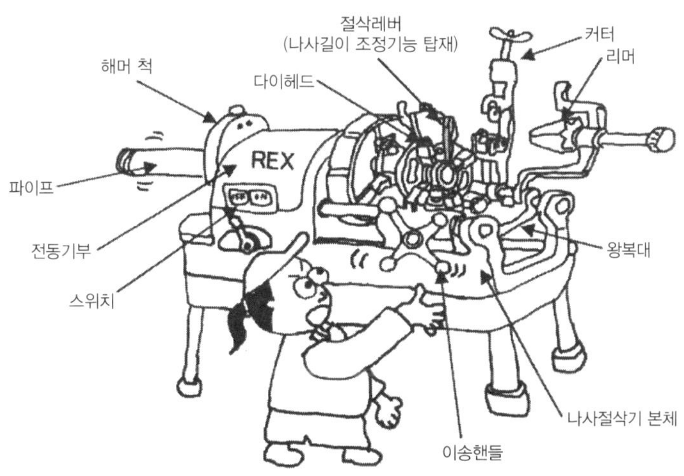

〈그림 7.34〉 자동절삭 기능이 있는 다이헤드 탑재 나사절삭기

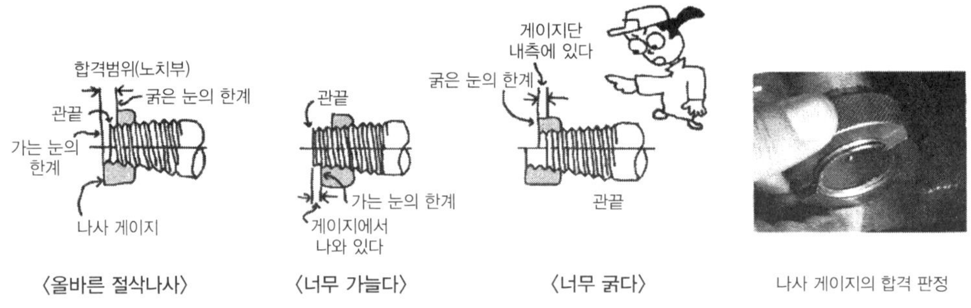

〈그림 7.35〉 나사 게이지에 의한 가공나사 검사

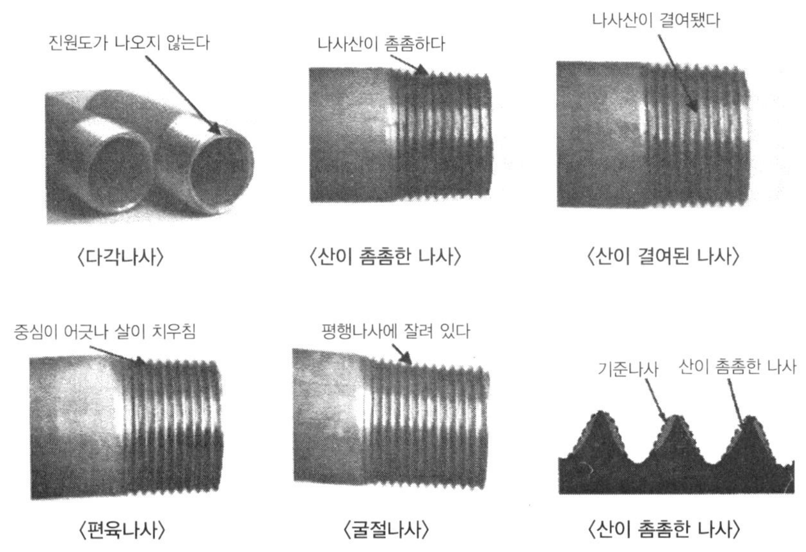

〈그림 7.36〉 결함 나사의 종류

③ 나사 작업

나사 절삭 정밀도 면에서 볼 때 수나사·암나사를 결합하는 것만으로는 관 접합 나사부의 기밀성·수(水)밀성을 확보할 수 없다.

따라서 나사작업을 할 때는 반드시 Seal재를 붙여서 접속한다. 통상 바닥에서 나사를 작업할 때는 〈그림 7.37〉에 나타내는 바이스를 이용해 플라이어나 파이프렌치등으로 적정하게 나사 작업한다.

우선 손으로 조이고 더 이상 비틀 수 없는 위치(손으로 조인 위치)에서 파이프렌치 등을 사용해 나사 2산~2½산 정도를 비틀어 넣고 지나치게 비틀지 않도록 한다.

나사를 비틀어 넣을 때 나사의 남은 산은 절대로 관리하지 않는다.

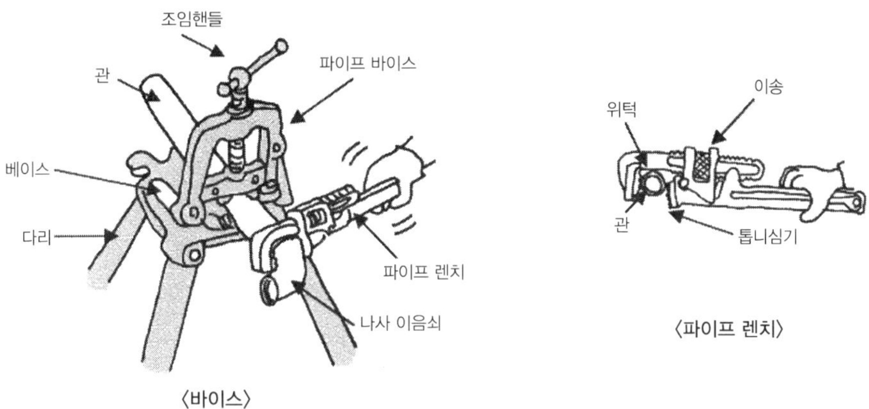

〈그림 7.37〉 바이스와 파이프 렌치

[기술용어 해설]

나사의 잔여 산 관리

배관 구경 25A의 경우를 예로 들면 〈그림 7.38〉에 나타내는 바와 같이 배관 및 이음쇠가 표준 그대로의 제품일 경우 나사 잔여 산의 수는 2~3개다. 하지만 수나사와 암나사는 각각 공차를 보이고 있기 때문에 나머지 산은 최대 4~5개, 최소 0개이다. 따라서 나사의 잔여 산으로 나사를 관리해서는 안 된다.

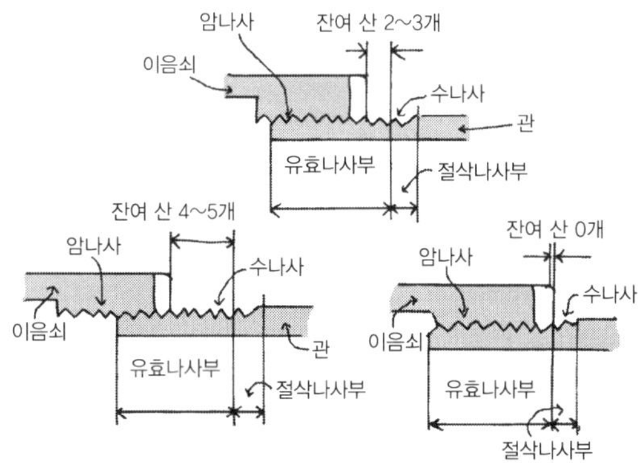

〈그림 7.38〉 배관 구경 25A일 경우의 나사 잔여 산 관리 예

(3) SGP : '전조나사'의 가공법 및 접합법

1) 전조나사(rolling thread)란?

금속에 일정한 외력을 가하면 외력을 제거해도 원래의 형태로 돌아가지 않고 변형이 남는 현상을 소성변형(plastic deformation)이라고 한다.

굴려가면서 소성 변형하는 것을 전조가공이라 하는데 이런 전조가공은 건축설비에서 많이 사용하는 전조나사 달기볼트 등에 실시하고 있어 특별히 새로울 것은 없다.

〈그림 7.39〉에 나타내는 바와 같이 중공관에 전조나사 가공을 실시해 전조나사 가공 관을 만드는 것이 개발되어 사용되고 있다.

전조나사 가공에는 인피드(in feed) 전조방식과 관통(through) 전조방식이 있는데 렉스 공업(주)이 개발한 전조나사 절삭기에는 관통 전조방식이 적용됐다.

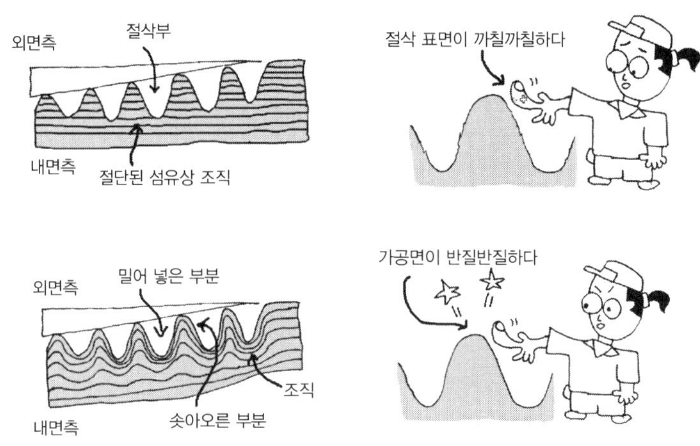

〈그림 7.39〉 절삭나사와 전조나사의 비교

2) 전조나사 가공법

전조나사 가공법은 기본적으로 절삭나사 가공법과 다르지 않다.

① 관 절단

절삭나사 배관에 준하다.

② 전조나사 가공

절삭나사용 다이헤드를 장착하는 것과 같은 요령으로 전조헤드를 장착하고 강관에 진원(眞圓)가공을 실시한 후 전조나사 가공을 한다. 전조 다이헤드는 별도로 구입할 필요가 있지만 메이커(렉키스공업㈜)에서 직접 렌탈할 수도 있다.

③ 진원가공의 필요성

전조나사 가공을 할 때 발생하기 쉬운 다각(多角) 나사는 강관의 진원도가 크게 영향을 끼친다. 따라서 강관을 반드시 스크레이퍼(scraper)로 진원으로 다듬질해야 한다. 진원가공 시 발생하는 칩의 양은 매우 적어 절삭나사 가공일 경우의 약 1/12정도에 불과하다.

3) 전조나사의 나사작업

이 작업도 절삭나사 조이기 작업에 준하나 절삭나사의 경우에 비해 나사를 조이는 데 다소 힘이 필요하다. 또한 나사 체결 시에는 Seal재가 필요로 했지만 전조나사 자체에 기밀성·수밀성이 충분하므로 Seal재가 전혀 필요 없다. 그 대신 전조나사 전용 Hereme-Seal제 ZT를 도포하고 비틀어 넣는데 이것은 Seal제가 아니라 어디까지나 원활하게 비틀어 넣기 위한 윤활제(lubricating oil)로 이해하면 된다.

(4) SGP : 용접 접합법

용접(welding)이란 간단히 말하면 원자간 결합에 의해 2개 이상의 물체를 국부적으로 결합시키는 방식이다. 일반적으로 건축설비에 사용되고 있는 SGP 용접법에는 가스 용접법과 아크 용접법이 있다.

다시 용접 조작에 따라 분류하면 ①자동 용접법 ②반자동 용접법 ③수동 용접법의 3종류가 있다. 공조 위생설비 공사 등에서 많이 적용되는 것은 현장의 조건·상황으로 볼 때 대부분이 현장 수동 용접법이다.

1) SGP : 가스 용접법(gas welding)

가스 불꽃의 열을 이용해 용접하는 용접법을 말하고, 가스 용접법에는 ①산소 아세틸렌 용접법 ②산소수소 용접법 ③공기아세틸렌 용접법의 3종류가 있다. 그 중에서도 산소 아세틸렌 불꽃에서 가장 고온을 얻을 수 있으므로 산소 아세틸렌 용접법이 가스 용접의 대명사일 정도다.

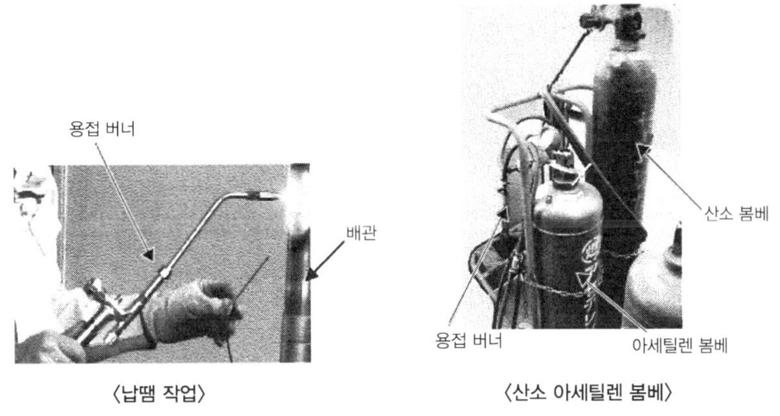

〈납땜 작업〉 〈산소 아세틸렌 봄베〉

〈그림 7.40〉 산소 아세틸렌 용접장치

2) SGP : **아크 용접법**(arc welding)

일명 전기용접이라고도 한다. 현재 거의 모든 건축설비 공사에서는 아크 용접법이 전적으로 적용되고 있다. 한 마디로 아크 용접법이라고 하지만 종류가 다양하고 그 중에서도 SGP 용접에는 피복 아크용접과 불활성가스 아크용접이 주로 채택되고 있다.

전자(前者)는 가장 많이 보급된 용접법으로, 용접 산화 등의 어려움을 가능한 한 극복하기 위해 플럭스(용제)를 도포한 피복 용접봉을 사용하고 플럭스 연소에 의한 가스로 용융금속과 공기를 차단해 SGP를 용접하는 방법이다.

후자는 아크 용접부를 아르곤과 같은 불활성가스(inert gas)로 감싸 공기를 완전히 차단하고 용접하는 방법이고, TIG용접과 MIG용접이 대표적이다.

공조 위생설비 배관 등에서는 TIG 용접이 많이 사용된다. 왜냐하면 일반 플랜트용 배관에 비해 소구경 배관(65A~300A 정도)을 취급하는 일이 많기 때문에 SGP 내면에서는 용접이 불가능하다.

따라서 편면(片面) 용접이더라도 관 이면에 결함이 없는 비드(bead)를 형성하는 비드용접을 해야 하기 때문이다.

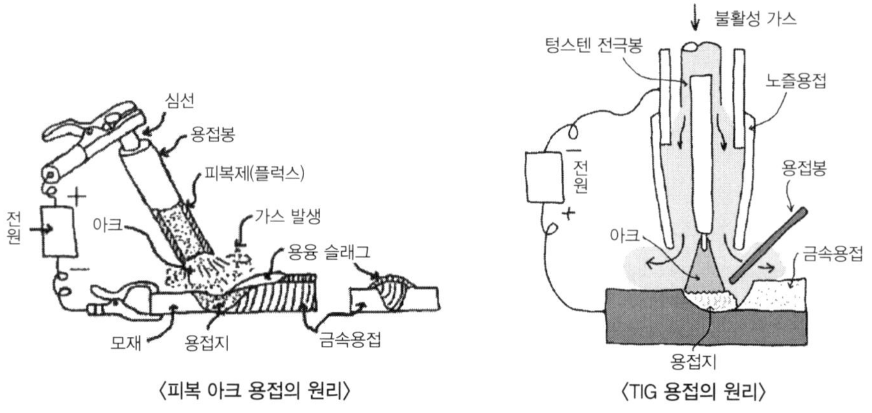

〈그림 7.41〉 피복가스 아크 용접의 원리와 TIG 용접의 원리

3) SGP : **용접작업 순서**

① 관 절단

관축에 직각으로 관을 절단하는 것은 공통적이지만 용접으로 접합할 경우에는 관 선단 용접부에 모따기(開先) 가공을 하는 것이 중요하다.

용접 부분의 모따기(beveling) 형상과 그 치수를 〈그림 7.42〉에 나타내는데 용접 접합의 품질은 모따기 형상과 루트 갭으로 결정된다고 할 정도이다.

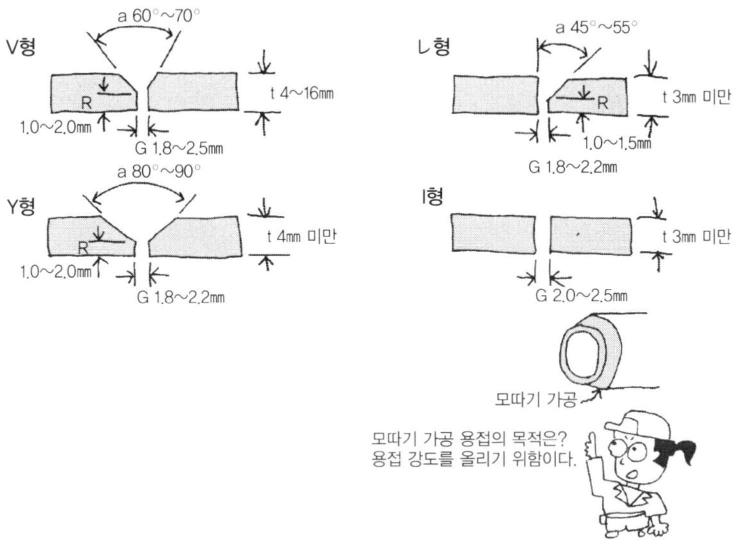

〈그림 7.42〉 용접 부분의 모따기 형상과 그 치수

② 가용접과 본용접 작업

위에서 말한 모따기 가공이 끝나면 용접작업에 착수하는데, 맨 처음에는 가용접을 하고 그 다음에 본용접을 실시한다.

참고로 일반적으로는 가용접(temporary welding)이라는 용어를 사용하지만 영어로는 Tack welding(가용접)이다.

이는 접합하는 강관끼리 혹은 이음부 위치를 올바르게 고정하고 용접부 변형으로 인한 모따기부의 위치가 어긋나는 것을 방지할 목적으로, 임시로(일시적으로) 3~4개소를 가용접하는 작업이다. 임시라는 말에 현혹돼 초보에 가까운 견습 용접공에게 이 작업을 맡기는 것은 대단히 위험한 일이다. 왜냐하면 가용접 부분에는 나중에 용접 결함이 남는 경우가 많기 때문이다.

〈그림 7.43〉 가용접과 본용접 작업

가용접을 끝낸 후, 용접 유자격자의 손으로 용접부 전체를 용접하는 작업이 본용접(full welding)이다. 당연히 보호안경을 착용하고 용접 Hume(특히 백가스관 용접 시)을 최대한 흡입하지 않는 양호한 환경 하에서 용접해야 한다.

③ 용접 작업과 용접 자세

용접 자세에는 하향 자세·상향 자세·수직 자세 등이 있다. 가능한 한 양호한 용접결과를 얻을 수 있는 하향 자세로 용접하는 것이 중요하다. 이를 위해서는 터닝 롤이나 포지셔너 등을 사용해 용접 강관을 수평 회전시켜 용접 작업을 하는 것이 바람직하다.

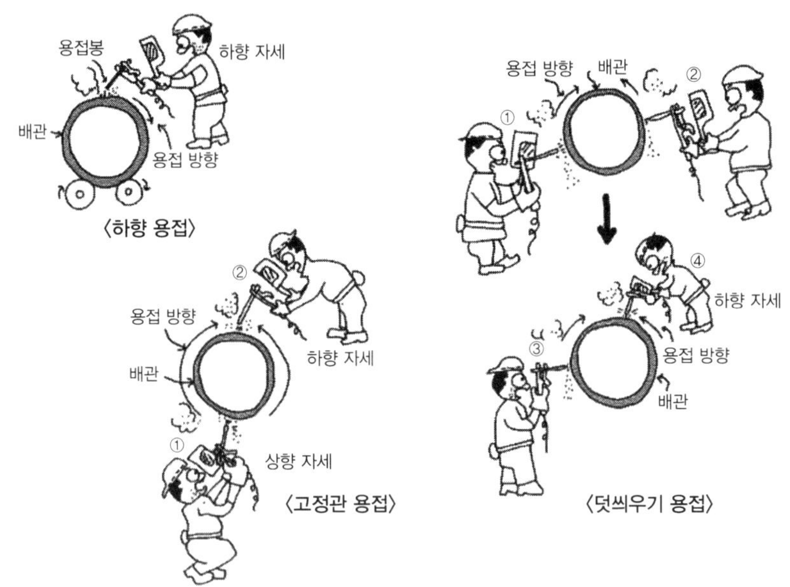

〈그림 7.44〉 다양한 용접 자세(숫자는 순서를 나타낸다)

④ 용접 결함과 운봉법

용접 시 발생하는 용접 결함(welding defects)에는 블로 홀·용입 부족·슬래그 엉김·언더컷 등이 있다.

그리고 용접봉의 종류·지름·용접 자세 등에 따라 결함이 없는 깨끗한 용접부를 효율적으로 형성하기 위해 다양한 운봉법(manipulation)을 적용하고 있다.

〈그림 7.46〉에 나타내는 크레이터 처리 운봉은 갑자기 아크를 자르면 크레이터 균열이 생기는데 이를 막기 위해 크레이터를 메우고 나서 아크를 자르는 운봉법이다.

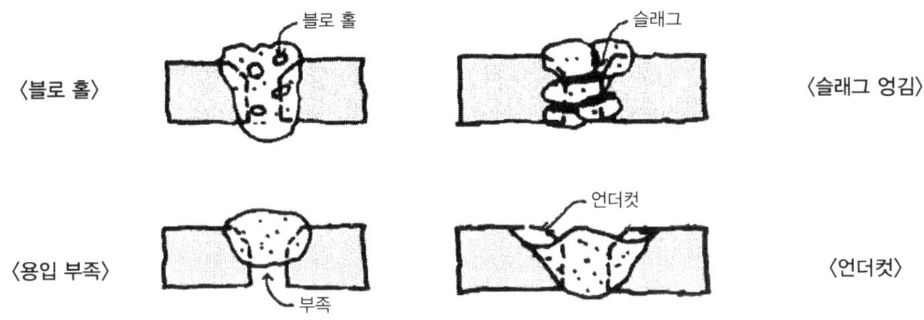

〈그림 7.45〉 다양한 용접 결함

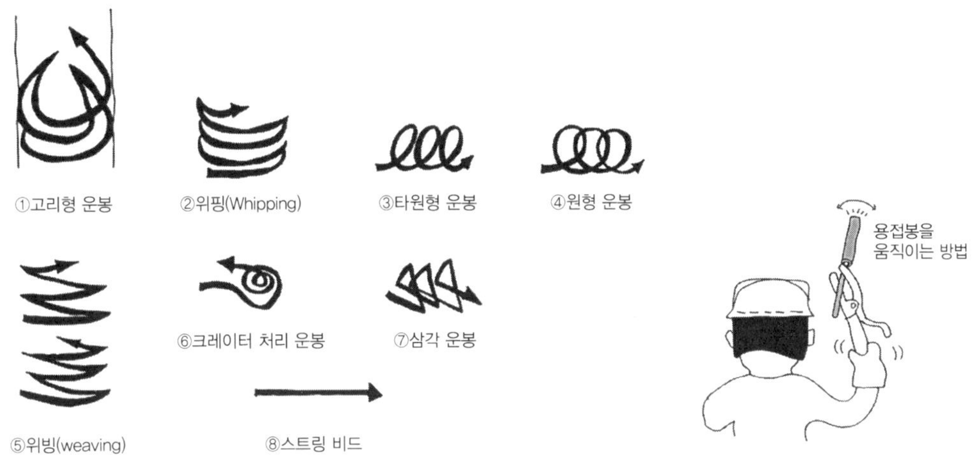

〈그림 7.46〉 용접작업 시의 다양한 운봉법

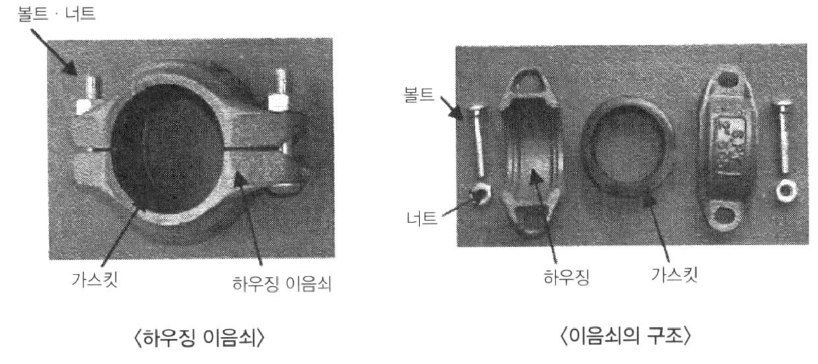

〈그림 7.47〉 일반적인 메카니컬 관 이음쇠의 형상과 구조

(5) SGP : 메카니컬 관 이음쇠 접합법

메카니컬 관 이음쇠에도 다양한 종류가 있는데 일명 하우징 관 이음쇠라고도 한다. 일반적으로는 〈그림 7.47〉과 같은 형상 및 구조를 하고 있다.

이 같이 관 이음쇠에 의한 접합방법은 우선 SGP 관을 절단하는데 절단방법은 나사접합의 경우와 같다. 단, 본관 접합법은 관 말단에 있는 나사를 자르는 대신 그루버(홈절단기)로 그루빙(홈가공)을 하고 기계적으로 관을 접합한다.

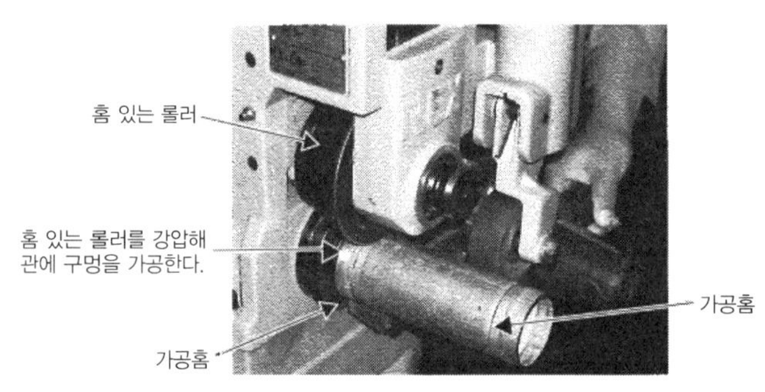

〈그림 7.48〉 그루버에 의한 그루빙(홈가공)

〈그림 7.49〉 메카니컬 관 이음쇠에 의한 SGP관 접합

(6) STS 강관 접합법

1) STS 강관 접합법의 종류

STS 강관 접합법은 크게 물리적 접합법과 기계적 접합법으로 크게 나뉜다.

전자(前者)에는 ①납땜 접합법과 ②용접 접합법이 있다. 후자는 메카니컬 접합법으로 총칭되고 다시 ①원터치식 ②프레스식 ③너트식 ④하우징식 ⑤루즈 플랜지식의 5종류로 분류된다. 참고로 STS 강관은 관의 살두께가 얇기 때문에 용접 접합법으로는 TIG 용접법〈그림 7.50〉을 사용한다.

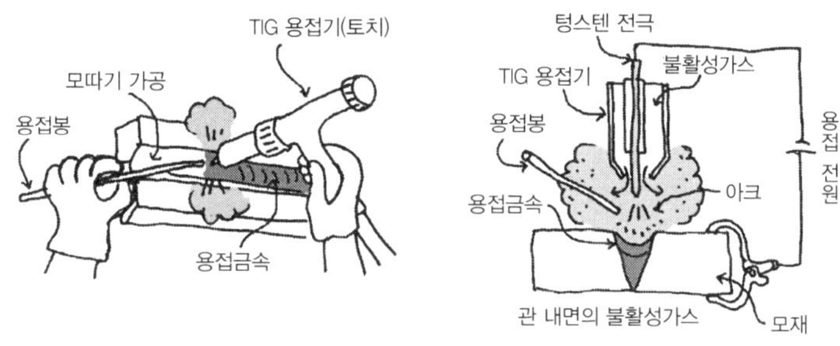

〈그림 7.50〉 STS 강관의 TIG 용접 원리

2) STS 강관 절단법

STS 강관을 절단할 때는 관을 접합하는 데 적합한 절단면을 확보할 필요가 있다.

이를 위해서는 관축에 직각이고 처짐·흠집(burr)이 없으며 절단면이 타원으로 되지 않도록 신경을 쓴다. STS 강관 절단 공구에는 여러 가지가 있는데 대표적인 관 절단공구는 ①파이프 고정식 로터리 커터(핸드 튜브 커터) ②파이프 회전식 관 로터리 커터 ③플래니터리 절단기(이름의 유래 : 위성처럼 회전하면서 관을 절단하기 때문에) ④띠톱 절단기 등이 있다. 또, ③과 ④는 구경이 큰 경우나 자동용접을 할 경우에 관을 절단하는 데 사용된다.

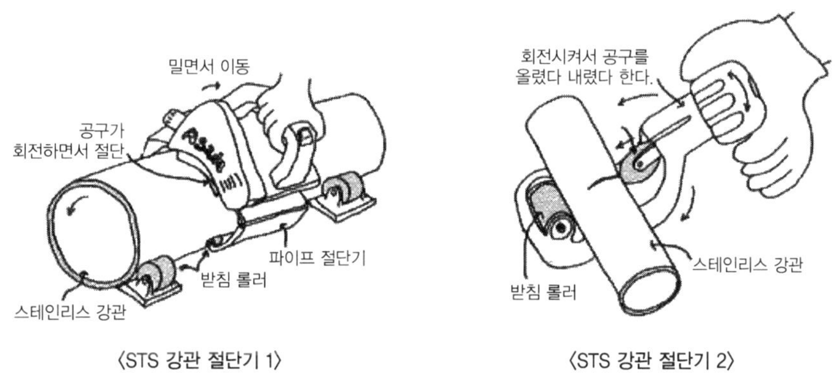

〈STS 강관 절단기 1〉 〈STS 강관 절단기 2〉

〈그림 7.51〉 STS 강관 절단 방법

3) 스테인리스강 강관 접합법의 유의사항

메카니컬 접합법은 소구경 배관에 일반적으로 적용되는데 시공하는 방법은 여러 가지이므로 각 회사에서 발행한 시공 매뉴얼에 준해 실시한다.

스테인리스강 강관을 TIG 용접함에 있어서는 용접작업 중 관 내부(내면)의 산소농도가 0.01% 이하가 되도록 Back Shield하고 용접하는 것이 포인트다.

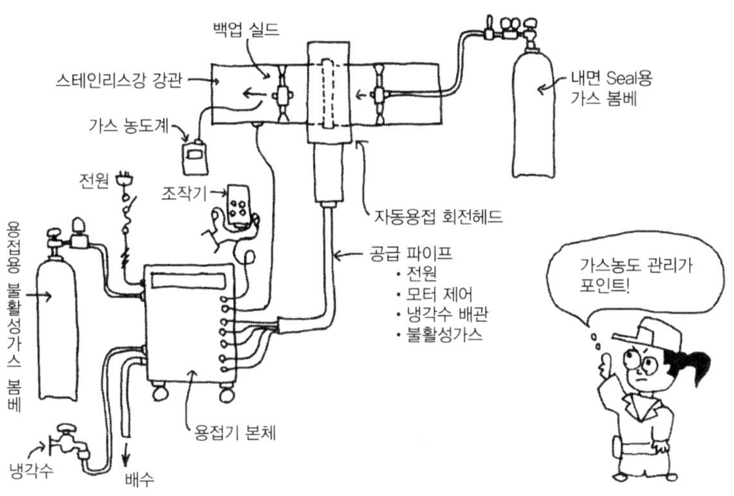

〈그림 7.52〉 스테인리스강 강관 TIG 용접 시의 백 실드

(7) 동관 접합법

1) 동관 접합법의 종류와 원리

동관 접합법에는 ①연납땜(땜납) 접합법 ②경납땜(땜납) 접합법 ③기계적 접합법 ④맞대기 용접 접합법의 4종류가 있다.

여기서는 그 중에 건축 설비용 동관 접합에 많이 사용되고 있는 ①과 ②에 대해 기술한다. 참고로 납땜(soldering)이라는 용어가 있는데, 이는 용가재(납·납)를 사용해 가능한 한 모재를 용융하지 않고 습윤 현상에 의해 접합하는 방법을 말하고 납땜 및 땜납의 총칭이다.

[기술용어 해설]

습윤 현상이란?

용융 납이 접합면에 잘 융합하면서 퍼져가는 현상을 말하고 접합면이 "잘 젖는" 조건은 산화 피막이나 이물질이 없어야 하고 납땜온도가 적정해야 한다.

2) 연납땜 접합법과 경납땜 접합법

동관과 동이음의 납땜 접합은 그 틈새(갭)를 적절히 유지하는 것이 매우 중요하다. 연납땜 접합일 경우에는 그 간격이 "0.01mm~0.02mm(인장강도 60kgf/mm² : 약 588MPa)"정도이고 경납땜일 경우에는 "0.05mm~0.15mm(인장강도 40kgf/mm~90kgf/mm² : 약 392~882MPa)" 정도가 가장 바람직하다〈그림 7.53〉.

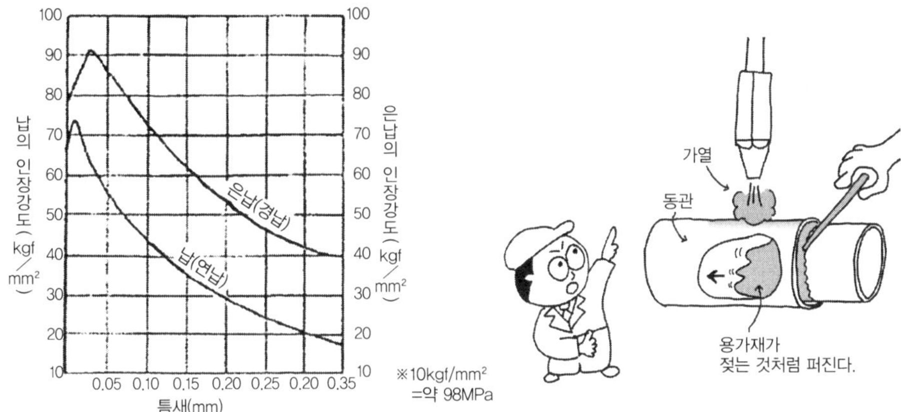

〈그림 7.53〉 납땜 틈새(mm)와 인장강도의 관계

〈납땜〉

■ 포인트
관에 빨려 들어가도록
적당한 온도까지 올린다.
다량의 납이 관 안으로 들어가면
침식의 원인이 된다.

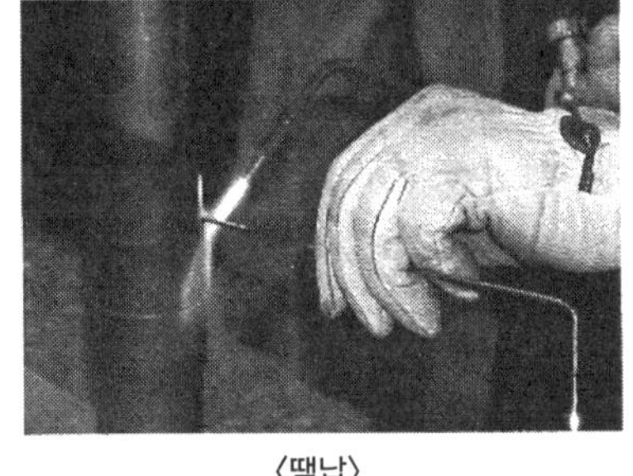

〈땜납〉

■ 포인트
은납땜 용융제(플럭스)를 반드시
도포하고 플럭스 찌꺼기를 완전히
제거한다.

〈그림 7.54〉 동관의 '납땜'과 '땜납'

연납땜은 영어로 "soft soldering"이라고도 하고 융점 450℃ 미만의 용가재(납 : solder)를 사용해 모재(동관과 관 이음쇠)를 가능한 한 녹이지 않은 상태에서 플럭스에 의한 습윤이나 동관과 관 이음쇠 사이에 벌어지는 약간의 틈(갭)에서 일어나는 모세관 현상에 의해 납을 충전(유입)시킴으로써 이루어지는 동관 접합법이다.

한편 경납땜은 영어로 "hard soldering"이라고도 하고 납땜에 대해 융점 450℃ 이상의 용가재(납)를 사용하는 동관 접합법이다. 경납에 의한 동관 접합법은 호칭지름 40mm 이상의 동관 특히 강도를 필요로 할 경우에 채택된다.

참고로 납땜 종류에는 사용하는 납의 종류에 따라 인동납·은납·알루미늄납·니켈납·금납 등이 있는데 가장 일반적으로 사용되는 것은 인동납과 은납이다.

3) 경납땜(납땜) 시공상의 유의점

위에서 말한 바와 같이 모세관 현상으로 용융 납을 흡입하게 하는 원리에 근거하고 있으므로 적정한 틈새(갭)를 확보하는 것이 가장 중요하다.

그러나 구경이 커서 호칭직경이 40A 이상이 되면 틈새에 편차가 생겨 적정 간격을 확보할 수 없다. 틈새가 0.20mm 이상이 되면 모세관 현상이 제대로 기능하지 않아 보이드 등의 결함이 발생하기 쉽다.

[기술용어 해설]

보이드(void)

접합부에 납이 충분히 골고루 퍼지지 않은 결함 있는 납땜 부분을 말한다.

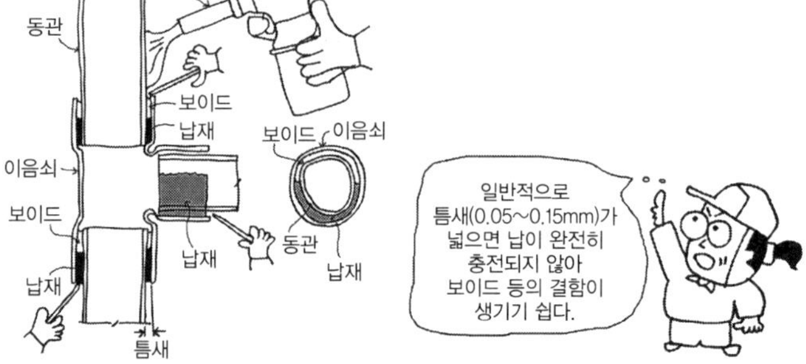

〈그림 7.55〉 납땜의 보이드 현상

(8) 기타 라이닝 강관의 접합법

배관재료 부분에서도 다루지 않았지만 최근에는 다양한 라이닝 강관이 개발, 출시되고 있다. 그 대표적인 것이 수도용 경질 염화비닐라이닝 강관(JWWA K 116)(이하 '염화비닐 강관'이라고 한다)과 수도용 경질염화 폴리에틸렌 분체 라이닝 강관(JWWA K 132)(이하 '폴리강관'이라고 한다)이다.

그 중에 염화비닐 강관은 시공(관 절단·나사 접합·용접 접합)할 때 그 구조 및 내열 면에서 유의해야 할 점이 많다.

지면 관계상 다루지 않았으므로 관심이 있는 분은 '건축설비 배관공사 독본'의 시공상 유의점 등에서 설명하고 있으므로 참조하기 바란다.

7·6 배관공사 : 시공상의 금기 사항

배관공사의 대미를 장식하는 화제로 현장의 배관공사를 관리·감독하는 입장에 있는 분이 현장검사 등에서 결코 간과해서는 안 될 사항을 '금기사항' 형태로 순서 없이 생각나는 대로 열거한다. 도대체 왜 그럴까? 그 이유에 대한 설명은 생략했지만 이것을 기회로 각자 생각하기 바란다.

(1) 전반적인 배관공사

① 냉온수 배관에서는 원칙적으로 기둥문 배관을 하지 않는다.

② T분기 배관을 하지 않는다.

③ 내면 라이닝 강관을 절단하는 데 누름커터를 사용하지 않는다.

④ 증기 드레인관으로 SGP관을 채택하지 않는다.

⑤ 나사 배관에는 지옥 배관(수도관 공사에서 이미 닿아 있는 배관에는 아무런 이음이 없어 배관을 잘라 가공하는 것 외에는 시공할 방법이 없는 것을 '배관 지옥'이라고 한다)을 가능한 한 채택하지 않는다.

⑥ 증기 배관에서는 스팀해머 현상을 무시하면 안 된다.

⑦ 나사절삭기에 탑재된 절삭날 (체이서)의 수명을 무시하면 안 된다.

⑧ 플랜지 볼트 접합에서 플랜지 볼트를 한쪽으로 죄면 안 된다.

⑨ 배관의 하중을 다른 장비류에 실으면 안 된다.

⑩ 배관의 가스킷재로 석면계 가스킷을 사용하면 안 된다.

⑪ 현장에서 STS 배관의 용접 접합을 절대로 하면 안 된다.

⑫ SGP 용접 시 "루트갭(루트 간격)=0"인 용접은 가능한 한 피한다.

⑬ 공기빼기용·물빼기용 퍼지 밸브 설치하는 것을 잊으면 안 된다.

⑭ 편심 레듀셔(reducer)를 설치할 때 물배관과 증기배관을 혼동하면 안 된다.
⑮ FCU 드레인 배관의 구배를 착각하면 안 된다.
⑯ 증기 수직배관의 기초부에 관말 트랩 설치하는 것을 잊으면 안 된다.
⑰ 전격방지장치가 장착되지 않은 전기저항 용접기를 사용하면 안 된다.
⑱ 나사접합 배관의 내용연수를 과신하면 안 된다.
⑲ 배관의 내진 지지·내진 고정을 소홀히 하면 안 된다.
⑳ 배관공사의 마디마디에서 배관의 플러싱 작업을 게을리 하면 안 된다.

(2) 밸브 계기류의 선택·설치

① 증기 배관에 게이트 밸브를 사용하지 않는다.
② 스크류식 게이트 밸브에 대해 배관을 너무 비틀어 넣으면 안 된다.
③ 스테인레스·동(銅) 배관에는 철제 밸브를 사용하지 않는다.
④ 유량계 설치 방향을 착각하면 안 된다.
⑤ 밸브를 설치 파이프렌치를 사용하면 안 된다.
⑥ 조절밸브·조정밸브의 사이즈를 지나치게 크게 선정하면 안 된다.
⑦ 밸브 근처에서 용접작업이나 납땜작업을 하면 안 된다.
⑧ 주철 밸브에는 메탈 가스킷을 사용하면 안 된다.
⑨ 미(微)차압·과소 유량에서 체크밸브를 사용하면 안 된다.
⑩ 엘보 바로 옆에 밸브를 설치하면 안 된다.

제8장. 환기 설비공사

8·1 환기 설비공사

환기 설비공사란 대상 공간을 환기(ventilation)하기 위한 송풍기·배풍기·덕트설비·급기구/배기구·에어필터·후드 등의 조합체인 환기설비를 설치하는 것을 말한다. 이 같은 환기 방법을 특히 기계 환기 설비라고 하고 자연 환기설비도 병용한다.

〈그림 8.1〉 환기설비의 구성 요소

[유용한 지식 한 마디]

환기설비의 역사

들리는 말에 의하면, 환기설비의 뿌리는 영국의 광산에 있는 것 같다. 과거 광산에서 하던 금채굴 작업을 봐도 알 수 있듯이 석탄 채굴 광부가 열악한 환경에서 장시간 석탄을 계속 채굴하려면 가능한 한 신선한 외기를 갱내로 공급할 필요가 있었기 때문이다.

8·2 왜 환기가 필요할까?

실내 공기는 거주자의 발열·호흡·발한에 의한 수증기(vapor)·이산화탄소(CO_2)·체취(body smell)와 연소 기구(combustion appliances) 등에서 발생하는 취기(odor)·분진(dusts)·유해가스(hazardous gas) 등에 의해 오염(contamination)되고 때로는 산소 부족으로 인한 불완전연소 등의 장해도 야기된다.

이와 같이 실내 공기가 오염되면 실내 거주자(occupants)는 점차 불쾌감을 느끼다가 마침내는 거주하기조차 불가능해진다.

공조 설비에서도 공조용 급기량의 일부에 1인당 최소한의 외기를 도입해야 하는데 외기도입량이 극단적으로 부족하면 이른바 실내공기질(IAQ : Indoor Air Quality)이 악화된다.

[기술용어 해설]

분진 폭발(Dust Explosion)

분진 폭발이란 일정한 농도의 가연성 분진이 대기 등의 기체 중에 떠도는 상태에서 불꽃 등에 의해 불이 붙어 폭발을 일으키는 현상을 말한다. 탄광에서 석탄가루가 일으키는 탄진(炭塵) 폭발이 그 대표적인 예다.

또 밀가루, 설탕, 옥수수 전분 등의 식품이라든가 알루미늄 등의 금속가루 등 일반적으로 가연물·위험물로 인정되지 않은 물질이라도 폭발을 일으키는 일이 있다. 일본에서 발생한 유명한 탄진 폭발은 1899년에 도요쿠니 탄광에서 일본 최초로 탄진 폭발이 발생해 사망자 210명을 낸 대참사였다. 그 후로는 탄광 내에서의 대책이 강구됐다.

1963년에는 미쓰이 미이케 탄광 미카와코에서 탄진 폭발이 발생해 사망자 458명, 일산화탄소 중독환자 839명을 내는 전후(戰後) 최악의 탄광 사고로 기록됐다.

어쨌든 탄진 폭발 방지 관점뿐만 아니라 광부의 건강유지 관점에서도 광산의 환기설비는 중요한 역할을 수행한다.

〈그림 8.2〉 광산의 환기 설비

그 일례가 1980년대 전반기부터 미국·유럽의 오피스빌딩 등에서 빈발했던 새빌딩증후군(SBS : Sick Building Syndrome)이다. 그 원인은 〈표 8.1〉에 나타내는 바와 같이 공기 중에 포함된 다양한 공기 오염 물질들이다.

〈표 8.1〉 주요 실내공기 오염물질

오염물질	발생원
휘발성 유기화합물(VOC)	향수, 정발제, 접착제, 광택제, 왁스, 도료, 착색제 등
포름알데히드	파티클 보드, 합판, 요소 포름알데히드, 발포 단열재, 캐비닛, 가구, 카페트 등
약제	살충제, 살균제, 소독제, 흰개미 구제제, 흰개미 방제제 등
CO(일산화탄소) CO_2(이산화탄소) NO_2(이산화질소)	가스 · 등유 난방기기, 목탄 난로, 가스 조리기, 난로, 담배연기, 자동차의 배기가스 등
SO_2(이산화황)	등유 난방기기 등
분진	난로, 목탄난로, 가스 · ₩등유 난방기기, 담배 등의 연기
오존	식물, 동물, 새, 인체, 집먼지 등
미생물(박테리아, 바이러스, 곰팡이, 진드기, 꽃가루)	프린터, 복사기 등
라돈	토양, 지반 등에서

[기술용어 해설]

IAQ(실내 공기질)

"Indoor Air Quality"의 머리글자를 딴 약자로 실내 공기질이라고 번역된다. 실내 환경의 성능을 생각할 때 실내의 온열환경과 함께 중요하고 실내 거주자의 건강에 영향을 주는 것이 IAQ(실내공기질)다.

그런데 이런 여러 가지의 환기 문제를 해결하려면 실내에서 발생하는 오염공기(polluted air)를 실외로 배출해 청정한 공기로 희석(dilution)하거나 청정한 외기로 치환(displacement)할 필요가 있는데 그 방법을 환기라고 한다.

참고로 환기할 필요가 있는 여러 가지의 인자를 〈표 8.2〉에 나타낸다.

〈표 8.2〉 환기할 필요가 있는 인자들

명칭
산소(O_2)
이산화탄소(CO_2)
일산화탄소(CO)
냄새(담배, 체취, 기타)
열
습기
연소가스
분진(PM2.5 포함)
세균
유독가스

[유용한 지식 한 마디]

예상 밖의 환기 부족으로 인한 사고, 2가지 예

① 탕비기용 배기 덕트 중의 FD 폐쇄로 인한 사망사고 예

모 개인의 산막 별장에 여러 명의 스키어가 숙박했을 때의 일이다. 저녁식사 후 낮에 스키를 탄 피로감 탓인지 가스 탕비기에 불을 붙인 채 모두가 깊은 잠에 빠졌다. 한밤중 수면을 취하는 동안에 탕비기 전용 배기 덕트에 설치돼 있던 FD(방화 댐퍼)가 탕비기의 배기열로 인한 작동으로 닫힌 상태로 돼 버렸다. 때문에 불완전연소 상태의 배기가스가 역류해 방에 가득 차 모두 사망하는 사고로 이어졌다. 이 사고에 대한 반성으로 그 후로는 탕비기의 배기 덕트 안에 FD(방화 댐퍼) 설치를 금지했다.

② 온천지에서 H_2S가스 충만으로 인한 산소 결핍 사망사고

2014년 10월 홋카이도 아쇼로마찌 온네토 온천의 숙소 '케이후쿠'에서 남성 입욕객이 황화수소 가스(H_2S)에 중독 사망했다. 그 원인은 온천 욕실의 환기팬 고장으로 분리된 상태여서 욕실의 환기가 불충분했기 때문이었다. 그 욕조는 바닥에서 뜨거운 물이 분출하는 구조여서 욕실의 H_2S 가스 농도가 높아지기 쉬웠다. 환경성의 기준에는 욕실의 H_2S 가스 농도가 높을 경우 환기 외에 온천수를 공기에 노출시켜 가스를 빼는 이른바 폭기(air-purge) 조치로써 가스 농도를 낮추는 것이 의무화 돼 있었다.

그 여관 경영자의 말에 의하면 욕조가 자분식인데 특별히 주의를 기울이지 않았던 것은 "탕의 기포가 솟아오르는 시각적인 효과가 있는데 입욕객의 평판이 좋아 문제가 있다는 것을 미처 인식하지 못했다"고 한다.

환경성의 위탁으로 현장을 조사한 (공공재단법인)중앙온천연구소의 보고에서는 "케이후쿠의 입지는 욕실 바로 옆까지 산이 다가서 있어 온천가스가 쌓이기 쉽고 통풍도 좋지 않은 구조적인 문제가 있어 언제든지 사고가 일어날 수 있는 상태였다."고 지적했다.

여관측은 1987년 영업허가를 취득한 이래 보건소든 여관이든 욕실의 가스 농도를 한 번도 측정한 적이 없었고 설비상의 미비점에 대해서도 지적을 받은 적이 없었다고 한다. 여관 경영자는 "이번 사고로 보건소로부터 받은 시정 사항을 모두 개선하려면 거액의 비용이 들기 때문에 폐업하는 수밖에 없다." 고 했다.

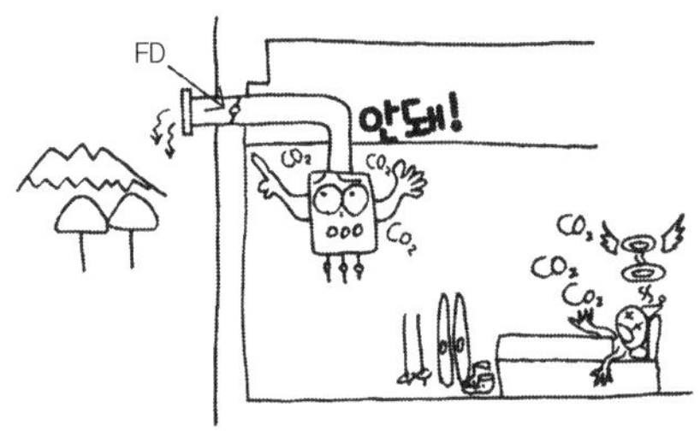

〈그림 8.3〉 탕비기 배기 덕트에 FD를 설치하면 안 된다

〈그림 8.4〉 홋카이도 온네토 온천 욕실에서 발생한 H_2S 가스 중독사고 예

1973년 제1차 오일쇼크와 1979년 제2차 오일쇼크의 영향을 받아 당시에는 사회적으로 에너지 절약이 강력히 요구됐다.

이를 위해 건축 분야에서는 냉방 부하에서 차지하는 비중이 큰 외기도입량을 적극 줄이기 위해 건축물의 고기밀화·고단열화가 진행됐다. 미국 등에서는 외기도입량을 종전 도입량 15CFM (25.5m³/h)의 1/3인 5CFM(8.5m³/h) 이하로 설정했기 때문에 환기 불량으로 인한 것이 SBS의 주요 원인이었다.

그 결과 미국에서는 1989년에 기준을 개정해 1인당 최소 외기도입량을 과거 권장치였던 15CFM (25.5m³/h)으로 되돌렸다.

8·3 환기 방법의 종류

환기 방법에는 자연환기법과 기계환기법이 있다.

(1) 자연 환기법(natural ventilation system)

자연환기법이란 송풍기 등의 기계력을 일체 사용하지 않고 그 원동력을 자연 바람에 의한 풍향·압력차 및 건물의 실내외 온도차에 의한 밀도(부력)를 이용해 환기하는 방법을 말한다. 자연환기법은 외기의 풍향·풍속·온도 등 자연조건에 좌우되기 쉬우므로 환기를 확실하게 하기는 어렵지만 자연 에너지를 이용하므로 잘 이용하면 에너지 절약 환기 방식이 된다.

단, 풍력발전의 예를 보면 알 수 있듯이 풍력·풍속은 끊임없이 변화하므로 온도차에 의한 부력을 이용하는 자연환기 방식이 더욱 안정적이다. 이 같은 환기법을 패시브 벤틸레이션(수동적 환기법)이라고도 한다.

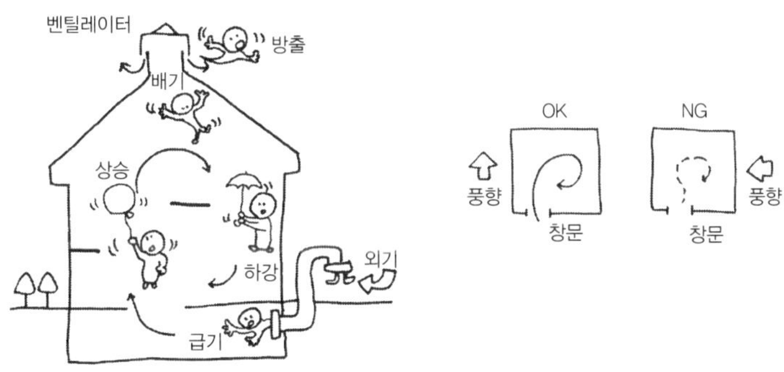

〈그림 8.5〉 자연환기법의 예

(2) 기계 환기법(mechanical ventilation system)

송풍기·배풍기 등의 기계력을 이용하는 환기 방식으로 (3)항에서 기술하는 바와 같이 3종류로 분류된다.

이 환기 방법을 액티브 벤틸레이션(능동적 환기법)이라고도 한다.

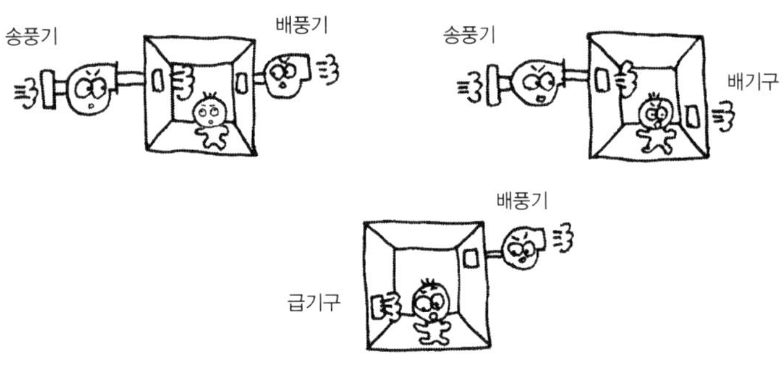

〈그림 8.6〉 3종류의 기계 환기방식

(3) 기계 환기법의 종류

앞에서 기술한 바와 같이 실내로의 급기 또는 실외로의 배기는 송풍기·배풍기를 이용해 강제로 환기하는 환기방식이고 기계 환기 시스템은 〈그림 8.7〉에 나타내는 바와 같이 일반적으로 송풍기·배풍기, 덕트, 공기토출구·흡입구로 구성된다.

① 제1종 기계 환기방식

이 환기방식은 룸의 급기측과 배기측 양쪽에 각각 송풍기를 설치해 환기하는 시스템으로 가장 확실하게 환기할 수 있다. 급기량과 배기량을 조절하면 실내를 정압(positive pressure)과 부압(negative pressure)으로 유지할 수 있다. 예를 들면 극장·영화관·지하상가 외에도 엄격한 실압 제어와 기류 분포가 요구되는 연구소·실험실 등의 환기 시스템에 적용된다.

〈그림 8.7〉 제1종 기계 환기방식

② 제2종 기계 환기방식

이 환기방식은 룸의 급기 측에만 송풍기를 설치해 실내를 정압으로 유지하면서 급기하고 실내에 설치된 배기 루버 등으로 실내 유입 공기를 자연스럽게 실외로 내보내는 환기 시스템이다. 확실한 급기량을 기대할 수 있기 때문에 다량의 연소공기를 필요로 하는 보일러실이나 실내로의 극간풍 침입(infiluration)이 문제되는 즉 높은 청정도가 요구되는 수술실 등에 적용된다.

한편 악취나 유독가스가 발생하는 룸에는 틈새로 이들 가스가 확산되므로 이 환기 시스템은 채택하지 않는다.

〈그림 8.8〉 제2종 기계 환기방식

③ 제3종 기계 환기방식

이 환기방식은 룸의 배기 측에만 배풍기를 설치해 실내를 부압으로 유지하면서 배기하고 급기는 실내에 설치된 급기 루버 등으로 급기를 자연스럽게 유입시키는 환기 시스템이다. 이 환기 시스템은 화장실·욕실·탕비실이나 유해가스가 발생하는 룸 그리고 냄새·수증기·유해가스가 룸의 개구부로부터 확산될 우려가 있는 룸 등 실내를 항상 부압으로 유지할 필요가 있는 방에 적용된다.

〈그림 8.9〉 제3종 기계 환기방식

8·4 전체 환기방식과 국소 환기방식

환기할 대상의 관점에서 보면 환기방식에는 전체 환기방식과 국소 환기방식이 있다.

(1) 전체 환기방식(whole area ventilation system)

룸 전체의 공기를 환기 대상으로 하고 실내에서 발생하는 오염 대상 물질을 희석, 확산한 후 배출

〈그림 8.10〉 전체 환기방식

[기술용어 해설]

◇희석 환기방식

전체 환기에서는 실내에서 발생한 오염물질에 외기를 보냄으로써 실내에 확산(diffusion) 시켜 실내 전체의 오염물질 농도를 인체에 유해하지 않을 정도로 희석 한다는 아이디어의 환기 시스템이다.

◇치환 환기방식

전체 환기방식에서는 오염 공기를 완전히 외기와 치환할 필요가 있는데 토출 기류나 흡입 기류에 의한 실내 기류에 따라 그 효과가 크게 좌우될 우려가 있다. 그래서 층류를 실내에 보내 오염된 공기를 단번에 실외로 밀어내 버린다는 아이디어의 환기 시스템이다.

참고로 필자는 이 환기 시스템을 "도코로덴(통에 우무를 넣고 막대기로 밀어서 가늘게 뽑아내는 틀) 환기"라고 명명했다.

〈그림 8.11〉 치환 환기방식의 이미지

하는 환기 시스템이므로 보통 희석환기법 시스템(Dilution Ventilation System)이라고도 한다. 이 환기 시스템은 오염원(contamination source)이나 오염량(contamination quantity)에 따라 다량의 환기량이 필요하다.

최근에는 층류(laminar flow)를 실내로 보내 오염된 공기를 단번에 밖으로 밀어내는 아이디어에 기초한 치환 환기방식(Displacement Ventilation System)도 등장했다.

(2) 국소 환기방식(local ventilation system)

이 환기방식은 오염물질(contaminant·pollutant) 발생원이 생기는 부근에서 배기후드·배기 부스·드래프트 챔버 등으로 포착해 배기하는 방식이다.

전체 환기방식일 경우에 비해 필요 환기량을 훨씬 줄일 수 있어 에너지 절감형 환기 시스템이다.

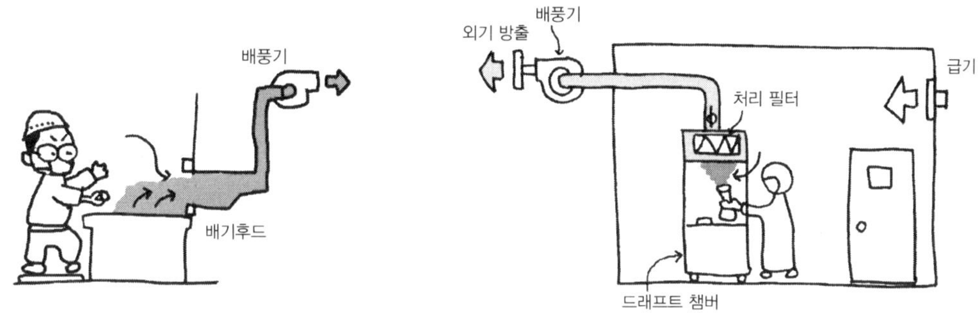

〈그림 8.12〉 국소 환기방식　　〈그림 8.13〉 배기후드·배기 부스·드래프트 챔버

8·5 필요 환기량 계산법

실내 환기에 이용하는 풍량을 환기량이라 하고 통상 시간당 공기체적(m^3/h)으로 표시한다. 실내공기 환경을 양호한 상태로 유지하는 데 필요한 최소 외기도입량을 필요 환기량이라고 한다.

필요 환기량은 환기할 필요가 있는 오염물질 발생량을 실내의 허용 오염물질 농도와 도입 외기 오염물질 농도의 차이로 나누어 다음과 같이 구한다.

$$\text{필요 환기량}(m^3/h) = \frac{\text{오염물질 발생량}(m^3/h)}{[\text{허용 오염물질 농도}(m^3/m^3) - \text{외기 오염농도}(m^3/m^3)]}$$

이와 관련해 환기설비를 설계하는 데 필수인 필요 환기풍량 산정법에는 다음과 같이 5가지 방법이 있다.

(1) 환기횟수에 의한 방법

각 룸의 용적을 구하고 〈표 8.3〉에 나타내는 부속실의 환기횟수(회/h) 예에 따라 필요한 환기 풍량을 산출한다. 이 방법은 허용치(tolerlance)라든가 오염원의 상태를 정확히 파악할 수 없을 경우에 방의 용적을 기준으로 환기량을 계산해도 별 문제가 없는 부속실을 대상으로 한다.

〈표 8.3〉 부속실의 환기횟수 예

룸명	환기횟수[회/시]
주방(대)	40~60
주방(소)	30~40
수세식 화장실(사무실)	5~10
수세식 화장실(극장)	20~30
탕비실	10~15
세탁실	20~40
욕실	10~20
지하창고	5~10
차고	10~15
보일러실	10
전기실	20~30

[기술용어 해설]

룸 용적(Room Volume · 단위 m³)과 환기횟수(air change rate : 회/h)

◇룸 용적

룸 면적에 천장 높이를 곱해서 구한 값이다. 참고로 기적(氣積)이라는 용어도 있는데 이는 일반 사무실 등에서 재실자 1명이 차지하는 방의 용적을 말한다. 룸 전체의 용적을 재실자 수로 나눈 값이다. 기적이 클수록 거주 환경은 양호하다. 종전에는 오피스빌딩 등을 임대 계약할 때 단위 바닥면적(m²)당 가격으로 정하는 경우가 많았는데 앞으로는 기적(m³) 단위로 결정해야 할 시대인 것 같다.

예전에는 천장높이 2.4m 정도의 오피스빌딩이 많았지만 현재는 천장 높이 2.7m~3.0m 정도의 오피스빌딩이 일반화 된 시대이다. 참고로 건축기준법에서는 천장 높이 2.1m 이상의 방을 거실로 하고 있다.

◇환기횟수

단위 시간당 룸 용적의 몇 배나 되는 공기량을 교체하는가를 나타내는 수치이다. 건축설계 시 환기나 기류분포의 좋고 나쁨을 판단하는 지표가 된다. 참고로 전체 공기방식의 공조 시스템을 오피스빌딩에 채택할 경우, 총 급기량은 대체로 환기횟수 6회/h~8회/h 정도이고 외기도입량 30% 정도, 환기량 70% 정도로 파악해 두면 된다.

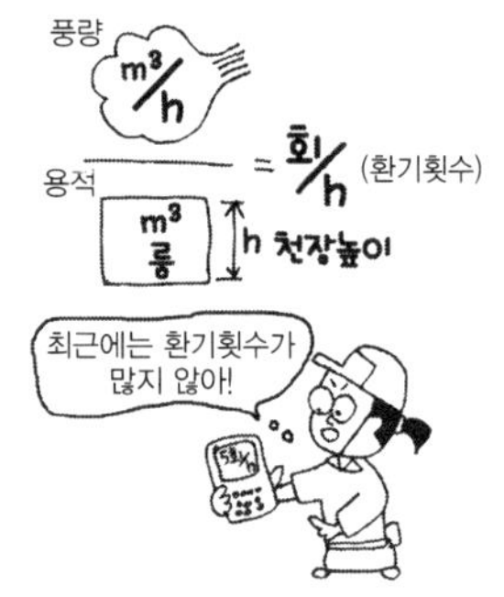

〈그림 8.14〉 룸 용적과 기적(氣積)

[필자만의 노하우]

주방 환기횟수에 관한 제안

〈표 8.3〉의 출처는 알 수 없지만 많은 참고서에 기재돼 있는 자료다. 그 중에서 주방(대)의 환기횟수 40~60회/시, 주방(소)의 환기횟수 30~40회/시라는 숫자가 지금도 당초의 취지나 의도와는 상관없이 제멋대로다. 이 설계 데이터는 주방(대)으로 하던 주방(소)으로 하던 여지가 너무 많아 설계사가 애를 먹는 데이터라고 생각한다. 더욱이 이 환기횟수는 이전의 산업용 클린룸 설계 환기횟수와 마찬가지로 과잉됐다고 본다.

따라서 주방의 급배기량 만큼은 환기횟수법에 의할 것이 아니라 주방에서는 조리용 연소 기구를 사용하기 때문에 뒤에 기술하는 (4)의 연소 기구에 필요한 환기량을 토대로 산정해야 할 것이다. 이에 대한 근거로 필자가 실제로 체험한 주방 환기의 트러블 사례 2가지를 소개한다.

◇칼질한 생선회가 맛없게 변색된다

모 관광호텔의 일식 요리사가 "자신이 칼질한 생선회류를 접시에 담는 순간 곧 맛없는 것처럼 변색되는데 어떻게 해야 하나요?"라는 고충을 토로했다. 즉 설계 급기량이 많기 때문에 생선회 위로 분출되는 공기가 직접 닿아 생선회의 색이 변하는 것이다. 그 해결책으로는 일단 주방 급기 팬의 풍량이 적은 기종으로 바꾸고 생선회 조리장 상부에 배치된 토출구를 모두 철거해 토출 기류가 생선회에 직접 닿지 않는 위치로 바꿨다.

◇너무 추워서 '튀김 손질'이 안 된다

이것은 모 튀김집의 사례다. 일반적으로 조리사의 복장은 옷이 얇다. 겨울철 튀김집의 주방에 외기를 급기하고 있었는데 "너무 추워서 일을 할 수가 없다"라는 고충 상담이었다. 해결책은 풍량이 작은 송풍기로 바꾸고 송풍 덕트 도중에 전기히터(겨울철 전용)를 설치하기로 했다.

이상의 두 사례 모두 환기 급기량 과잉에 기인한다. 주방 환기를 설계함에 있어서는 중화식용 주방·서양식용 주방·일식용 주방으로 분류해 그 니즈에 입각해 대응하는 것이 필수라고 생각한다.

〈그림 8.15〉 환기 풍량이 많으면 많을수록 좋다?

〈그림 8.16〉 주방 환기의 급기계통에는 겨울철 온풍이 필요하다

(2) 허용치 이하로 하는 방법

이 방법은 실내에서의 공기오염량과 그 허용치를 파악할 수 있을 경우 그 허용치에 적합하도록 〈표 8.4〉에 나타내는 계산식을 적용해 필요 환기량을 산출하는 방법으로 가장 이상적인 계산법이다.

(3) 법 규제에 기초한 방법

건축기준법 등에는 〈표 8.4〉의 실내 환경 허용치를 유지하는 데 필요한 환기량 계산식이 정해져 있지만 법 규제에 의한 필요 환기량은 이론적인 계산으로 구한 필요 환기량보다 더욱 엄격해 건축 확인신청 등에서는 심사 대상 사항이다.

〈표 8.4〉 실내 환경 허용치를 유지하기 위한 필요환기량 계산식

항목	내용	필요 환기량 Q [m³/h] 산출방법	비고
발열량	인체로부터의 발열량 · 실내 열원으로부터의 발열량	$Q = \frac{3.6q_S}{C_P\rho(t_1-t_2)}$	q_S : 발열량(현열)[W] C_P : 공기의 비열[1{1.006}] [kJ/(kg · k)] ρ : 공기밀도(1.2) [kg/m³] t_1: 실내온도 [℃] t_2: 토출 공기온도 [℃]
유해가스	실내 연소물로부터의 유해가스 · 기타 실내에서 발생하는 유해가스	$Q = \frac{M}{c_1-c_0}$	M : 유기가스 발생량[m³/h] c_1 : CO_2허용농도 [m³/m³] c_0 : 토출공기 농도 [m³/m³]
이산화탄소	인체 호흡으로 인한 CO_2발생량 · 실내 연소물로부터의 CO_2발생량	$Q = \frac{M}{c_1-c_0}$ (정상 시)	M : 실내에서의 CO_2발생량[m³/h] c_1 : CO_2허용농도 [m³/m³] 인체뿐일 때 0.001 c_0 : 토출공기의 CO_2농도 [m³/m³] 통상 외기 CO_2와 같게 하면 0.0003~0.00035
연통달린 기구	연통달린 석유난로 · 가스 풍로 · 보일러 등의 연소	Q = mQr	Q_r : 연소에 필요한 이론 공기량[m³/h] m : 과잉공기율(1.2~40) 단, 토출공기 중의 산소를 21%로 한다.
흡연량	실내 흡연량	$Q = \frac{M}{C_0}$	M : 흡연량 [g/h] C_0 : 1m³/h의 환기량에 대해 자극을 한도점 이하로 억제할 수 있는 허용 담배연소량 [g/m³] 냄새 한도를 2로 하면 0.0353 냄새 한도를 1로 하면 0.0171
먼지량 (여과기로 먼지, 유기가스 · 냄새를 제거할 때)	실내의 먼지 발생량	공기정화장치 없음 $Q = \frac{M}{c_1-c_0}$ 공기정화장치 있음 $Q = \frac{M-Q_e c_1(1-q)}{c_1-c_0}$	M : 먼지, 기타 발생량[개/h] 또는 [mg/h] c_1 : 허용 먼지 등의 농도[개/m³] 또는 [mg/m³] c_0 : 외기 먼지 농도[개/m³] 또는 [mg/m³] Q_e : 공기정화장치의 풍량[m³/h] q : 공기정화장치의 진애 또는 냄새 등의 통과율
수증기 양	인체로부터의 수증기 발생량 · 실내 연소물로부터의 수증기 발생량 · 기타 취사 등으로 인한 발생량	$Q = \frac{\omega}{p(x_1-x_0)}$ $\fallingdotseq \frac{\omega}{1.2(x_1-x_0)}$	ω : 수증기 발생량 [kg/h] ρ : 공기밀도 [kg/m³] x_1 : 허용 실내 절대습도 [kg/kg (DA)] x_0 : 외기 절대습도 [kg/kg (DA)]

참고로 특수 건축물의 환기량 관련 규제의 일례를 〈표 8.5〉에 나타낸다.

〈표 8.5〉 특수 건축물의 환기량에 관한 규제 일례

	환기량	조건	법규
작업실	30m^3/h · 인	1인당 기적(氣積)이 바닥 위 4m 이내이고 10m^3 이내 또는 창문면적이 바닥면적의 1/20 이상일 것	노동안전위생 규칙
무창 공장	35m^3/h · 인 또는 15m^3/h · 인 바닥면적		무창 공장에 적용
옥내 주차장	환기횟수 10회/h이상	창문 크기가 바닥면적의 1/10 이내일 때	주차장 시행 조례
주차장	외기 75m^3/m^2 · h 이상	주차장 면적이 500m^{2}이상이고 창문 크기가 바닥면적의 1/10 이내일 때	도쿄도 안전건축 조례
극장, 영화관, 연회장, 관람장, 공회당, 집회장	외기 75m^3/m^2 · h는 객석면적 공기조화 있을 때는 전풍량 75m^3/m^2 · h 외기량 25m^3/m^2 · h 30m^3/m^2 · h 바닥면적	• 주차장 면적이 400m^{2}이상 또는 지하 오락장(제1종) • 지상이고 150~400m^2(제1종과 제2종 중에서) • 지상이고 150m^2 이하(제1종, 제2종, 제3종 중에서)	위와 동일
지하 건축물	공기조화 있을 때는 외기량 10m^3/m^2 · h	바닥면적 1000m^2 이상인 층(제1종) 1000m^2 이하인 층(제1종, 제2종 중에서)	위와 동일

(4) 연소 기구에 필요한 환기량으로 산출하는 방법

실내에 연소 기구가 있을 경우에는 아래의 식을 충족하는 공기량 V(Nm^3/kg 또는 Nm^3/Nm^3)를 공급해야 한다.

$V = m \cdot Lt$

여기서, 공기과잉계수 m은 공기비 개수(槪數)로서 다음의 값을 적용한다.

고체연료 m = 1.5(석탄난로 연소)

액체연료 m = 1.25(석유 연소)

기체연료 m = 1.1(가스 연소)

Lt : 이론 공기량(Nm^3/kg 또는 Nm^3/Nm^3)

(5) 불을 사용하는 룸의 환기량

조리실(주방)·욕실 등과 같이 불을 사용하는 룸에 환풍기 등의 기계 환기설비를 설치할 경우, 구조 기준 및 최소 유효환기량은 건축기준법 시행령 제20조의 3에 의거한 고시(1970년 건설부 고시 제1826호)에 따라 다음의 식으로 계산한 수치 이상이어야 한다고 정해져 있다.

즉 $V = KQ = nkQ$

여기서,

V : 유효 환기량(m^3/h)

K : 연료 단위 소비량당 환기량 (nk : m^3/kg)

n : 배기후드의 구조 및 설치 조건에 따라 정해진 수치〈도표 8.1〉

k : 연료의 이론 배기가스량(m^3/kg)

Q : 실제로 필요한 연료 소비량 (kg/h)

[기술용어 해설]

공기 과잉계수(excess air factor)

공기 과잉계수가 의미하는 바는 일반적으로 고체 연료(solid fuel)에서 공기와 접하는 것은 연료의 표면뿐이므로 과잉공기가 다량 필요하다. 한편 기체 연료(gas fuel)는 공기와 섞이기 쉽기 때문에 이론 공기량에 가까운 공기량으로 완전 연소한다. 또한 액체연료(liquid fuel)의 경우는 그 중간이라는 의미이다.

이론 공기량(theoretical amount of air)

연료(fuel)를 완전히 연소시키는 데 필요한 이론상의 공기량을 말한다.

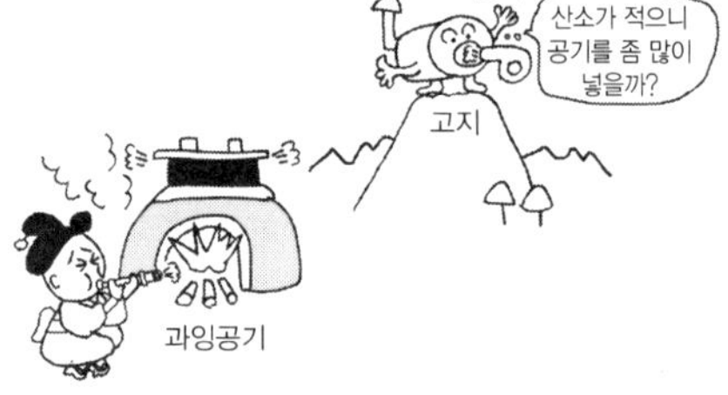

〈그림 8.17〉 공기 과잉계수와 이론공기량

[콩지식]

연소 기구(combustion appliances)란?

구체적으로 말하면 스토브·취사용 레인지 등 연료를 연소하는 장치를 말한다. 배기가스를 실내에 방출하는 개방형, 연소에 필요한 공기를 옥외로부터 도입해 배기가스를 실외로 방출하는 밀폐형 그리고 굴뚝이 있는 반밀폐형이 있다.

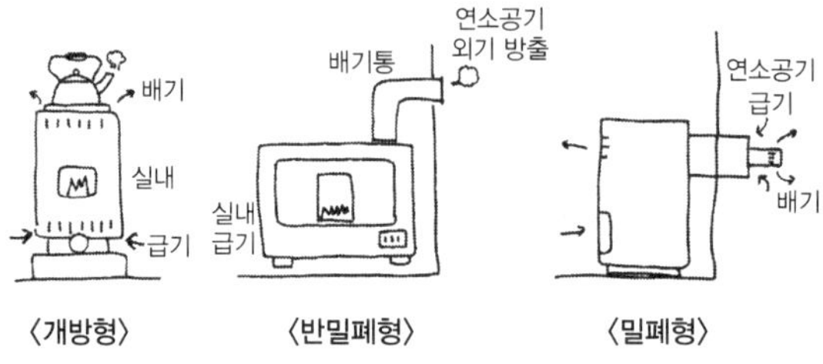

〈그림 8.18〉 연소 기구와 급기방식

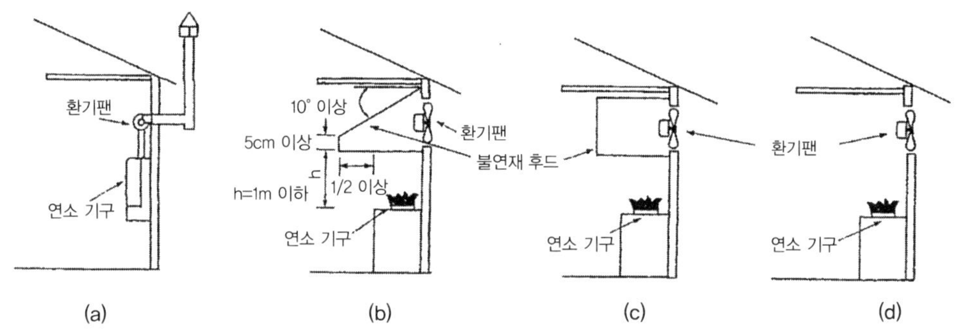

룸명	조건	환기량계수(k)	해당 도번
조리실 화기를 다루는 룸	굴뚝을 이용하는 배기시설	2 × k	(a)
	고시에 규정된 배기후드를 이용하는 배기시설	20 × k	(b)
	상기 이외의 배기후드를 이용하는 배기시설	30 × k	(c)
	상기 3가지 이외의 배기시설	40 × k	(d)

k : 법규상의 이론 배기가스량

〈도표 8.1〉 4종류의 환기량 계수

8·6 국소 환기와 배기후드류

앞에서 기술한 바와 같이 실내 공기오염의 발생원이 국소적으로 한정될 때는 오염물질의 종류·유해 정도·비산하는 방향·실내작업의 상태라든가 그 목적에 따라 각종 후드를 채택해 국소적으로 환기한다.

표준 주방용 배기후드 구조의 예를 〈그림 8.19〉에, 배기후드 각부의 필요 치수를 〈그림 8.20〉에 각각 나타낸다.

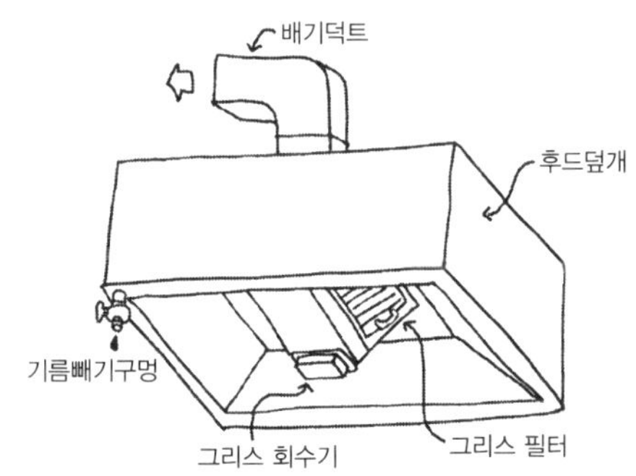

〈그림 8.19〉 표준 주방용 후드의 구조

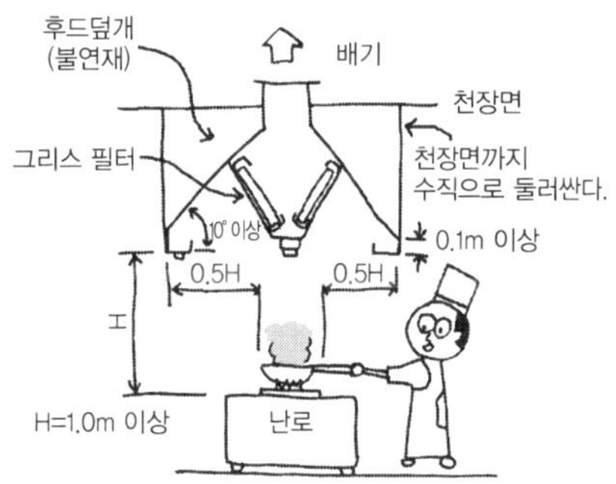

〈그림 8.20〉 배기후드 각부의 필요 치수

오염물질이 후드에서 비산, 확산되지 않을 동안 배기 덕트 안으로 흡입해 배기할 필요가 있다. 하지만 흡입 풍속을 필요 이상으로 빠르게 하면 배기량이 많아져 설비비와 배풍기 동력이 증가해 에너지 절감 면에서 바람직하지 않다. 따라서 후드의 흡입풍속은 허용한도에 근접하는 풍속으로 제어하는 것이 좋다.

오염원에 대한 표준 제어풍속의 예를 〈표 8.6〉에 제시한다.

〈표 8.6〉 오염원에 대한 배기후드 표준 제어풍속의 예

발생조건	제어풍속(m/s)	작업 예
공기흐름을 일으키지 않는 작업이고 비산속도가 거의 없을 경우	0.1~0.5	액면으로부터의 증기, 가스, 흄
공기흐름이 적은 작업이고 비산속도가 느린 경우	0.5~1.0	분무 도장실, 용기에 간간이 분말을 넣는 작업, 용접작업
공기흐름이 큰 작업이고 비산속도가 빠른 경우	1.0~2.5	고압 분무 도장실, 용기에 재료를 투입하는 경우
공기흐름이 매우 큰 작업 또는 비산속도가 매우 빠른 경우	2.5~10	그라인더 작업, 암석 연마작업, 샌드 블라스트

[기술용어 해설]

배기 후드의 제어 풍속

기계 환기설비의 공기 토출구에서 실내로 뿜어져 나오는 공기의 흐름을 분류(jet)라고 한다. 토출되는 방향으로 주위의 공기를 유인(induction)하면서 흘려보내고 속도를 점점 줄여가면서 실내로 확산(diffusion)된다.

따라서 실내의 오염물질(polluted matters)이 토출 공기와 더불어 실내에 흩어져 버릴 우려가 있다.

이에 대해 흡입구(배기후드 등) 주위의 공기 흐름은 〈그림 8.21〉에 나타내는 바와 같이 조금만 떨어져도 기류속도가 급속히 떨어진다. 예를 들면 공조용 흡입구에서 조금 떨어졌을 뿐인데 기류를 잘 느끼지 못하는 것은 바로 이 때문이다. 그러므로 배기후드는 가능한 한 배기 오염물질 발생원 가까이에 설치할 필요가 있다.

주위의 기류에 영향을 받지 않고 배기후드가 오염물질을 빨아들이기 때문에 오염물질 발생 장소에서 필요로 하는 흡입 풍속을 배기후드의 제어 풍속 또는 배기후드의 포집 풍속이라고 한다.

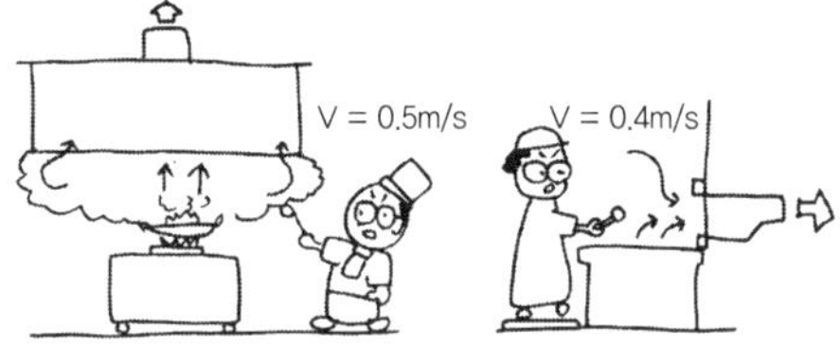

〈그림 8.21〉 배기후드 주위의 흡입 기류

8·7 '공기령(공기나이)'과 '환기효율'

여기에 소개하는 환기 관련 용어가 공사 시공 실무에 직접 도움이 되는 사항은 아니지만 그 내용을 아래에 간단히 기술한다.

(1) 공기령(Age of Air)

건물 내에 들어간 소정의 외기도입량이 실내의 어느 지점까지 경과하는 평균시간을 공기령이라고 한다. 공기령이 크면 클수록 공기가 오염됐을 가능성이 높다.

(2) 환기 효율(Ventilation Efficiency)

공기 토출구 주변의 공간에는 신선한 공기가 공급되는 한편 공기 흡입구 주변의 공간에는 실내에서 발생한 오염물질을 포함해 오염된 공기가 집적되는 등, 실내의 환기 상황은 그다지 좋지 않다. 이 같은 실내의 공기 상황을 고려해 지표로 총칭한 것이 환기효율이다.

환기효율을 이용해 실내 환기 성능의 좋고 나쁨을 판정할 수 있는 점 외에도 환기설계 시에는 이를 토대로 기본 필요환기량을 증감하면서 설계 필요환기량을 산출할 수도 있다. 환기효율의 지표는 위의 공기령 외에도 공기교환 효율·표준화 거주역 농도·배기 포집률 등이 있는데 더 자세한 내용에 대해서는 관련 참고문헌을 참조한다. 참고로 〈그림 8.22〉에서는 실내의 다양한 환기효율 의미를 나타낸다.

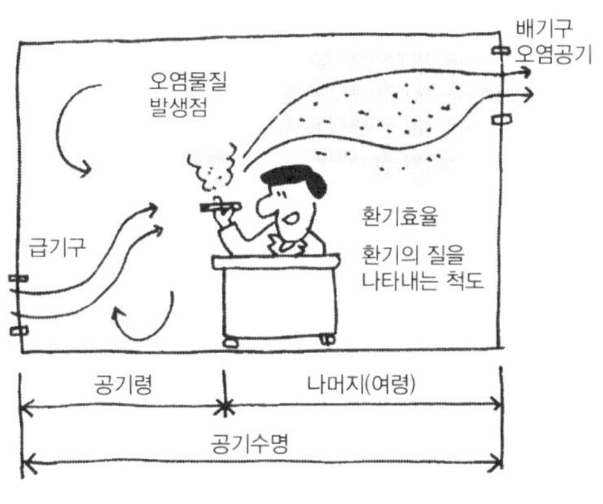

〈그림 8.22〉 환기효율의 의미

[기술용어 해설]

배기 포집률

부엌의 연소기구 등에서 발생하는 오염물질의 총량에 대해, 그 오염물질이 레인지·후드 등 배기 장치에 의해 실내로 확산되지 않고 직접 옥외로 배출하는 오염물질의 비율을 말한다.

8·8 환기 관련 법규

(1) 환기설비를 대상으로 하는 법 규제

환기 및 환기설비에는 건축기준법에 규정이 있고, 기술기준은 건축기준법 시행령(정령)·건축기준법 시행규칙(성령)과 동법에 기초하는 국토교통성 고시에 표시돼 있다. 건축기준법(이하 법이라고 한다)에서는 환기설비에 대해 정의하고 있다. 이에 따르면 환기설비는 건축설비의 하나(법 제2조)로, 건축확인이 필요한 건축물의 환기설비에 대한 보고나 검사가 요구된다(법 제12조).

또한 주택 등의 거실에는 바닥면적의 1/20 이상을 환기하기 위한 오픈공간이나 환기설비가 요구된다(법 제28조).

(2) 거실을 대상으로 하는 법 규제

환기설비의 검사·보고(법 제12조)에는 실내 환경위생 유지의 관점에서 검사 기간이 정해져 있다(건축기준법 시행규칙 제6조, 이하 규칙이라고 한다).

검사 대상인 거실 내의 공기 환경은 건축물에 있어서의 위생환경 확보에 관한 법률(옛 빌딩관리법, 현 건축물위생법)에 정해져 있고 또 건축물 소유자에 대해서는 건축물 위생관리 기준에 따른 유지관리를 요구하고 있다(법 제 4조).

주의 : 예전에는 오피스빌딩 내에서 측정기구(아스만식 온습도계 등)를 탑재한 웨건을 이용한 실내환경측정 풍경을 흔히 볼 수 있었다.

[유용한 지식 한 마디]

거실(habitat room)

거실이란 법 제2조 제4호에, "거주·집무·작업·집회·오락·기타 이와 유사한 목적을 위해 지속적으로 사용하는 방을 말한다."라고 규정돼 있다.

주의 : 거실의 천장 높이는 2.1m 이상이어야 한다. 참고로 건축기준시행령(이하 령(令)이라고 한다)에는 다음과 같은 환기설비에 관한 기술기준이 제시돼 있다.

① 급배기구 등의 유효면적이나 재질, 기계 환기설비나 중앙관리식 공기조화 설비의 유효 환기량, 감시실 설치 방법 등(령 제 20조).

② 화기를 다루는 방에 설치하는 환기설비, 급배기구나 굴뚝, 배기통의 설치기준(령 제20조).

③ 자연 환기설비의 급배기구나 배기통의 구조, 기계 환기설비의 구조 등(령 129조).

국토교통부 고시에는 자연 환기설비와 기계 환기설비(령 제20조)의 배기구 구조와 환기 경로의 압력손실을 고려한 풍량 확인방법(1982년) 등이 규정돼 있다.

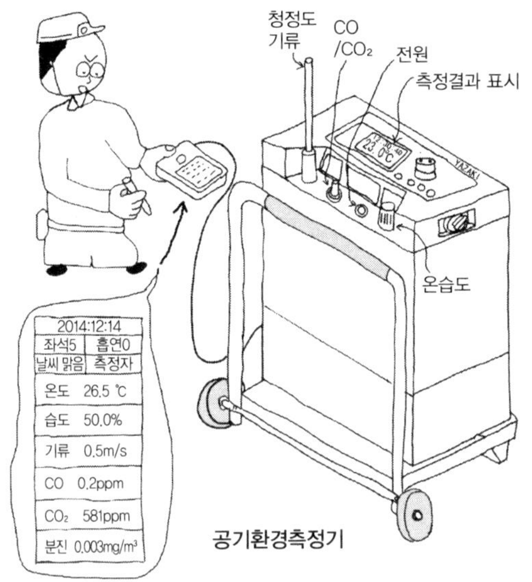

〈그림 8.23〉 빌딩관리위생법에 기초하는 실내 환경을 측정하는 모습

그러나 현재 이 업무는 각종 디지털 측정기를 이용하여 측정 데이터가 동시에 출력될 정도로 현저하게 기술혁신이 이루어졌다.

(3) 연소 기구가 있는 룸을 대상으로 하는 법 규제

불을 사용하는 룸(법 제20조, 조리실 등)의 환기설비에 대해서는 8.5항의 (5)에서 기술한 바와 같이 환기설비 구조에 관한 국토교통부 고시(1982년)에 기술기준이 있다. 그 중에 환기팬의 유효환기량은 개방식 연소기구(스토브 등)를 사용할 때의 환기량 산출방법에 널리 사용되고 있다.

기타 법 규제에 준하는 것으로는 식품지도센터에 의한 빌딩위생관리 확인 신청 시의 지도 요강(1994년도)과 가스사업법 시행규칙 제85조 등에도 구체적인 기술기준이 정해져 있다.

(4) 노동환경을 대상으로 하는 법 규제

노동환경은 노동안전위생법에 규정돼 있고 사업자에게 작업환경 측정과 그 결과 보고를 요구하고 있다(제65조).

[기술용어 해설]

폭로시간

인간이 오염공기에 노출되는 시간을 말한다. 노동 환경에서는 8시간 등이다. 한편 거실에서는 24시간 오염공기에 노출되기 때문에 기준치는 엄격해진다.

측정 대상은 분진이 많은 작업장·한랭·다습한 작업장·중앙관리방식의 공기조화 설비를 갖춘 사업소 등이다(동 시행령 제21조).

그 중에서 가스와 분진 등을 발산하는 옥내 작업장에는 발산원(發散源) 밀폐라든가 환기설비 설치(동법 시행규칙 제577조)가, 유해 배기가스를 배출하는 국소 배기장치에는 배기처리장치 설치가 각각 요구되고 있다(동 규칙 제579조). 그리고 근로자 1인당 공간과 개방할 수 있는 개구부 설치 등이 규정돼 있다.

사무실에 관해서는 사무실 위생 기준규칙에 근로자 1인당 공간 $10m^3$, 환기설비가 없을 경우에는 직접 외기에 개방할 수 있는 개구부 설치, 일산화탄소 및 이산화탄소의 농도를 각각 50ppm, 5000ppm 이하로 한다고 정해져 있다.

이들 농도는 노출 시간(작업시간)이 짧기 때문에 거실 기준치에 비해 약간 완화된 수치다.

(5) 환기에 관한 기타 법 규제

환기에 관해서는 위에 기술한 내용 외에도 지방자치단체의 각종 조례 등에 규정돼 있다. 그 주된 것을 〈표 8.7〉에 환기 관련 기타 법 규제를 정리해 나타낸다.

〈표 8.7〉 환기에 관한 기타 법 규제

법령 등	규제 내용
위험물 규제에 관한 법령(제9조 외)	위험물질 제조소, 저장소에 설치하는 환기설비 위험물질의 증기 또는 미세분말을 상부로 배출하는 설비 설치
주차장법 시행령(제12조)	건축물인 옥외주차장에 설치하는 환기횟수 10회 이상의 환기장치
의료법 시행규칙(제16조)	기계 환기설비에 관해서는 전염병실, 결핵병실 등의 공기가 풍도를 통해 병원 등 다른 부분으로 유입되지 않을 것
아동복지시설 최저기준(제5조), 양로원 설비 및 특별 양로원 운영에 관한 기준(제3조), 여관업법 시행령(제1조)	적절한 환기설비를 고려해 설치한다.
도쿄도 건축안전 조례	주차장, 극장, 집회장, 지하 건축물 등에서의 환기량 및 환기방식을 규정한다.

제9장. 배연 설비공사

9·1 배연 설비공사란?

옛날에는 사람들에게 두려운 대상을 물어보면 "지진·벼락·화재" 등이라고 했을 정도로 건축물에 있어 화재는 피해 갈 수 없는 재난이다.

건물 화재 시에는 〈표 9.1〉에 나타내는 바와 같이 다양한 연소 가스가 발생한다. 특히 초기화재 시의 연기 재해에는 일산화탄소 중독(CO), 이산화탄소(CO_2) 증가로 인한 질식(suffocation)과 연기가 방안에 가득 차 피난통로가 보이지 않는 시각적인 재해, 더 나아가서는 이들 장애로 인해 발생되는 패닉 등의 심리적인 재해가 있다.

참고로 화재가 났을 때 연기를 제어하는 방법은 방연과 배연으로 크게 나누고 방연은 화재실(fire area)에서 다른 방으로의 연기 유입을 막는 것이다.

한편 배연은 발생한 연기 또는 화재가 화재실로부터 유입되는 연기를 배출하는 것이다. 배연의 목적 즉 배연설비의 역할은 초기화재 시 발생하는 연기를 신속하게 방 밖으로 배출해 연기 확산과 아울러 다른 층에 연기가 확산되는 것을 방지함으로써 건물 거주자가 안전하게 대피할 수 있게 돕는 것이다.

〈그림 9.1〉 에도 마을의 화재 진압과 마토이(에도시대 소방대의 반(班) 표시기)

〈표 9.1〉 화재로 인한 연소 생성 가스와 그 독성

생성 가스	치사량	증상
O_2(산소)결핍	6%	정신 · 근육 활동의 저하, 호흡 곤란
CO_2(이산화탄소)	20%	산소 결핍으로 유인, 약한 자극, 호흡 곤란
CO(일산화탄소)	13000ppm	산소의 혈류 저해, 관절 장해, 의식 불명
HCN(시안화수소)	270ppm	세포호흡 정지, 현기증 · 허탈증 의식불명
HCl(염소)	1300~2000ppm	눈 · 기도의 점막 자극, 궤도 파괴로 인한 질식

[유용한 지식 한 마디]

화재 진행 과정에서의 방화대책 예

화재 가운데 절반 이상을 차지하는 건물 화재에 대해 설명하면 연소의 3요소로 ①피산화물(불타는 것) ②산소 ③점화 에너지만 있으면 연소는 계속된다.

〈그림 9.2〉에 나타내는 바와 같이 화재는 무염(無炎) 착화 ⇒ 무염 연소 ⇒ 유염(有炎) 착화 ⇒ (온도 상승) ⇒ 플래시 오버(flash over) ⇒ 전체 화염 ⇒ 화염 하중 소실 ⇒ (여신(타다 남은 불기운) 연소) ⇒ 진화의 프로세스를 거치게 된다. 참고로 플래시 오버 이전을 초기 화재, 전체 화재를 전성기, 여신 연소를 쇠퇴기라고 한다. 소화의 관점에서 보면 초기 화재 시점에 화재를 막는 것이 가장 효과적인데 이 단계에서의 소화를 초기 소화라고 하고 건물 거주자나 자치 소화대에 의한 소화 활동이다. 불을 발견한 시점이 늦어진 플래시 오버 이후의 전성기 화재에 이르면 지자체 소방대가 본격적으로 소화 활동에 나서지 않을 경우에는 진화가 어려워진다.

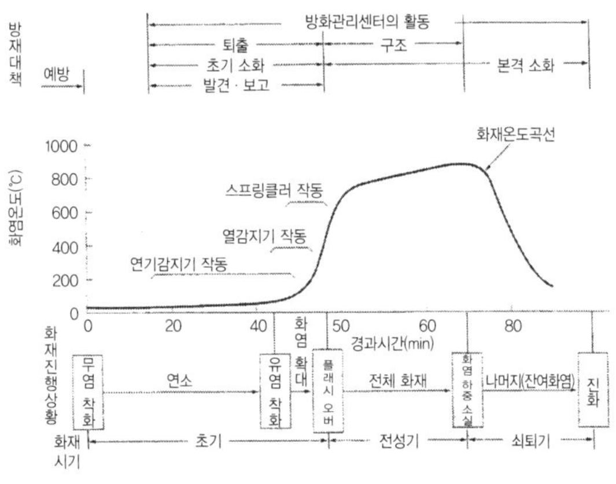

〈그림 9.2〉 화재 진행과정과 방화대책의 예

[기술용어 해설]

플래시 오버(flash-over)

건물 화재 초기에는 훈소(燻燒, 속도가 느린 저온 무염 연소로 담뱃불 연소가 대표적이다)라든가 불꽃이 작은 상태에서 실온이 서서히 상승하다가 가구나 벽면 등으로 옮겨 붙으면 불길이 확대된다. 불길이 천장에 이를 무렵 화재실에 가연가스가 가득 차면서 단숨에 불길로 채워진다. 이 상태를 플래시 오버라고 한다〈그림 9.2〉.

건축기준법은 배연설비에 대해 안전하게 대피할 수 있는 경로 확보에 중점을 두고 있는데 반해 소방법은 소방 활동의 거점을 연기로부터 지키는 데 중점을 둔다. 그러나 배연설비 자체가 달라지는 것은 없다.

주의 : 배연설비는 옥내 소화전 설비나 스프링클러 설비 등과 같이 소방용으로 제공되는 설비가 아니라 그 목적상 연결 송수관 설비나 비상용 콘센트 설비 등과 마찬가지로 어디까지나 소화 활동에 필요한 설비라는 점에 주의한다.

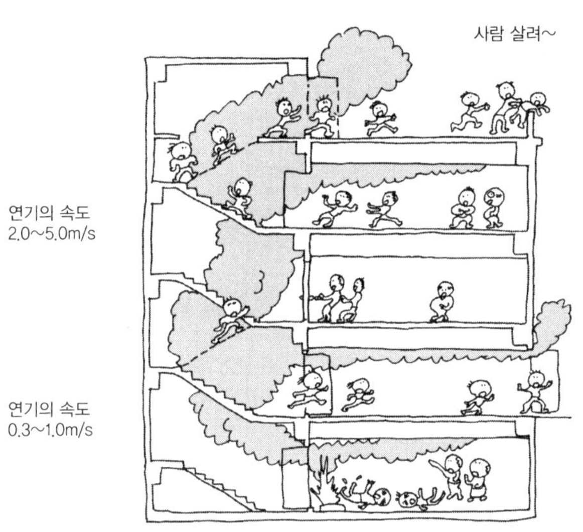

〈그림 9.3〉 화재 시 건물 내에 연기가 만연한 상태

9·2 방화구획과 방연구획

배연설비의 각론으로 들어가기 전에 우선 건축물의 방화구획과 방연구획에 대한 이해를 도모하기 위해 아래에 기술한다.

(1) 방화구획

방화구획에는 연소(延燒) 방지 외에 배연 방지를 포함한 대피경로 확보, 소방활동의 거점 확보 등과 같은 목적이 있다. 이를 위해 구성하는 구획으로는 내화 구조 등에 의한 방화구획 외에 방연구획 등도 있다.

건축을 계획할 때는 화재로 인한 피해 확대를 막기 위해 방화구획을 충분히 고려하면서 전체적인 평면 구성을 짜는 것이 바람직하다.

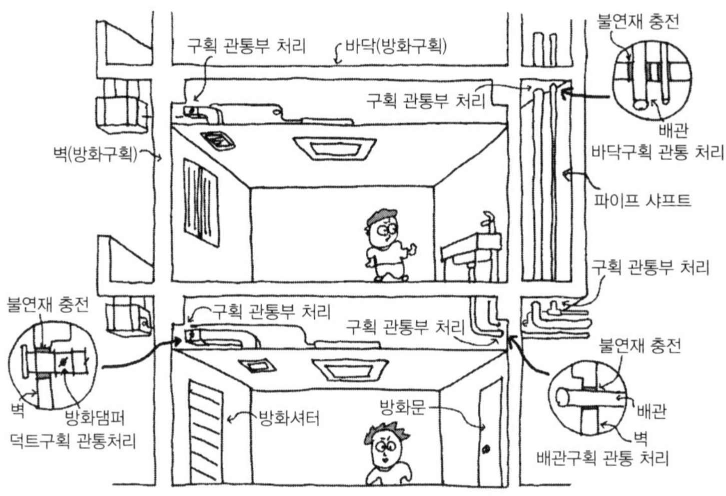

〈그림 9.4〉 방화구획을 안전하게 하려면?

[콩지식]

연소 방지(protection of fire spreading)

연소(延燒)란 화재가 구획 내·건물 내·블록 내 등의 발생 장소에서 다른 장소로 확대되는 것을 말하고 동의어로 유소(類燒)라는 용어가 있다. 최근 발생한 대규모 연소 사례는 2016년 12월에 발생한 이토이가와 시가지의 대화재가 유명하다. 예전부터 연소 방지를 목적으로 고안된 것으로 동자기둥이 있다. 이는 지금도 일본 간사이·시코쿠 지방의 오래된 길가에 연해 늘어선 각 상가들 사이에서 볼 수 있다. 여기서 유래된 격언으로 "동자기둥은 평생 올라가지 않는다!"라는 말이 있다.

〈그림 9.5〉 오래된 길가에 연해 늘어선 상가들 사이로 드문드문 보이는 "동자기둥"

방화구획으로 해야 할 곳과 방화구획의 구성재에 요구되는 성능 등은 건축물의 용도·규모·구조 등에 따라 정해져 있다. 그 기본은 ①층간 구획 ②피트(pit-dwelling) 구획 ③면적 구획 ④이종(異種) 용도 구획의 4종류이다.

① 층간구획

상하층을 구획하는 바닥은 안전상(방화상) 매우 중요하다. 외장이 커튼월 구조일 경우에는 특히 바닥과의 사이에 틈새 등이 없게 하고 설비 배관 등이 바닥을 관통하는 부분의 처리 상태를 시공할 때 충분히 점검한다.

② 피트구획(pit-dwelling)

계단·엘리베이터나 전기 등의 샤프트, 오픈 스페이스·아트리움 등 복수 층에 걸쳐 상하로 연속된 공간은 화재 시 굴뚝효과로 인해 불이나 연기의 전파 경로가 되기 쉬우므로 연기가 절대로 들어가지 못하게 한다〈그림 9.7〉.

특히 계단실은 전실을 설치하는 등 장시간에 걸쳐 연기로부터 지켜야 한다.

③ 면적구획

평면계획에서 연소(延燒)를 방지하기 위해 건물 본래의 기능을 저해하지 않고 안전 확보를 목적으로 1,000㎡나 1,500㎡마다 방화구획을 설치한다.

하나의 방화구획을 방연구획으로 세분화 하더라도 방연구획이 화재와 연기 양쪽을 대상으로 하는 안전을 위한 구획임에는 변함이 없다. 또한 방연구획도 가능한 한 방화성능을 갖추어 보다 더 안전이 보장되도록 하는 것이 바람직하다.

[기술용어 해설]

커튼월 구조(curtain wall structure)

건물의 하중을 실지 않는 비내력벽을 채택한 건축구조로 장벽 구조라고도 한다. 일반적으로는 근대 건축(초고층 빌딩 등)에서 구조적으로 외주에 직접 설치할 수 있는 얇은 외벽을 채택한 외벽 구조를 가리킨다.

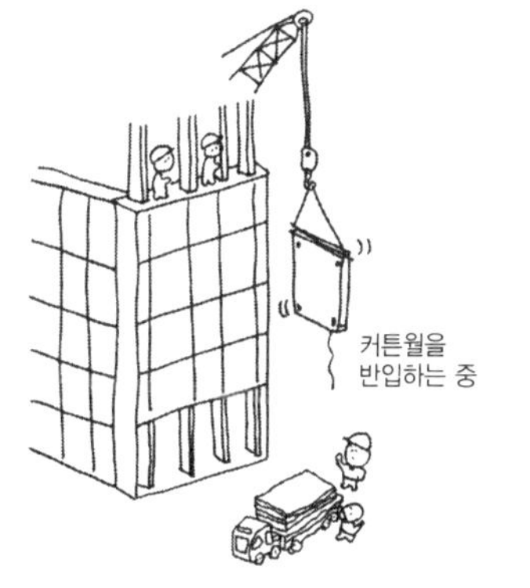

〈그림 9.6〉 초고층 빌딩의 커튼월 구조

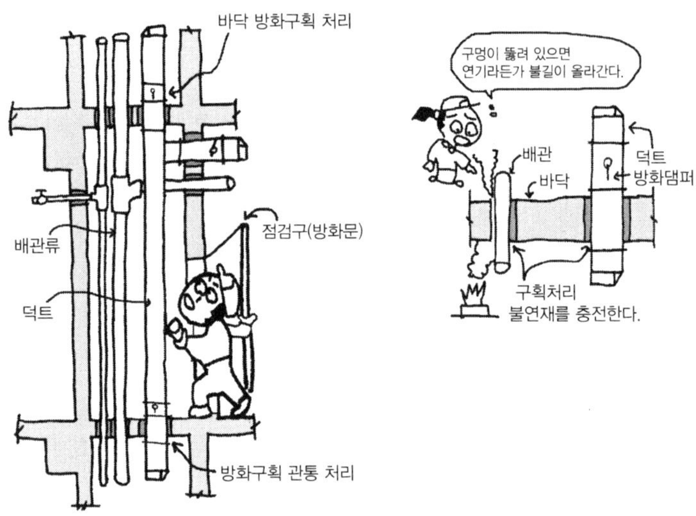

〈그림 9.7〉 덕트 스페이스·파이프 샤프트의 방화 구획

④ 이종(異種) 용도 구획

방재 면에서는 용도별로 방화 구획하는 것이 안전하다. 이종용도 구획 대상에는 대량의 가연물질이나 위험물질을 수납 또는 취급하는 룸, 다수인이 모이는 룸, 무창(無窓) 거실, 화기를 사용하는 룸 및 방재센터, 기타 방재상 중요한 룸 등이 있다. 이 같은 룸들의 공조용 덕트는 최대한 다른 계통으로 하는 것이 바람직하다.

[기술용어 해설]

굴뚝효과(stack effect)

실온이 외기 온도보다 높을 경우에는 실내외의 공기 비중량 차이에 비례해 실내공기가 부력(buoyancy)에 의해 상승하고 건물 위쪽의 개구에서 유출돼 아래쪽 개구로 유입되는 현상을 말한다.

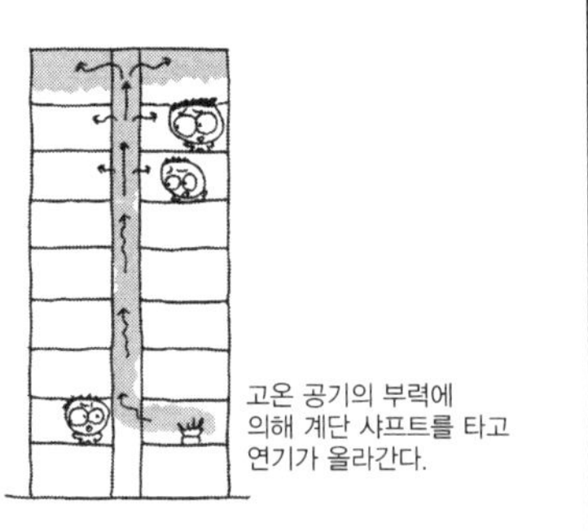

〈그림 9.8〉 굴뚝 효과

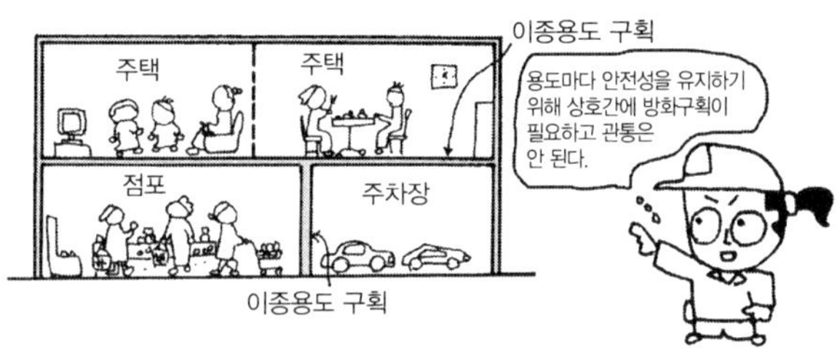

〈그림 9.9〉 이종(異種) 용도의 공간

(2) 방연구획

방연구획(smoke compartment)은 배연구획이라고도 하는데 초기 화재 시 연기 확산으로 인해 긴급 대피에 걸림돌이 되는 것을 방지할 목적으로 연기가 일정 부분에서 다른 부분으로 확산되지 않도록 방연벽 등을 설치하는 구획을 말한다.

구체적으로 말하면 천장높이 3m 미만인 룸은 방연구획 면적이 500㎡ 이하이므로 방연벽이나 내림벽(천장 면보다 아래쪽으로 최소 50㎝ 이상)으로 구획한다.

한편 극장이나 영화관 등과 같이 천장높이가 3m 이상일 경우에는 내부 인테리어를 법령대로 지키는 것을 조건으로 면적 제한이 500㎡로 완화된다.

여기서는 방연구획(배연구획)을 결정함에 있어서의 설계지침(design concept)에 대해 기술한다.

[기술용어 해설]

방연벽(smoke prevention wall)

방연구획에 사용하는 칸막이·내림벽을 말하고 불연성 재료로 만들거나 불연성 재료로 덮인 벽을 말한다. 정부가 인정한 배연에 대해서는 내림벽의 치수를 250mm로 한다.

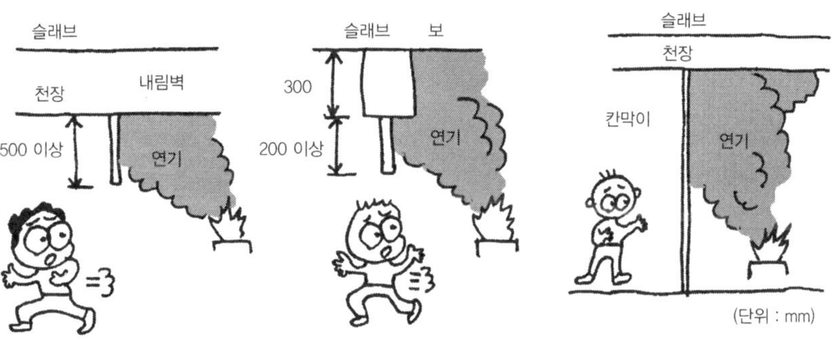

〈그림 9.10〉 '방연벽'과 '방연 내림벽'

연기제어 계획에 있어서는 건축물 용도에 따른 배치계획, 앞에서 말한 방화구획 그리고 공조·환기 설비 계획 등에 대응해 결정해야 하는 부분이 많다.

따라서 건축계획 초기 단계부터 방화 안전계획(인명과 재산 보호)의 서브시스템으로서 종합적인 시야에서 연기제어(배연구획)를 파악하는 것이 중요하다.

또한 시설·설비의 유지보전과 아울러 해당 연기제어 매뉴얼이 충실하게 실행될 수 있도록 일상적으로 관리하는(소방법에서 요구하는 방화 관리업무의 일부) 것이 건물 전체의 안전을 구축함에 있어 중요한 요소다.

실제로는 각 건축물의 안전을 계획함에 있어 각각의 고유 조건에 맞는 합리적인 안전계획이라든가 연기 제어계획이 있을 것이다.

법규를 기반으로 하면서도 각각의 건축물에 대한 자체의 여건에 맞춰 그 건축물의 방재계획을 수립해야 한다. 요컨대 법의 정신을 이해하고 그것을 적용하는 방법과 다른 여러 가지의 요소(가압 배연 등)들을 종합적으로 계획함으로써 건축물 개개에 대해 효과적인 배연 계획을 세운다.

9·3 배연방식의 종류

배연 방식에는 환기설비와 마찬가지로 자연 배연방식과 기계 배연방식이 있다.

(1) 자연 배연방식

창문 상부의 외벽이나 지붕 부분이 외기와 접하는 부분에 설치한 배연구로 공기의 부력을 이용해 연기를 외부로 배출하는 배연 방식이다.

자연 배연방식에는 창문·배연구에 의한 자연 배연방식과 스모크 타워를 이용하는 스모크 타워 방식이 있다. 외기와 접하는 창문·루버 등의 개구부로 배연할 경우에는 배연구 면적이 방연구획 바닥면적의 1/50 이상이어야 한다.

그런데 자연 배연방식은 바람의 외적 조건이라든가 창문 개폐 조작 등의 확실성에 어려움이 있고 고층 건물에서는 외풍의 영향을 받기 쉬우므로 비교적 소규모의 저층 건물에 채택되는 경우가 많다.

[유용한 지식 한 마디]

자연배연과 기계배연 병용 금지

방연 내림벽으로 구획된 동일한 거실에서 자연배연과 기계배연을 병용하는 것은 상호간의 배연 기능을 저해하기 때문에 절대로 해서는 안 된다. 단, 바닥부터 천장까지 완전히 칸막이 된 거실과 복도 등에서 따로 실시할 경우에는 이에 해당하지 않는다.

〈그림 9.11〉 자연 배연방식

(2) 기계 배연방식

기계 배연 방식에는 빨아들였다가 배연하는 흡인식 배연방식과 급기와 흡인을 모두 실시하는 급배기 배연 방식이 있다. 현재 오피스빌딩에 일반적으로 채택되고 있는 흡인식 배연방식은 배연기로 연기를 흡인하고 배연 덕트로 화재 연기를 건물 밖으로 배출하는 방식으로, 대피·구출 활동이 어려운 초고층 빌딩 등 일정 규모 이상의 건축물에서 창문에 의한 자연 배연이 곤란할 경우에 채택된다.

〈표 9.2〉에서는 자연 배연방식과 기계 배연방식의 장점·단점을 비교해 나타낸다.

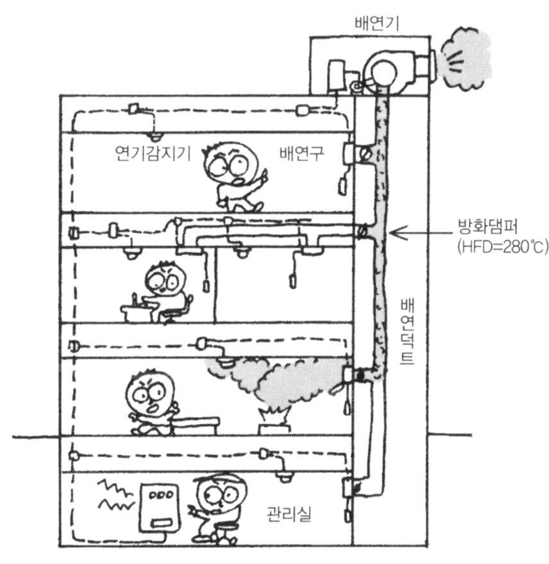

〈그림 9.12〉 흡인식 기계 배연 방식

〈표 9.2〉 자연 배연방식과 기계 배연방식의 비교

배연방식	장점	단점
자연 배연방식	• 기구가 단순하다. • 장치를 다른 룸과 공유하지 않고 화재실에만 한정할 수 있다.	• 외풍의 영향을 받기 쉽다. • 상층과 인접한 건물로 연소될 우려가 있다.
기계 배연방식	• 안정적인 풍량의 배연이 가능하다. • 화재실이 부압으로 돼 연기 확산을 방지한다. • 지하실 등 창문이나 지붕이 없는 방에도 적용할 수 있다.	• 배연구, 배연기, 피난장치, 비상전원 등이 필요하고 시스템이 복잡하다. • 급기가 부족할 경우에는 과도한 부압으로 문을 개폐하는 데 장애가 된다. • 비(非)화재실의 배연구를 개방한 경우에는 연기를 들이마시게 된다.

9·4 천장 챔버방식의 배연설비

공조 시스템 중의 하나로 덕트리스 공조 시스템이 있는데, 이 시스템은 배연 덕트를 설치하는 대신 천장 챔버(ceiling plenum)를 이용하는 이른바 천장 배연방식이 최근 많이 채택되고 있다.

이 천장 챔버 내에 배연 덕트를 설치하고 배연 시에는 천장 안에 설치한 흡입구를 배연구로 대용해 연기를 배출하는 천장 챔버방식의 배연방법이 채택되기에 이르렀다. 이 배연방식을 적용하면 천장 챔버 용적분의 연기 축적량이 증가하는 데다 천장면 전체적으로 연기를 균등하게 흡입함으로써 배연이 효과적일 것이라는 기대가 있다. 한편 이 배연 시스템의 특징을 살리기 위해서는 설계·시공에서 다음과 같이 주의해야 한다.

① 방연 구획마다 건축적으로 천장 내부의 기밀성을 높인다.

② 법규상 방연 내림벽은 25㎝ 이상으로 돼 있기 때문에 천장 챔버 내의 연기가 축적되는 것을 고려해 천장 면에 배연 풍량이 균일해지도록 천장 흡입구 배치라든가 개구 면적을 조정한다.

[기술용어 해설]

초고층 빌딩(high-rise building)

과거 건축기준법에는 높이 31m라는 규제가 있어 31m 이상의 고층 빌딩은 존재하지 않았다. 1964년 이후로 건축물에 유구조(柔構造) 채택이 허용됐고 그 후로 31m 이상 200m에 달하는 초고층 건물이 즐비하게 되면서 초고층 시대를 맞이하게 됐다.

당초 초고층 빌딩은 오피스빌딩이 주류였으나 현재는 초고층 주택(초고층 아파트)이 많이 건설되기에 이르렀다.

③ 천장 내의 대들보나 덕트 등으로 인해 천장 면의 배연이 고르지 못할 우려가 있을 경우에는 천장 내의 배연 덕트를 연장하거나 배연구를 적절하게 배치한다.

④ 천정 내에 있는 전선과 기구상의 내열(耐熱)을 고려한다〈그림 9.13〉.

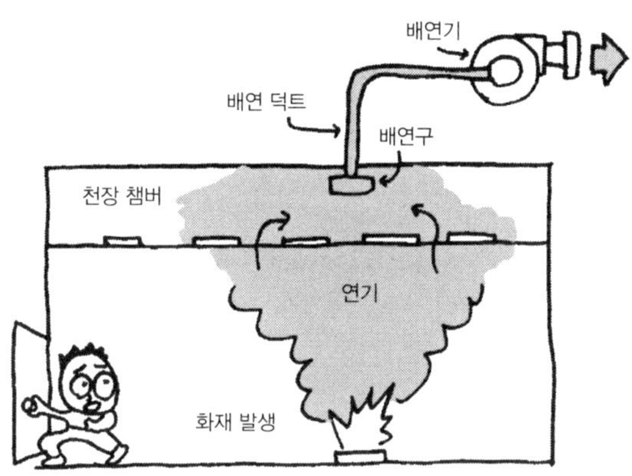

〈그림 9.13〉 천장 챔버 배연방식

9·5 특수한 배연 방식

초고층 빌딩이나 아트리움 등과 같이 큰 공간을 가진 대규모이고 복잡한 건물이 증가함에 따라 건물의 특징을 살려 배연 계획을 세우는 것이 보다 효과적이고 합리적이라는 생각이 일반화 됐다. 그런 취지에 기초해 건물마다 검토 평가가 실시되고 그 채택을 인정하는 사례가 많아졌다. 이것을 건축기준법 제38호에 따른 특기 사항이라고 한다.

그 2가지 사례를 소개한다.

① 가압 배연방식

계단이나 복도 등 대피에 있어 특히 안전이 요구되는 구획에는 송풍기로 외기를 급기하고 그 룸의 공기 압력을 상대적으로 높게 정압으로 유지해 연기 침입을 막는 방식이다〈그림 9.14〉.

② 공조 겸 배연설비

원칙적으로는 전용 설치를 의무화하고 있는 배연설비에 대해 상시 사용하고 있는 공조·환기 설비를 화재 시에는 댐퍼 등으로 전환함으로써 배연 설비로 이용하는 배연 방식이다〈그림 9.15〉.

공조기나 송풍기·배풍기는 일상적인 운전과 아울러 유지보수도 이루어지고 있으므로 배연 시스템의 신뢰성(reliability) 향상과 동시에 설비비도 경제적이다.

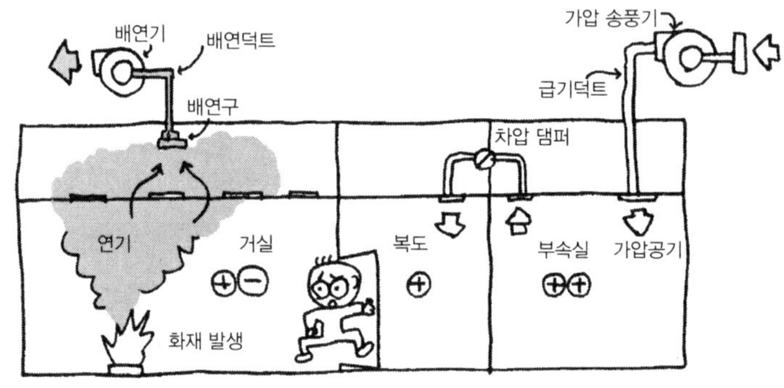

〈그림 9.14〉 가압 배연방식

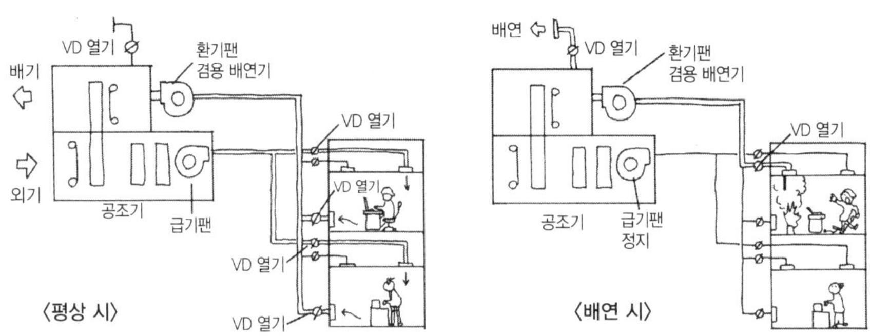

〈그림 9.15〉 공조 겸 배연설비의 예

9·6 배연설비 설치 대상 장소

배연설비를 설치할 필요가 있는 곳은 어디 일까? 배연설비 설치를 의무화하고 있는 건물 및 건물 부분은 다음과 같고, 건축기준법과 소방법 모두에 규정돼 있다.

1) 건축물의 배연설비

① 연면적 500㎡를 초과하는 특수 건축물(건축기준법 시행령 126조 2)

② 3층 이상의 건축물이고 연면적 500㎡를 초과하는 건물

③ 연면적 1,000㎡를 초과하는 건축물에 있는 바닥면적 200㎡ 이상으로 큰 거실

④ 배연에 유효한 개구부가 없는 거실(창문이 없는 거실)

단, 상기 ①의 특수건축물 중의 학교·체육관 등에 있어서는 배연설비가 설치 대상에서 면제된다.

2) 특별 비상계단의 배연설비

① 15층 이상 또는 지하 3층 이하의 층으로 통하는 직통 계단

② 물품판매업을 포함한 점포에서 15층 이상의 매장으로 통하는 계단

③ 물품판매업을 영위하는 점포에서 5층 이상의 매장 용도로 제공되는 바닥면적 합계 300㎡ 이상인 건축물에서의 계단

3) 비상용 엘리베이터의 배연설비

높이 31m 이상의 건축물

[기술용어 해설]

특수 건축물

학교, 체육관, 병원, 극장, 관람장, 집회장, 전시장, 백화점, 시장, 댄스홀, 놀이터, 공중목욕탕, 여관, 공동주택, 기숙사, 하숙집, 공장, 창고, 차고, 위험물 저장고, 도축장, 화장장, 오물처리장, 기타 이와 유사한 용도로 제공하는 건축물을 말한다(건축기준법 제2조 제2호).

[유용한 지식 한 마디]

약 50년 전 필자는 싱가포르에서 44층 건물과 52층 건물인 두 초고층 건물의 공조설비 공사를 시공한 경험이 있다. 이들 초고층 빌딩의 방연 시스템은 화재 시 계단실 가압 팬(staircase pressurization fan)을 일제히 기동시켜 계단실(staircase)을 정압으로 유지하면서 연기 침입을 막고 대피자는 계단실로 긴급 대피한다.

그러나 거실에는 흡인식 배연 장치를 일체 설치하지 않았다.

〈그림 9.16〉 계단실의 가압 방연 방식

4) 지하상가의 배연설비

지하도에 접하는 지하상가 건축물

5) 소방법에 의한 배연설비

① 극장·영화관 등에서 무대 부분의 면적이 200㎡ 이상일 것

② 카바레·유흥장·백화점·주차장 등 지층 또는 무창(無窓) 층이고 바닥면적이 1,000㎡이상 일 것

배연설비 설치를 대상으로 하는 건축물은 이상과 같으나 그 중 1)·2)·3)에 대해서는 설치 면제 규정도 정해져 있다.

〈그림 9.17〉 배연설비를 설치할 필요가 있는 장소

9·7 배연설비 설계·시공상의 유의점

(1) 배연 풍량 산정방법

1) 방화구획의 배연 풍량

[방화구획의 바닥면적×1m³/min·㎡] 이상으로 한다.

2) 배연기의 풍량

배연기의 풍량은 방연구획의 수, 천장높이 등에 의해 산출되지만 배연 풍량이 적을 경우에는 최소 풍량이 정해져 있다.

① 하나의 방연구획만을 대상으로 하는 경우

120m³/min이상이고 동시에 방연구획 면적×1m³/min·㎡ 이상

② 둘 이상의 방연구획을 대상으로 하는 경우

120m³/min 이상이고 동시에 최대 방연구획의 바닥면적×2m³/min·㎡ 이상

③ 천장높이 3m 이상이고 500㎡가 넘는 방연구획을 포함해 내부 인테리어를 불연재료 또는 준불연재료로 마감한 경우

500m³/min 이상이고 동시에 방연구획 바닥면적의 합계×1m³/min·㎡ 이상

(2) 배연용 덕트의 풍량 산정

배연용 덕트의 풍량은 공조용 덕트나 환기용 덕트와는 다른 개념으로 설계, 계획할 필요가 있으므로 이하에서는 그 설계 예에 대해 기술한다.

1) 각 층의 수평 배연 덕트

① 각 배연구를 '동시 개방'할 필요가 없는 경우

배연 분기 덕트는 각 방연구획의 배연 풍량에 기초해 배연 덕트의 사이즈를 정한다. 단, 2개 이상의 방화구획을 맡는 배연 덕트는 그 중에서 큰 방연구획의 배연 풍량으로 배연 덕트의 크기를 결정한다.

② 각 배연구를 '동시 개방'할 필요가 있는 경우

배연 분기 덕트는 ①항과 마찬가지로 각 방연구획의 배연 풍량에 기초해 배연 덕트의 사이즈를 정한다. 통상 인접해 있는 2개 방연구획을 생각하면 되므로 동시 개방되는 2개 방연구획 중에서 배연풍량 합계가 최대인 배연 풍량으로 하면 된다.

[기술용어 해설]

불연 재료(noncombustible material)

가열해도 쉽게 연소되지 않아 방연에 유해한 연기·가스 발생 및 용융·파괴·탈락 등이 발생하지 않는 재료를 말한다. 콘크리트·벽돌·기와·철강·모르타르·알루미늄·유리 등

준불연 재료(quasi-noncombustible material)

건축기준법 시행령에 규정된 불연 재료에 준하는 방화성능을 갖춘 재료를 말한다. 두께 9mm의 석고보드와 목모 시멘트판(cemented excelsior board)이 여기에 해당한다.

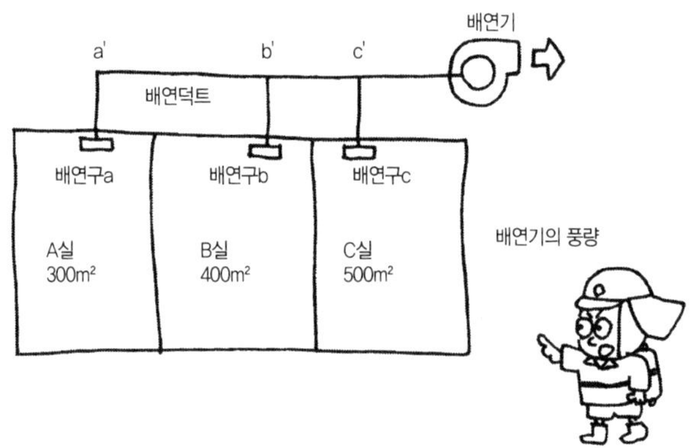

〈그림 9.18〉 배연설비의 설계 예제

2) 수직 배연 덕트

수직 배연 덕트는 배연기에서 가장 멀리 있는 층부터 배연 풍량을 순차적으로 비교하고 각 계통별 배연풍량 중 큰 쪽의 배연 풍량에 기초해 배연 덕트의 사이즈를 결정한다. 이하에서는 배연설비의 풍량 산출 예를 소개한다.

〈예제〉 〈그림 9.18〉에 나타내는 배연 설비에 대해 각 룸의 배연풍량·배연덕트의 풍량·배연기의 풍량을 산출하시오. 단, 각 룸의 배연구는 동시 개방이 있는 것으로 한다.

〈해답〉

[각 룸의 배연풍량] …… 배연구 a : $300m^3/min$
…… 배연구 b : $400m^3/min$
…… 배연구 c : $500m^3/min$

[배연덕트의 풍량] …… a'~b' : $300m^3/min$
…… b'~c' : $700m^3/min$
…… c'~f' : $900m^3/min$

[배연기의 풍량] …… $1,000m^3/min$

배연기의 풍량은 최대 방연구획인 C실(500㎡)을 대상으로 하면

500(㎡)×2(m^3/min·㎡)=1,000(m^3/min)이다.

또, 이 배연기의 풍량은 최소 배연기 풍량 $120m^3/min$을 충족시킨다.

(3) 배연구에 관한 필수 지식

① 기계 배연의 배연구의 크기는 배연풍량·흡입풍속·유효면적으로 구한다. 흡입풍속은 10m/s 이하로 하고 유효면적은 크기에 따라 달라지므로 제조사의 기술자료 등을 참고한다.

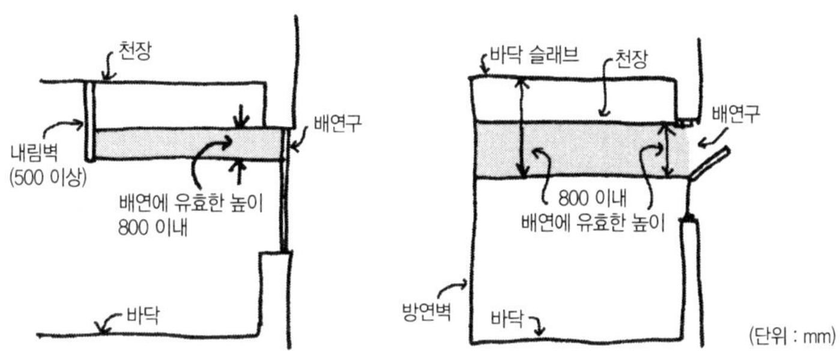

〈그림 9.19〉 배연에 유효한 부분

② 배연구의 위치는 방연구획의 각 위치에서 30m 이내로 한다. 그리고 수직방향의 유효 부분은, 천장높이가 3m 미만일 경우에는 〈그림 9.19〉에 나타내는 대로이고 천장높이가 3m 이상일 경우에는 바닥 면으로부터 2.1m 이상이고 천장 높이의 1/2이상이 유효 부분으로 돼 있다. 따라서 천장 면에 설치할 경우에는 문제가 없지만 자연 배연방식의 배연구에는 주의한다.

③ 배연기가 단독 방연구획을 도맡아 처리할 경우 배연구는 상시 개방해도 되지만 동일한 배연기로 2개 이상의 방연구획을 맡을 경우에는 상시 폐쇄상태 구조의 배연구로 한다. 그리고 화재 시 배연 운전을 할 경우 해당되지 않는 방연구획의 배연구는 폐쇄된 상태인데 만일 그 배연구에서 누출이 있으면 개방된 배연구의 배연 풍량에 영향을 끼치게 되므로 누출 방지에 주의한다.

④ 배연구에는 반드시 수동 개방장치를 설치한다. 건물에 따라서는 연기감지기(smoke detector)와 연동하는 자동 개방장치나 원격 조작에 의한 방법을 적용하기도 한다.

⑤ 수동 개방장치는 누구나 조작할 수 있도록 그다지 힘(10kg 정도)이 들지 않게 하고 개방하면 배연기가 자동으로 운전되는 조작회로로 해 둔다.

(4) 배연덕트 설계·시공에 관한 필수 지식

배연 덕트의 설계·시공에 관한 유의점을 순서 없이 열거하면 다음과 같다.

① 원칙적으로 배연 덕트는 공조·환기용 덕트와 병용하는 것을 피하고 전용으로 한다.

② 배연덕트는 등속법(equal velocity method)으로 계획하고 풍속 20m/s이하로 한다.
→ 실용에서는 거의가 풍속 20m/s를 채택하고 있다.

③ 배연덕트의 평면 레이아웃은 원칙적으로 해당 방연구획 내에 넣는다. 부득이 방화구획을 관통할 경우에는 온도퓨즈식 방화 댐퍼를 설치하고 작동온도는 280℃로 한다.

④ 각 층을 관통하는 배연 주(主)덕트는 원칙적으로 내화 구조의 샤프트 내에 넣는다.

⑤ 배연 덕트는 고속 덕트로 설계하므로 무리한 형상의 배연 덕트는 최대한 피한다. 특히 배연기 주위에서는 급커브의 덕트를 접속하지 말고 부득이한 경우에는 가이드 베인을 설치한다.

⑥ 배연기와의 접속은 플랜지 접합으로 하고 휨 이음쇠·풍량 조절 댐퍼는 일체 설치하지 않는다.

⑦ 반드시 배연덕트계 저항을 계산한다. 배연구의 수가 많고 배연 덕트의 거리가 길 경우에는 가장 멀리 있는 배연구만 대상으로 하고 또 여러 조건을 감안하여 실시한다.

⑧ 배연기의 풍량은 배연덕트 및 폐쇄된 배연구로부터의 누출에 유의하고 배연덕트의 길이나 배연구의 수를 고려해 전체적으로 1.1~1.3의 여유율을 감안한다.

⑨ 배연덕트는 강판제로 하고 배연덕트의 판 두께는 고속 덕트 사양으로 한다. 그리고 콘크리트 덕트 등은 일체 사용하지 않는다. 또, 천장 안쪽 등의 은폐 부분에 설치하는 배연 덕트에는 배연 시 유독가스나 유해물질이 발생하지 않는 재료로 단열 처리한다.

(5) 배연기 선정 시의 주의사항

배연기(smoke exhaust fan)를 선정함에 있어서는 정압(static pressure)이 일반 송풍기·배풍기에

[기술용어 해설]

서징(surging)

펌프나 송풍기·압축기를 저(低)유량 영역에서 사용할 경우, 토출 압력이나 유량이 꽤 낮은 주파수로 격렬하게 변동되는 모습을 서징 현상이라고 한다. 이 현상은 펌프 배관계에서 양정과 토출량의 곡선이 우상향을 보이는데 배관 중에 기상(氣相) 부분이 존재하고 게다가 토출 밸브의 위치가 하류에 있을 경우에 발생한다.

압축기에서 압력비와 공기 유량곡선이 우상향인 영역에서는 관로의 특성과 상관없이 발생하는 경우가 많다. 〈그림 9.20〉에 나타내는 바와 같이 각 축의 회전수 특성곡선 최대치를 연결하는 선이 서징 한계로 일반적으로 사용되고, 그것보다 왼쪽 위의 영역에서는 서징현상이 일어나 정상적인 운전이 불가능하다.

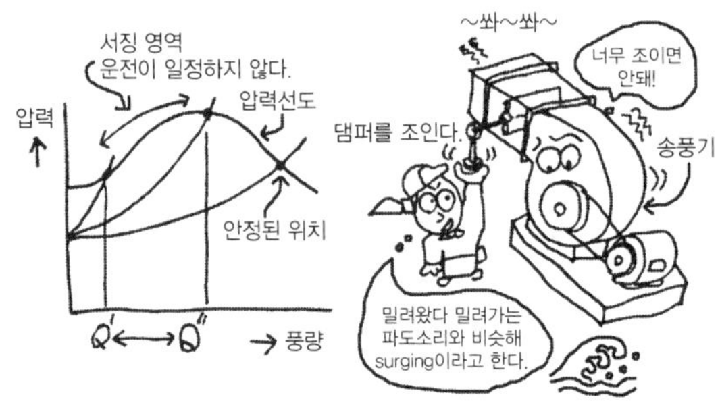

〈그림 9.20〉 서징 한계

비해 매우 높으므로 다점(多點)운동에 의한 서징(surging)이나 배연온도의 변화에 따른 서징 등을 고려해 각종 송풍기를 선정한다.

일반적인 기준으로 정압 0.78kPa(80mmAq) 정도까지는 다익 송풍기를, 정압이 그 이상일 경우에는 리미트로드 송풍기나 터보 송풍기를 채택한다. 배연기는 배연의 성격상 배연계 가장 높은 부분에 설치하고, 배연기의 토출측 덕트는 최대한 짧게 한다.

배연기 보수 공간은 주위 60㎝ 정도를 확보하고 화재 시에는 배연기를 기동하므로 특별히 방음·방진을 배려할 필요는 없다. 법령상 배연기에는 비상전원을 설치하는데 비상전원이 없을 경우에는 전용 엔진으로 교체할 수도 있다. 어쨌든 통상적인 전원으로 자동 전환할 수 있으므로 운전을 속행하도록 배려한다.

제10장. 보온 · 보냉공사

10·1 보온·보냉 공사란?

보온·보냉 공사는 공조 설비에는 필수적인 공사다. 이는 공조용 배관·공조용 덕트·공조 설비기기 등으로부터 열이 발산하는 것을 보온재로 최대한 막는 공사를 보온 공사라고 하고, 반대로 외부에서 열이 침입하는 것을 보냉 재료로 최대한 막는 공사를 보냉 공사라고 한다.

참고로 JIS A 9501(보온 보냉 공사 시공표준)에서는 보온·보냉·방로(防露) 용어를 다음과 같이 정의하고 있다.

◇보온 : 상온 이상부터 약 1000℃ 이하의 물체를 피복해 열 발산(heat dissipation)을 적게 하는 것 또는 피복 후에는 표면온도를 저하시키는 것을 말한다.

◇보냉 : 상온 이하의 물체를 피복해 침입 열량을 작게 하는 것 또는 피복 후에는 표면온도를 '노점온도'이상으로 해서 표면에 결로가 생기지 않게 하는 것을 말한다.

◇방로(防露) : 보냉의 한 분야이고, 주로 0℃ 이상 상온 이하의 물체 표면에 결로가 생기지 않게 하는 것을 말한다.

[기술용어 해설]

실드 (shield)

실드에는 본래 차폐라는 의미가 있고 전기 실드·전자 실드·음향 실드라는 용어가 존재한다. 사실 보온·보냉·방로·단열·방열 등 열적 실드를 Thermal Shield라고 한다.

10·2 대표적인 보온·보냉 재료

보온·보냉 재료에는 주재료·외장재·보조재의 3종류로 분류할 수 있는데 여기서는 주재료에 대해 기술한다. 한마디로 보온·보냉 주재료라고 하지만 다양한 종류가 있다. 일반적으로는 인조광물 보온재·무기 다공질 보온재·발포 플라스틱 보온재의 3종류로 크게 나눈다. 여기서는 공조 설비용으로 많이 사용되는 대표적인 보온·보냉재 6종에 대해서만 기술한다.

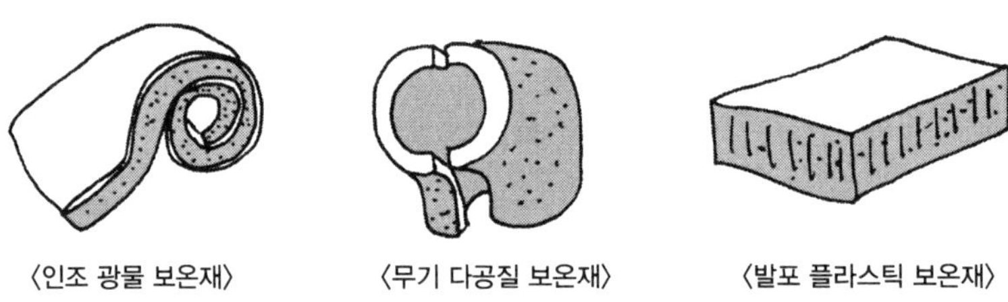

〈그림 10.1〉 보온·보냉재의 3대 분류

(1) 인조광물 섬유 보온재

1) 글라스 울 보온재 (JIS A 9504)

글라스 울은 유리를 용융하고 이것을 화염법·원심법·와류법 등으로 섬유화한 것이다. 이것은 불규칙하게 겹쳐진 섬유들 사이에 공기가 다량 존재하기 때문에 가볍고 뛰어난 단열성을 갖는다.

[기술용어 해설]

용적 밀도(bulk density)

보온재 등의 밀도를 나타낼 때 사용하고 겉보기 단위 체적당 중량을 의미하며 통상 K로 표시한다. 참고로 글라스 울 보온판에는, 24K·32K·40K·48K·64K·80K·96K·120K에 이르기까지의 다양한 제품이 있다.

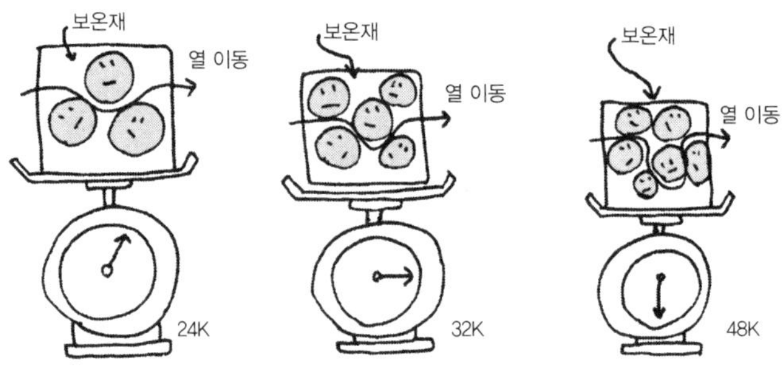

〈그림 10.2〉 용적 밀도가 뭐야?

사용 용도에 따라 보온판·보온통·보온대·담요가 있다. 보온판 2호 24K의 밀도는 24kg/m³이고 K 앞의 숫자는 밀도를 의미한다. 글라스 울의 특성은 주로 유리섬유의 굵기에 좌우되는데 JIS에서는 섬유 굵기가 12μm이하이고 평균 7μm라고 규정했다.

2) 락 울 보온재

락 울은 석회·규산을 주성분으로 하고 내열성이 높은 광물을 원심력·압축 공기·고압 증기 등으로 섬유화한 것이다. 섬유의 지름은 7μm 이하이고 밀도에는 2호(101~160kg/m³)와 3호(161~300kg/m³)가 있다. 사용 목적에 따라 판·통·펠트·띠·담요상(狀)으로 성형제품화 하고 있다. 내열성은 위에서 말한 글라스 울보다 뛰어나 최고 사용온도를 650℃로 정하고 있지만 보온판·보온통은 400~600℃로 정하고 있다.

(2) 무기 다공질 보온재

1) 규산칼슘 보온재

규산질 분말·석회 등을 균일하게 배합하고 증열반응에 의해 판상형·반원통형으로 성형한 보온재다. 규산칼슘 보온재는 내열성이 우수하고 시공성·경제성도 좋기 때문에 2호 650℃, 1호 1,000℃까지의 보온재에 널리 사용되고 있으며 보일러 보온과 지역난방의 고온수 배관 등에 많이 사용된다.

2) 발수성 펄라이트 보온재

이 보온재는 펄라이트에 접착제·무기섬유·발수제를 균일하게 혼합해 프레스 성형한 보온재다. 펄라이트는 천연유리의 일종인 진주암·흑요석 및 송지암 등을 미립자로 분쇄하고 900℃~1,200℃에서 가열 팽창시켜 경량, 다공질의 입상(粒狀) 물질로 만든 보온재다. 참고로 최고 사용온도는 판상(板狀)이나 통상(筒狀) 보온재로 900℃ 또는 650℃이다.

(3) 발포 플라스틱 보온재

1) 비즈법 폴리스티렌폼 보온재

이 보온재는 제조법의 차이에 따라 압출법 폴리스티렌폼 보온재도 있다. 그런데 이 보온재는 발포제 및 난연화 재료를 첨가한 폴리스티렌 수지(자소성 폴리스티렌)를 원료로 한다. 폴리스티렌 또는 그 공중합체의 발포성 비즈를 틀(form) 내에서 발포 성형한 보온재 또는 발포 성형한 블록에서 잘라낸 판상 또는 통상의 보온재다. 참고로 이 보온재는 비즈법과 압출법 모두 열에 약하므로 방로·보냉 용도로만 사용된다. 최고 사용온도를 통 70℃, 판 80℃로 규정하고 있다.

2) 경질 우레탄폼 보온재 (JIS A 9511)

폴리올·폴리이소시아네이트 및 발포제를 주제(主劑)로 하고 발포 성형한 보온재 혹은 발포 성형한 블록에서 잘라낸 판상 또는 통상의 보온재다. 기포체에는 탄산가스·플로로카본 가스가 봉입되어 있기 때문에 공기보다 열전도율이 작아 뛰어난 보온·보냉 효과가 있다. 또한 시공 면에서도 현장에서 주입하거나 분사해 현장에서 쉽게 임의의 형상으로 발포할 수 있는 이점이 있다. 단, 안전 사용온도는 100℃로 규정된다.

이상으로 6종의 보온·보냉재 외에도 탄화 코르크판·규조토·경질 고무폼 등이 있다.

10·3 보온·보냉 재료 선정상의 유의점

보온·보냉재를 선정함에 있어서는 우선 그 열전도율(heat conduction ratio)에 주목할 필요가 있다. 선정에 있어서는 ①온도와의 관계 ②밀도와의 관계 ③보온재 두께와의 관계 ④수분과의 관계 ⑤기체 종류와의 관계 ⑥보온재 구조와의 관계 ⑦보온재의 경제적인 두께와의 관계 등, 검토를 요하는 사항들이 많다. 지면 관계상 보온 재료에 대한 온도와의 관계와 수분과의 관계 그리고 경제적인 두께의 3가지 사항에 대해서만 기술한다.

(1) 보온 재료에 대한 온도와의 관계

보온재의 열전도율은 온도가 상승함에 따라 커진다. 100℃ 이하의 온도 영역에서 공기를 이용한 보온재의 열전도율은 온도 상승에 대해 거의 직선으로 증가한다. 중·고온 영역이 되면 저밀도 보온재료에서는 열전도율의 증가율이 커져 동일 재료의 열전도율이라도 밀도가 작을수록 열전도율이 커진다. 이는 저밀도에서 온도가 높을수록 방사(radiation)에 의한 전열량이 커지기 때문이다. 섬유질 보온재는 섬유의 배열이 열류와 동일한 방향에 있기 때문에 고온이 되면 동일한 밀도의 보온판에 비해 열전도율이 커진다. 수분을 함유하고 있는 보온 재료는 섭씨 100℃ 전후에서 자유수가 증발하므로 열전도율이 작아지기도 한다.

(2) 보온 재료에 대한 수분과의 관계

보온·보냉 재료가 수분을 흡수하면 기체(공기)가 열전도율이 큰 물과 치환(replace)하게 되므로 보온·보냉 재료의 열전도율이 극단적으로 커진다. 물이 수증기 상태로 존재할 경우 수증기의 열전도율은 공기의 열전도율보다 작기 때문에 큰 장해가 되지는 않는다. 그러나 스틸렌폼과 같은 발포 플라스틱 보온재는 흡수가 쉽지 않지만 글라스 울·락 울과 같은 섬유질 보온재는 흡수되기 쉬워 종종 현장에서 보온 공사할 때 문제를 일으키기 쉽다.

(3) 보온 재료의 경제적인 두께

보온 재료의 두께가 크면 방산 열량이 감소하지만 그 반면에 보온 공사비는 커진다. 이 관계를 정성적으로 표현한 것이 〈그림 10.3〉이다. 이 그림에서 곡선 A는 발산열량에 대한 연료비이고 곡선 B는 보온공사비다. 곡선 C는 A+B의 합성곡선으로 C가 최소값이 되는 P점이 바로 경제적인 보온 재료의 보온 두께다.

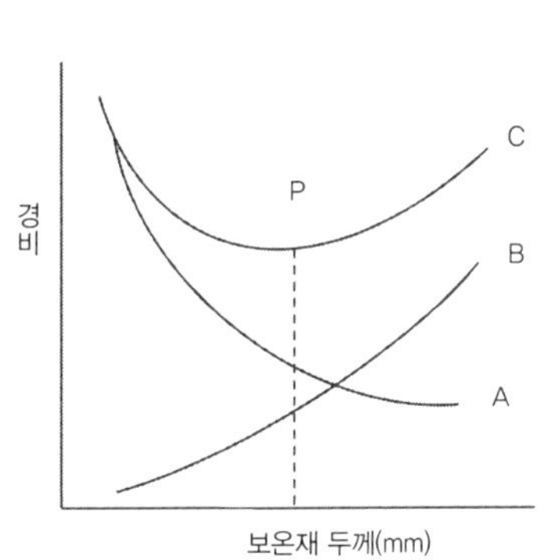

〈그림 10.3〉 경제적인 보온 재료의 두께

10·4 보온재·방로재에 필요한 보온재 두께

정상적으로 보온된 상태에서 관류열량·필요한 보온재의 두께·보온재 외측 표면온도는 평면과 원통(관)의 2가지 상태로 나누어 생각할 필요가 있고, 이는 다음과 같은 계산식으로 구할 수 있다. 사실 정상적인 상태에 있는 일은 거의 없으므로 어디까지나 간이적인 산출 방법이다. 보온 대상물이나 주위 시간의 변화에 따라 조건이 달라지므로 목적에 맞는 조건을 설정해 산출한다.

[기술용어 해설]

정상 상태 (steady state)

단어의 의미는 “상태가 항상 일정한 것”을 말하는데 여기서는 배관 등 보온 대상물의 온도 및 보온 재료의 외주 온도가 시간이 경과함에 따라 변화하지 않고 일정한 상태에 있음을 의미한다.

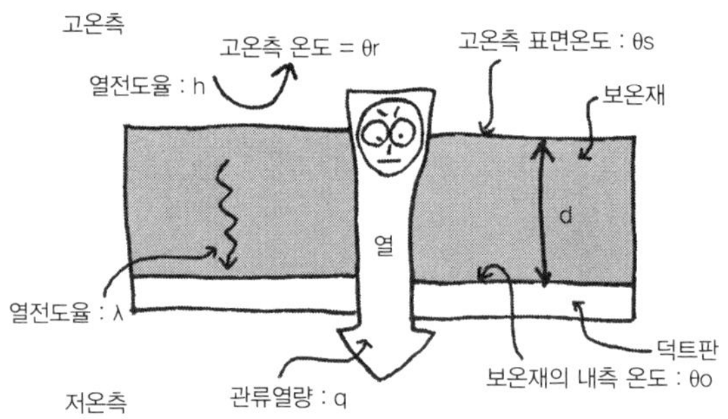

〈그림 10.4〉 평면일 경우의 열관류 개념도

(1) 평면인 경우의 열관류(구체적인 예 : 덕트의 경우)

우선 평면인 경우의 열관류(heat transmission) 이미지를 〈그림 10.4〉에 나타낸다. 구체적으로는 〈그림 10.5〉에 나타내는 바와 같이 옥내 노출 덕트에 대한 보온시공 예를 들 수 있다.

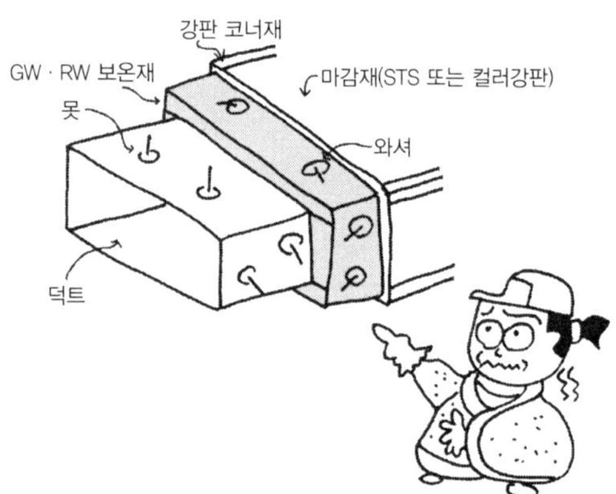

〈그림 10.5〉 옥내 노출 덕트에 대한 보온시공 요령

① 관류열량(발산열량 · 열손실량 · 침입열량) : q[W/m²]

$$q = \frac{(\theta o - \theta s)}{(d/\lambda)} = \frac{(\theta o - \theta r)}{(1/h + d/\lambda)} = \frac{(\theta o - \theta s)}{r} = h\ (\theta s - \theta r)$$

단, θo : 보온재의 내측 온도 [℃]

θs : 보온재의 외측 표면온도 [℃]

θr : 보온재의 외측 기온 [℃]

d : 보온재의 두께 [m]

λ : 보온재의 열전달률 [W/m·K]

h : 보온재의 표면 열전달률 [W/㎡·K]

보온일 경우에는 h=12, 보냉일 경우에는 h=8을 각각 적용한다.

R : 보온재의 열저항 [㎡·K/W]

② 필요한 보온 두께 : d[m] (표면 온도: θs를 설정하는 경우)

$$d = \frac{\lambda\ (\theta o - \theta s)}{h\ (\theta s - \theta r)}$$

③ 보온재의 외측 표면온도 : θs

$$\theta s = \frac{q}{h + \theta r}$$

(2) 원통(관)인 경우의 열관류(구체적인 예 : 배관의 경우)

우선 원통(관)인 경우의 열관류(heat transmission) 이미지를 〈그림 10.6〉에 나타낸다. 그 구체적으로는 〈그림 10.7〉에 나타내는 바와 같이 옥내 노출 냉수관·냉온수관에 대한 보온시공 예를 들 수 있다.

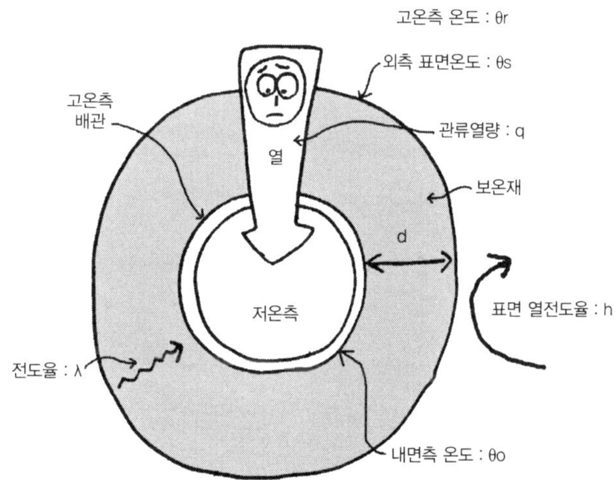

〈그림 10.6〉 원통(관)일 경우의 열관류 개념도

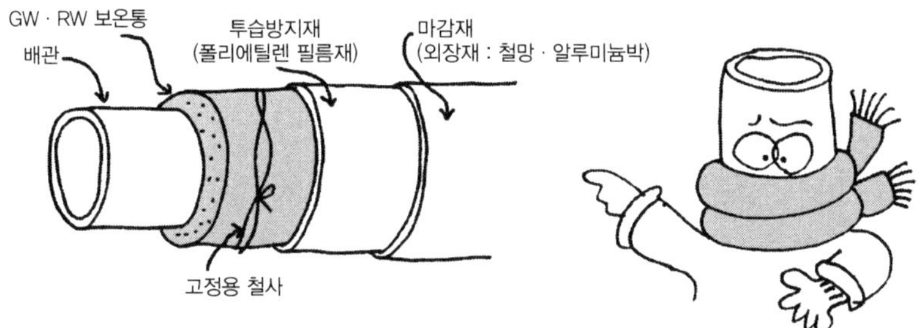

〈그림 10.7〉 옥내 노출 냉온수관에 대한 보온시공 요령

① 관류열량(열손실량·침입열량) : q [W/m²]

$$d = \frac{\pi(\theta o - \theta r)}{(1/h \cdot D + 1/2h \cdot 1nDe/D1)} = \frac{2\pi h(\theta o - \theta s)}{1nDe/D1} = \frac{(\theta o - \theta s)}{R}$$

단, De : 보온재의 외경 [m]

Dl : 보온재의 내경(배관 외경)[m]

② 필요한 보온 두께 : d[m] (표면 온도: θs를 설정하는 경우)

$$de = 1n\ (de/d1) = \frac{2\pi(\theta o - \theta s)}{h(\theta s - \theta r))}$$

$$d = \frac{(de - d1)}{2}$$

③ 보온재의 외측 표면온도 : θs

$\theta s = (q/\pi\ hDe) + \theta r$

(3) 일반적인 보냉·방로 두께의 일례

글라스 울 보온통 및 보온판 48K의 경우, 참고로 그 보냉·보온 두께의 일례를 들면 다음과 같이 규정되고 있다.

◇관내 온도가 15℃ 이상일 경우

두께를 보면 관 호칭지름 15A는 15mm, 관 호칭지름 20A~150A는 20mm, 관 호칭지름 200A~300A는 25mm, 평면의 경우는 25mm로 각각 정해져 있다.

◇관내 온도가 5℃ 이상일 경우

두께를 보면 호칭지름 15A·20A는 25mm, 호칭지름 25A~65A는 30mm, 호칭지름 80A~300A는 35mm, 평면의 경우는 40mm로 각각 정해져 있다.

10·5 보온·보냉·방로공사의 유의점

여기서는 주로 배관용 보온공사를 시공함에 있어서의 유의사항을 순서 없이 기술하기로 한다.

① 보온·보냉의 두께는 피복재의 두께를 말하고 외장재나 보조재의 두께는 포함하지 않으므로 주의한다(주 : 자격 시험에 자주 나오는 문제).

② 보온재는 이미 말한 바와 같이 크게 섬유질·다공질·발포질 등으로 크게 나눈다. 섬유질 재료 중에서 무기질 재료인 글라스 울은 물에 젖으면 단열효과가 현저히 떨어진다는 점을 기억한다. 따라서 현장에서 보온공사를 수행할 경우에는 글라스 울에 빗물이 침입하지 않도록 유의한다. 한편 폴리스틸렌폼·경질 우레탄폼 등의 다공질 보온재는 습윤의 영향을 받지 않는다.

③ 온수관·증기관 보온 공사는 안쪽부터 차례로 피복재⇒외장재의 순서로 시공한다.

④ 냉수관 보온공사는 안쪽부터 차례로 피복재⇒방습재⇒외장재의 순서로 시공한다. 온수관 보온 공사의 경우와 다른 점은, 결로 방지를 위한 방습재(vapour barrier) 시공이 필수라는 것이다. 또 방습재로는 폴리에틸렌 필름이 많이 사용되고 있다〈그림 10.8〉.

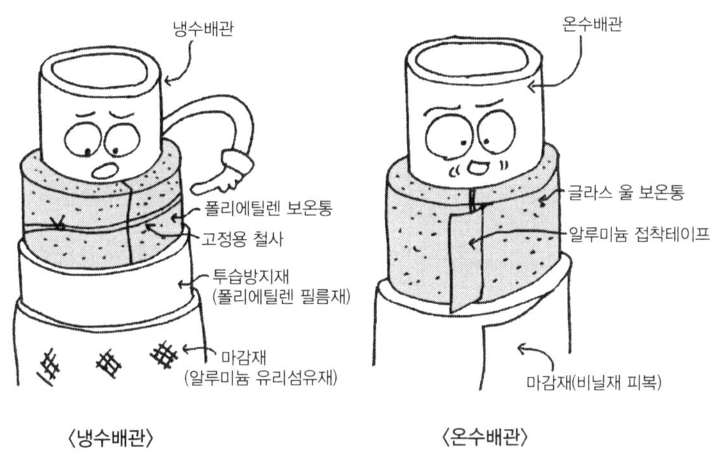

〈그림 10.8〉 냉수관과 온수관의 시공 요령

[기술용어 해설]

외장재 (lagging)

이 용어는 종전부터 속칭 락킹이라고 불리었다. 외장재는 냉동기·보일러·배관 등의 보온·보냉 피복재의 손상을 방지할 목적으로 설치하는 금속제 방호 커버를 말한다.

빗물이 닿는 장소·욕실/주방 등 습도가 높은 장소 또는 기계실 등과 같이 상시 관리 작업이 이루어지는 장소에 있는 기기류의 단열 피복부에 실시한다.

⑤ 배관 피트 등과 같이 다습한 곳에는 외장재로 아스팔트 주트(asphalt jute)를 감고 그 표면에 아스팔트 프라이머를 도포한다.

⑥ 옥외 횡주배관의 금속제 외장재(lagging) 이음매 속으로 빗물이 침투하지 않도록 옆으로 향하거나 아래로 향하게 한다.

⑦ 옥외 수직배관의 외장재(lagging)는 하부에서 상부로 외장재를 시공하고 이음매에 빗물이 모이지 않게 한다〈그림 10.9〉.

⑧ 증기배관 등과 같이 신축이 큰 배관을 지시할 경우, 보온재는 배관 신축량을 고려해 보온재의 일부를 절단한다〈그림 10.10〉.

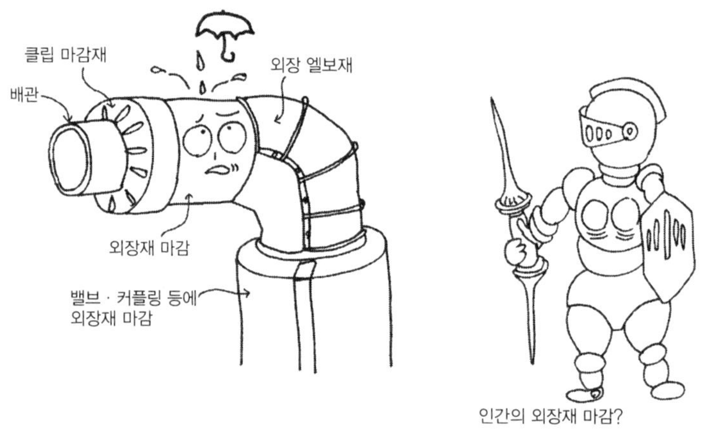

〈그림 10.9〉 금속제 외장재를 배관에 시공하는 요령

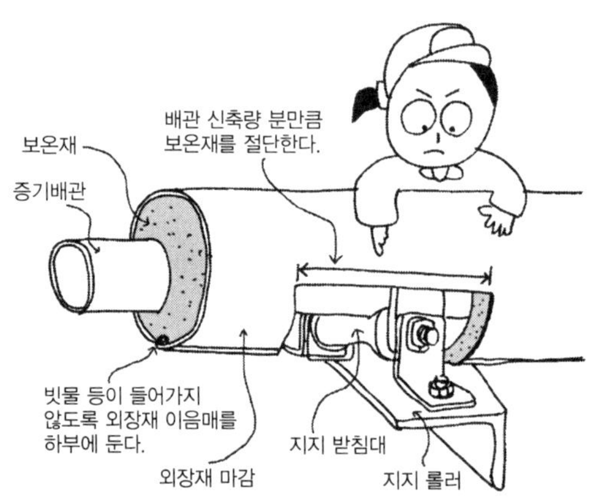

〈그림 10.10〉 증기 배관 : 롤러 서포트부의 보온재 피복

⑨ 냉수관·냉온수관 달기밴드(hang band) 등의 지지부에는 인슐레이션 슬리퍼(배관을 단열 지지하기 위한 제품) 등 방습 가공한 지지받침을 설치한다. 어쩔 수 없이 배관을 직접 지지할 경우에는 보온 외면에서부터 리프팅 봉 150mm 길이까지 보온 피복한다. 보온 시공을 필요로 하는 배관계 밸브에는 롱 네크(long neck) 밸브를 채택한다〈그림 10.11〉.

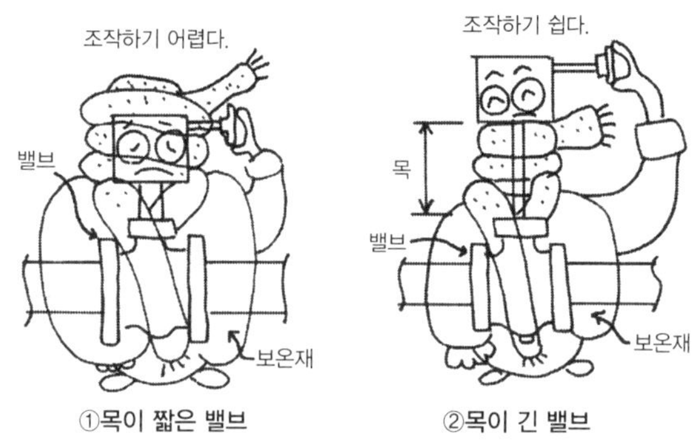

〈그림 10.11〉 롱 네크 밸브

[기술용어 해설]

인슐레이션 슬리퍼 (insulation sleeper)

이 재료는 냉수배관 등을 달기밴드로 지지할 경우에 사용되는 배관 지지재다. 배관 지지부의 결로와 열손실을 방지함과 동시에 보온통이 찌그러지지 않게 할 목적으로 설치하고 "sleeper"의 원래 뜻은 "침목"을 말하고 경질 우레탄제가 많다.

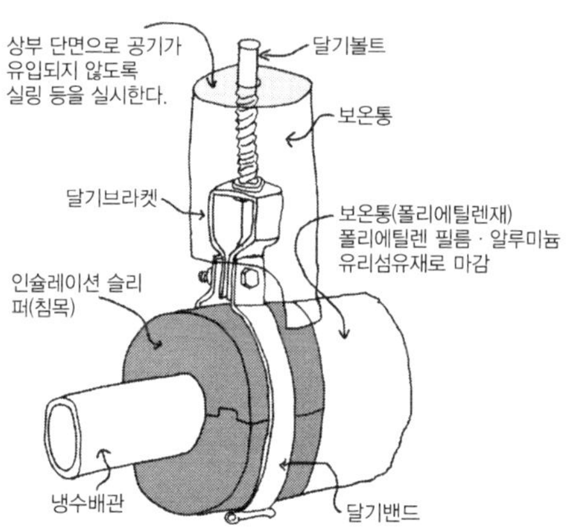

〈그림 10.12〉 인슐레이션 슬리퍼

⑩ 원칙적으로 보온통 두께 65mm 이하일 경우에는 단층으로 하고, 두께 75mm 이상일 경우에는 복층으로 한다.

⑪ 보온통의 이음매는 동일선상에 나란히 있지 않고 어긋나게 시공한다.

⑫ 덕트 보온재에는 미리 보온핀(못)을 박아 둔다. 원칙적으로는 300mm 격자마다 덕트의 하부와 측면에는 2개, 덕트의 상부에는 1개 이상을 각각 박는다.

10·6 열교

제10장의 대미를 장식하는 이슈로, 그다지 귀에 익지 않은 열교(thermal bridge)에 대해 기술한다.

(1) 열교란?

열이 내부와 외부의 경계(boundary)로 이동할 때 마치 사람이 다리를 건널 때 가장 건너기 쉬운 곳을 택해 건너는 것처럼 열이 가장 잘 전달되기 쉬운 곳을 열교(서멀 브리지)라고 한다. 보냉일 경우에는 열교 부분의 열류 저항이 보냉재보다 낮기 때문에 표면온도가 내려가 결로가 발생하기 쉬워 눈에 보이는 결로현상이 만들어진다.

참고로 국토교통부 기계설비 공통 사양서에는 냉수관 및 냉온수관의 달기밴드 지지부에 합성수지제 지지받침(인슐레이션 슬리퍼)을 사용하게 돼 있고, 이는 열교를 일으키지 않는 시공법을 도입한 일례이다.

〈그림 10.13〉 열교 (thermal bridge)

[기억해 둘만한 사항]

일반적으로 덕트 보온재에 보온핀 장착 공법(건식 공법)을 적용하는데 약 50년 전만 해도 싱가포르에서는 덕트 보온재를 설치할 때 덕트 표면 위에 아스팔트(bitumen)를 솔질해 접착 시공하는 것을 목격한 적이 있다.

(2) 열교 현상이 불가피할 때의 구체적인 예

① 배관 보냉 시의 구체적인 예

5℃ 이하의 냉수관을 직접 지지했을 때 달기볼트는 배관 본체 보냉 두께의 3배 길이까지 보냉하고 달기볼트의 보냉 두께는 원칙적으로 배관 본체 보냉 두께의 1/2이어야 한다. 또, 배관이 상하 2단으로 리프팅(일반적으로 말하면 제등 매달기)돼 있을 경우에는 상하 배관을 리프팅 지지하고 있는 달기볼트 전체를 보냉한다〈그림 10.14〉.

〈그림 10.14〉 배관 열교의 예

직접 지지했을 경우의 앵글 지지대는 냉수관·드레인관 부분 전체를 보냉한다.

또 다른 배관 지지와 공용이어서 앵글 지지대가 길 때는 보냉할 필요가 있는 배관의 보온통 외면에서부터 길이 300mm 정도 되는 곳까지 보냉한다.

② 덕트 보냉 시의 구체적인 예

글라스 울 보온재를 덕트에 설치할 경우에 금속 못(보온핀) 등을 사용한다. 보온핀이 돌출돼 구부러진 부분은 특히 상대습도 85%이상, 덕트 내 온도 22℃이하로 되면 결로현상이 일어나므로 단열볼트를 사용한다.

[기술용어 해설]

단열 볼트(insulation bolt)

보냉재를 관통해 멈춰도 열교를 막아 결로·방사를 방지할 목적으로 개발된 볼트다. 재질로는 나일론제, 유리섬유 혼입 나일론제, 아크릴제·스티렌 합성수지제 등이 있다.

천정 내에 있는 냉방용 덕트를 보온 시공함에 있어서는 롤 형태의 알루미늄 포일 페이퍼가 부착된 글라스 울 보온판을 사용하고 그대로 오버랩 시공을 하는데 랩의 폭이 적으면 주위 조건에 따라서는 알루미늄박의 열전도로 인해 랩 부분이 결로되므로 악조건이 예상되는 곳을 보온 시공할 때는 랩 폭을 100mm이상으로 해서 결로 방지를 도모한다. 직사각형 덕트에서 긴 변이 70mm 이상인 보강 앵글 산형강은 30mm 이상이 되므로 보온판(롤 모양은 제외)이 25mm 두께일 경우에는 그 부분을 따로 보강 보온할 필요가 있다.

③ 고온 기기 보온 시의 구체적인 예

고온 기기일 경우에는 열교로 인해 기기 표면에까지 열이 전달되면 화상 또는 발화될 우려가 있으므로 그 부분을 반드시 복층으로 보온한다.

[기술용어 해설]

글라스 울 보온판 24K

공조용 덕트 보온·보냉용 보온재로 가장 많이 채택되고 있는 재료다. 두께 7㎛ 또는 20㎛의 알루미늄박에 50g/m² 이상의 크래프트지를 접착시킨 제품을 글라스 울 보온판(롤 모양)에 붙여 일체화 한 보온판이다.

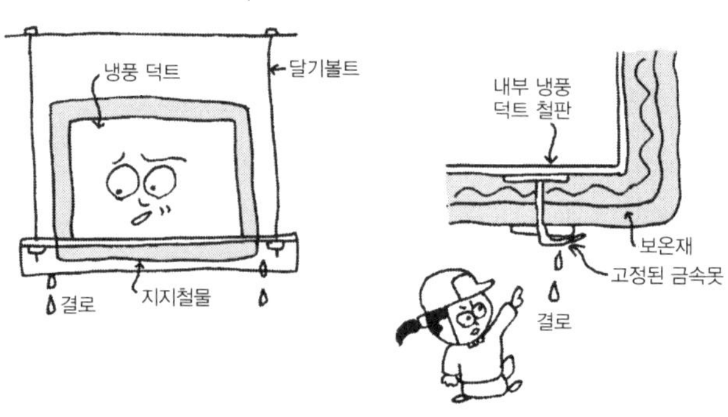

〈그림 10.15〉 덕트 열교의 예

[기술용어 해설]

열적 단락로(heat path)

보온재는 압축·굽힘 강도가 작기 때문에 보온재 자체는 구조 부재가 되지 못해 보강 부재와 병용된다. 보온재를 관통하는 구리 못과 같은 열 양도체가 있으면 열류가 평행하기 때문에 그 부분의 열저항이 감소하고 전열량이 증가한다. 이 부분을 열적 단락로(히트 패스)라고 한다.

이 같은 현상을 피하려면 합성목재 등 보온성을 가진 재료를 이용해 히트패스를 적게 하는 시공 방법을 적용한다.

제11장. 도장 공사

11·1 도장 공사란?

도장 공사(painting works)란 설비 기기류의 보호기능 및 미장기능을 충족할 수 있도록 설비 기기류 및 덕트·배관류에 도료를 도포하는 공사를 말한다. 〈그림 11.1〉의 도장의 목적에서 나타내는 바와 같이 보호 기능으로는 방청·방수·내(耐)약품·곰팡이 방지 등이 있고, 미장 기능으로는 미관기능·식별기능 등이 있다.

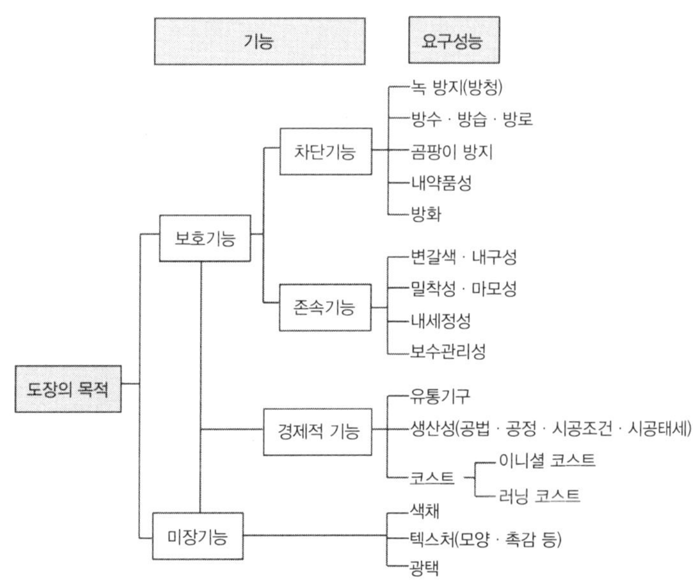

〈그림 11.1〉 도장의 목적

도장 공사 공정상의 특징은 시운전 조정 업무와 마찬가지로 건물 준공 직전의 "분주한 시기"에 겹치는 일이 많다는 점이다.

일반적으로 덕트 도장은 재료면 보호와 미장의 양쪽을 겸비하는 것이 대부분인데 특히 부식 방지(防蝕)·침식(耐蝕) 등을 중시할 경우에는 도장으로 대응하기보다는 차라리 덕트 재료를 변경(예 : 철판 덕트 ⇒ 염화비닐 덕트)함으로써 대응하는 경우도 많다. 특수 용도의 도료가 개발·실용화되고 있는데 여기에는 결로방지 도료·방진(防塵) 도료·대전(帶電)방지 도료·절연(絕緣)도료·발광(發光) 도료 등이 라인업 돼 있다.

11·2 도장 시공이 필요한 개소

건축설비의 어느 부분에 도장을 실시할지는 피(被)도장 면의 재질이나 사용 환경·경제성 등을 고려해 결정되는데 공조 기기류·배관류를 제외하고 일반적으로 덕트에 도장할 곳은 다음과 같다.

① 옥외 노출된 아연 철판의 외표면

② 옥내 노출된 아연 철판의 외표면 (단, 미관을 무시하고 최근에는 도장하지 않는 경우도 많다)

③ 덕트 플랜지 앵글의 외표면

④ 덕트의 리프팅 봉 및 리프팅 지지 강재의 외표면 (주 : 덕트의 리프팅 봉은 과거엔 현장에서 도장공이 절삭나사 가공한 철근 봉(검은색)에 페인트칠로 녹 방지 도장을 하던 시대도 있었지만 현재는 아연도금 전조나사 가공한 전나사 달기볼트가 사용되고 있다〈그림 11.2〉.)

⑤ 강판제 덕트·지지 강재 등의 외표면

⑥ 다습한 부분이나 산·알칼리를 포함하고 공기에 노출되는 덕트·지지 강재면

⑦ 해안 부근 등에서 부식 환경에 노출되는 덕트·지지 강재면

⑧ 거실이나 공장·기계실 등에서 미관·색채 조절·식별 등을 필요로 하는 덕트 외표면

⑨ 토출구·흡입구를 접속하는 덕트 내표면(통상 흑색 페인트 도장)

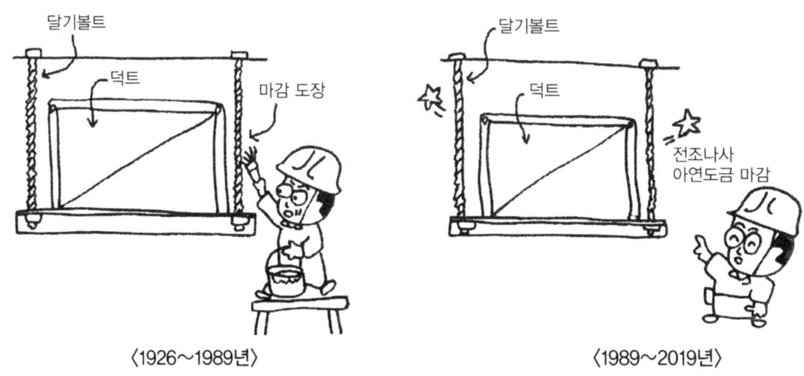

〈그림 11.2〉 아연도금 전조나사 가공한 전나사 달기볼트

⑩ 면포·유리섬유면

⑪ 기타

스테인리스 강판이나 컬러 철판·알루미늄 등의 내식 재료는 녹이 잘 슬지 않고 미관도 갖췄으므로 일반적으로 도장할 필요가 없다.

아연 철판 덕트에 대해서는 아연도금부가 상당한 부식방지 성능을 갖추고 있기 때문에 미관이나 중요한 부식방지 목적 이외에는 도장할 필요가 없다.

11·3 도료의 분류

도료(paint)에도 많은 종류가 있는데 대표적인 도료를 크게 나누면 다음과 같다.

(1) 도료의 주성분에 의한 분류

① 유성계 도료 : 일반 녹 방지 페인트(1종)·조합 페인트 등

② 유성 합성수지계 도료 : 합성수지 조합 페인트·일반 녹 방지 페인트(2종) 등

③ 합성수지계 도료 : 프탈산 수지계 도료·에폭시 수지계 도료(주)·염화비닐 수지계 도료·폴리우레탄 수지계 도료 등

④ 역청계 도료 : 타르에폭시 수지계 도료이고 역청은 영어로 bitumen이다.

⑤ 고무 유도체 도료 : 염화 고무계 도료 등

⑥ 기타 : 에멀젼 도료 등

[기술용어 해설]

에멀젼 (emulsion)

서로 섞이지 않는 액체계에서 한쪽이 작은 방울이 되어 다른 쪽으로 분산되고 있는 상태를 말한다. 희고 탁하며 불투명한 액체로 일명 라텍스 혹은 유탁액이라고도 한다. 혼탁한 드레싱 등에서는 물과 기름을 계면활성제 등으로 혼합시킨다. 참고로 연속된 층이 기름으로 분산하고 있는 쪽(분산층)이 물인 경우를 유중수적형(油中水滴型) 에멀젼, 그 반대인 경우를 수중유형(水中油型) 에멀젼이라고 한다.

(주) 에폭시 수지 코팅(epoxy resin coating)은 에폭시 재료를 사용해 코팅한다(칠 · 피복가공). 넓은 의미에서는 강화재로서 탄소섬유를 여러 겹 코팅해 합착하는 공법부터, 좁은 의미에서는 에폭시 도료를 도장 피복하는 등 시공범위가 꽤 넓다.

(2) 도장 공정에 의한 분류

① 바탕처리 도료 : 에칭 프라이머·눈먹임재(wood filler material) 등

② 초벌칠 도료(하도) : 일반 녹 방지 페인트·타르에폭시 도료 등

③ 중간칠·덧칠 도료(중도·상도) : 합성수지 페인트·각종 합성수지계 페인트 등

(3) JIS 규격 제품

대부분의 도료에는 JIS 규격품이 있고 그 품질에 대해서도 비중·점도·도장피막 상태·밀착성·건조시간 등이 JIS K 5400에 세세하게 규정돼 있다. 일반적으로 사양서나 설계도서에 JIS 규격품이라고 특기된 경우를 제외하고, 반드시 JIS 규격품이 사용됐다고는 할 수 없다. 최근 개발된 합성수지계 도료에는 JIS 규격 그 자체가 제정되지 않은 것도 있다.

11·4 도료의 종류

11·3 항에서는 도료의 분류에 대해 기술했는데 여기서는 건축설비에 일반적으로 사용되는 도료에 대해 기술한다.

(1) 에칭 프라이머

에칭 프라이머는 일명 워시 프라이머(wash primer)로도 불리고 덕트 등의 아연 철판을 도장할 경우에 바탕 처리하는 도료이다. 아연 철판 위에 마감도료를 직접 도포하면 도료가 박리되므로 이를 방지하기 위해 도막면의 요철을 처리하고 마감 도료의 도막면에 대한 밀착성을 높일 목적으로 사용한다. 단, 초벌처리재를 옥외에서 사용할 경우에는 내후성(weather-proofing)이 떨어지므로 초벌처리재를 도포한 지 2~8시간 이내에 중간칠과 덧칠을 한다.

(2) 초벌칠 도료(하도)

철판이나 강재 등의 일반 철 부분에 직접 도포해 철면의 방청 및 중간칠·덧칠 도료의 밀착성 향상을

[기술용어 해설]

에칭 프라이머 (etching primer)

일명 워시 프라이머라고도 한다. 금속면 도장에서 사용하는 금속 표면처리 도료이고, 도료 중 성분의 일부가 금속 바탕과 반응해 화학 생성물을 만들고 후공정 도료의 밀착성을 향상시킨다. 일반적으로 2액형이고 단기 폭로형과 장기 폭로형의 2종류가 있다.

목적으로 하는 도료이고 녹 방지 도료와 징크리치 페인트(아연을 다량 함유한 초벌 도료)가 있다. 녹 방지에는 광명단 녹 방지 페인트라든가 일반적인 녹 방지 페인트나 고온에 사용되는 내열(耐熱) 녹 방지 페인트 등이 있다.

(3) 중간칠·덧칠 도료(중도·상도)

주로 내후성(耐朽性)·내수성(耐水性)·내약품성 등의 기능과 미관을 목적으로 도장하는 도료다. 이 도료는 중간칠 도료와 덧칠 도료로 구분되는데 동일한 재료가 사용되는 일도 많다. 이 도료에는 SOP나 OP의 약자로 불리는 조합수지 페인트와 내약품성·내수성이 뛰어난 에폭시 수지계 페인트 그리고 내후성이 좋은 염화고무 수지계 도료라든가 속칭 은펜으로 불리는 알루미늄 페인트 등이 있다.

(4) 특수 용도의 도료

① 결로 방지 도료

도장피막이 수분을 흡수하는 재료이므로 일시적·부분적 결로방지용으로 채택되는 도료이다. 단, 흡수한 수분을 발산시킬 시간이 필요하므로 상시 결로되어 있는 장소에 적용하는 것은 부적합하다. 내용연수도 5~6년이다.

② 곰팡이방지 도료

곰팡이(mold)는 그 종류가 다양하므로 곰팡이 방지에 유효한 곰팡이 방지제가 들어 있는 도료를 사용한다. 또한 무광 사양의 도장은 쓰레기가 쉽게 부착돼 곰팡이 발생의 원인이 되기도 하므로 최대한 유광 사양의 도장으로 하는 것이 좋다.

③ 징크리치 페인트

건조한 도장피막 중에 금속 아연 분말을 80~90% 함유한 도료로, 용융 아연도금과 동일한 방식(防蝕) 효과를 얻을 수 있으므로 덕트에서 플랜지 앵글이 노출된 철 부분 등의 방식 도료로 채택되고 있다.

〈표 11.1〉에서는 사용 공정별로 각종 도료의 성질을 나타낸다.

11·5 도료의 내구성

우선 도장하게 될 도료에는 수명(life)이 있다는 것을 인식한다. 도장의 내구성(durability)에 대해서는 본바탕 조정 상태와 도료의 종류 그리고 사용 환경에 따라 크게 달라지는데 표준도장 사양으로 시공한 경우 옥내에서는 광택(gloss)과 색조(tone) 등이 다소 떨어지지만 내구성 면에서 문제되는 일은 거의 없다.

〈표 11.1〉 사용 공정별 각종 도료의 성질

사용 공정	도료 번호	도료명	JIS K	성능 (적응도) A : 우수, B : 양호, C : 좋음, D : 부적합																비고
				외표면(수공구 제거)과의 밀착성	아연도금 면과의 밀착성	보온면포 면과의 밀착성	겹칠하는 도료의 밀착성	방부식성	내철성(耐鐵性)	내후성	내수성(상시 몰수)	내열성	내산성	내알칼리성	내약품성	내염분성	내유성	내용제성	내충격성(도장 경도)	
초벌칠	①	에칭 프라이머	5563 1종 A	A	A	D	A	D	D	D	D	D	D	D	D	D	D	D	D	비닐 프라이머 수지, 금속면의 전(前)처리
	②	일반용 녹방지 페인트(1종)	5621 1종	A	D	D	A	B	C	D	D	D	D	D	D	D	D	D	C	유성계 · 산화철, 일반 방청
	③	일반용 녹방지 페인트(2종)	5621 2종	B	D	D	A	B	C	D	D	D	D	D	D	D	D	D	C	프탈산계 · 산화철, 일반 방청(속건성)
	④	광명단 녹방지 페인트(1종)	5622 1종	A	D	D	A	A	B	D	D	D	D	D	D	D	D	D	C	유성계, 광명단, 옥외 방청
	⑤	광명단 녹방지 페인트(2종)	5622 2종	B	D	D	A	A	B	D	D	D	D	D	D	D	D	D	C	프탈산계 · 광명단, 옥외 방청(속건성)
	⑥	징크로메이트 녹방지 페인트	5627 A	A	C	D	A	A	B	D	D	D	D	D	D	D	D	D	C	프탈산계 징크로메이트, 아연도금면 외의 방청(옥내)
	⑦	염산칼슘 녹방지 페인트	5629	B	C	D	A	A	B	D	D	D	D	D	D	D	D	D	C	프탈산 · 납산칼슘, 아연도금면의 방청(옥외)
	⑧	타르 에폭시 수지계 도료	5664 1종	A	A	D	A	A	B	A	A	D	A	A	A	A	B	B	B	내수 · 내습부(흑갈색), 매설 · 구내 · 피트 내의 배선 등
	⑨	논브리드형 타르 에폭시 수지계 도료		A	A	D	A	A	B	A	A	D	A	A	A	A	B	B	B	각종 합성수지계 도료의 초벌칠에 적합하다. 아연도금면 밀착성이 우수하다.
	⑩	실리콘 수지계 내열성 도료(초벌칠)		A	C	D	A	A	D	D	D	A	D	D	D	D	D	D	C	㉔의 초벌칠
	⑪	눈먹임 도료		D	D	A	A	D	D	D	D	D	D	D	D	D	D	D	D	합성수지 에멀젼, 보습면포 면 · 유리섬유 면의 눈먹임
중간칠	⑫	합성수지 조합 페인트(중간칠)		D	D	D	A	C	C	D	D	D	D	D	D	D	D	D	C	⑰ · ⑱의 중간칠
	⑬	염화고무 수지계 도료(중간칠)		D	D	D	A	B	C	C	D	D	D	C	C	B	C	C	B	⑳의 중간칠
	⑭	에폭시 수지계 도료(중간칠)		D	D	D	A	B	C	C	D	D	D	B	B	B	B	B	B	㉑의 중간칠
	⑮	폴리우레탄 수지계 도료(중간칠)		D	D	D	A	B	C	C	D	D	D	B	B	B	B	B	B	㉒의 중간칠
	⑯	염화비닐 수지계 도료(중간칠)		D	D	D	A	B	C	C	D	D	D	D	D	D	D	D	C	㉓의 중간칠
덧칠	⑰	합성수지 조합 페인트(덧칠) 1종	5516 1종	D	D	D	B	B	B	B	D	D	D	D	D	D	D	D	C	장(長)유성 합성수지(프탈산계), 일반적인 덧칠
	⑱	합성수지 조합 페인트(덧칠) 2종	5516 2종	D	D	D	B	B	A	B	D	D	D	D	D	D	D	D	C	장유성 합성수지(프탈산계), 일반적인 옥외의 덧칠
	⑲	알루미늄 페인트	5492 1종	D	D	D	B	B	A	B	D	D	D	D	D	D	D	D	C	합성수지 바니시 · 알루미늄 가루, 반사 · 내열성을 요할 경우
	⑳	염화고무 수지계 도료(덧칠)	5639	D	D	D	D	A	A	A	C	D	B	B	B	A	B	B	B	내난성(耐難性) · 해안부의 염분 입자에 내성 있음, 옥외 대형 구조물에 적합하다
	㉑	에폭시 수지계 도료(덧칠)		D	D	D	D	A	B	A	B	D	A	A	A	A	A	A	A	내산성 · 내알칼리성 · 내약품성이 강하다, 공장 내 등의 설비에 적합하다.
	㉒	폴리우레탄 수지계 도료(덧칠)		D	D	D	D	A	A	A	A	D	A	A	A	A	A	A	A	강도의 내후성 · 내산성 · 내알칼리성 · 내수성, 옥내외 설비에 적합하다
	㉓	염화비닐 수지계 도료(덧칠)	5582	D	D	D	D	A	A	B	B	D	A	A	B	A	B	B	B	내후성, 내산성 · 내알칼리성 있음
	㉔	실리콘 수지계 내열성 도료(덧칠)		D	D	D	B	B	B	C	C	A	B	B	B	B	B	B	B	내열도 100~600℃, 증기관 · 제연 · 연도 · 굴뚝 · 보일러 등에 적합하다.

그러나 옥외일 경우에는 일반적으로 3~4년이 지나면 도장피막의 일부가 벗겨지고 균열·부풀어오름 등이 생겨 녹이 발생할 뿐만 아니라 미관도 손상된다. 때문에 도장면의 내구성을 유지하려면 내구성이 좋은 특수 도료를 채택하거나 아니면 정기적으로 다시 칠을 한다. 해안 지역과 같은 염해부식 환경지에서는 당연히 도장 수명이 더욱 짧아진다는 점을 각오해야 한다.

참고로 내구성을 필요로 할 경우에는 일반적으로 본바탕 조정 그레이드를 올리거나 도료로 염화고무계 도료나 폴리우레탄 수지계 도료 등을 사용함과 동시에 도장 횟수를 늘리기도 하고 도막 두께를 두껍게 하는 등으로 대처한다.

〈그림 11.3〉 도장에는 수명이 있어 영구하지 않다!

공사 시공 관리자는 거래처에 설비를 인도할 때 시공주에게 정기적인 재도장 공사가 불가피하다는 사실을 서면(documents) 등으로 확실하게 전달하는 것이 중요하다.

11·6 도장공사의 시공요령

도장되는 덕트는 대부분이 아연도금 철판 덕트이고 그 외에는 덕트 면포면이나 덕트 크로스 면이다. 따라서 이후에는 아연도금 철판 덕트를 전제로 도장 공사의 시공 요령에 대해 기술한다.

(1) 시공 순서

도장공사의 표준 시공순서는 도장 사양 확인 ⇒ 도장 시공요령서 작성 ⇒ 시공(도장작업) ⇒ 검사 ⇒인도의 프로세스를 밟는데 그 프로세스를 그림으로 나타낸 것이 〈그림 11.4〉다.

(2) 본바탕 조정

도장 면에서 녹·얼룩·유분 등을 제거하고 표면처리 등을 실시해 도료 밀착성이 좋아지도록 본바탕을 정리한다.

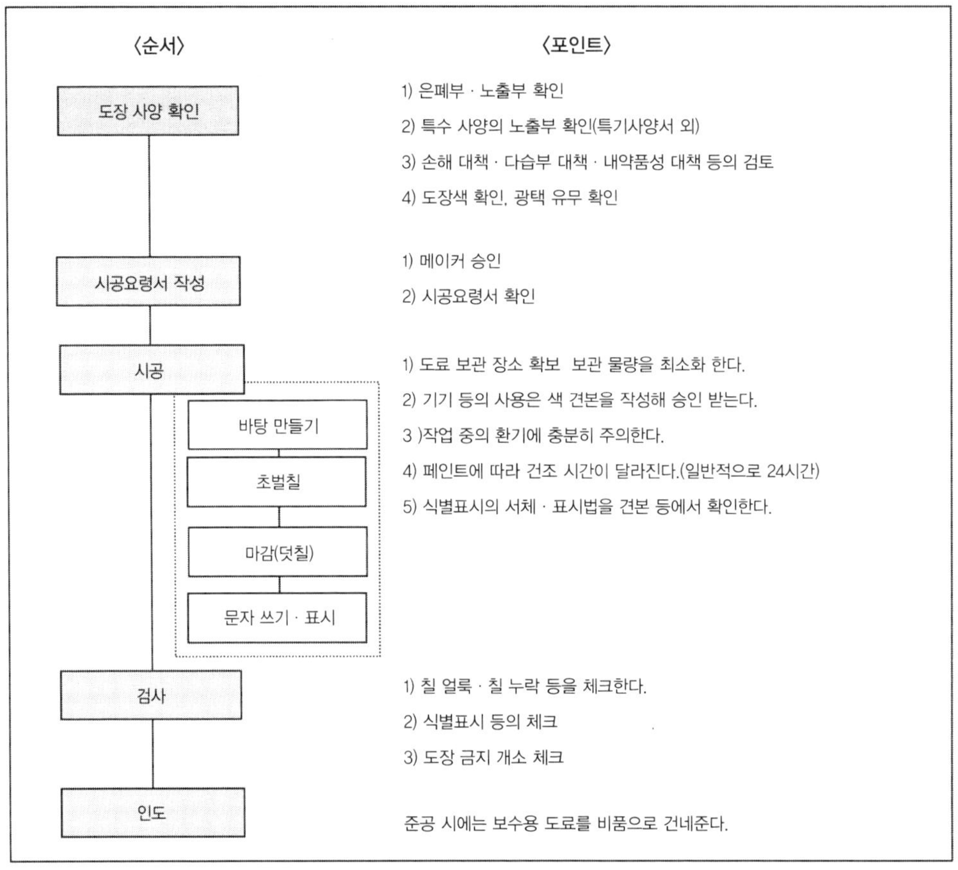

〈그림 11.4〉 도장공사의 표준 시공 순서

〈표 11.2〉 철부 · 아연도금부 도장면의 바탕 조정 방법

도장면	바탕조정 방법
철부	① 와이어 브러시 · 스크레이버 등으로 오염물과 부착물을 제거한다. ② 휘발유로 닦아내는 등 유류를 제거한다. ③ 디스크 샌더 등으로 녹을 제거한 뒤 곧바로 다음 공정 (녹 방지)으로 진행한다.
아연도금부	① 와이어 브러시 · 스크레이버 등으로 오염물과 부착물을 제거한다. ② 휘발유 · 중성세제 · 뜨거운 물 · 물 세척 등으로 유류를 제거한다. ③ 에칭 프라이머로 표면 처리한 후 곧바로 다음 공정(도장)으로 진행한다.

본바탕 조정은 도장면의 재질에 따라서도 달라지는데 철 부분과 아연도금부 도장면의 바탕 정리 방법을〈표 11.2〉에 나타낸다.

철 본바탕 면에서 이물질 제거는 바탕 조정 중에서도 가장 중요한 작업이다. 건축공사에서 철 본바탕 면의 이물질을 제거하는 방법에는 블라스트법(제1종 외연), 동력공구법(제2종 외연), 수공구법(제3종 외연)의 3종류가 있다.

녹 등을 완전히 제거할 수 있는 블라스트법은 건축 현장에서 적용하기 어려워 일반적으로 수공구법 또는 동력공구법을 채택한다.

(3) 현장에서 채택하는 도장 방법

도장 방법에는 브러시 도장·롤러 브러시 도장·스프레이 도장법·에어리스 스프레이 도장 등이 있는데, 도장면의 형상·면적·양 및 도료의 종류·점도 등을 고려해 적절한 도장 방법을 채택한다.

[기억해 둘만한 사항]

케렌 (외연(外連))

이 용어는 언뜻 보기에 외국어 같지만 케렌은 한자 外連으로, ①'속이다·숨기다'라는 의미(사용예 : ……꾸밈이 없다) ②연극 용어 ⇒ 예술적 깊이가 없이 오로지 눈을 속여 고객을 놀라게 하는 연출……이라고 해설돼 있다.

그러나 여기서 말하는 케렌(外連)은 도장 작업에서 도료와의 밀착성을 더 한층 향상시켜 도장의 마감상태를 좋게 하기 위해 도장하기 전에 도장 면에서 오래된 도료나 붉은 녹 혹은 요철이나 기타 부착물을 제거하고 도장 면을 매끈하게 한다는 속어(전문용어 : JARGON)다. 또 콘크리트 거푸집에 붙은 콘크리트 찌꺼기를 긁어내거나 다시 칠할 천장·벽 등에서 모르타르 찌꺼기 등을 깎아내는 것도 케렌이라고 한다. 참고로 케렌은 앞에서 설명한 외연(外連 : 제거한다는 의미)에서 유래한다는 설과 영어의 CLEAN(청소하다·이물질을 없애다)이 와전돼 케렌이 됐다는 2가지의 설이 있다.

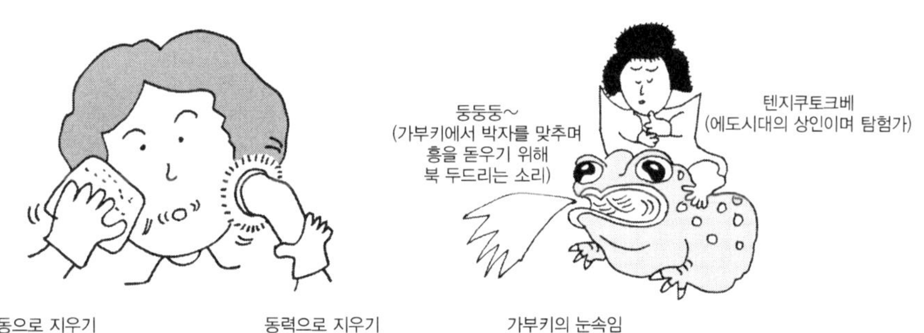

〈그림 11.5〉 케렌 작업 : 수공구법과 동력 공구법

어떤 도장 방법을 채택하든 미처 칠하지 못한 부분(unpainted)·움푹 패인 곳(puddle)·기포 등이 생기지 않게 하면서 표면을 균일하게 하는 것이 키포인트다.

① 브러시 도장(brushing)

일반적으로 기기 주위가 뒤얽혀 있는 부분이라든가 요철이 많은 부분, 도장 개소가 산재해 있는 부분 등에 채택된다. 사용할 브러시(painting brush)는 도료, 도장면 등에 따라 구분해 사용한다.

② 롤러 브러시 도장(roller coating)

롤러를 굴려 도장하는 방법으로, 면적이 크고 평활한 면을 도장하는 데 적합하다. 덕트 도장에서는 브러시와 병용해 사용한다. 도료가 롤러에 균일하게 흡수돼 도장 면을 골고루 도포할 수 있도록 도장함과 동시에 기포 등으로 인해 도막면에 핀홀이 생겼을 경우에는 덧칠한다.

③ 스프레이 도장

압축공기로 미세한 안개 형태로 뿜어 도료를 도장면에 분사하는 도장 방법이다. 이 도장법은 도료가 안개 모양으로 비산하므로 피막 두께가 고르고 매끈해 미관이 뛰어나지만 도료 손실이 많은데다 도장면 주위를 광범위하게 양생할 필요가 있는 등, 마이너스적인 면이 있다.

[기억해 둘만한 사항]

믿을 수 없을 만큼(?) 재미있는 체험담이다. 싱가포르에서 공조 설비공사를 하는 중에 노출 덕트의 도장 공사를 의뢰했다고 한다. 전화한 지 약 1시간 후 도장공사를 맡고 있는 협력사에서 도장공(?)이 현장사무소에 나타나 처음에 한 말은 "소장님! 저희 회사 사장님의 명령으로 왔는데 페인트는 어디에 있습니까? 도장 브러시는 어디에 있습니까?"라는 이 한 마디를 들었을 때 그는 너무 어이가 없어 화낼 생각도 없이 "You can go back!"이라고만 외치고 곧바로 그 도장공(?)을 쫓아냈다고 한다.

〈그림 11.6〉 황당한 도장공

④ 에어리스 분사 도장

도료에 펌프 등으로 압력(10~15Pa)을 가해 도료를 분무하는 도장 방법이다. 위의 스프레이 도장법에 비해 도료 비산이 적어 분무량을 많이 할 수 있으므로 두꺼운 도막을 도장할 수 있다.

(4) 공장 등에서 채택하는 도장 방법

여기서는 공장 등에서 채택하는 도장 방법을 참고로 소개한다.

① 소부 도장(baking painting)

도료를 분사 도장한 후 고온 건조로에 넣어 도막을 경화시키는 방법이고, 일반적으로 공장에서 실시되며 각종 공조기기의 케이싱이나 공기 토출구/공기 흡입구 등에 대한 도장 방법으로 채택되고 있다〈그림11.7〉.

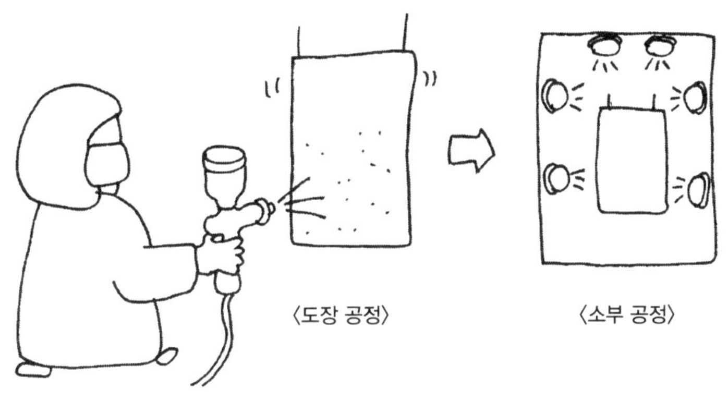

〈그림 11.7〉 철판 멜라민 소부 도장

② 전착 도장

전착 도료를 넣은 도료 탱크에서 피도장물을 적신 후 피도장물과의 사이에 150~250V의 직류 전류가 통하게 하고 물체 표면에 도료를 전착시켜 140~160℃에서 굽는 방법이다.

③ 분체 도장

분말 도료를 고전압으로 대전시켜 피도장물에 부착시킨 후 180~220℃에서 굽는 방법이다.

제12장. 자동 제어 설비 공사

12·1 자동제어 설비란?

자동제어(automatic control)란 〈대상이 되고 있는 것에〉 〈어떤 목적에 적합하도록〉 〈소정의 조작을 가하는 프로세스를 자동으로 실행하는〉 구조를 말한다.

여기서 자동제어 설비에 대해 말하면 좁은 의미에서는 공조기의 송풍 온도·습도라든가 냉열원 기기로부터 송수 온도를 바꿈으로써 실내 공조환경 이른바 5대 제어인자 ①온도 ②습도 ③기류 ④청정도 ⑤기압 중에서 ①온도와 ②습도를 요구하는 레벨로 자동 유지하도록 제어하는 설비다.

넓은 의미에서는 피드백 제어·피드포워드 제어(예측 제어)·시퀀스 제어, 캐스케이드 제어 그리고 냉열원 기기의 운전대수 제어·냉각탑의 냉각수 출구온도 제어·압력센서에 의한 송풍기 토출압 제어와 이들을 복합한 제어도 자동제어 설비 범주에 포함된다. 온습도 제어를 〈그림 12.1〉에, 급기 노점온도 제어를 〈그림 12.2〉에서 각각 나타낸다.

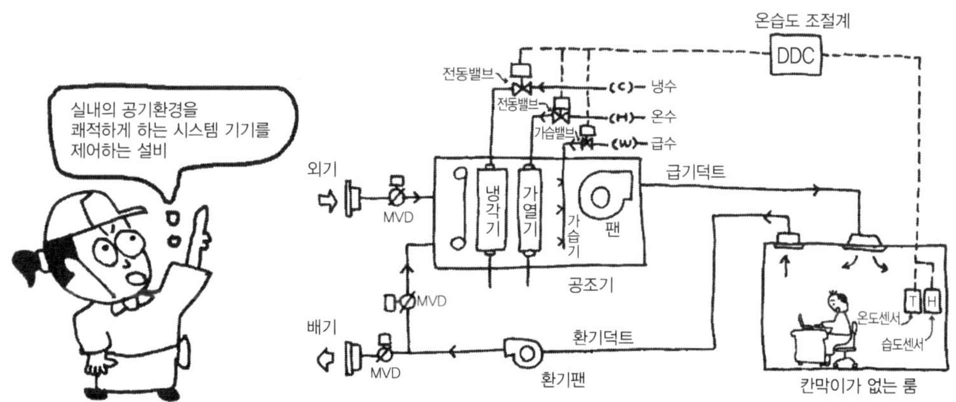

〈그림 12.1〉 온습도 제어

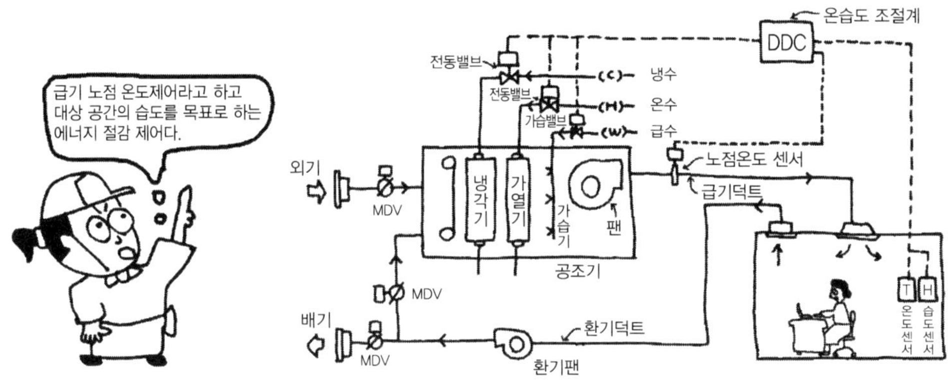

〈그림 12.2〉 급기 노점온도 제어

자동제어 설비는 쾌적한 실내 환경 유지는 물론 건축설비의 중앙감시 관제장치까지도 포함하고 있어 건축설비를 유지 관리함에 있어 인건비 절감·에너지 절감 및 소비에너지 절약에 상당히 기여하고 있는 필수적인 설비이기도 하다.

이와 관련해 사람의 손을 거치지 않고 제어하는 자동 제어(automatic control)의 반대에 있는 것이 수동 제어(manual control)다. 〈그림 12.3〉에서는 수동 제어에 의한 온도조절과 자동 제어에 의한 온도조절의 차이를 나타낸다.

자동 제어의 주된 역할·효과는 다음과 같다.

① 열원 운전의 최적화, 반송 동력의 최적화 및 열 소비의 최적화(부하 경감)를 통한 에너지 절감 실현

② 온도, 습도, CO_2농도 등의 쾌적한 환경 유지

③ 자동제어·중앙감시에 의한 자동 운전 및 감시 실현을 통한 운전 관리의 에너지 절감화

④ 제품을 제조·보관함에 있어 품질 향상으로 제어량을 허용치 내로 유지함으로써 기기 장치가 위험한 상태로 되는 것을 막는 안전성 확보

[기술용어 해설]

캐스케이드 제어 (cascade control)

cascade의 원래 뜻은 작은 폭포이나 여기서는 하나의 제어장치가 인공폭포처럼 다른 제어장치의 설정점을 차례차례 변화시키는 제어방식을 말한다.

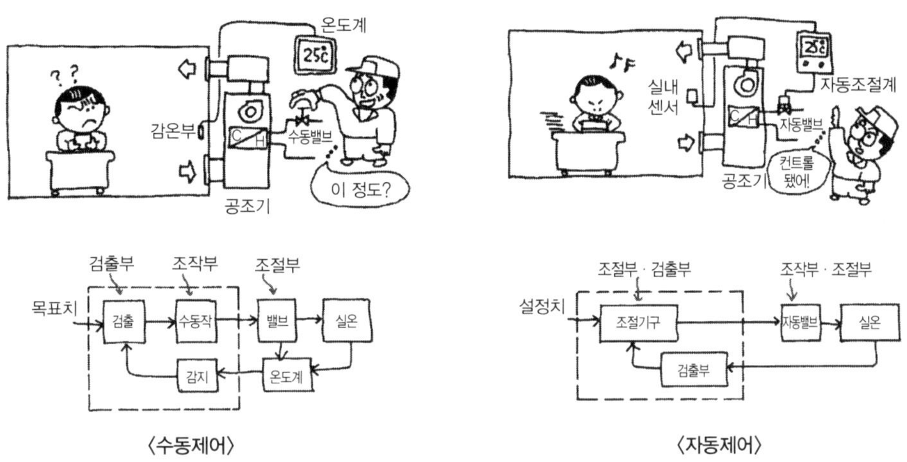

〈그림 12.3〉 수동 제어에 의한 온도 조절과 자동 제어에 의한 온도 조절

자동 제어는 검출부·계측부·조작부·조절부로 구성되고 항상 실제 계측치와 목표치를 비교해 그 차이가 없도록 동작하는 시스템이다. 그리고 이러한 검출부·계측부·조작부·조절부를 어떻게 추출·선정하고, 어떻게 연계·계통시킬지가 자동 제어에서는 가장 중요한 포인트이다. 또 검출부·계측부 설치 위치의 좋고 나쁨이 자동제어 성능을 좌우한다는 것을 명심하여야 한다.

여기서 검출부·계측부·조작부·조절부에는 어떤 제품이 있는지 나타내어 본다..

◇검출부, 계측부〈그림 12.4〉

실내형 온습도 센서, 덕트 삽입형 온습도 센서, 방사온도 센서, 배관 삽입형 온습도 센서, 배관용 압력 센서, 차압 센서(덕트용/배관용), 유량계(전자 유량계, 와류(vortex)량계, 초음파 유량계), CO_2농도 센서, Level Catcher

◇조작부〈그림 12.5〉

제어밸브(2방향 밸브, 3방향 밸브), 전자밸브, 댐퍼 조작부, 풍속센서 부착형 변풍량 장치(VAV 유닛), 정풍량 장치(CAV 유닛), 인버터, 긴급 차단밸브

◇조절부〈그림 12.6〉

DDC, 열원기 컨트롤러, 펌프 컨트롤러, 온도조절기, 습도조절기, 압력조절기, 수위조절기

이와 관련해 최근에는 검출부·계측부·조작부·조절부의 단독 기능뿐만 아니라 이들 복합부를 하나의 제품으로 구비한 기기가 개발되고 있다.

일례로 센서 기능과 리모컨 기능을 겸비한 리모트 유닛용 디지털 설정기 및 가속도 센서와 연산부를 일체화함으로써 SI 값 가속도의 계측·출력과 원격 감시·제어 장치에 대응하는 지진 센서가 개발됐다.

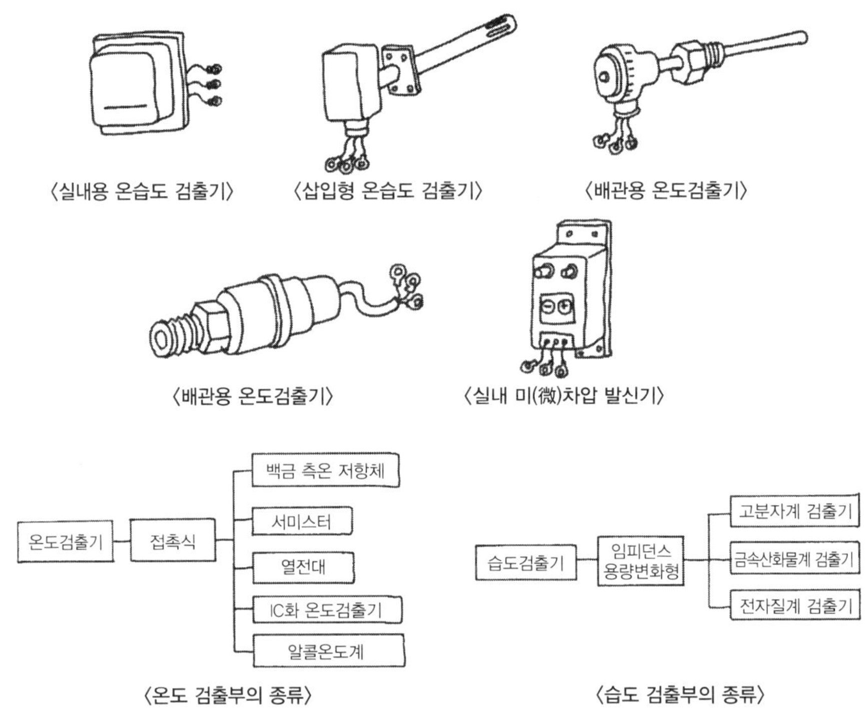

〈그림 12.4〉 각 검출부·계측부

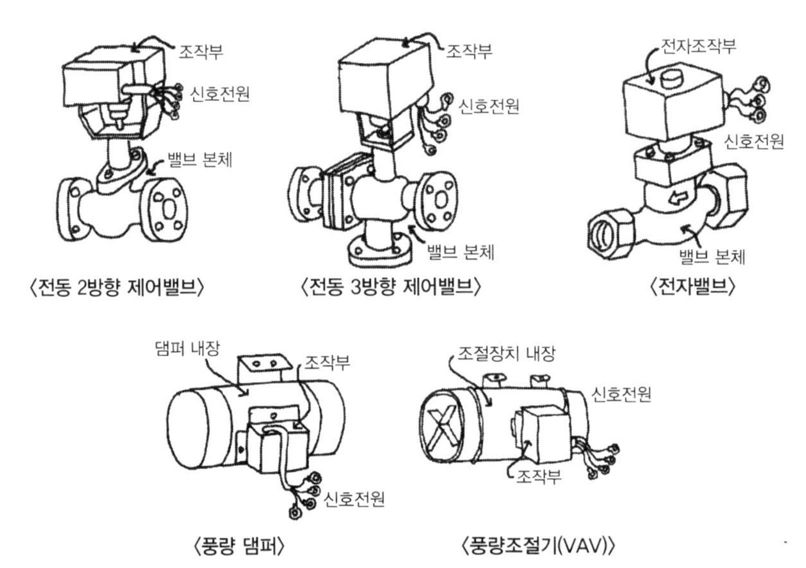

〈그림 12.5〉 조작부

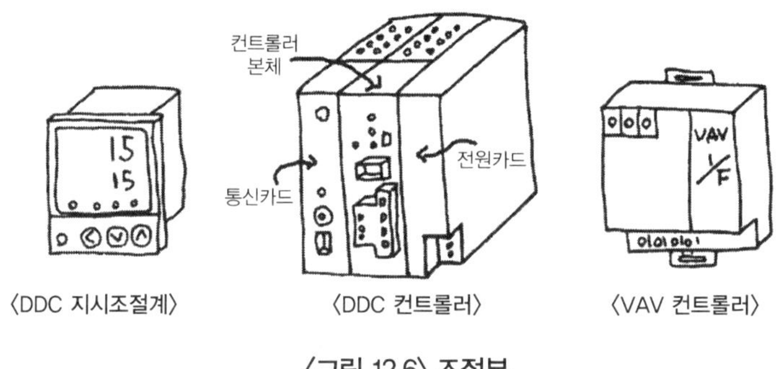

〈DDC 지시조절계〉 〈DDC 컨트롤러〉 〈VAV 컨트롤러〉

〈그림 12.6〉 조절부

12·2 자동제어의 기본개념

자동제어를 기본개념, 제어동작, 동작원리의 3가지로 분류하면 자동제어를 이해하기 쉬우므로 이하에서는 이 순서에 따라 기술한다.

(1) 피드백 제어(feed-back control)

일반적으로 공조 설비에서의 자동제어는 거의가 피드백 제어(feed-back control)라고 해도 과언이 아니다. 즉 대상마다 온습도 센서(검출부·계측부)를 설치해 실내의 온습도(제어량)를 검지하고 그 값이 설정치(목표치)가 되도록 제어 유닛(조절부)을 사용해 조작 대상인 2방향 밸브·3방향 밸브·전자밸브,

[기술용어 해설]

SI 값 (Spectral Intensity)

지진으로 인해 일반적인 건물에 피해가 어느 정도 발생할지를 수치화한 것으로, 스펙트럼 강도라고 하고 단위는 카인(cm/s)이다. 가스에 관계되는 기구들에서는 SI값을 기준으로 가스 공급/정지 여부를 판단한다.

[기억해 둘만한 사항]

통상적으로 패키지형 공조기에는 온도제어용 온도센서(통칭 바디 서모스탯)가 설치되고 설계도서의 패키지형 자동계장 차트에는 서모스탯 설치가 명시돼 있다. 선배로부터 다음과 같은 이야기를 들은 적이 있다. 패키지형 공조기 메이커에 "바디 서모스탯은 필요 없으니 떼어내고 현장 납품해 주세요."라고 부탁했다. 그리고 "바디 서모스탯을 제외하면 얼마나 다운될까요?"라고 물었더니 메이커 측이 답하기를 "바디 서모스탯은 표준 부속품으로 설치되어 있기 때문에 철거를 요청할 경우에는 추가 비용으로 100,000원을 더 내야 합니다."라는 소리를 듣고 메이커에 불평하지도 못했던 씁쓸한 기억이 있다고 한다.

모터 댐퍼 등의 조작부에서 컨트롤하고 실내 온습도가 목표치에 근접하도록 제어 편차를 제로로 한다. 구체적으로 말하면 제어량인 실내의 온습도를 항상 검출하고 위의 동작을 반복하는 그 일련의 동작을 피드백 제어라고 한다. 피드백 제어인 외기 냉방 제어를 〈그림 12.7〉에 나타낸다.

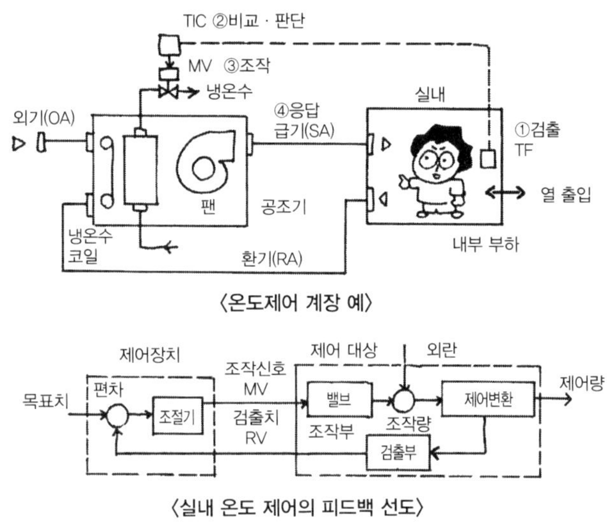

〈온도제어 계장 예〉

〈실내 온도 제어의 피드백 선도〉

〈그림 12.7〉 피드백 제어의 일례 : 외기 냉방 제어

(2) 피드포워드 제어(feed–forward control)

피드포워드 제어는 예측 제어(prediction control)라고도 하고 중형·대형 건물에 대한 자동제어 중에서 가장 적당한 제어 중의 하나다. 검측 빈도나 일정 방향으로 연속해 지시하는 시간의 경과에 따라 실시하는 방법 혹은 검측 상황을 미리 설정한 부하 조건으로 대조해 지시하는 방법 등이 있다.

구체적인 예로는 도쿄 돔 체적 1,240,000m³, 천막지붕 면적 : 수평 투영면적 28,600㎡, 수용인원 50,000명으로 일본 최초의 전천후형 다목적 경기장)의 공기막 가압 제어에 의한 피드포워드 제어가 있다.

[기술용어 해설]

오프셋(off–set)

자동제어계에 외란(disturbance)이 들어가면 그에 대해 응답하고 마침내 안전한 상태로 안정되는데 응답 후 출력이 정상상태(steady state)에 도달해도 목표치와 같아지지 않고 제어 편차를 어느 정도 남기는 일이 있다.

이 같은 잔류 편차(residual deviation)는 기기의 부정확성 때문이 아니라 본질적으로 제어 동작에 기인하는 것을 오프셋이라고 한다.

※편차(deviation)란 입력치와 설정치의 차이를 말한다.

통상적으로 돔 폐관 시의 자연 배기량은 가압 송풍기 대당 송풍량(100,000m³/h·대, 30mmAq) 2대 정도의 운전으로 충분히 감당할 수 있지만 야구·축구·콘서트·전시회 등 다양한 대형 이벤트를 개최하고 관객이 퇴장하는 등, 문의 개폐에 수반하는 급격한 상태 변화에 대해서는 천막 지붕이 적절하게 유지되도록 개방하는 문의 개수에 상응하는 피드포워드 제어에 의해 가압 송풍기가 자동으로 기동한다. 또한 가압 송풍기는 기계실의 제어값이나 가변 풍량 송풍기의 제어 범위 등에서 100,000m³/h (30mmAq)로 하고 이벤트 시에는 환기에 필요한 최대 외기량 1,800,000m³/h에 대해 가압 송풍기 18대로 대응한다. 그리고 퇴장·대피 시, 태풍이나 적설 시에는 송풍기를 18대 더 늘리는 피드포워드 제어가 가능한 상태여서 합계 36대의 가압 송풍기가 풀가동되는 셈이다.

(3) 시퀀스 제어

시퀀스 제어(sequence control)는 미리 정해진 순서대로 제어의 각 단계를 순차적으로 추진하는 제어다. 즉 다음 단계에서 진행해야 할 동작이 미리 정해져 있어 전(前)단계에서 동작을 완료하고 일정 시간이 경과한 후 다음 동작으로 옮겨가는 일련의 동작을 말하고 일명 순차 기동법·순차 정지법이라고도 한다.

우리 주변의 공조 설비 냉난방에 관해 말하면 냉방 운전을 개시할 때의 순차 기동(시퀀스 운전)은 공기 청정장치(에어필터) ⇒ 공조기·송풍기 ⇒ 냉각수 펌프 ⇒ 냉수 펌프 ⇒ 냉동기의 순서로 기동하고 냉방 정지 시에는 완전히 반대로 된다. 한편 난방을 개시할 때 운전 개시 시의 순차 기동(시퀀스 운전)은 공기 청정 장치(에어필터) ⇒ 공조기·송풍기 ⇒ 온수 순환 펌프⇒보일러의 순으로 순차 기동하고 난방 정지 시에는 완전히 반대로 된다. 또 공조기 기동 시에는 외기 댐퍼를 전폐(全閉)로 하고 예랭·예열 시간의 단축을 도모하는 워밍업 제어도 시퀀스 제어의 일종이다.

대규모 빌딩 등에서는 송풍기의 수량도 많으므로 미리 그룹을 정해 두고 그룹별로 순차 기동운전·순차 정지운전을 하는 것이 바람직하다. 시퀀스 제어인 워밍업 제어를 〈그림 12.8〉에 나타낸다.

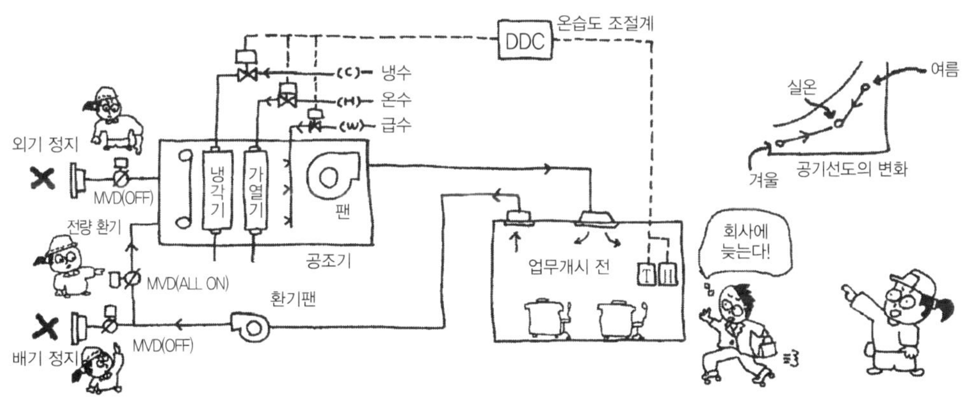

〈그림 12.8〉 시퀀스 제어의 일례 : 워밍업 제어

[기술용어 해설]

인터로크와 연동

인터로크(interlock)란 A장치에 어떤 조건이 갖춰져 있지 않으면 B장치의 운전을 금지하는 제어를 말한다.

구체적인 예로 냉각수 펌프가 운전하고 있지 않으면 냉동기가 기동하지 못하도록 제어하는 것으로, 수조의 액면 제어에서 감수(減水) 경보로써 펌프 공전을 방지하는 것도 인터로크의 좋은 예다.

이와 관련해 연동 제어라는 용어는 A장치가 운전하고서야 비로소 다음에 B장치가 운전에 들어가는 것을 말하고, 예를 들면 냉각수 펌프가 운전하고 나서 냉각탑 팬이 기동하는 제어다. 공조기기 설비에서의 인터로크를 〈그림 12.9〉에 나타낸다.

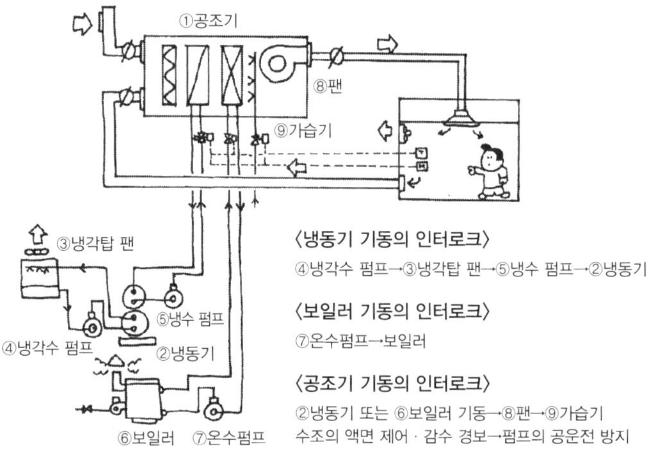

〈그림 12.9〉 공조기기 설비에서의 인터로크

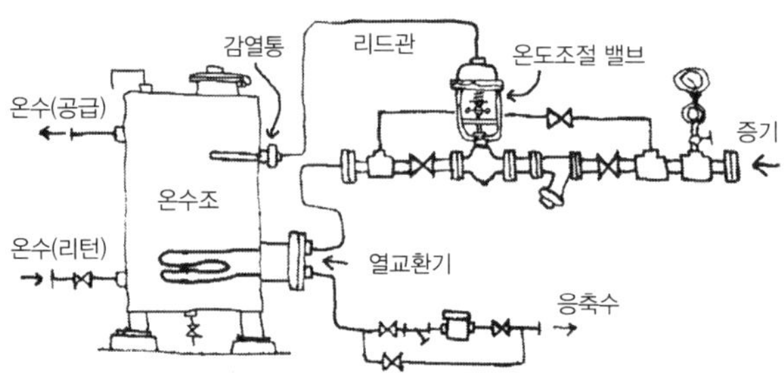

〈그림 12.10〉 자력식 자동제어 방식의 예

12·3 자동제어의 제어 동작

자동제어 방식에는 검출부·계측부·조작부에 필요한 조작 동력의 종류 및 신호처리 형태에 따라 다음과 같은 종류가 있다.

(1) 자력식 자동 제어방식

조작부를 움직이는 데 필요한 에너지를 외부에서 받지 않고 제어 대상 자체의 에너지로 실시하는 자력식(self-action control) 자동제어를 말한다〈그림 12.10〉. 통상적으로 검출부·계측부·조절부·조작부가 일체화 구조로 구성된다. 열(온도) 에너지로 작동하는 것으로는 온도제어 밸브(통칭 : 온도조절 밸브)가 있고, 유체의 운동 에너지로 작동하는 것으로는 압력제어 밸브·차압제어 밸브·유량제어 밸브가 있다. 그리고 유체의 위치 에너지로 작동하는 것으로는 수위제어 밸브 등이 있다.

(2) 타력식 자동 제어방식

타력식 자동 제어 기기〈그림 12.11〉에는 전기식·전자식 및 DDC 방식 등〈표12.1〉이 있고 이하에서는 각각의 내용에 대해 설명한다.

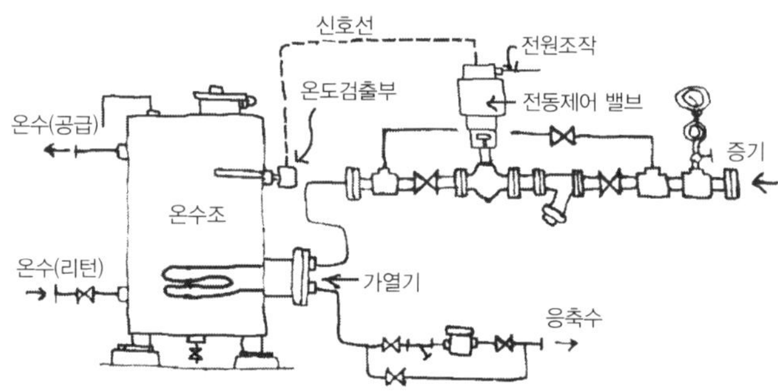

〈그림 12.11〉 타력식 자동제어 방식의 예

1) 전기식 자동 제어방식

신호 전송과 조작부 구동용으로 전력을 이용하는 자동제어 방식(electric control system)으로 전자 회로를 사용하지 않는다. 그 특징을 보면 기기의 구조가 간단하고 초기비용도 저렴하다는 장점이 있지만 뒤에 기술하는 I동작·D동작 등의 고급 동작·보상 제어라든가 원격 설정 등을 적용할 수 없는 단점도 있다.

이전에는 자동제어 방식으로서 공기식 자동제어 방식이 존재했는데 최근에는 DDC 방식의 자동제어 방식으로 바뀌면서 사용되는 일이 거의 없으므로 여기서는 생략한다.

〈표 12.1〉 자동제어의 분류

	전기식	전자식	DDC방식
개념도 (온도)	검출부 조절부 조작부	검출부 원격 설정 조절부 조작부	검출부 중앙감시와 통신 조절부 통신입력부 조작부
원리	• 벨로우즈, 바이메탈 다이어프램, 나일론 리본 등의 물리적 변위를 이용한다. • 검출부와 조절부가 하나로	• 측온 저항체, 브리지 회로, 전자회로를 이용한다. • 전류, 전압 신호로 전송 • 마이크로 프로세서를 내장한 디지털식이 많다.	• 디지털 회로를 이용한다. • 디지털 신호 • 중앙과 상호간의 통신으로 고기능을 실현한다.
정밀도	△	○	○
검출 · 전달 · 응답성	△	○	○
조작기 응답성	△	○	○
제어동작	2 위치, 비례	2 위치, 비례, PID, 캐스케이드, 보상	2 위치, 비례, PID, 캐스케이드, 보상 + 각종 복합 연산제어, 쾌적한 환경 제어, 에너지절감 제어
기능		지시, 중앙감시 계측, 중앙감시 설정	
제어대상	온도, 습도	온도, 습도, 노점온도, 압력, 유량, 기타	온도, 습도, 노점온도, 압력, 유량, 기타
시공 용이성	○	△	△
경제성	간단한 계장에서는 저가	전기식보다 비싸다.	중앙감시와 병용하면 전자식보다 저렴하다.
적용	일반 공조용 간이 계장	항온 항습용 원격설정 표시	인텔리전트 빌딩, 에너지절감 계장, 복잡한 계장

2) 전자식 자동 제어방식

조절 동작의 연산 증폭 장치로서 브리지 회로를 기본으로 하는 전자 회로(전자조절계)를 사용하고 조작부 구동원으로는 전력을 이용하는 자동제어 방식(electronic control system)이다. 그 특징은 응답속도가 빠른 센서를 사용해 고급 제어 동작과 각 보상 제어에 적용할 수 있다는 점이다.

3) DDC 자동 제어방식

DDC는 "Direct Digital Control"의 머리글자를 딴 것으로, 디지털 전자계산기로 아날로그 조절계를 사용하지 않고 시분할 방식에 의한 복수 제어그룹의 제어 연산을 하고 그 조작부를 직접 움직여 제어한다. 바꾸어 말하면 자동제어 시스템과 중앙감시로의 신호 송수신 기능을 일원화해 마이크로컴퓨터로 디지털 처리하는 컨트롤러다. 넓은 의미로는 시퀀스 제어와 최적화 제어도 포함된다.

12·4 자동 제어의 동작원리

여기서는 공조 설비의 자동제어 설비에 채택되고 있는 제어동작(control action)에 대해 개략적으로 설명한다.

(1) 두 위치의 동작 제어〈그림 12.12〉

ON·OFF 제어(on-off control)라고도 하고 +측과 -측에 약간의 입력 변화로 출력이 빈번하게 변화하는 것을 막기 위해 동작 틈새를 만들어 각 설정점에서 ON(조작량 100%) 혹은 OFF(조작량 0%)로 동작시켜 목표치에 가깝게 유지하는 방식이다. 이 제어는 비교적 간단하지만 조작량의 변동이 커 제어량이 주기적으로 크게 움직이는 특징이 있다. 일례로 가습용 전자밸브의 ON·OFF 제어가 있다.

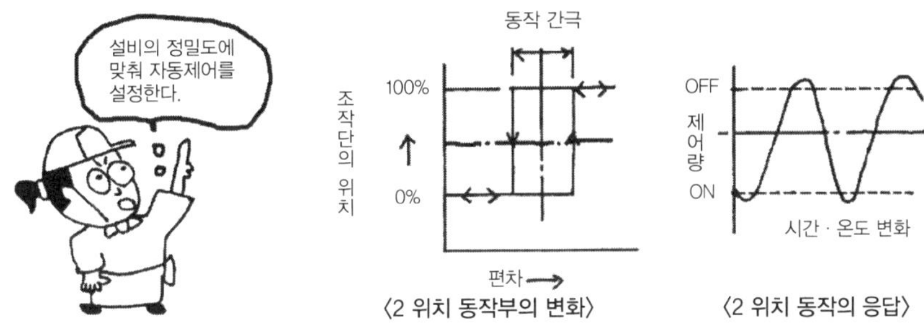

〈그림 12.12〉 2 위치의 동작 제어

[기술용어 해설]

◇브리지 회로 (bridge circuit)

4개의 임피던스를 직렬로 접속해 직사각형을 형성하는 전기 회로망이다. 대각선상으로 마주 하는 한 쌍의 단자가 입력이고 다른 한 쌍이 출력이 된다. 정류소자로 이 회로를 구성해 단상 전파 정류기로서 널리 이용된다.

◇임피던스 (impedance)

교류에 대한 저항값을 말하고 일반적으로는 신호등 입출력에 관한 부가 저항값이다. 옴(Ω) 단위로 표시하고 간단히 말하면 저항값이고 회로에서 두 단자 간 전압의 전류에 대한 비율을 말한다.

◇공조 최적화제어 (optimizing control)

컴퓨터를 이용해 정상 상태를 최적화하는 정적 최적화 제어에서 최적의 결과를 얻기 위해 제어 목표치를 탐색하는 제어방식을 말한다. 이에 대해 과도한 제어 상태를 최적화 하는 것을 동적 최적화 제어라고 한다.

(2) 다(多)위치 동작 제어〈그림 12.13〉

ON·OFF 제어를 다단계로 조합해 기기에 대한 편차(제어폭)를 최대한 줄여 제어량의 변화를 억제하는 방식이다(예 : 냉동기 등의 대수 제어).

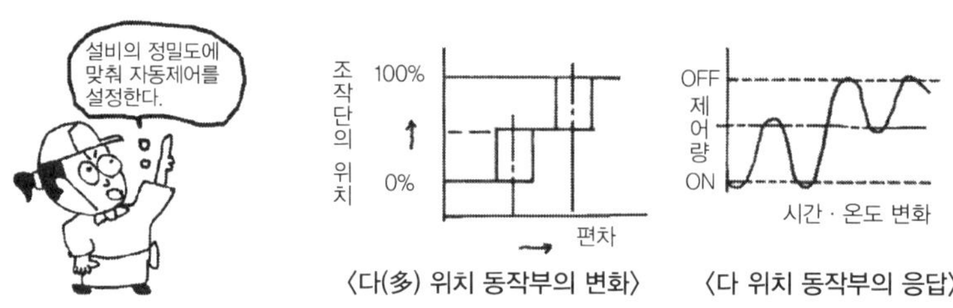

〈그림 12.13〉 다(多)위치 동작 제어

(3) 비례동작 제어 (P 동작 제어) 〈그림 12.14〉

목표치와 제어량의 차이(제어편차)에 비례해 조작량을 변화시키는 방식이다. 조작량 0%~100%까지의 제어 폭을 비례대라고 한다.

공조부하의 특성에 따라서는 편차를 남긴 채 안정 상태가 되는 단점이 있는데 그 편차를 오프셋(offset)이라고 한다.

[기술용어 해설]

◇동작 간극 (differential gap)

디퍼렌셜이라고도 한다. ON–OFF 제어로 오버랩 되는 영역을 말하고 대략적인 목표치다. ON 점·OFF 점의 동작 간극 설정은 제어 대상에 따라 달라지는데 좁게 설정했을 경우에는 ON, OFF를 빈번하게 반복하므로 일반적으로 제어성이 좋아진다.

그러나 동작 간극을 너무 좁게 설정하면 릴레이나 전자밸브 등 조작단의 수명이 짧아져 헌팅의 우려가 있으므로 주의한다.

◇헌팅 (hunting)

사이클링 주기가 짧아지고 또 진동이 커져 원하는 대로 제어되지 않는 상태에서 제어 변수가 주기적으로 계속 변화되는 현상을 말한다.

◇사이클링 (cycling)

2 위치의 동작 제어에서 일어나는데 제어량이 주기적으로 증감하는 현상을 말한다.

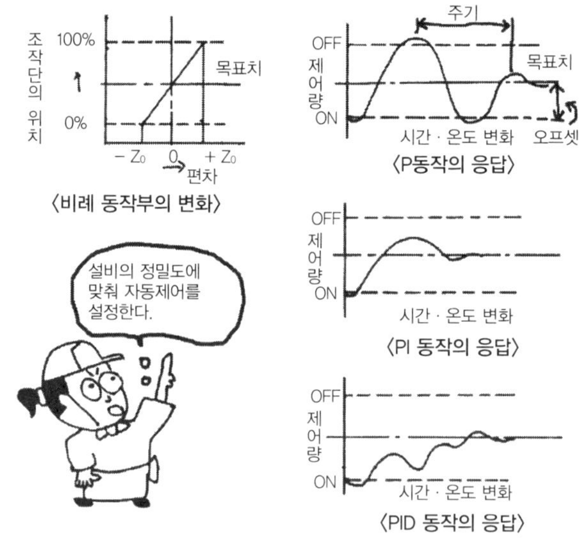

〈그림 12.14〉 비례동작 제어

(4) 비례+적분동작 제어 (PI 동작제어)

비례 동작(Proportional Action)에 적분 동작(Integral Action)을 더해 비례 동작에서만 생기기 쉬운 오프셋을 제거하는 복합동작 방식이다.

(5) 비례+미분 제어 (PD 동작제어)

비례동작에 미분동작(Derivative Action)을 더해 응답성(Response Speed) 향상을 도모하는 복합 방식이다. 단, 공조 설비에서는 채택한 예가 적다.

[기술용어 해설]

◇비례제어 (P : Proportional)

현재값과 설정값의 차이에 비례해 조작신호를 내는 제어 방법이다. 비례대의 폭이 넓으면 제어는 안정되고 폭이 좁으면 불안정해진다.

◇비례대 (proportional band)

조작부의 동작이 최대와 최소에 대응하는 비례관계의 편차 범위를 말한다.

(6) 비례+적분+미분동작 제어 (PID 동작제어)

비례 동작과 적분 동작에 미분 동작을 더한 고도의 복합동작 방식이다. 고정밀도가 필요한 시스템에만 채택됐었는데 최근 DDC 방식이 보급되면서 일반 시스템에도 자주 채택되기에 이르렀다.

(7) 기타 동작 제어

위의 내용 외에 어떤 주기로 ON·OFF 동작을 반복해 비례 동작과 같은 효과를 얻는 시간비례 동작방식, 제어량과 관련된 다른 요인을 더해 조작신호를 제한하는 리미트(limit) 제어 및 최적 제어나 학습 제어 등의 계산기 제어가 있다.

또한 계산기 제어에는 엑스퍼트(expert) 시스템용으로 퍼지제어나 A제어도 있다.

[기술용어 해설]

◇적분 제어 (I:Integral)

어느 시점에서 조작량이 그 때 편차 시간의 적분값에 비례하는 것과 같은 제어 동작을 말한다.

◇미분 동작(Derivative Action)

어느 시점에서 조작량이 편차 속도에 비례하는 것과 같은 제어동작을 말한다.

[기억해 둘만한 사항]

퍼지 제어(fuzzy control)

숙련된 오퍼레이터의 경험적인 제어지식을 퍼지 집합을 포함해 룰의 형태로 기술하고 퍼지 추론에 따라 제어동작을 결정하는 방법이다. 인간이 일상에서 주관적으로 말하는 정성적인 더위·아름다움·그저 그런대로 등과 같은 애매모호함을 공학적으로 처리할 수 있다. 참고로 "fuzzy"의 원뜻은 "솜털이 보송보송하다"는 의미이지만 여기서는 (사물·생각 등이) 흐릿하다·분명하게 보이지 않는다는 의미다.

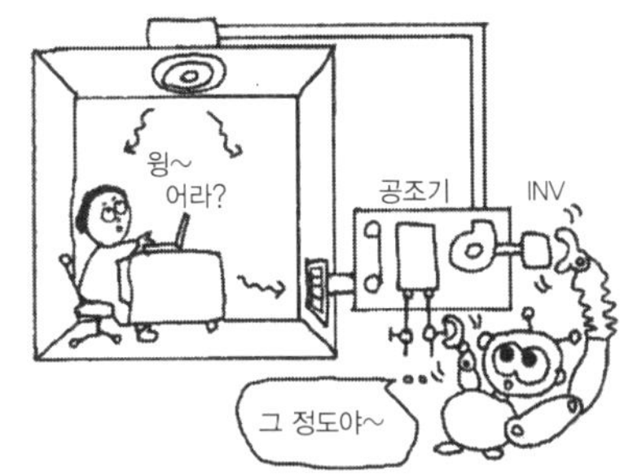

〈그림 12.15〉 일반적인 사고방식의 퍼지 제어

12·5 자동제어 시스템의 예

자동제어는 ZEB(Zero Energy Building)를 실현하기 위한 에너지절감 기법으로서 큰 역할을 하고 있다. 자동제어에 요구되는 에너지절감 방법을 열거하면 다음과 같다.

건물의 전(全)부하 이용에는 펌프대수 제어, 열원대수 제어, 냉동기 1차 펌프 변류량 제어가 있고 자연 에너지 이용에는 외기냉방 제어, 자연환기 제어, 나이트 퍼지 제어, 냉각탑 프리쿨링이 있다. 그리고 기기의 운전 정보를 공유함으로써 에너지절감 방법에는 인테리어/페리미터 혼합 손실방지 제어, 외조기+리히터 시스템의 혼합 손실방지 제어, VAV 풍량 제어(VAV와 팬·인버터의 연계), VWV 제어(공조기 2방향 밸브와 펌프·인버터의 연계)가 있고 운용 개선에 의한 에너지절감 방법에는 설정치 Preset, Zero Energy Band 제어가 있다. 기타 에너지절감 기법이 되는 제어에 대해서는 다음과 같이 그 명칭만 열거한다.

실내온도 제어
실내습도 제어
워밍업 제어
외조기 제어 정풍량(CAV) 제어
실내온도 설정치 리셋 제어
2차 펌프 변류량 제어
추정 말단압 제어
변유량(VWV) 제어
환기온도 제어
급기 노점온도 제어
CO_2농도 제어
변풍량(VAV) 제어
팬 회전수 제어
토출압 일정 제어
말단 차압 제어
냉각수 펌프 변류량 제어

다음은 열원 기기 및 공조 기기의 자동제어 시스템 기술에 대해 각각의 개요를 설명한다.

[기술용어 해설]

◇ZEB (Zero Energy Building)

〈선진적 건축설계에 의한 에너지 부하 억제와 패시브기술 채택으로 자연 에너지를 적극 활용하고 고효율 설비 시스템 도입 등으로 실내 환경의 질을 유지하면서 큰 폭의 에너지 절감을 실현한 다음, 신재생에너지를 도입해 에너지 자립도를 최대한 높임으로써 연간 1차 에너지 소비량의 수지 제로화를 지향하는 건축물〉이라고 정의했다.

◇제로 에너지 밴드(Zero Energy Band)

불감(不感) 온도대를 말한다. 여분의 가열이나 냉각을 피하기 위해 불쾌감을 느끼지 않는 범위에서 온도를 어느 일정한 폭으로 설정하는 공조 제어 시스템을 말한다. 그 범위 내에서는 공조기를 가동하지 않고 범위를 넘었을 경우에 한해 냉방 또는 난방을 한다.

(1) 열원 기기 자동제어 시스템 기술의 예

1) 열원 기기의 자동 제어 개론

제어 대상이 되는 열원 기기에는 냉동기·냉온수 발생기·보일러 등이 있고 보조기로는 냉수펌프·온수펌프·냉각수 펌프·냉각탑 등이 있다. 우선 열원 기기에 대한 제어에는 부하를 추종하기 위한 대수 제어가 있고 냉수/온수 펌프에 대해서는 토출압 일정 제어, 추정 말단 압력 제어가 있다. 토출압 일정 제어를 〈그림 12.16〉에 나타낸다.

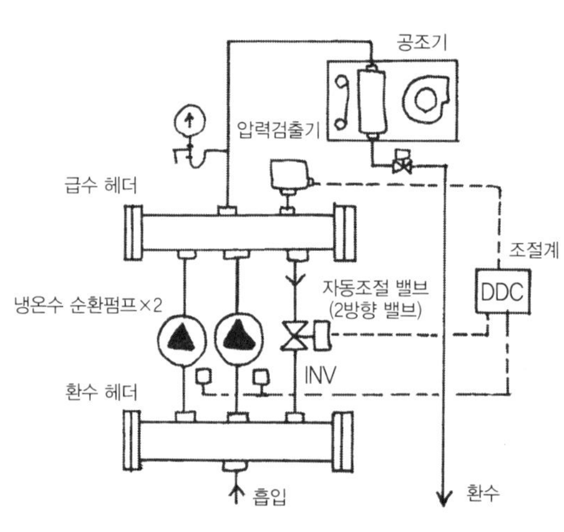

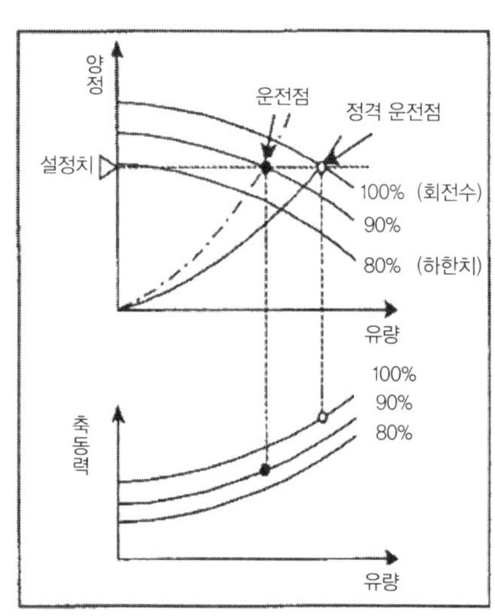

〈그림 12.16〉 토출압 일정 제어

펌프 제어는 밀폐식 배관 및 개방식 배관 등의 배관 시스템에 따라서도 그 제어 방법이 달라진다. 또한 정류량 방식(부하 3방향 밸브 방식) 및 변류량 방식(부하 2방향 밸브 방식)에 따라서도 제어 방식이 달라진다. VWV 제어를 〈그림 12.17〉에 나타낸다.

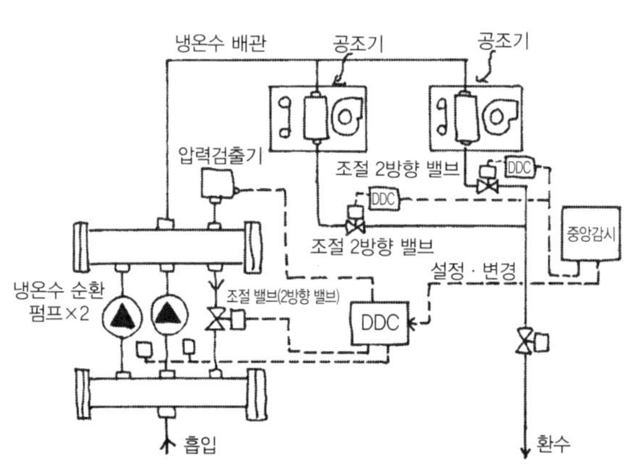

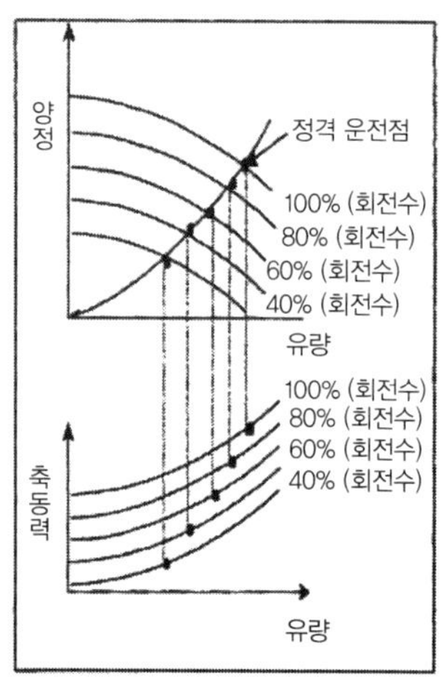

〈그림 12.17〉 VWV 제어(급수량 가변 제어)

냉각탑에 대해서는 냉동기의 냉각수 온도가 일정해지도록 한다. 냉각수 펌프 변류량 제어를 〈그림 12.18〉에 나타낸다. 공조 시스템에 대해서는 앞에서 기술한 제3장 공조용 냉열원 기기에 관한 지식을 참조한다.

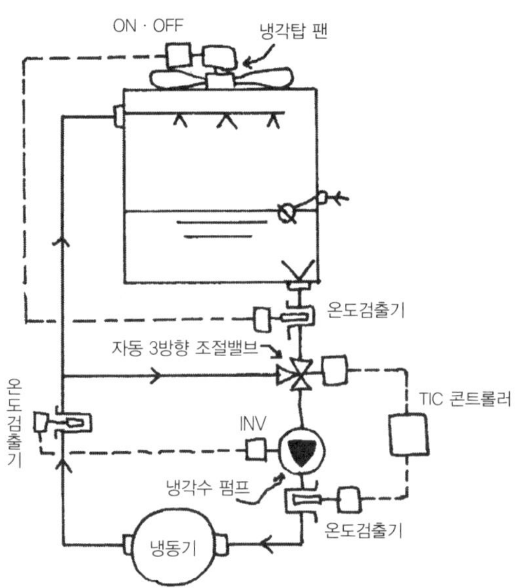

〈그림 12.18〉 냉각수 펌프 변류량과 수온 제어

2) 열원 기기 자동제어의 구체적인 예

① 열원기의 대수 제어

유량계 및 공급/리턴 온도센서에 의해 부하유량·부하열량을 검출, 연산하고 열원 기기에 필요한 운전대수를 결정해 운전하게 하는 대수 제어다.

일반적으로 이 제어에는 열원 컨트롤러가 채택된다. 이로써 로테이션 운전에 의한 열원 기기의 운전시간 균일화 및 열원기 고장 시의 백업 대체 운전도 모두 열원 컨트롤러로 실시하고 있다.

② 펌프의 대수 제어

열원기의 경우와 마찬가지로 부하유량으로 펌프 운전 대수를 제어한다. 이 경우에도 열원 컨트롤러를 이용해 로테이션 운전·백업 운전이 이루어진다. 펌프 변류량 제어를 〈그림 12.19〉에 나타낸다.

[기술용어 해설]

변유량 (VWV : Variable Water Volume) 방식

부하에 맞춰 펌프의 회전수를 제어해 부하 유량을 바꾸는 시스템을 말한다. 운전동력이 저감돼 에너지 절감화가 크다.

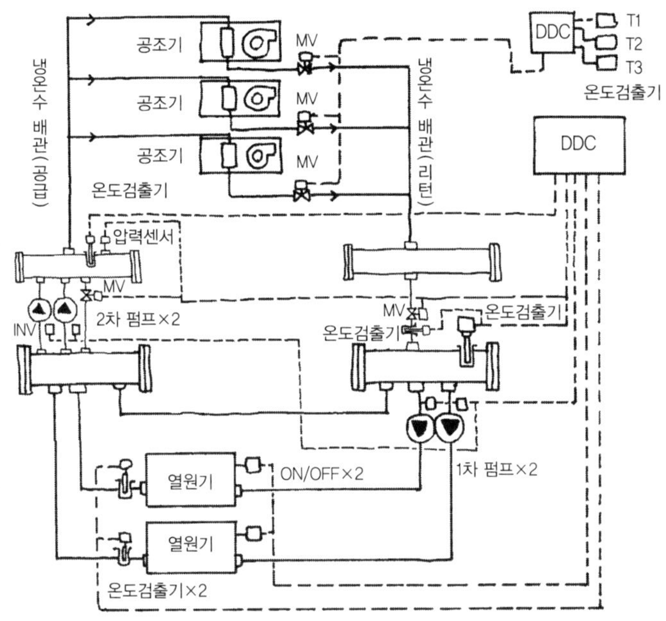

〈그림 12.19〉 펌프 변유량과 대수 제어

③ 송수 압력 제어

부하로의 송수 압력을 일정하게 유지하는 제어이고 압력 센서로 바이패스 2방향 밸브의 개도를 조절하는 제어 방식이다.

밸브의 클로즈 오프 레이팅(close-off rating)이란 제어밸브를 완전히 닫은 상태로 했을 때 그 밸브의 상태를 전후해 생기는 압력차에 저항해 전폐 상태를 유지할 수 있는 밸브의 최대 압력차를 말한다. 밸브를 전부 닫았을 때 압력차에 저항해 전폐를 유지하는 최대 허용 압력차다. 그 이상의 압력차에서는 사용할 수 없다.

④ 축열층 제어

열원기의 고효율 운전을 목적으로 축열조의 열원수를 열원기로 보내는 송수 입구온도를 제어한다. 축열조의 고온측 냉수와 저온측 냉수를 전동 3방향 밸브로 혼합함으로써 조절한다.

3) 냉각수의 자동제어

이것은 냉동기로 보내는 냉각수 입구온도를 일정하게 하는 제어인데 냉각수를 3방향 밸브로 바이패스 시켜 냉각수 입구온도 센서에 의해 냉각수 입구온도를 제어하는 방식이고, 냉각탑 팬도 냉각탑 출구온도 센서로 ON·OFF 제어하는 방식이 있다.

(2) 공조 기기류의 자동 제어

1) 공조 기기류의 자동제어 개론

제어 대상이 되는 공조 기기로는 공조기(AHU)·패키지형 공조기·팬코일 유닛(FCU) 등이 있다. 대표적인 공조 방식으로는 정풍량 방식(CAV 방식)과 변풍량 방식(VAV 방식)이 있고 CAV 방식에서는 실내 온도·습도 제어를, VAV 방식에서는 급기 온도 제어·습도 제어(노점온도 제어)·송풍량 제어 및 VAV 실내 온도 제어 등을 각각 실시한다. 패키지형 공조기에서는 실내 온도 제어에 의한 컴프레서의 ON/OFF 제어·가습 제어 등을 실시한다. FCU는 실내 온도 제어에 의한 전동 밸브 제어(비례 또는 ON·OFF 제어)를 실시한다.

2) 정풍량(CAV)방식 공조기의 자동제어① 열원기의 대수 제어

CAV 방식은 항상 일정한 풍량을 송풍하는 공조 방식이다. 실내의 부하 변동에 대해서는 송풍 온도·습도를 변화시킴으로써 실내 온도·습도를 제어한다.

[기술용어 해설]

◇열원 컨트롤러

전원 컨트롤러라고도 하고 펌프나 열원기의 대수제어용 디지털 제어기로서 소정의 기능을 1대의 기기에 내장했다. 조건 판단·시퀀스 제어·PID 제어 외에도 표시 조작 기능·캘린더 기능 등을 갖췄다.

◇밸브의 레인지 어빌리티(range ability)

제어 가능한 제어밸브의 최대 유량과 최소 유량의 비율을 말한다. 일반적으로 제어밸브는 유량이 작아지면 제어할 수 없다.

밸브업계에는 “지나치게 큰 사이즈의 조절밸브·조정밸브를 선정하면 안 된다.”라는 명언이 있다. 조절밸브의 구경을 선정하는 데 중요한 점은 발생하게 될 압력손실이 선정된 밸브의 조절범위 내에 있는지의 여부다. 극단적으로 좁은 조절·조정은 소정의 제어 정밀도를 얻지 못해 헌팅현상 등의 원인이 된다. 따라서 “대(大)는 결코 소(小)를 겸하지 못한다.”는 점을 명심한다.

◇Cv값

제어밸브의 용량을 나타내는 수치로 유량계수를 말한다. 밸브가 완전히 열려서 60°F(≒15.6℃)의 물이 밸브 전후의 차압 1psi(≒0.07kgf/cm^2)일 때, 그 밸브를 통과하는 유량을 [gal(US)/min](1gal/min≒3.79ℓ/min)으로 나타낸다. 제어 가능한 최대 Cv값과 최소 Cv값의 비가 레인지 어빌리티다.

제어 목표가 되는 실내 온도는 실내에 설치된 온도센서(Thermostat)로 검지하고 설정치와 비교해 공조기의 냉온수 코일로 흐르는 냉수·온수량을 전동밸브 개도로 조절한다. 일반적으로 이 제어에는 비례적분(PI) 제어가 적용된다.

습도 역시 습도센서(Humidistat)로 가습기를 제어하는데 가습기의 종류에 따라 비례(P) 제어나 ON·OFF 제어가 채택된다.

또한 외기 냉방과 CO_2제어에 의한 외기량 제어에 대해서는 모터 댐퍼(MD)의 개도로 조절한다.

CAV 제어를 〈그림 12.20〉에 나타낸다.

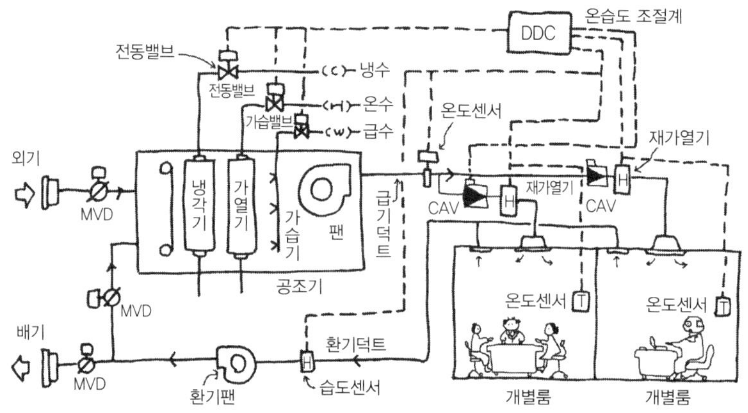

〈그림 12.20〉 정풍량(CAV) 방식 공조기 주위의 자동제어

3) 변풍량(VAV) 방식 공조기의 자동제어

VAV 방식은 항상 일정한 온도·습도로 송풍하고 실내 부하의 변동에 대해서는 송풍량을 변화시킴으로써 실내 온도를 제어한다. 실내 습도는 급기 온도(노점온도)가 일정하다는 점에서 목표치로 유지된다.

제어 존마다 VAV 유닛이 설치되고 VAV의 풍량을 실내온도로 제어해 그 존의 송풍온도를 조절한다. 급기 습도(노점온도) 제어는 급기 노점온도 센서 또는 가습 전동밸브의 개도로 가습기를 조절하는데 그 제어에는 비례적분(PI) 제어가 적용된다.

그리고 각 존의 VAV 풍량 변화에 따라 거기에 맞는 풍량을 송풍하면 송풍 동력이 대폭 저감돼 에너지절감 효과가 커진다.

그런 목적으로 VAV 공조 방식에서는 공조기의 토출 정압을 검출하고 그것이 일정해지도록 인버터를 사용한 송풍기의 회전수를 제어한다. 변풍량(VAV) 제어를 〈그림 12.21〉에 나타낸다.

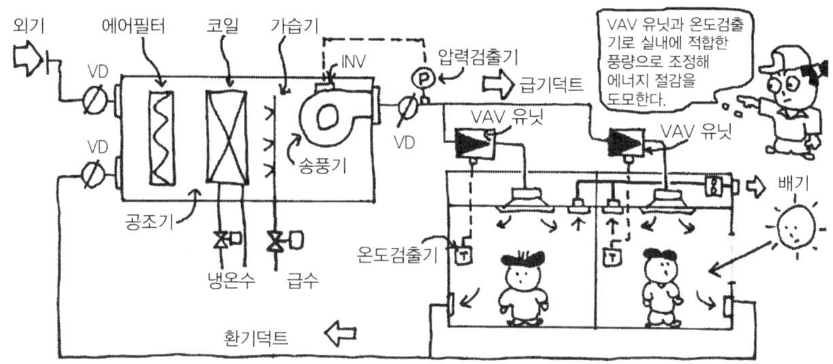

〈그림 12.21〉 변풍량(VAV) 방식의 자동제어

4) 패키지형 공조기의 자동제어

패키지형 공조기의 자동제어 목적이라든가 기본 구성요소는 일반 공조기의 경우와 거의 같다. 주요 하드웨어는 온도센서·온습도용 전자식 조절기 그리고 각각의 조작기기(팬·냉동기(압축기)·전기히터·가습기 등)로 구성된다.

5) 팬코일 유닛(FCU)의 자동제어

FCU의 용량 제어는 기기에 부속된 스위치로 강·중·약·OFF의 스텝 컨트롤(비례 제어인 경우도 있다)을 선택해 이루어지는 경우도 있지만 이는 어디까지나 수동 제어다. 본래 FCU를 자동 제어하는 방법으로는 실내 서모스탯의 신호에 따라 소형 전동 2방향 밸브(볼밸브 등)의 개도를 조정해 FCU에 내장된 냉온수 코일로 보내는 냉온수량 제어 방식을 채택한다. 개인실에 설치된 팬코일 유닛에 의한 환기온도 제어 예를 〈그림 12.22〉에 나타낸다.

[기술용어 해설]

◇변풍량(Variable Air Volume) 방식

공조기의 동력반에 인버터를 달아 팬의 회전수를 제어해 실내 온도를 일정하게 한다. 공조부하가 적을 때는 팬의 회전수를 낮출 수 있어 팬의 동력을 절감할 수 있다. 그리고 송풍온도를 계절에 따라 적절한 온도로 제어하고 송풍량을 변경해 실내온도를 일정하게 제어하는 방법이다.

◇인버터 (inverter)

팬·펌프 등의 회전수 제어에 사용되는 것으로 상용 주파수의 전력을 임의의 가변 전압·가변 주파수로 변환해 교류 전동기를 무단계로 속도 제어한다.

〈그림 12.22〉 개별룸에 설치한 팬코일 유닛의 자동제어

12·6 DDC 방식

DDC 방식에 대해 지금까지 간단히 소개했지만 자동제어 설비를 논함에 있어 무시할 수 없는 사항이므로 보충설명을 추가하기로 한다.

(1) DDC란?

DDC(Direct Digital Control)란 조절기의 기능이 디지털 장치에서 이루어지는 제어를 말한다. 종전에는 아날로그 제어(analogue control)가 일반적이어서 센서, 조절계, 조작부가 One Loop 제어계를 복수 조합해 공조기 등 공조 기기의 제어를 완성했다.

이에 비해 DDC는 하나의 컨트롤러(조절계)로 복수의 조절계 기능 및 상호간의 관계를 디지털로 연산·제어하고 건물 내의 각종 설비에 관한 데이터 수집·상태 감시·운전 조작 등을 위한 범용 단말기 전송장치다. DDC가 등장한 것은 1970년대가 끝날 무렵이고 당초에는 고비용이라는 문제가 있었다.

그러나 1980년대 말경에는 전자기술의 급속한 발전에 힘입어 고비용이라는 걸림돌이 사라졌고 오늘날 빌딩관리 건물에는 거의 표준 제어 방식이 됐다.

(2) DDC의 특징

DDC의 특징을 3가지 측면에서 파악하면 다음과 같다.

① 계측·제어

설정·표시·연산이 모두 디지털이기 때문에 전송이나 연산의 오차가 없어 고정밀도의 제어·계측이 가능하고 전송기능이 일원화돼 있기 때문에 하나의 센서로 계측과 제어가 가능하다.

② 운용·관리

입출력 신호를 모두 중앙감시 장치로 전송할 수 있으므로 건물 관리가 정교해진다. 즉 공조기의 다른 FCU·VAV 유닛·열원 기기 등의 기기 1대마다 분산 제어·관리가 가능하다. 또한 LCD 설정기나 무선 센서 등과 접속할 수 있으므로 편리성과 의장성이 향상된다.

③ 보수·기타

부품 공유화와 자가진단 기능에 의해 트러블 발생 시 신속하게 대응할 수 있다. DDC의 센서나 조작부는 전자식 자동제어와 같은 기능을 사용할 수 있으므로 취급이든 보수든 모두 용이하다. 그리고 소프트웨어에 의한 제어로직 적용이라든가 룸의 변경 등에 대응해 현장에서 프로그램을 추가하거나 변경하는 것도 용이하다.

이에 더해 제어기능과 중앙감시의 리모트 스테이션 기능을 하나의 컨트롤러에 조립할 수 있어 보드 내의 스페이스가 적어도 된다.

급기온도 제어·환기온도에 의한 급기온도 설정치의 캐스케이드 제어·환기 습도 제어(가습)·워밍업 제어·외기도입 무효 시·실내온도 계측·공조기 정지 시의 인터로크 제어 및 중앙감시 시스템과 DDC 컨트롤러의 구성 예를 〈그림 12.23〉에 나타낸다.

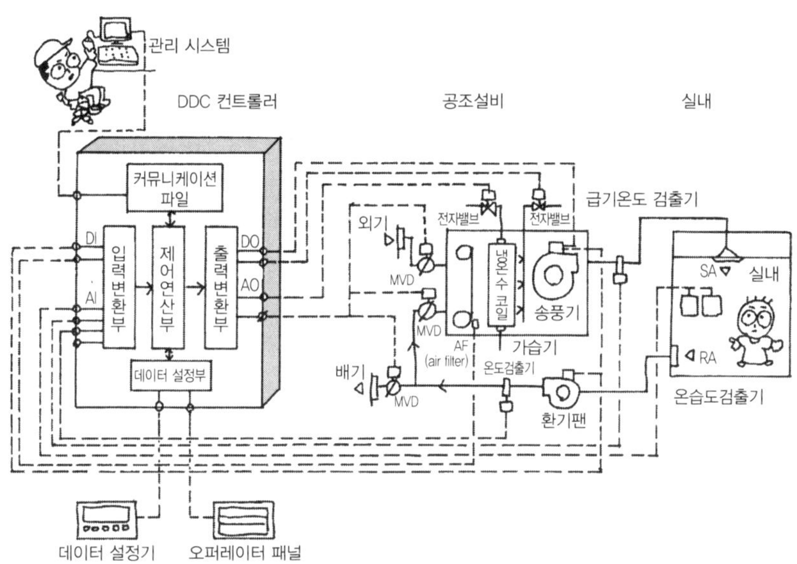

〈그림 12.23〉 DDC 컨트롤러 구성의 예

[기술용어 해설]

디지털(Digital)

디지트(digit)의 원래 뜻은 손가락이고 그 형용사인 "디지털(digital)"은 손가락으로 셀 수 있는 이산(離散)적인 양(量)과 관련해 표시한다.

12·7 빌딩 중앙감시 장치

(1) 빌딩 중앙감시 시스템이란?

종전에 건축설비 등 빌딩설비의 운전 상태나 이상 여부를 감시하던 중앙감시 시스템과 공조 자동 제어 장치로 불리던 것이, 빌딩의 대규모화에 수반해 컴퓨터 기술의 진보 및 디지털 기술의 고도화와 일체가 돼 모든 설비 정보를 집약하는 종합 감시 제어 시스템을 말한다〈그림 12.24〉.

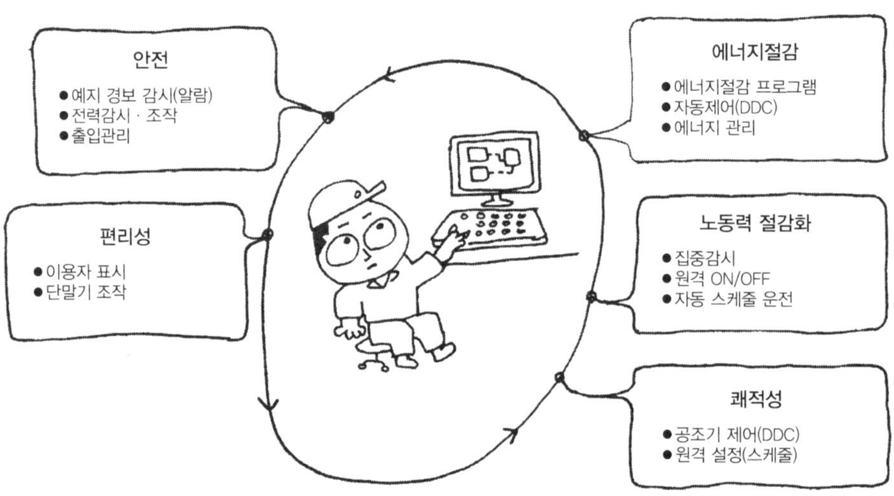

〈그림 12.24〉 종합 감시 제어 시스템

[기술용어 해설]

◇BACnet(Building Automation and Control Networking Protocol)

다른 메이커에서 구축된 시스템을 상호간에 접속하기 위해 표준화된 오픈 프로토콜로서 1995년에 ASHRAE(미국 냉난방공조공업회)가 제정한 빌딩 네트워크를 위한 통신 규격이다.

◇프로토콜(protocol)

통신상의 약속을 말한다.

(2) 중앙감시 장치의 기능

이 기능은 빌딩의 실내 온습도 관리와 원격 ON·OFF 감시 제어에 더해 컴퓨터의 연산기능을 이용해 ①최적화 기동정지 제어 ②디맨드(demand) 제어 등의 에너지 절감 제어 ③정전 시의 발전기 부하 제어 ④정전·복전 제어 등의 전력 제어 ⑤방재 시스템과의 연계를 수반하는 화재 시의 공조정지 제어 등, 수많은 기능을 하고 있다.

(3) BAS (빌딩 오토메이션 시스템)

BAS를 도입하는 목적은, 건물 내의 이용자·거주자에게는 쾌적하고 안전한 거주 환경을 제공하고 빌딩 오너·관리자를 위해서는 빌딩 전체의 에너지 절감과 절전에 의한 빌딩 운용비를 줄임과 동시에 자산 가치 유지 및 향상을 달성하는 것이다.

[기술용어 해설]

빌딩관리의 최적화 제어

최적화라는 단어에는 폭넓은 의미가 있는데 현 상황의 빌딩관리 시스템에서 일반적으로 표현되고 있는 최적화는 공조설비 기동 시각을 당일의 부하에 맞춰 최적의 시각에 제어(최적 기동이라고 한다)하는 것을 말하고 이는 빌딩관리시스템 기능의 하나다. 근래에는 최적의 정지시각 제어까지도 포함하고 있다.

[기억해 둘만한 사항]

맞춰보기 작업이 뭐야?

시설에는 수도 사용량과 냉수·온수 사용량을 적산 계량하는 양수기와 열량계가 설치되고 이들의 적산 계측치에 의해 유료 시스템이 운용되고 있다.

시설 사용 시작과 후에는 정기적으로 계량기에 표시되고 있는 현지의 적산 계측치와 중앙감시장치에서 관리하고 있는 적산 계측치가 일치하는지 확인하는 맞춰보기(read through) 작업이 통상 3회 이루어진다. 현지의 적산 계측치를 읽은 값과 중앙감시반에서 읽은 적산 계측치가 반드시 일치하는 것은 아니어서 청구·지불에 지장을 초래하게 된다. 양수기와 열량계 본체가 불량이거나 설치가 흐름과 역방향이거나 또는 해당되지 않는 중앙감시장치 보드 내에서 해당 이외의 결선(結線)으로 인한 오류가 생기기도 한다. 여기서는 전형적인 휴먼에러를 볼 수 있다. 적산 계측치는 오차 범위를 규정해 운용하고 있다.

[기술용어 해설]

BEMS

빌딩관리 및 에너지 관리 시스템을 말하고 "Building and Energy Management System"의 머리글자를 딴 것이다. 시설 전체의 에너지 소비 상태를 감시하면서 사용 상태에 따라 관리함으로써 에너지 낭비를 발견해 에너지절감 개선을 도모하는 시스템이다. 컴퓨터 기술과 디지털 통신기술이 합쳐져 탄생한 빌딩 에너지 관리(EMS)에 중점을 둔 신개념 빌딩관리시스템(BMS)이다.

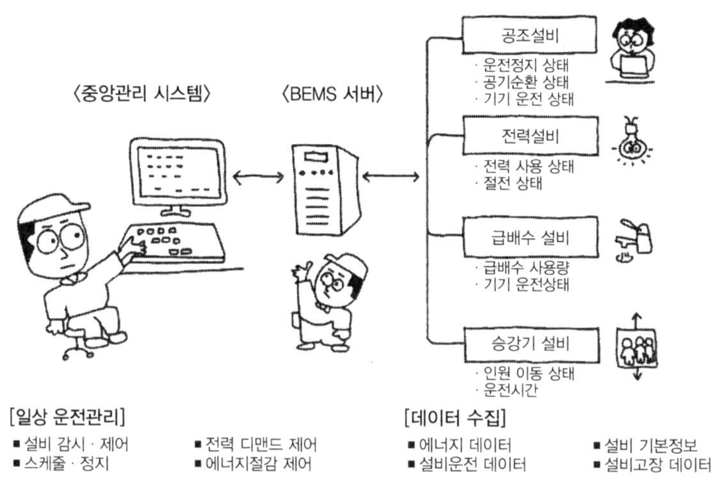

〈그림 12.25〉 BEMS의 개념

[기술용어 해설]

IoT (Internet of Things)

약칭해서 아이오티로 불린다. 사물 인터넷이라는 의미이고 바꿔 말하면 통신기능을 가진 사물(센서 등이 내장된 사물을 포함한다)이 인터넷과 연결됨으로써 편리성을 높여 사용할 수 있는 것을 IoT라고 한다. IoT는 네트워크를 핵심으로 AI(인공지능), 빅 데이터, 클라우드, 화상 처리, 음성 인식, 보안 등의 기술로 구성된다.

10년 전의 이야기인데 필자는 칩 개발에 많은 시간과 정력을 쏟고 있었다. 그 당시에는 제품 개발 단계마다 개발비가 당초 예산을 초과해 품의에 난항을 겪었던 일이 생각난다. 지금 생각하면 그야말로 IoT 세계였던 셈이다.

12·8 자동제어 갱신 시의 주의점

자동제어는 기존에 설치된 자동제어 기기의 열화·설치장소의 레이아웃 변경에 따른 이전 설치 과정에서의 교환, 공조 설비 시스템의 에너지 절감화 요청 등에 의해 갱신되는데 갱신 시의 주의점은 다음과 같다.

(1) 자동제어 기기 갱신 시의 주의점

자동제어 기기를 갱신할 때는 제어반내 기기(DDC·변환기 등)를 갱신·재이용함에 있어 그리고 현지의 기기(센서, 밸브, 댐퍼, 유량계 등)를 갱신·재이용함에 있어 각각 몇 가지의 경우가 상정된다. 제어반내 기기를 갱신하고 현지 기기를 재이용하는 경우와 제어반내 기기를 재이용하고 현지기기를 갱신하는 경우에는 특히 아래의 ①, ②, ③에 주의한다.

① 갱신하는 기기와 재이용하는 기기의 사양이 일치 하는지(출력범위·계측범위·제어방법·전원 종별·제어신호 종별 및 배선 수 등의 사양) 확인한다. 다를 경우에는 신호변환기 등을 신설하거나 배선 수를 변경할 필요가 있다.

② DDC 등의 메이커가 변경될 경우에는 통신 사양 등의 적합성에 대해서도 주위를 기울인다.

③ 유료 시스템으로 관리하고 있을 경우, 부분적으로 지금까지와는 다른 제조사의 공조 기기·제어 반내 기기 및 현지의 기기 제품을 채택하면 시설 전체의 유료 시스템이 가동되지 않는 경우도 있으므로 살필 필요가 있다.

(2) 갱신 시의 에너지절감 제어 메뉴

갱신 시 도입하는 에너지절감 제어의 주요 메뉴에는 앞에서 말한 제어 중에 팬 인버터 제어, 펌프 추정 말단압 제어, 펌프양정 최적화 제어, 냉동기 1차 펌프 변류량 제어, 외조기+리히터 시스템 혼합 손실방지 제어가 있다.

12·9 자동제어 기술의 향후 과제와 동향

향후 자동제어 기술 과제에는 IT에 의한 자동제어 제품 개발, 에너지 절감에의 자동제어기술 연계가 있다. 그리고 자동제어 기술의 동향으로는 IoT와 연계한 사회 기여가 요구된다.

(1) 자동제어 기술의 과제

1) 자동제어 제품 개발

우선 검출부·계측부·조작부·조절부 제품에 대한 고정밀도의 기술 개발이 요구된다.

첫 번째는 각각의 기능(온도·습도) 별로 제품화 된 온도센서와 습도센서의 양쪽 기능을 겸비함과 동시에 IT화로 장착된 고정밀도의 제품이다. 그리고 유량제어, 과유량 방지제어 및 리턴온도 보상제어의 제어기능을 갖춘 캐스케이드 제어방식의 계측 제어 기능이 있는 유량계의 자동제어 밸브를 더욱 고정밀화 하는 기술개발이 요구된다.

두 번째는 무선 센서에 대해 기술한다. 무선 센서는 특정 소(小)전력 무선을 이용해 실내에 설치된 실내형 온도 센서/온습도 센서가 온습도를 측정하고 계측된 데이터를 천장 안쪽 등에 설치한 RF(radio frenquency) 수신기에 전송하면 계측 데이터는 컨트롤러에 도달한다.

배선 공사에서는 몇 가지의 제약조건(장치용 컨트롤러간의 전송거리 확보, 항상 신뢰성 높은 전송경로 확보, 전송 장애에의 대응 및 플로어간의 혼신 방지 등)이 있는데 초기비용을 절감하고 공사기간 단축을 도모할 수 있어 건설단계에서는 이 같은 이점을 누릴 수 있지만 배터리가 내장된 경우에는 유지관리 면에서 그때그때 유지 보수할 필요가 있다. 설치에 있어서는 이율배반적인 경향이 있으므로 주의한다.

세 번째는 검출부·계측부·조작부·조절부의 복합제품 개발에 대해서다. 센서 기능과 리모컨 기능을 겸비한 리모트 유닛용 디지털 설정기 그리고 가속도 센서와 연산부의 일체화로 SI값의 가속도 계측·출력과 원격 감시·제어 장치에 대응하는 지진 센서가 새로 개발, 운용되기 시작했다.

앞으로는 검출부·계측부의 범위뿐만 아니라 이 같은 복합기를 하나의 자동제어 제품으로 개발한 제품이 출현되길 기대된다.

[기술용어 해설]

◇AI(Artificial Intelligence)

IT 용어사전 바이너리에 따르면 인간의 지적 운영을 컴퓨터로 하여금 실행하게 하는 기술 또는 인간의 지적 활동을 운영하는 컴퓨터 프로그램을 말한다. 일반적으로 인공지능이라고 번역한다.

AI 활용 예로는 화장실에서 긴급 이상 상태에 있는 누군가가 화장실 내의 상황을 AI가 실시간으로 추정한 프로그램에 따라 알람을 자동으로 울리게 하는 시스템화 실현이다. 또한 환경을 평상시의 상황으로 복귀하는 AI에 의한 시스템화 실현을 생각할 수 있다. AI에 관해서는 싱귤래리티라는 이슈가 있다.

◇싱귤래리티 (singularity)

기술적 특이점으로 불리는 전환점을 말한다. 2045년에는 인공지능이 인간의 지성을 웃돌고 싱귤래리티가 도래해 풍요로운 사회가 출현할 것이라고 미국의 미래학자 레이 커즈와일이 제창했다. 한편 AI는 인류에 비극을 초래할 우려가 있다는 위협론도 있다.

네 번째는 아주 새로운 개념의 시스템 센서 응용기술 개발이다. 지금까지는 외기도입 제어일 경우 CO_2농도를 검지하는 CO_2센서가 채택됐는데 먼지 부착 등으로 인해 청소에 드는 유지관리 비용이 필요했다. 검지한 재실 인원수로 CO_2농도를 예측하는 화상센서 개발에 힘입어 에너지 절감에 기여하고 있다는 보고서가 있다. 개발된 신제품 화상 센서는 시스템 제어기술을 다른 곳에 전개함에 있어 중요한 응용제어 기술이 될 것이다.

(2) 향후 자동제어와 IoT에 대해

자동제어와 IoT는 현재도 앞으로도 중요함과 동시에 서로 밀접한 관계에 있는데 그 관련성을 열거하면 다음과 같다.

1) 자동제어와 현재의 IoT

이미 IoT가 실현되고 있지만 그 대부분은, 멀리 떨어진 장소에 있는 사물의 상태를 파악하거나 조작하는 것이다. 자동제어 분야에서의 일례를 들면 각지에 흩어져 있는 공장이 있을 경우, 원격 기능을 겸비한 중앙감시 장치가 인터넷을 통해 각 공장에 있는 설비 계측기기의 가동 데이터를 클라우드에 수집·축적하면 거기에서 빅데이터를 분석하고 유용한 정보를 선택해 메인티넌스 운용 및 제품 개발에 활용한다. 한편 전력 분야에서는 내일의 일기예보 정보에 기초해 전력의 디맨드(demand) 운용 관리 및 전력의 수요·공급 안정화에 기여하고 있다.

2) 자동제어와 향후 IoT

① 보안 대책

IoT의 핵심은 보안에 있다. 인터넷을 매개로 다양한 것을 조작할 수 있는 한편 한번 해킹 당하면 여러 가지의 비밀이 노출돼 데이터를 단번에 빼앗길 가능성이 있다. 또한 다수의 센서로부터 얻은 정보를 당사자가 아닌 누군가에게 도난당할 가능성도 있다. 앞으로는 보안 레벨을 높은 상태로 유지하는 보안 대책이 필요하다.

② 자동제어와 IoT와의 관련성

IoT는 계측제어 기술 시스템, 정보통신 시스템, 데이터베이스 등 종전의 기반 위에서 이루어졌다. IoT에 의해 시원하고 상쾌한 피서지의 거주 환경을 어떤 장소 어떤 시간대에도 1년 내내 맛볼 수 있다. 또한 IoT는 높은 구매력이 요구되는 매장의 실내 환경(온도, 습도, 기류, 청정도, 기압, 향기, 소음치, 인간의 심박수와 일치하는 비트수 외의 파라미터)을 빅데이터로 분석 수집해 외란에 의한 기상조건의 변화에 대해서도 매장에 양호한 실내 환경을 재현함으로써 판매력 향상에 기여할 것이다.

한편 에너지 절감화의 과제로서 겉으로 드러나지 않는 냉온열의 혼합 손실 해결책이 요구되고 있는데 IoT는 잠재화된 에너지 손실 감지기능을 찾아냄으로써 그 과제를 해결해 줄 것이다.

꿈은 한층 더 부풀어 피아노·오보에·바이올린 등 개개의 연주회장에서 연주자가 느끼는 최적의 값으로 각각의 파라미터가 설정된 연주회장의 실내 환경을 재현함에 있어서도 IoT가 활약할 수 있는 기회다.

자동제어 기술에 종사하는 공조 설비·급배수 위생 기타 설비 기술자의 입장에서는, 높은 가능성을 내포하고 있는 IoT의 발전성·전개성에 크게 기여하고 IoT와의 정보관리 기술에 임함으로써 경제성·안전성 확보, 유용한 인적자원 활용 및 질적인 사회 환경을 도모하고 멋지고 풍요로운 사회를 실현하는 데 일익을 담당할 수 있기를 바라는 바이다.

제13장. 시운전 조정 업무

13·1 시운전 조정 업무란?

시운전 조정 업무(System Testing & Operation)란 장기간에 걸쳐 고생하며 시행해 온 공조 설비를 살아있는 모습으로 소생시키는 일련의 작업을 말한다.

그 일련의 작업을 일명 "Commissioning & Balancing"이라고도 하는데 각각의 기기 단독으로 러닝 테스트를 실시해 공조 설비의 종합적 기능이 충분히 발휘되도록 조정(commissioning)하는 가장 중요한 프로세스다. 이 업무는 통상 공조 설비공사 공정의 최종 공정에 위치한다. 대규모 공조 설비일 경우엔 최소 2개월 정도의 시운전 조정기간이 꼭 필요하다. 하지만 건축 공기(工期) 지연, 수전일(受電日) 지연 등으로 인해 최악일 때는 조정기간이 1주일밖에 안 되는 사태도 자주 발생한다.

이런 사태에 부딪쳐도 당황하지 않고 능숙하게 대처해 무사히 시운전 조정 성과를 달성하는 것이 바로 현장소장의 진면목이기도 하다.

13·2 시운전 조정업무의 의의·목적·종류

(1) 시운전 조정업무의 의의

시운전 조정업무는 종합기술 감리로서 리스크 관리업무의 일환으로 시운전 조정업무의 배후에 잠재돼 있는 저해 요인의 각 항목을 미리 파악하고 그 대책을 강구하기 위한 리스크 관리를 수행해야 한다.

경제성, 안전성, 인적 자원, 정보, 사회 환경 등을 관리하는 차원에서 이율배반적 관계에 빠지는 일 없이 "최적화 시운전 조정 업무"를 실시할 필요가 있다. 그 착안점을 아래에 기술한다.

① 경제성 관리

품질, 납기, 비용, 안전 등이 경제적으로 보다 좋은 상황이 되도록 품질, 공정, 원가, 안전 등의 각 관리를 포함해 시운전 조정업무를 수행한다.

② 안전성 관리

사상자 인명 사고가 없는 안전성을 확보해 시운전 조정업무를 수행한다.

③ 인적자원 관리

현장 및 협력업체의 직원, 기기업체 등과 협력해 시운전 조정업무를 수행한다.

④ 정보 관리

정보 공유화, 정보 데이터화 등에 의한 정보활동을 토대로 시운전 조정업무를 수행한다.

⑤ 사회 환경 관리

외부 환경의 저감을 고려해 시운전 조정업무를 수행한다.

이상과 같이 시운전 조정업무를 수행하려면 만능적(all mighty)인 능력이 요구된다.

(2) 시운전 조정업무의 목적

설치한 설비 시스템이 그 기능·성능을 충분히 발휘할 수 있는지 예비 운전하고 그 사이에 발생하는 결함을 하나하나 처리해 나가면서 완벽한 설비 시스템으로 만들어 고객에게 인도하는 데 있다.

따라서 시운전 조정업무를 수행하려면 설비 내용에 따라 다소의 차이는 있지만 그 목적은 다음과 같이 요약된다.

① 설비공사의 시공 상태가 설계한 의도(design concept)에 완전히 부합되는지 검증한다.

② 설계상의 결함은 없었는지의 여부를 확인한다.

③ 만일 불완전한 부분이 있을 경우에는 그 개선방법에 대한 지침(피드백 자료)으로 삼는다.

(3) 시운전 조정업무의 종류

① 시운전 사전 조정 준비업무

시운전 조정은 설비 장치의 품질·기능 확인을 목적으로 하지만 조정에 필수적인 서류를 갖춰 준비하는 것부터 실제로 공급수나 수전 등을 얼마나 능률적으로 진행하느냐가 중요하다. 준비작업의 대부분은 시공 중에 이루어질 수 있는 항목이고, 이는 후속 공정에 있는 기본적인 시운전 업무계획을 작성하는 데 중요하다.

② 기기 단독의 시운전 조정업무

사전 조정준비 업무가 완료된 후에는 본격적인 시운전 조정업무로 옮겨가는데 그 전에 기기 하나하나를 단독으로 작동하고 체크해 기기가 정상적으로 가동하는지의 여부를 체크하는 것이 본 업무이다. 그 작업의 주체는 기기 단독(냉동기·보일러 등)에 대한 운전 조정 점검과 전동기의 회전방향 체크 등이다.

③ 종합 시운전 조정업무

기기 단독의 시운전 조정 작업이 완료되면 시스템으로서 종합 시운전 조정 작업에 들어가는데 설비규모가 클 경우에는 다양한 서브시스템의 운전이 뒤섞이므로 반드시 시운전 조정계획서를 사전에 작성해 둔다.

해당 시운전 조정절차서(매뉴얼)에 입각해 각 시운전 조정자의 역할 분담을 명확하게 하고 각자의 작업을 충실히 수행하게 하는 것이 중요하다.

13·3 공조 설비 시운전 조정업무 : 유의사항 12가지

드디어 각론에 들어간다. 업무를 수행함에 있어 독자 여러분이 꼭 알아 두어야 할 시운전 조정업무의 에센스(필수 사항)는 무수히 많다.

따라서 그 상세한 내용은 지면관계상 문헌을 참조하기로 하고 여기서는 필자가 나름대로 선정한 유의사항 12가지를 소개한다.

(1) 공조 기기의 설치상태 체크

기기가 바닥 위에 수평으로 설치되고 방진고무나 내진 스토퍼도 올바르게 설치돼 있는지 육안으로 체크한다. 전열교환기에 접속하는 공조 계통에서는 중간기의 외기 냉방도 고려해 전열교환기에 공기 바이패스 장치가 구비돼 있는지 확인한다〈그림 13.1〉.

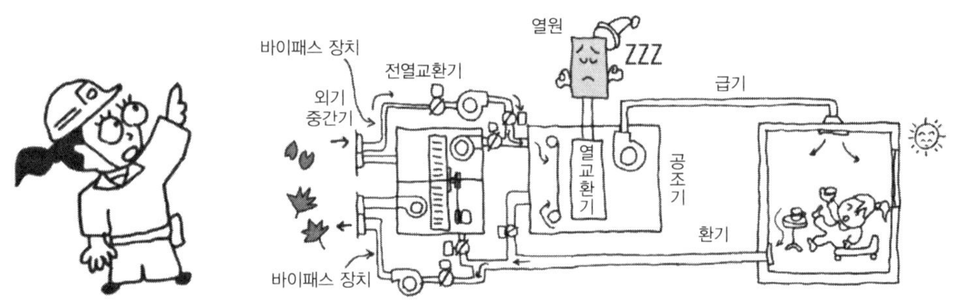

〈그림 13.1〉 공기 바이패스 장치

(2) 배관 플러싱 후의 스트레이너 청소

시운전 조정업무를 개시하기 전에 배관 플러싱(flushing) 작업을 3회 정도 확실하게 실시한다. 그리고 시운전을 조정하기 전에 스트레이너 바닥에 붙어 있는 캡을 제거하고 스트레이너 메시에 걸린 쓰레기를 완전히 제거한다.

또한 설비 준공 인도 후에도 스트레이너를 정기적으로 청소할 필요가 있다는 것을 고객에게 반드시 고지한다.

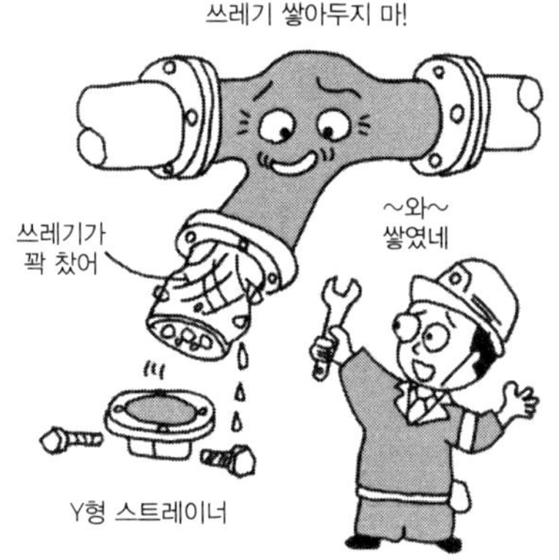

〈그림 13.2〉 스트레이너 청소

(3) 개방식 팽창탱크 설치 위치

개방식 팽창탱크의 위치가 낮으면 이보다 더 높은 위치에 설치되는 공조 기기류에 개방식 팽창탱크로부터의 물을 채울 수가 없다. 비록 다른 방법으로 물을 채우더라도 운전을 개시하면 기기의 위치가 더 높기 때문에 그 기기에서 물이 새는 트러블이 발생한다.

그러므로 최소한 높은 위치에 있는 공조 기기류에서 1m 이상 더 높은 위치에 설치한다. 단, 밀폐식 팽창탱크를 설치할 경우에는 위치와 상관없이 어디에나 설치할 수 있다〈그림 13.4〉.

[기술용어 해설]

플러싱 배수리스 시스템

배관 순환수의 일부를 플러싱 수처리 장치에 의해 정화한 다음, 다시 배관 계통으로 되돌리는 것을 연속 실시함으로써 플러싱을 실시하는 절수 시스템이다.

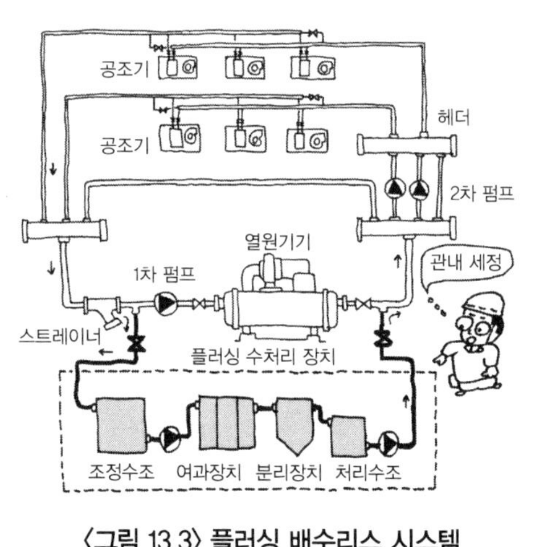

〈그림 13.3〉 플러싱 배수리스 시스템

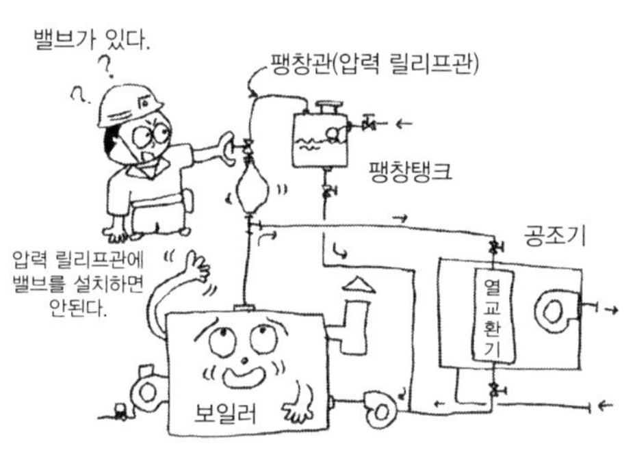

〈그림 13.4〉 밀폐식 팽창 탱크

〈그림 13.5〉 온도퓨즈

(4) 방화 댐퍼와 온도퓨즈의 확인

방화 댐퍼(FD)의 온도퓨즈 용융 온도는 72℃다. 우선 방화 댐퍼가 떨어져 있는 건 아닌 지부터 확인한다. 통상 방화 댐퍼에 설치한 온도퓨즈가 280℃에 설정됐다고 하면 화재 시에는 방화 댐퍼로서 기능하지 못하므로 주의한다〈그림 13.5〉.

(5) 3상 교류 유도전동기의 상간(UVW상) 결선 오류

설비 기기의 동력으로 범용되고 있는 것이 3상 교류 유도전동기다. 이 모터에의 상간(UVW상) 결선에 오류가 있으면 설비 기기가 역회전하게 되므로 실제로 시운전 조정 작업에 들어가기 전에 미리 순회전(정회전)이 되도록 전기공사 담당자와 연계해 회전방향을 체크하고 결선에 잘못이 있으면 수정한다〈그림 13.6〉.

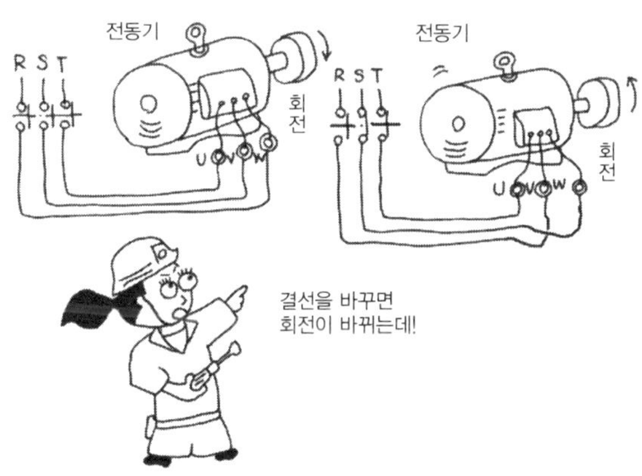

〈그림 13.6〉 3상 교류 유도전동기

(6) 펌프 단독 시운전에서 풀가동 하지 말 것

배관계에 이물질(쓰레기·철분) 등이 혼입돼 있으면 이상음이 발생하는 경우가 있으므로 맨 처음 기동 스위치를 순차적으로 조정하면서 순시운전 하고 펌프에 이상음이 없는지 확인한 다음에 본운전 (연속운전)으로 들어간다. 이물질 등이 펌프 본체에 들어가면 펌프의 임펠러 등을 손상시킬 우려가 있다〈그림 13.7〉.

〈그림 13.7〉 펌프의 단독 시운전

(7) 다익형 송배풍기를 종합 시운전할 경우의 주의사항

다익형 송배풍기를 종합 시운전할 목적으로 시동할 경우에는 그 팬의 특성곡선상 토출 측에 설치돼 있는 풍량 조정댐퍼(VD)는 전폐(全閉) 상태이거나 최소 개도(開度) 상태에서 기동한다. 그 후 전류계를 보면서 VD를 서서히 열어 정규 운전 상태로까지 진행한다〈그림 13.8〉.

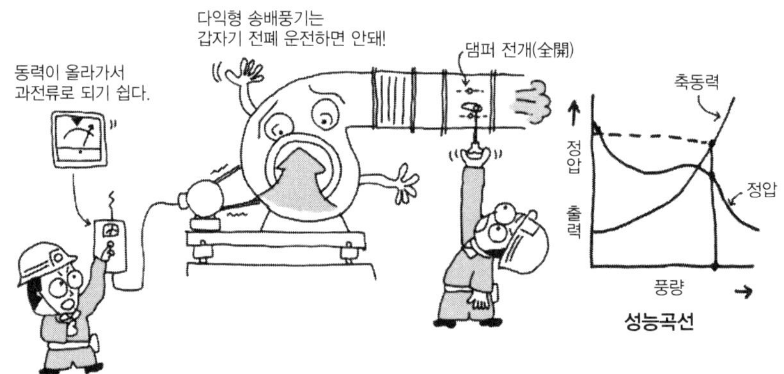

〈그림 13.8〉 다익형 송배풍기

(8) 그랜드 패킹식 축봉장치를 채택한 펌프에서 주의할 사항

메카니컬 씰(mechanical seal)을 사용하고 있는 펌프와는 달리, 펌프 회전축에서 다소의 물이 새는 것은 용인하고 있는데 누수량을 줄이려고 운전 중에 펌프 회전축을 강하게 조이면 펌프축이 타버려 회전축을 마모시키거나 펌프를 손상하게 되므로 주의한다〈그림 13.9〉.

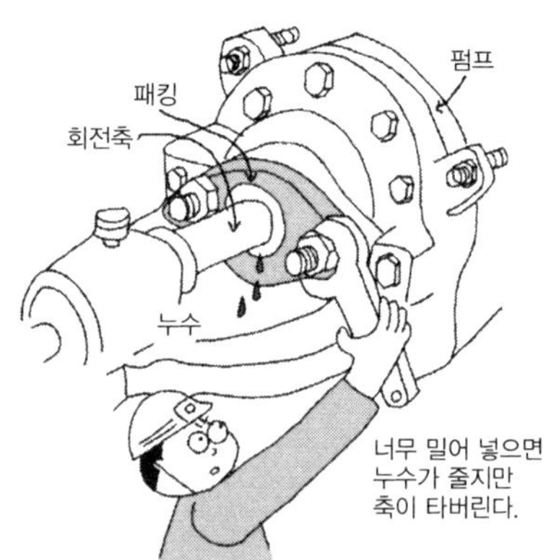

〈그림 13.9〉 축봉 장치

(9) 온수난방에서의 펌프 흡입측 밸브

최근에는 온수난방의 온도가 낮아졌지만 온수 온도를 70℃~80℃로 적용하던 시절이 있었다. 온수가 펌프 임펠러에 들어가는 순간 압력이 떨어지기 때문에 이 부분(석션측)의 압력이 가장 낮아져 캐비테이션(cavitation)을 일으키기 쉽다.

펌프의 유효 흡입 헤드(NPSH)는 표준 펌프일 경우 여유 있게 4m 전후로 한다. 온수 온도가 높을수록, NPSH가 클수록 캐비테이션 현상이 발생하기 쉽다. 석션측 밸브를 좁히면 NPSH를 낮추는 결과이므로 펌프 토출측 밸브로 유량을 조정하는 것이 바람직하다〈그림 13.10〉.

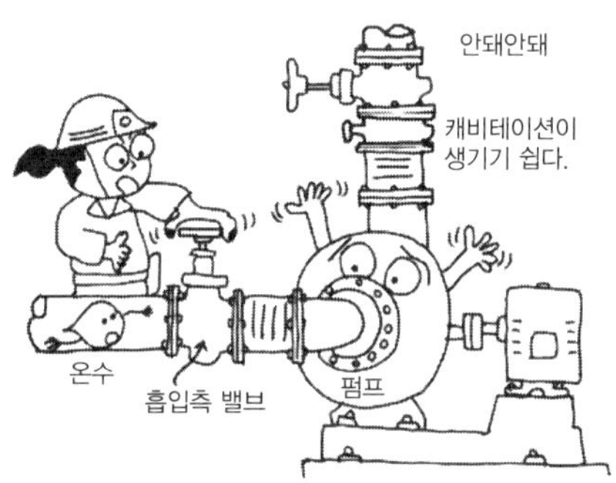

〈그림 13.10〉 펌프 흡입측(석션측) 밸브

[기술용어 해설]

NPSH(Net Positive Suction Head)

유효 흡입 헤드를 말한다. 펌프의 임펠러 날개 바로 앞에 있는 기준면상에서 액체가 갖는 절대 전압(全壓)과 그 액체 온도에 대한 포화 증기압의 차이를 헤드(m)로 나타내는 것으로, 캐비테이션을 판정하는 데 이용한다.

(10) 밸브류를 개방한 채 그 장소를 떠나지 말 것

당연한 말이지만 종합 시운전 조정을 하는 도중에 밸브류(공기빼기 밸브·FCU의 에어콕 등)를 개방한 채 그 장소를 이탈하면 미처 누수를 알아차리지 못하게 되고 이는 준공 직전에 돌이킬 수 없는 수손(水損) 사고로 이어지므로 특히 주의한다〈그림 13.11〉.

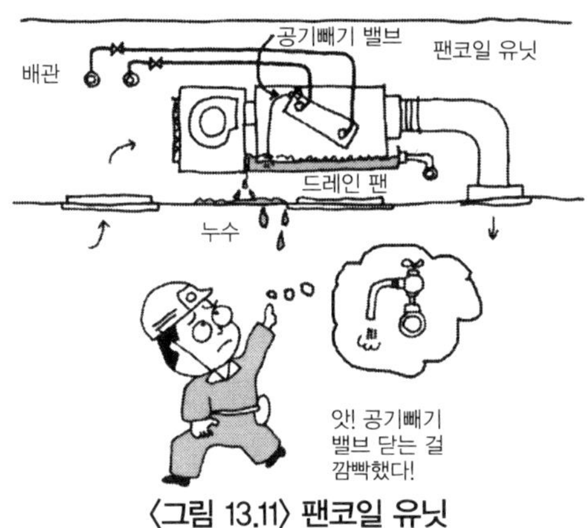

〈그림 13.11〉 팬코일 유닛

(11) 게이트 밸브가 반쯤 열린 상태에서 사용하지 말 것

게이트 밸브(칸막이 밸브)는 원칙적으로 전개(全開) 또는 전폐(全閉)에서 사용하므로 유량 조정에는 사용하지 않는다. 반쯤 열린 상태에서 사용하면 시트에 상처가 나거나 밸브체에 이상진동이 발생하므로 원칙적으로는 절대 금물이다. 유량 조정용으로는 글로브 밸브, 버터플라이 밸브를 사용한다. 볼밸브도 특정한 사용조건을 제외하고는 중간 개도에서 조정하여 사용할 수 없으므로 주의한다〈그림 13.12〉.

(12) 배연기 기동 시의 주의

모든 배연구를 폐쇄한 상태에서 배연기를 기동하면 배연 덕트계에 과대한 부압이 걸려 배연구 부근의 천장재에 손상을 줄 우려가 있다〈그림 13.13〉.

〈그림 13.12〉 글로브 밸브·버터플라이 밸브

〈그림 13.12〉 모든 배연구를 폐쇄한 상태에서 배연기를 기동하지 않는다

13·4 송풍계 풍량 조정법의 종류와 그 특징

시운전 조정업무 중에서 가장 중요한 부분이 송풍계의 풍량 조정이다. 이에 "알고 있으려니 해도 의외로 모르는" 각종 풍량 조정 방법에 대해 기술한다.

(1) 원심 송풍기 성능곡선의 예비지식

공기를 송풍계(덕트계)로 보내면 송풍기의 저항곡선은 원점을 통해 포물선이 된다. 송풍계 저항이 증가하면 저항곡선의 기울기는 가팔라지고 반대로 저항이 감소하면 기울기는 완만해진다. 이 송풍계 저항곡선과 송풍기 압력곡선의 교점을 송풍기의 작동점이라고 한다. 실무에서는 송풍기의 저항계산치와 실제 저항치가 다른 경우가 많다〈그림 13.14〉.

실제 저항값 즉 계산값이 작으면 실제 풍량 Q'는 계산 풍량 Q보다 많아지므로 풍량 댐퍼(VD) 등을 이용해 송풍계 저항을 늘려서 계산 풍량 Q를 확보한다.

그러나 실제 저항값이 계산값보다 클(?) 경우에는 실제 풍량 Q'는 계산 풍량 Q보다 적어진다. 그런데 실무에서 송풍계 저항값을 줄이는 것은 불가능하다.

따라서 이 같은 경우에는 팬풀리를 교환해 송풍기의 회전을 늘리는 등, 압력곡선 P를 P'로 수정해 소요 풍량을 확보한다〈그림 13.15〉.

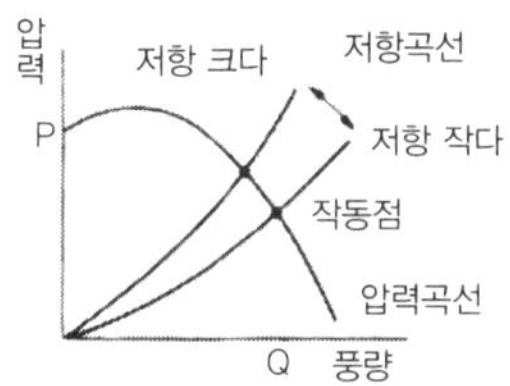

〈그림 13.14〉 송풍기의 성능 곡선

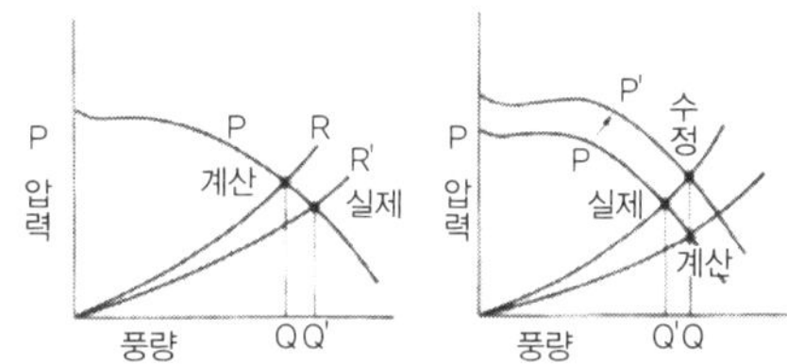

〈그림 13.15〉 실제 작동점과 계산상 작동점의 차이

(2) 송배풍기계(系) 풍량 조정법의 종류와 그 특징

송배풍계 풍량 조정법 하면 우선 대향식 날개의 풍량 조정 댐퍼(VD)에 의한 풍량 조정법을 가장 먼저 떠올리는데 송배풍계 풍량 조정법에는 ①토출 댐퍼 풍량 조정법 ②흡입 댐퍼 풍량 조정법 ③흡입 베인 풍량 조정법 ④회전수 풍량 조정법 ⑤대수 풍량 조정법 등, 다종다양한 풍량 조정법이 있다.

여기서는 시운전 조정업무와 연관성이 큰 대표적인 풍량 조정법의 종류와 그 특징에 대해 기술한다.

1) 토출 댐퍼에 의한 풍량 조정법과 그 특징

이 방법은 송풍기 토출측에 풍량 조정 댐퍼(VD)를 설치하고 이것을 좁혀 토출측 저항을 증가시킴으로써 풍량을 조정하는 방식으로 가장 널리 채택되고 있다. 압력곡선 P와 저항곡선 R_A의 교점을 A라고 하면 송풍기는 압력 P_A, 풍량 Q_A로 운전하게 된다.

풍량을 소요 풍량 Q_B로 감소시키기 위해 토출 댐퍼를 좁혀 저항 곡선을 R_A에서 R_B까지 변화시키면 작동점은 B로 이동한다. 이 때 풍동계 저항은 곡선 R_A상의 A'값 P_A에 상당하고 P_B-P_A'가 댐퍼에 의한 저항이다. 댐퍼 조작에 수반해 축동력은 송풍기 본래의 동력곡선 L을 따라 L_A에서 L_B로 이동해 작아지지만 제어 풍량에 맞는 동력 절감은 얻지 못한다〈그림 13.16〉.

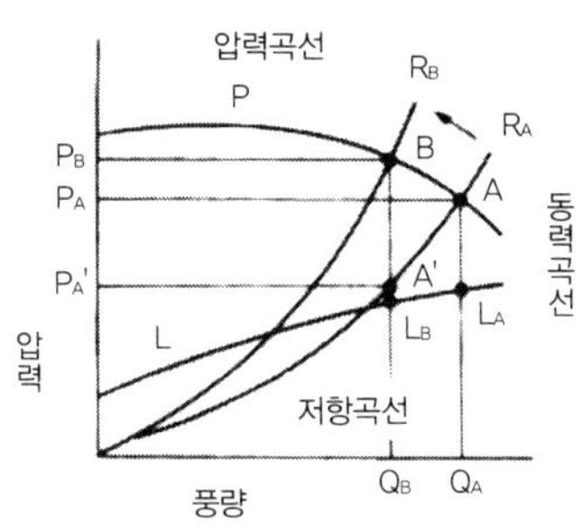

〈그림 13.16〉 토출 댐퍼에 의한 풍량 조정법

2) 흡입 댐퍼에 의한 풍량 조정법과 그 특징

다음 그림에서 나타내는 바와 같이 송풍기의 압력곡선을 P_A라고 하면 작동점은 A가 된다. 여기서 송풍기 흡입측에 설치한 풍량 조정댐퍼(VD)를 좁히면 흡입 압력이 내려가 압력곡선은 P_A에서 P_B로 변해 R_A와 P_B의 교점 B가 되고 풍량은 Q_B가 된다. 이때 저항곡선은 R_B와 같은 포물선으로 그려지고 풍도계 저항은 P_B로 감소한다.

P_A가 댐퍼의 조절에 상당하는 저항이다. 이 방법도 댐퍼 저항을 가하고 송풍기의 압력을 일부 상쇄해 풍량을 제어하는 방식이므로 토출 댐퍼 방식과 같다고 말할 수 있다. 그러나 댐퍼 저항은 송풍기 흡입 측에서 주기 때문에 항상 부압으로 작용해 송풍기의 토출 압력은 그 저항만큼 차감된 값이 된다. 즉 이 방법은 풍도계의 저항을 바꾸지 못하고 송풍기의 압력이 내려감으로써 교점이 이동된다. 축동력은 토출 댐퍼 방식의 경우와는 달리 송풍기 본체의 동력곡선(댐퍼 전개(全開)시) L_A점보다 약간 하회하는 곡선 L_B로 이동한다. 이는 흡입 댐퍼를 좁힘으로써 송풍기의 임펠러 입구가 부압이 돼 임펠러가 전부 열릴 때보다 더 가벼운 공기를 흡인하기 때문이다. 그러나 이 경우에도 흡입 댐퍼는 송풍기의 압력을 감쇄하는 역할을 수행하기 위한 것이어서 축동력 절감은 미미하다〈그림 13.17〉.

3) 흡입 베인에 의한 풍량 조정법과 그 특징

송풍기의 케이싱 흡입구에 가동익(VANE)을 방사상으로 설치하고 그 각도를 조정해 임펠러 입구의 절대속도 선회량을 변화시킴으로써 풍압·풍량을 제어한다. 이 방법은 언뜻 보기에 흡입 댐퍼의 풍량 조정방식처럼 보이지만 압력이 내려감에 따라 축동력도 저하된다는 점이 다르다.

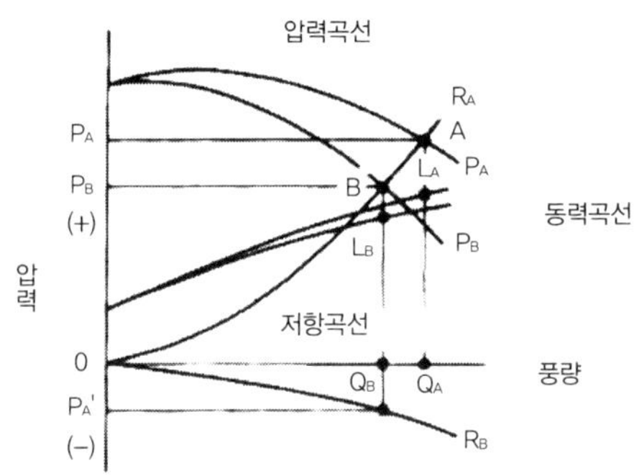

〈그림 13.17〉 흡입 댐퍼에 의한 풍량 조정법

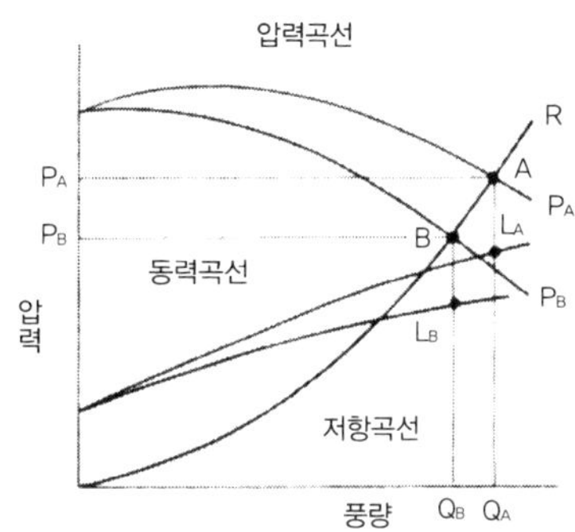

〈그림 13.18〉 흡입 베인에 의한 풍량 조정법

이는 송풍기의 압력 하강이 흡입구의 저항 증가로 인한 것이 아니라 임펠러로 들어가는 공기의 회전방향을 선회해 임펠러의 상승압력을 감소하기 위함이다.

흡입 베인을 좁히면 압력은 흡입댐퍼 방식의 경우와 같은 추세를 보이는 곡선이 되고 작동점은 저항곡선상의 A에서 B로 이동하고 풍량은 Q_A에서 Q_B로 바뀐다. 한편 축동력은 날개의 각 개도에 대한 동력곡선상의 A·B에 대응하는 점 L_A에서 점 L_B로 이동한다. 이와 같이 흡입 베인 조정법은 흡입 댐퍼 방법에 비해 동력이 크게 절감된다〈그림 13.18〉.

4) 송풍기 회전수 제어에 의한 풍량 조정법과 그 특징

송풍기의 회전수를 제어하는 방법은 인버터 등에 의해 전동기의 회전수를 바꾸는 경우와 팬풀리를 교체하는 경우의 2가지로 크게 나눌 수 있다.

송풍기 회전수 n_A를 n_B로 변화시키면 압력곡선은 비례적으로 변해 P_A에서 P_B로 바뀌고 작동점은 A에서 B로 이동한다. A점과 B점의 압력·풍량·축동력은 상사법칙(비례법칙)에 의해 각각 회전수비의 1승·2승·3승에 비례한다. 축동력은 위에서 말한 바와 같이 회전수의 3승에 비례하므로 L_A에서 L_B로 하강한다. 이와 같이 회전수 제어에 의한 풍량 조정법은 송풍기의 풍량 제어방식 중에서도 가장 합리적인 풍량 제어 방식이라고 말할 수 있다〈그림 13.19〉.

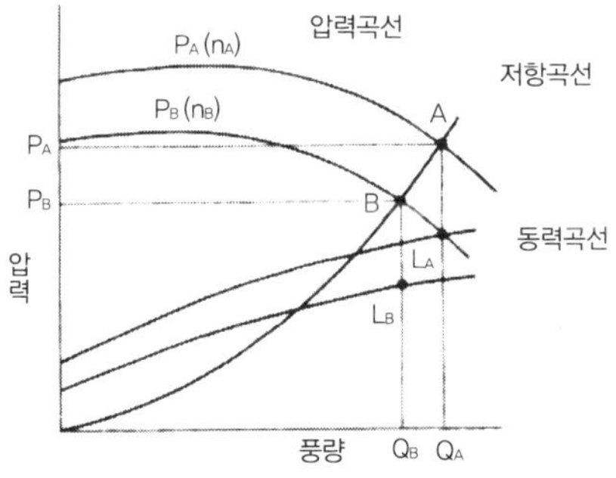

〈그림 13.19〉 회전수 제어에 의한 풍량 조정법

5) 축류 송풍기의 가변 피치 풍량 제어법과 그 특징

축류 송풍기(Axial Fan) 그리고 토출 댐퍼 풍량 조정법이나 흡입 댐퍼 풍량 조정법은, 송풍기 효율이 좋지 않아 회전수 풍량 조정법 또는 가변 피치 풍량 조정법을 채택하는 일이 많다. 가변 피치 풍량 조정법은 날개의 각도(피치)를 바꿈으로써 압력곡선 P를 P_1 또는 P_2로 변화시켜 Q_1 또는 Q_2로 조정하는 방법이다〈그림 13.20〉.

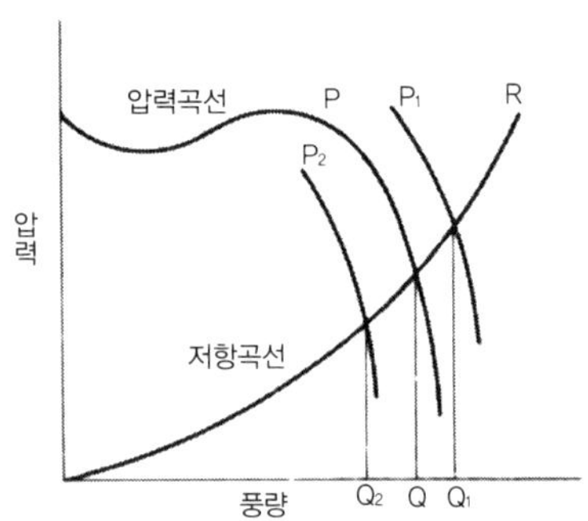

〈그림 13.20〉 축류 송풍기의 가변 피치 풍량 조정법

6) 스크롤 댐퍼에 의한 풍량 조정법과 그 특징

스크롤 댐퍼는 원심 송풍기의 스크롤(소용돌이 케이싱)을 조정함으로써 송풍기 토출구의 면적을 변화시켜 풍량을 제어하는 방법이다〈그림 13.21〉. 이 풍량 제어의 특성은 스크롤 댐퍼의 개도를 바꿔도 셧오프 압력(shut off head)이 그다지 변하지 않는 특성이 있다.

스크롤 댐퍼는 임펠러를 나온 후 흐름을 좁혀 풍량을 조정하므로 축동력의 특성은 토출 댐퍼 풍량 제어법과 거의 같다.

따라서 에너지절감 면에서 장점은 별로 없지만 구조가 간단하기 때문에 가장 저렴한 풍량 조정법이라고 말할 수 있다.

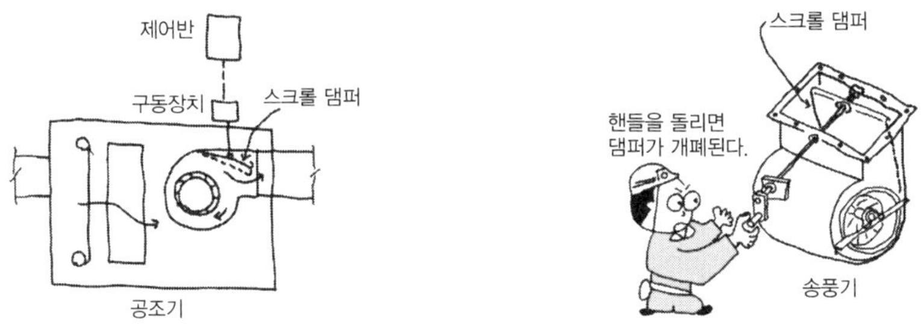

〈그림 13.21〉 스크롤 댐퍼

13·5 시운전 조정 업무의 예상치 못한 해프닝

여기에 소개하는 사례는 다른 설비 관련 참고서 등에는 나와 있지 않은 귀중한 참고 사례이다. '타산지석'으로 참고해 주셨으면 한다.

(1) 콩나물을 이용한 철판 불고기 코너의 배기 상황 테스트

모 서브콘(SubCon) 현장 담당자의 귀중한 체험기다. 마침내 공사가 끝나자 그는 철판구이 코너의 배기후드 성능을 확인하기 위해 시운전 조정업무를 시작했다. 그 코너를 담당하는 요리사가 그에게 "콩나물 많이 사오세요!"라고 했다. 콩나물을 사 갖고 돌아오자 그 요리사는 곧바로 구이철판 위에 콩나물을 올리고 "지글지글" 볶아서 연기를 내뿜었고 그들 입회하에 배기후드의 성능을 테스트했다고 한다〈그림 13.22〉. 뒷 담화를 하면 시운전 조정비로 콩나물 30봉지 요금을 현장 정산했는데 회사의 경리가 "이게 무슨 비용이죠?"라며 의아한 표정을 지었다고 한다.

〈그림 13.22〉 콩나물을 사용한 환기 테스트

(2) 글라스 울 덕트 연결에서 야기되는 천장 은폐형 FCU의 송풍문제

이 건도 모 서브콘 현장 담당자의 귀중한 체험기다. 모 종합건설업자가 설계한 모 리조트 호텔의 전면 개·보수공사(리뉴얼 공사)를 담당하고 있었을 때의 이야기다. 이 호텔의 VIP 스위트룸에서 발생하는 소음을 특별히 방지하기 위해 공조 방식으로 천장 은폐형 FCU가 해당 룸으로부터 4m나 멀리 있고 게다가 글라스 울 덕트로 FCU 분출구까지 접속하는 설계로 돼 있었다고 한다.

DR(디자인 리뷰) 단계에서 설계상의 오류가 지적됐지만 아니나 다를까 그대로 시운전 조정단계로 들어가 FCU의 급기량이 턱없이 부족했다.

그래서 그의 상사가 급히 현장에 와서 FCU의 Fan Box만 별도로 주문하고 FCU를 직렬로 연결해 FCU 팬이 동시에 ON/OFF 되도록 응급대책을 강구했다고 한다〈그림 13.23〉.

그 결과 FCU의 송풍량이 확보돼 문제가 해결됐고 이는 송풍기 직렬 접속의 특징과 병렬 접속의 특징 관련 지식을 활용한 모범 사례다.

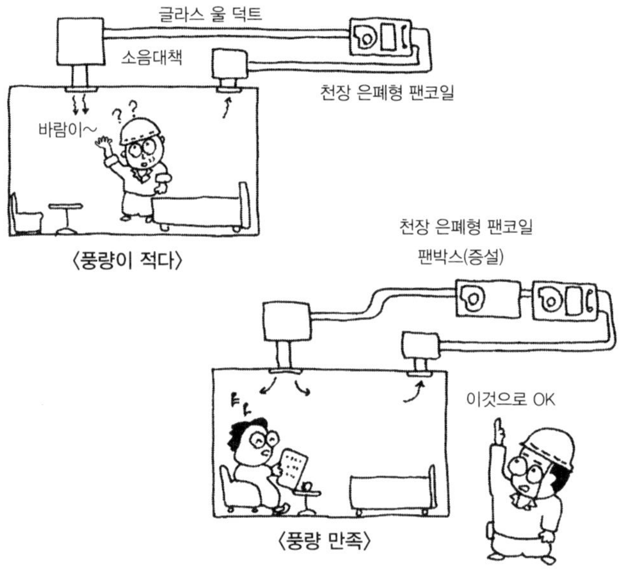

〈그림 13.23〉 FCU 시리즈 접속에 의한 문제해결 사례

(3) Y형 스트레이너의 바닥판 천공 사고

시운전 조정단계까지 배관계통의 플러싱은 최소 3회는 실시해야 하는데 공기에 쫓겨 실상은 1회 정도로 하고 배관계통의 시운전 조정업무로 들어가게 되는 일이 많다. 이대로 배관계의 Y형 스트레이너를 확실하게 청소하지 않은 채 인도 업무를 끝내면 두고두고 문제가 발생한다.

용접 철분 찌꺼기가 배관 안에 남겨져 Y형 스트레이너의 바닥부(뚜껑부)에 체류하면서 수류(水流)에 의한 원심력으로 그라인더를 씌운 것처럼 회전하다가 마침내 바닥부(뚜껑부)가 마모·파손돼 홍수 사고로 이어지게 된다〈그림 13.24〉.

그 해결책으로는 스트레이너를 완전하게 청소한 후에 인도하고 빌딩 오너에게도 분기마다 스트레이너 청소에 힘쓰도록 문서로 확실하게 남기는 것이다.

〈그림 13.24〉 Y형 스트레이너 바닥부(뚜껑부)로부터의 대형 누수사고

13·6 각종 성능 계측 및 측정 기기류

공조 설비의 시운전 조정업무가 대충 끝나면 공조 설비가 설계한 대로 시스템의 성능이 발휘되고 있는지, 또는 각 기기의 성능이 나오고 있는지 각종 측정기기로 계측해 확인하게 된다.

계측기기류로 성능을 계측함에 있어 자세한 내용은 공조 위생설비 시운전 조정업무의 실무 지식을 참조하고 여기서는 발췌해 기술한다.

(1) 각종 성능 계측

① 준공 인도 후에 필요한 측정

건물 준공 시기를 공조 설비로 말하자면 냉방기·중간기·난방기가 있으므로 준공 시기 이외의 모든 시즌에도 후일 시운전 조정과 실내 환경(때로는 소음 등의 외부 환경도)을 측정해야 한다〈그림 13.25〉.

② 실내 온실도 분포 및 기류 분포 측정

여러 가지로 미세 조정을 실시한 후, 안정됐는지 확인하고 나서 본격적으로 측정에 착수한다〈그림 13.26〉.

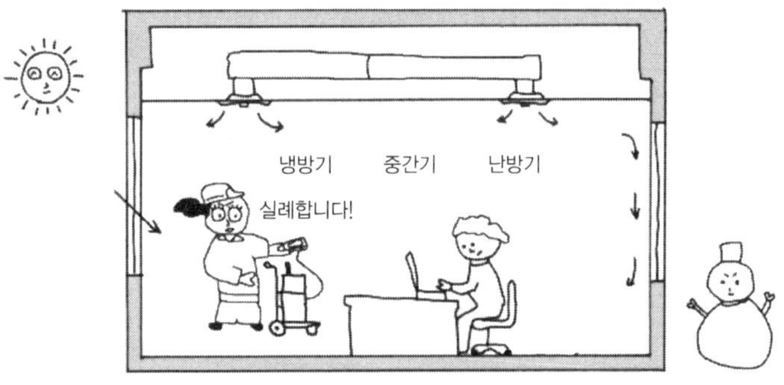

〈그림 13.25〉 냉방기·중간기·난방기

〈그림 13.26〉 실내 온실도 분포·기류 분포 측정

③ 건축물위생법의 실내환경관리기준치 측정

건축물위생법(통칭 빌딩관리법)의 규정은 〈그림 13.27〉에 나타내는 표 대로이지만 기류 0.5m/s는 상한치이고 드래프트(draft)를 느끼게 하지 않도록 0.1m/s~0.5m/s의 범위에 들게 하는 것이 바람직하다.

항목	실내 환경기준	발생원 등
1. 부유분진의 양	공기 $1m^3$에 대해 0.15mg 이하	담배
2. 일산화탄소의 함유율	10mg/L 이하(보건복지부에서 정하는 특별한 사정이 있는 건축물에 대해서는 보건복지부이 정하는 수치)	담배
3. 이산화탄소의 함유율	1,000mg/L 이하	호흡, 연소
4. 온도	1. 17℃ 이상 28℃ 이하 2. 거실의 온도를 외기 온도보다 낮게 할 경우에는 그 차이를 현저하게 하지 않는다.	벽 · 창문으로부터의 내부 발열과 외기 등
5. 상대습도	40% 이상 70% 이하	
6. 기류	0.5m/sec 이하	
7. 포름알데히드의 양	0.1mg/L 이하	건축자재 · 가구 등

〈그림 13.27〉 실내 환경관리 기준치

④ 공기 토출구에서의 온습도 측정

각 계통의 주덕트에 가까운 토출구와 덕트의 단말 토출구를 각각 1곳 선택하고 검출단을 토출구 내부에 삽입해 측정한다〈그림 13.28〉.

〈그림 13.28〉 공기 토출구에서의 온습도 측정법

⑤ 공기 토출구·흡입구에서의 풍량 측정

측정개소의 각 점에서 풍속을 측정해 전체 평균을 구하고 단면적을 곱해서 구한다〈그림 13.29〉.

⑥ 실내의 기류분포 측정

최대 확산 반경이란 아네모스탯형 토출구로부터의 기류가 풍속 0.25m/s인 구역을 말하고, 최소 확산 반경이란 0.5m/s 정도인 구역을 말한다. 최대 확산반경 내에서는 드래프트를 느끼기도 한다〈그림 13.30〉.

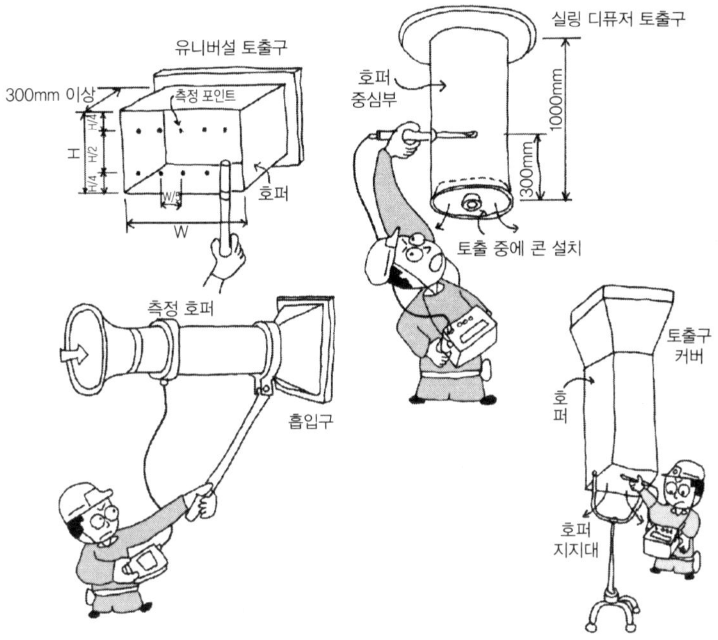

〈그림 13.29〉 공기 토출구·흡입구에서의 풍량 측정

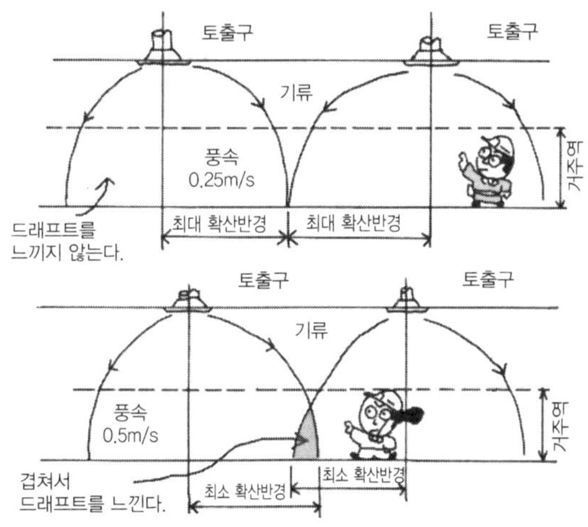

〈그림 13.30〉 실내의 기류분포 측정

⑦ 덕트 내의 풍량 측정

덕트 내부를 등단면적(equal cross sectional area)으로 구분하고 각각의 중심 풍속을 측정해 전체 평균을 구하고 여기에 단면적을 곱해서 구한다. 측정 위치는 편류가 없는 직관부로 하고 곡관부·분기부에서 덕트 지름의 7.5배 이상 떨어진 위치로 한다〈그림 13.31〉.

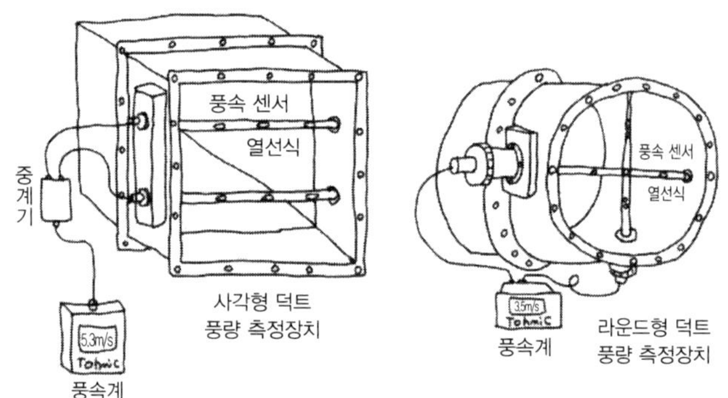

〈그림 13.31〉 덕트 내의 풍량 측정

⑧ 배관계 온도측정

필요한 개소에 온도계를 달아 측정하는데 중복되지 않도록 설치하고 설치부의 배관 구경이 40A 이하일 경우에는 물의 흐름과 압력 손실을 고려해 50A 이상으로 확대해 설치한다〈그림 13.32〉.

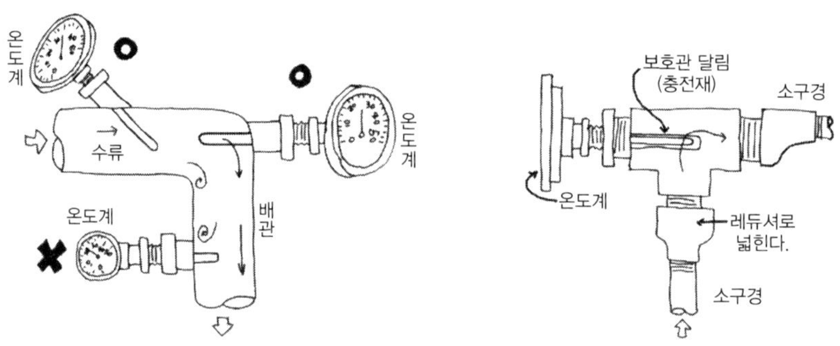

〈그림 13.32〉 배관계 온도 측정

⑨ 공기압 측정

대기압(옥내·옥외 모두)·바람의 영향을 받지 않는 장소를 1점 선택하여 측정한다. 대기압은 온도·해발의 영향을 받으므로 보정할 필요가 있다〈그림 13.33〉.

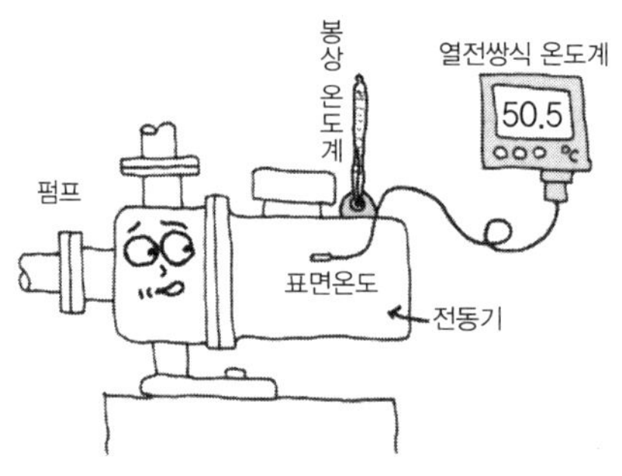

〈그림 13.33〉 공기압 측정

⑩ 실내 소음치 측정〈그림 13.34〉.

암소음 수치가 높으면 해당 룸의 소음을 정확하게 측정할 수 없기 때문에 맨 처음에 암소음 수치를 측정해 둔다〈그림 13.35〉. 실내의 허용 권장 소음치를 보면 큰 사무실은 NC값 45정도, 작은 사무실은 NC값 30~35정도, 방송 스튜디오 등은 NC값 12~20정도로 정해져 있으므로 미리 해당 룸의 요구 NC값을 파악해 둔다. 측정한 소음의 주파수를 반드시 분석해 둔다. 시운전 조정 중에는 발견할 수 없었던 소음도 주파수 분석에 의해 고주파 소음인지 저주파 소음에 의한 것인지가 특정되므로 적절한 대책을 세울 수 있다〈그림 13.36〉.

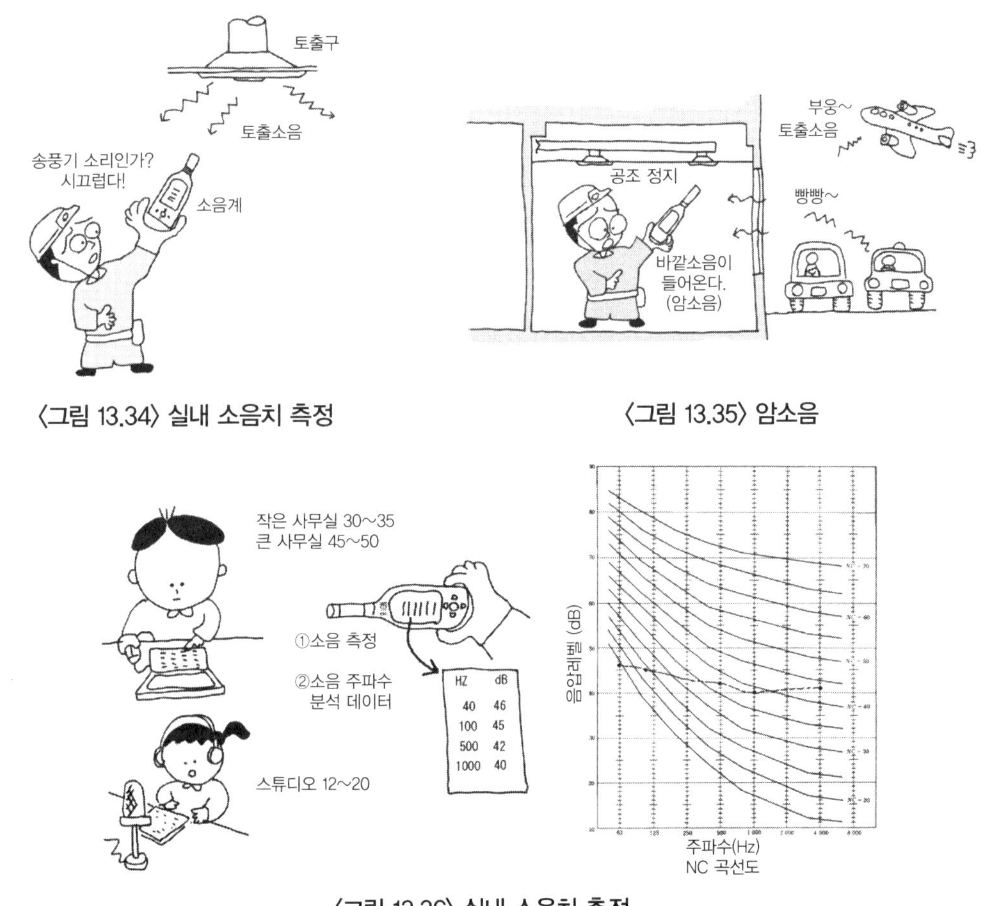

〈그림 13.34〉 실내 소음치 측정

〈그림 13.35〉 암소음

〈그림 13.36〉 실내 소음치 측정

(2) 측정기기류

1) 온습도 측정기

일반 사무실의 공조 등에서 사용하는 온습도 측정 기구에는 ①아스만 통풍 건습계 ②봉상(棒狀) 한난계 ③자기온습도기록계가 있는데 넓은 면적의 온습도 분포를 측정할 경우에는 아스만 통풍 건습계가 가장 편리하다. 단, 통풍 풍속이 항상 2.5~3.0m/s가 되도록 태엽 감는 것을 잊어버리거나 배터리가 소진되지 않도록 주의하고 거즈에 물을 적실 때 통풍관의 내벽을 적시지 않도록 주의한다〈그림 13.37〉.

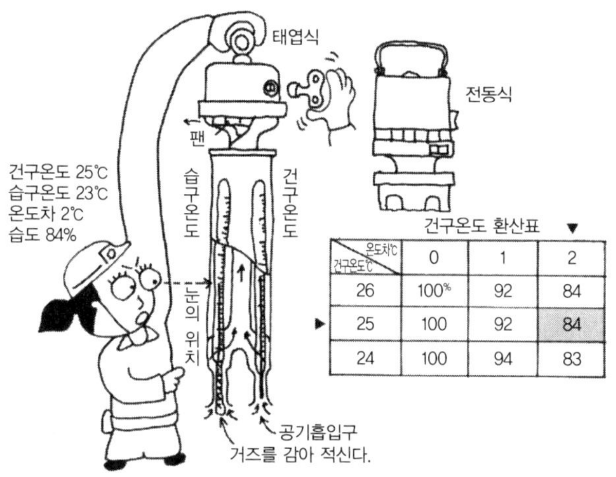

건구온도℃ \ 온도차℃	0	1	2
26	100%	92	84
25	100	92	84
24	100	94	83

〈그림 13.37〉 온습도 측정기(아스만 통풍 건습계)

2) 습도 측정기

측정 기기에는 ①아스만 통풍 건습계 ②오거스트 건습계〈그림 13.38〉 ③저항온도계식 건습계 온도계 ④자기모발 습도계 ⑤전기저항식 습도계 외에도 특수한 습도계로 글로브 온도계가 있는데 아스만 통풍 건습계가 휴대하기 편리하고 일사의 영향을 막을 수 있게 돼 있어 야외 측정에도 적합하다.

3) 풍속 측정기

일상적으로 사용할 수 있는 풍속계에는 다음과 같은 것이 있다.

① 열선 풍속계

일명 아네모 서모식 에어미터라고 한다. 측정범위는 0.5~30m/s이고 백금 니켈 등의 저항선에 전류를 흘려 가열하고 공기를 대면 그 제곱근에 비례해 온도가 내려가고 전기저항이 낮아져 기류속도가 구해진다〈그림 13.39〉.

② 카타 온도계(kata thermometer)

풍향이 일정하지 않아 미풍속 1.0m/s 이하로 사용하고 일명 카타 풍속계라고 한다.

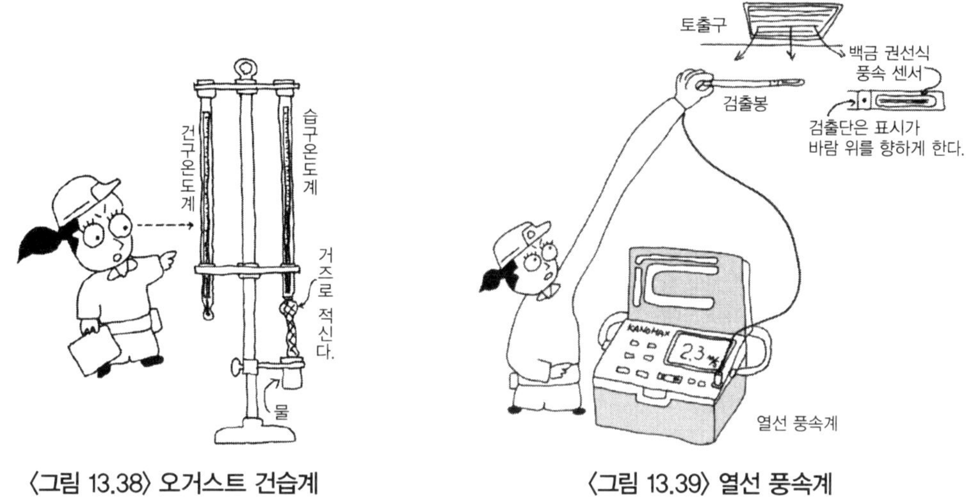

〈그림 13.38〉 오거스트 건습계

〈그림 13.39〉 열선 풍속계

③ 풍차 풍속계

일명 바람 풍속계(Biram's wind meter)라고 한다. 측정 범위는 1~15m/s다.

④ 피토관에 의한 측정

일반적으로 4m/s 이상의 측정에 적용된다.

4) 소음계

근사적으로 소음의 크기를 나타내는 보통 소음계, 간이 소음계, 정밀 소음계〈그림 13.40〉가 있다. 소음 측정에는 소음 레벨과 주파수 분석이 있고 주파수 분석기에는 1/1 옥타브 분석기와 1/3 옥타브 분석기가 있다. 소음계는 마이크로폰·주파수 보정회로·지시기구·레벨 레인지 전환기·교정 장치로 구성돼있다. 소음 수준을 측정할 때는 일반적으로 A 특성으로 측정하지만 C 특성으로 측정할 경우에는 그 내용을 주기(注記)한다.

〈그림 13.40〉 정밀 소음계

5) 압력 측정기

압력을 측정하는 기기에는 다음과 같은 것이 있다〈그림 13.41〉.

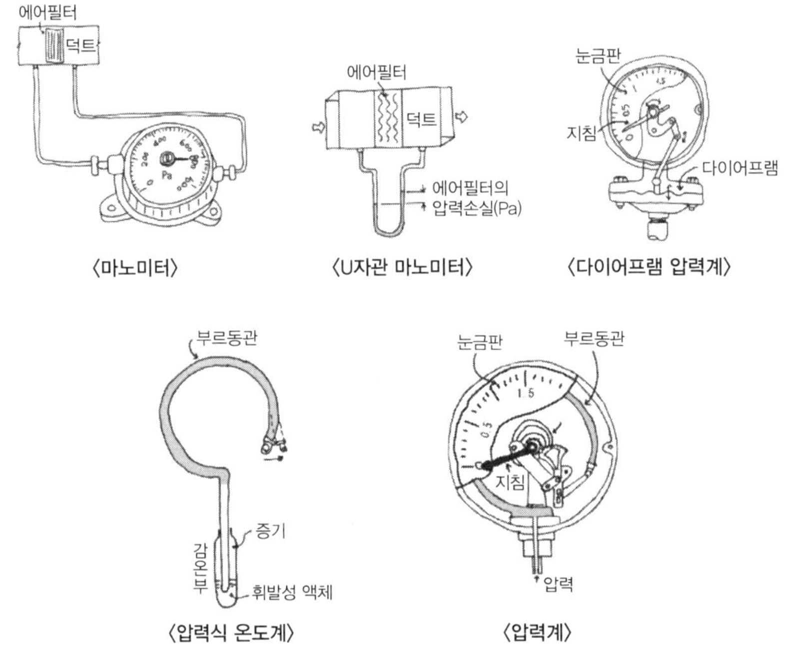

〈그림 13.41〉 압력 측정기

① 마노미터(manometer)

덕트 내의 압력 측정에 이용되고 U자관 마노미터, 단관 마노미터, 경사관 마노미터가 있다.

② 부르동관 압력계

부르동관·변위 확대 기구·지침·눈금판으로 구성되고 종류에는 압력계·진공계·연성계가 있다.

③ 다이어프램 압력계

얇은 막(다이어프램)의 중압체 변위를 확대해 지침하고 압력을 측정한다.

6) 진동 측정기

기계 운전 상황이나 방진 효과, 거주구역에 미치는 영향 등을 조사하기 위해선 진동을 측정할 필요가 있다. 진동의 크기는 진동과 진동수에 관계된다. 진동수가 낮은 것은 진폭으로, 진동수가 높거나 충격 등 힘의 크기가 문제되는 것은 가속도로 나타낸다〈그림 13.42〉.

7) 가스농도 측정기

일산화탄소(CO)와 이산화탄산가스(CO_2)를 대상으로 가스농도를 측정하는 기구에는 다음과 같은 것이 있다.

① 일산화탄소 검지기

검지관법은 가장 간단하고 JIS K 0804에 규정돼 있다. 다음 그림과 같이 내경 2~4mm의 가느다란 유리관 내에 검지제를 충전한 검지관으로 측정한다. 사용 직전에 유리관의 양끝을 잘라 검지관 안으로 시료 공기를 보내면 화학반응이 일어나 검지관이 착색되면서 가리키는 눈금이 가스 농도다.

② 이산화탄산가스 검지기

검지관에 의한 방법은 ①과 동일하다. 검지관은 활성 알루미나 입자에 티몰프탈레인(Thymolphthalein)을 첨가한 수은화나트륨 용액을 흡착 건조한 것이다. 진공 펌프로 공기를 채집하면 탄산가스에 의해 pH가 변해 청자색에서 엷은 분홍색으로 변색한다〈그림 13.43〉.

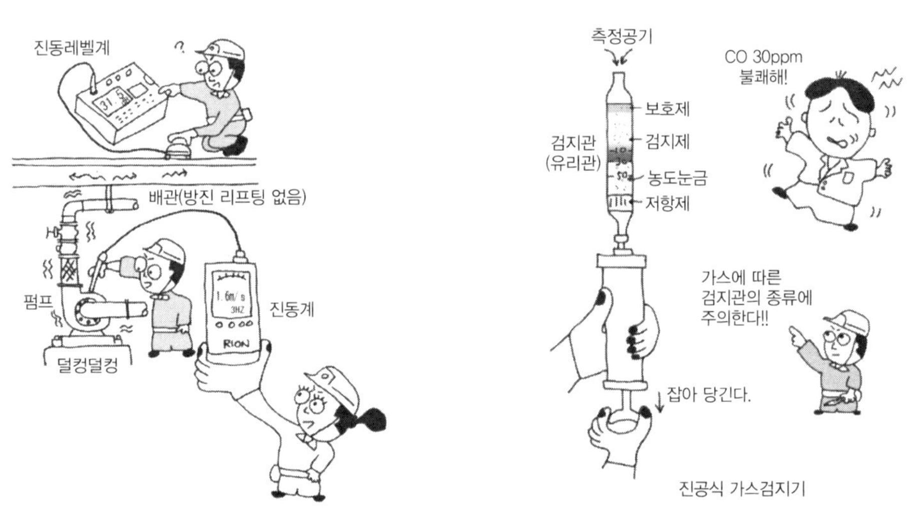

〈그림 13.42〉 진동 측정기

〈그림 13.43〉 가스농도 측정기

8) 분진농도 측정

부유 분진을 측정함에 있어서는 ①부유 분진을 있는 그대로 부유 상태에서 측정하는 방법과, ② 포집판·여과지·센서 등으로 포집해 칭량하는 방법이 있다. 흔히 사용되는 산란광법에 의한 분진 측정계는 일명 디지털 분진계라고도 하고 비교적 쉽게 측정할 수 있으나 분진의 종류에 따라서는 오차가 발생하기도 한다. 에어필터의 포집 효율 표시법에는 중량법(AFI법), 비색법(NBS법), 계수법(DOP법)이 있다〈그림 13.44〉.

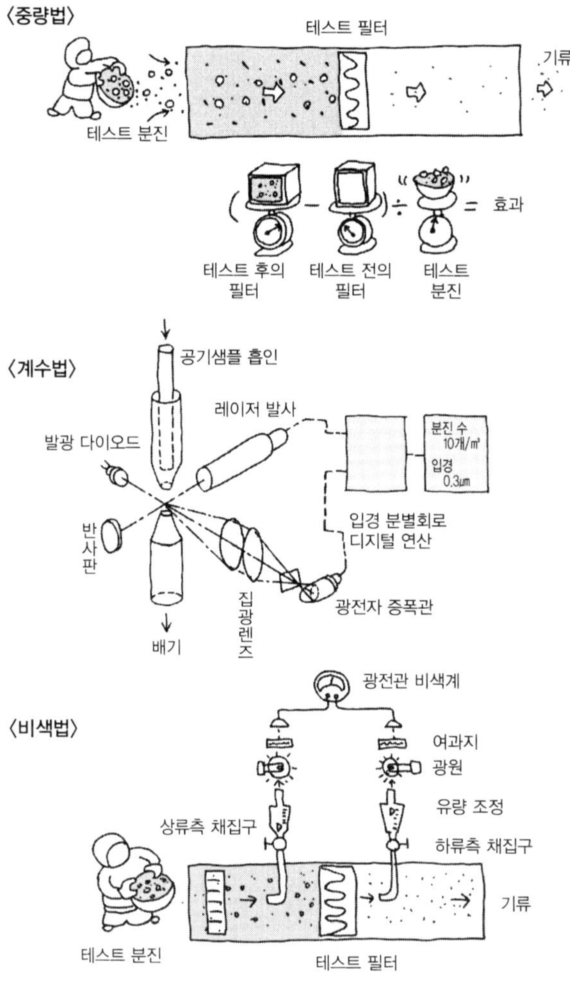

〈그림 13.44〉 분진농도 측정

9) 전기 관련 측정기

전기 관련 측정기에는 다음과 같은 기기들이 있고 목적에 상응하는 기기를 사용한다.

① 전압계

일명 볼트미터라고 하고 전원의 전압값에 이상이 없는지 측정한다.

② 전류계

일명 암페어미터(암미터)라고 하고 전기회로를 흐르는 전류값에 이상이 없는지 측정한다.

③ 회전계

일명 타코미터라고 하고 회전축의 회전수를 측정한다. 회전축에 접촉하여 측정하는 것과 축에 대지 않고 광학적으로 측정하는 것이 있다.

④ 절연저항 측정기

일명 메거(megger)라고 하고 회로의 절연저항 값을 측정한다. 저압전로에는 선간(線間) 및 대지 간의 절연저항 값에 대한 규정이 있다.

⑤ 접지저항 측정기

일명 어스테스터라고 하고 접지저항 값을 측정한다.

사용전압 구분		절연저항값
300V 이하	대지전압(접지식 전로에서는 전선과 대지간의 전압을, 비접지식 전로에서는 전선간의 전압을 말한다)이 150V 이하인 경우	0.1MΩ 이상
	기타의 경우	0.2MΩ 이상
300V 이상인 것		0.4MΩ 이상

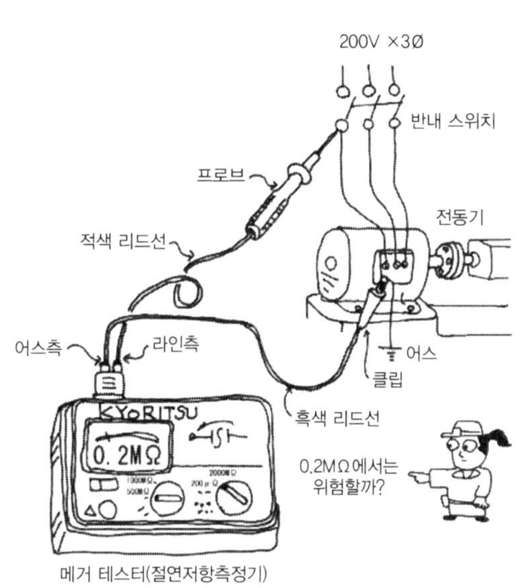

〈그림 13.45〉 전기 관련 측정기

10) 공기환경 측정기

건축물위생법(구 빌딩관리법)에 규정돼 있는 7항목 측정에 대해서는 '건축물위생법 시공규칙' 제3조의 2에 준한다. 이 측정은 건축설비업자의 범위를 벗어나지만 설비를 인도한 후 7항목이 확보되지 않았을 경우에는 설비업자의 책임이다. 따라서 공기환경측정용 기기 및 기재에 대해서 알아둘 필요가 있다.

정해진 기준치를 측정할 수 있는 공기환경측정기가 시판되고 있다. 단, 6항목을 표준으로 하고 7번째 포름알데히드는 옵션으로 하는 제품이 많다.

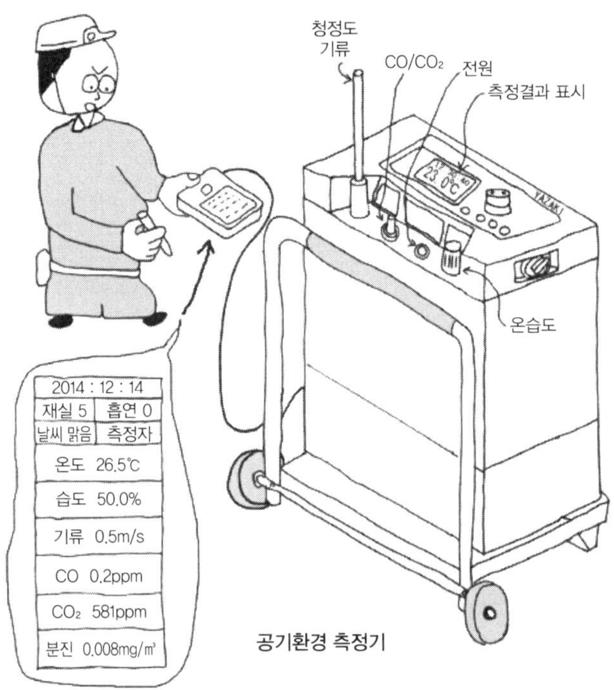

〈그림 13.46〉 공기환경 측정기

13·7 상급 기술자로서 꼭 알아 두어야 할 상식

(1) 커미셔닝(commissioning)이란?

일반적으로는 성능 검증이라고 번역한다. 단 건축물에서의 커미셔닝은 좁은 의미로는 준공 시 설계단계에서 의도한 성능(performance)이 실제 건축물에서 확보됐는지 여부를 검증하기 위한 일련의 시운전·조정·검사 실시와 기록 작성, 운전지도·각종 보고서·준공도·운전관리 매뉴얼 제출 등의 행위를 말한다.

한편 넓은 의미로는 기획단계에서 상정된 제품(설비)의 성능이 실제로 확보됐는지 여부를 검증해 문서화(documentation) 하는 것이다.

이와 관련해 현재는 리커미셔닝(recommissioning)이라는 용어도 존재한다.

(2) 시설물 관리(Facility Management)란?

기업에서 시설·인원·작업이 공간에 잘 배치돼 효율적으로 운용되고 있는지를 관리하는 것으로,

〈그림 13.47〉 커미셔닝

일명 FM이라고도 한다. 내용은 계획·실행·관리의 3프로세스로 구성된다. 이들 업무를 전담하는 전문가를 특히 퍼실리티 매니저(FMr)라고 부른다.

참고로 FM관련 3단체로 구성된 FM 추진연락협의회는 FM을 "기업·단체 등의 모든 시설 및 환경을 경영 관점에서 종합적으로 기획·관리·활용하는 경영관리활동"이라고 정의했다.

〈그림 13.48〉 시설물 관리(facility management)

[기술용어 해설]

리커미셔닝(recommissioning)

일반 신축 공사뿐만 아니라 인도가 끝난 기존 건물에 대해서까지도 커미셔닝을 실시한다.

(3) 밸리데이션(validation)이란?

밸리데이션을 중요시하게 된 계기는 1970년대에 미국에서 일어난 약해(藥害) 사건이다. 밸리데이션에는 DQ(Design Qualification : 적정한 설비 설계 선정 확인) ⇒ IQ(Installation Qualification : 적정한 설비 설치 확인) ⇒ OQ(Operational Qualification : 적합한 설비 사양의 가동성 확인) ⇒ PQ(Performance Qualification : 설비 가동 성능의 적격성 확인)⇒PV(Process Validation : 실생산 규모에서 확인)의 흐름이 있다.

〈그림 13.49〉 밸리데이션(validation)

제약회사 등의 공장동이 준공되면 시공주가 건설 관계 각사에 요구하는 밸리데이션 계약을 요구한다. 밸리데이션이란 설계단계에서 보증된 안전성·품질이 생산단계에서도 항상 똑같은 안전성·품질을 유지하면서 생산할 수 있음을 증명하는 일련의 흐름을 말하고 시공주가 최종 제품의 품질 보증을 목적으로 하는 검증이다.

설비업자가 관련되는 밸리데이션을 계약함에 있어서는 그 계약조항을 꼼꼼히 조사해 공사계약과는 별도로 실시할 필요가 있다.

즉 일반 사회에서 관례로 돼 있는 설비공사 계약금(이니셜 코스트)의 몇 %라는 식으로 난폭하고 근거 없는 계약을 절대로 하면 안 된다.

(4) ESCO 사업이란?

ESCO(Energy Service Company) 사업이란 일종의 에너지절감 개수공사를 말한다. 미국에서 1970년대에 발상됐고 한국은 1990년대 후반부터 도입돼 새로운 비즈니스로 해마다 확대되고 있다.

ESCO 사업은 통상적인 에너지절감 기기의 개발·설계·시공과는 달리 자금 계획부터 설계·시공·운전 지도·설비 유지 관리에 이르기까지 에너지절감에 관련한 총체적 업무를 ESCO 사업자가 실시하고 에너지절감에 의해 저감된 에너지량·광열수비를 계약기간 중에 ESCO 사업자가 보증하고 저감된 광열수비의 일부를 보수로 받는데 이는 ESCO 사업자가 누릴 수 있는 혜택이다.

ESCO 사업의 계약 형태에는 ①Guaranteed Savings 계약과 ②Shared Savings 계약의 2종류가 있다. ESCO 사업의 흐름을 〈그림 13.50〉에 나타낸다.

〈그림 13.50〉 ESCO 사업의 흐름

제14장. 고객으로의 인도 업무

14·1 고객으로의 인도 업무란?

건물은 각종 시운전·조정·검사 등을 거쳐 완공되면 공사 시공사로부터 발주자에게 넘겨져 건물이 운용되기 시작한다. 완성 검사까지는 건물을 만드는 과정이고 인도된 뒤에는 건물을 운용하는 과정이다. 완성 인도(hand-over)는 그 사이를 잇는 중요한 업무다.

발주자의 요구 성능에 맞게 설계하고 시공을 해도 설계의 이념이나 사상이 건물을 운용하는 측에 올바르게 전달되고 이해되지 않으면 건물의 기능이나 성능이 제대로 발휘되지 않을 뿐만 아니라 유지보전도 제대로 되지 않는다.

고객에게 인도함에 있어서는 형식적이 아니라 건물 소유자·운전 관리자·이용자 등에게 설계 취지를 살려 충분히 전달하고 설비 기기를 포함해 취급 방법과 조작 방법을 설명한다. 그런 다음 인도 후의 하자 기간 및 장비의 보증내용·기간에 대한 확인을 인도 서류 (hand-over document) 등으로 갈음하고 적절히 유지 보전하기 위한 정보를 확실하게 승계한다〈그림 14.1〉.

〈그림 14.1〉 인도서류

14·2 일반적인 유의사항

① 준공 시 고객에게 인도할 서류 완비

설비공사업자가 공사 도급계약에 근거해 건물을 완성하면 발주자(일반적으로는 건축주)에게 목록을 만들고 인도 서류를 작성해서 정식으로 넘겨줄 필요가 있다.

준공 시 설계자 입회하에 설비 시공업자가 넘겨줘야 할 문서들은 다음과 같다.

a) 소방용 설비 등의 설치 신고서 및 동(同) 검사결과 통지서

b) 열쇠 일람표와 열쇠 박스

c) 비품 공구 인도 일람표

d) 가스공급 승인서

e) 수도공급 승인서

f) 각 설비 기기의 취급설명서

g) 설비 준공도(시공도에 의거해 수정한 설계도) 등이다.

또한 준공 후 개, 보수 공사를 실시했을 경우에는 준공도를 그때마다 수정해 둔다.

② 현 상황의 설비에 따른 취급설명서 작성

좁은 의미의 장비 단독 취급설명서뿐만 아니라 그 장비들이 관련하는 공조 위생설비 시스템에 대해서도 반드시 작성한다. 그리고 발주자가 납품한 설비의 일상 운전이나 유지 관리가 원활하게 이루어지도록 실제로 현지에서 조작 등을 실시하면서 인수인계 업무를 완전하게 수행한다.

③ 인도서류 접수 부문

완성공사를 넘겨받는 발주자는 이 같이 접수된 인도서류 부문과 실제로 건물을 유지 관리하는 부문이 다른 경우가 많다. 따라서 공사 도급계약상의 서류와 건물 유지관리상 필요한 서류를 가급적 분리해 실효성 있는 인도가 되도록 유의한다. 또한 설비 인도 시점부터 건물 운용 개시까지의 기간이 짧은 경우가 많으므로 설계자나 도급자는 운전관리에 필요한 서류를 최대한 빠른 시기에 인도를 완료하는 것이 좋다 〈그림 14.3〉.

〈그림 14.2〉 장비 단독 취급설명서

〈그림 14.3〉 공사 도급계약상의 서류와 건물 유지관리에 필요한 서류

④ 설비 시운전에 소요된 비용에 대해 신속하게 정산

본 설비를 시운전 조정하는 데 소요된 비용(전기 사용요금·수도 사용요금·가스 사용요금 등)은 통상 설비 시공사가 부담하고, 설비 인도 업무가 완료된 시점부터 드는 설비 운전의 전반적인 비용은 통상 시공주가 부담하는 것이 일반적이다. 따라서 시공주 입회하에 각 요금 미터를 읽어 제요금의 정산 업무를 완료한다.

⑤ 운전관리 부문의 장비 류 취급 및 장비 조작 방법에 대한 설명·지도는 정중하게 실시

완성도(준공도)·시공도·장비 완성도·취급설명서 등을 인도함과 동시에 실제로 유지 관리하는 부문이나 담당자에게 설비 기기류와 설비 시스템에 대한 취급방법과 조작방법을 전달한다.

사실 장비류나 조작반류 등을 설치한 장소에 나가서 설명을 전달하지만 단 한 번의 설명으로는 단기간에 충분히 이해하지 못할 우려가 있으므로 다음과 같은 점에 주의한다.

a) 완성도·장비 완성도·장비 취급설명서 등을 최대한 빨리 인도하고 상세한 내용을 전달한다.

b) 설계 의도·설계 조건에 근거한 설비 시스템·제어에 대한 설명을 최대한 이른 시점에 한다.

c) 발주자가 운전 보수 관리를 외주할 경우에는 그 관리계약을 조기에 체결하고 완성 인도하기 전에 담당자를 결정해 현장에 배속하도록 요청한다.

⑥ 최종 실내 환경측정 기록서를 고객에게 정식으로 넘겨준다.

실내 환경측정기록서는 대표적인 하루를 골라 그 최종판(여름철 냉방기록·겨울철 난방기록)을 고객에게 정본(날짜 기입)으로 제출한다. 또한 부본(날짜 기입)은 공사 도급자가 보관하고 보존기한은 최소한 3년으로 한다.

⑦ 결함 공사에 대한 하자 담보책임

현장이 완성됐다고 해서 본 공사로부터 완전히 단절되는 것은 아니다. 불량 개소가 있으면 하자 담보책임 (Inherent Direct Liability)을 완수해야 한다는 점을 다짐해 둘 필요가 있다.

〈그림 14.4〉 제요금의 정산 업무

〈그림 14.5〉 장비 완성도·취급설명서

⑧ 외국의 공사 등에 대한 계약상 유보금(Retention Money) 제도

일반적으로 공사가 완료되면 다른 시즌 동안 이행해야 할 시운전 조정공사가 남아 있더라도 공사 금액을 전액 지불하는 경우가 많다. 이는 상호간의 신사약정을 확실하게 지키는 특이한 인치국가(人治國家)이기 때문이다.

한편 외국 등은 계약사회 즉 계약서(Agreement) 이외에는 아무 것도 신용하지 않는 문치국가(文治國家)이다. 완성공사 금액을 지불함에 있어서도 전체 공사비의 약 3~5%에 해당하는 유보금(retention money)을 1~2년간 보류한다는 점을 우선 염두에 두어야 한다.

〈그림 14.6〉 최종 실내 환경측정 기록

〈그림 14.7〉 도급업자의 예비 데이터

〈그림 14.8〉 유보금

[기술용어 해설]

하자 담보책임

하자에 대해 도급업자가 져야 할 책임을 말한다. 공사 도급계약에 있어서는 계약할 때 하자 담보기간을 정하고 도급업자는 그 기간 중에 도급업자의 책임에 기인하는 불량 개소를 수정·보수 등을 실시해 하자를 보증한다.

14·3 기타 상세 유의사항

① 장비와 장비 명판(name plate)·장비 번호와의 일치여부 확인

보수·유지관리의 용이성을 도모한다는 점에서 설치한 장비명과 장비번호는 시공 승인·준공도와 일치해야 한다. 그리고 자동 제어설비와 전기설비에 기재된 장비명과 장비 번호도 동일하게 일치해야 한다〈그림 14.9〉.

② 최종 공정인 성능 측정 업무는 1년 이상 걸리는 경우도 있다

공조 설비는 실제로 부하(actual loads)를 걸어 측정하는 것이 불가피하다. 냉방은 여름 시즌에 실시하고 난방은 겨울 시즌에 실시할 필요가 있다. 또한 시스템(외기냉방 채택 방식)에 따라서는 중간기에 실시할 필요도 있다. 난방 시운전 시기에는 아무런 문제가 없더라도 냉방 시운전 시에는 FCU 드레인 팬으로부터의 응축수 누수 사고를 맞게 되는 일이 있다〈그림 14.10〉. 건축설비 관련해서는 건물의 준공·인도가 최종 공정이 아니라는 점을 명심한다.

③ 계약서 내에 비품류 인도 조항이 있는가?

통상 고객처에 납품한 설비 기기류는 그대로 인도하지만 계약서 중에는 스페어 부품을 도급업자가 준비한다는 조항이 포함돼 있는 경우도 있으므로 주의가 필요하다. 일례로 "롤 에어필터의 스페어 여재를 OO세트 준비할 것" 등이라고 명기돼 있는 일도 있다〈그림 14.11〉.

〈그림 14.9〉 기기명판(name plate)

〈그림 14.10〉 냉방 시운전 시 응축수로 인한 누수사고

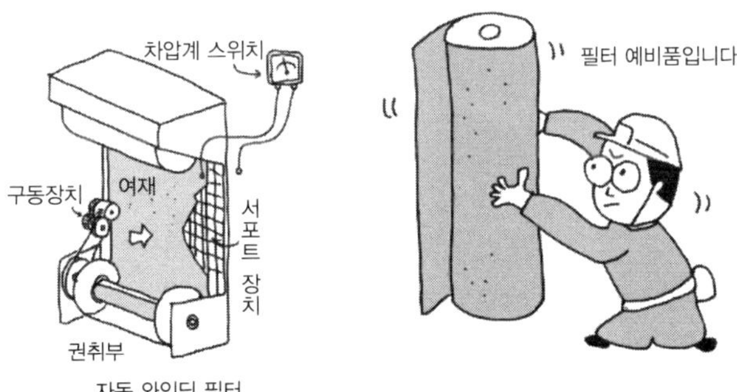

〈그림 14.11〉 롤 에어필터

④ 고장률 곡선(욕조곡선)이 갖는 의미

시운전 조정을 마치고 설비를 고객에게 인도한 후에도 각종 설비의 고장이 따르기 마련이다. 고장은 일정한 비율로 발생하는 것이 아니라 시간이 지남에 따라 다르다. 그 국면은 ① 초기 고장기(대략 1~2년간), ② 우발적 고장기(대략 2년 이후 15~20년), ③마모 고장기(대략 15~25년 이후)로 크게 나뉜다.

자신이 맡은 프로젝트는 끝까지 책임진다는 마음가짐이 있어야 한다.

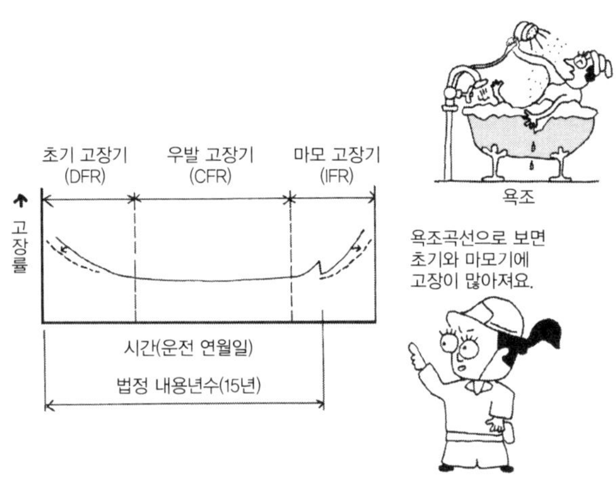

〈그림 14.12〉 고장률 곡선(욕조곡선)

⑤ 건물주에게 각 설비 장비·기자재의 내용년수에 대해 설명한다.

건물주 중에는 "인도 받은 설비는 고장 없이 영구적으로 가동되는 것"이라고 잘못 해석하는 건물주도 있다. 설비의 내용년수는 서면 등으로 명확히 해 두는 것이 좋다. 예를 들면 도장(塗裝)은 옥외와 옥내의 내용년수가 다르므로 별도로 재도장 기한 등을 명확히 해 둘 필요가 있다.

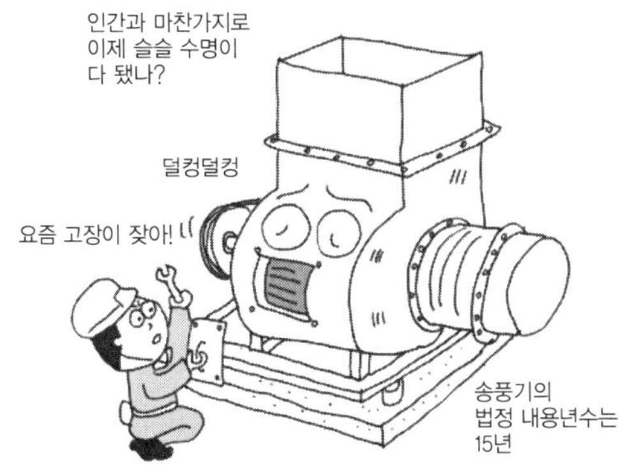

〈그림 14.13〉 내용년수(durable years)

⑥ 준공 인도 후의 튜닝 운전에 대한 조언

준공 인도한 후 초기 고장시기가 지나면 이후의 설비 운전을 고객의 운전 보수 관리원에게 맡기는 것이 일반적이지만 인도한 설비의 운용 상태를 단계별로 파악해 고객에게 설비 튜닝 운전에 관해 다양한 각도에서 조언한다. 튜닝(tuning)의 목적은 장비 운전제어를 다시 검토해 에너지절감 효과를 얻는 데 있다.

14·4 인도 후의 예상치 못한 트러블 클레임

건물을 인도한 후에는 사실 클레임이 있어서는 안 된다. 예상되는 클레임은 설계 및 공사 단계에서 해결해야 하는 사항이다. 설계 시공 관리의 유의사항을 다음과 같이 정리했고, 현장 순회 등에서 도움이 됐으면 한다.

① 예상되는 트러블 클레임류는 설계단계나 시공단계에서 해결해야 한다.

설계 단계에서는 DR(디자인 리뷰)에 의해 예상되는 트러블 클레임류를 상류단계에서 머무르게 한다. 다음 공정으로 가면 그 피해가 커진다.

상기 설계 단계에서 간과된 것은 시공 단계에 머무르게 해야 하고 현장에서 설계도를 토대로 시공도를 진행하는 단계에서 잠재하고 있는 트러블 클레임을 표면화해야 한다.

〈그림 14.14〉 설비의 튜닝 운전

[기술용어 해설]

내용년수 (durable years)

구조적 물리적 마모, 성능·기능·외관상의 노후화 등으로 인해 사용에 견디지 못하게 되는 연수를 말한다.

[부록편]

본 부록 편에서는 미처 앞에서 자세히 다루지 못했던 공조 설비 기술자로서 꼭 알아야 할 대표적인 항목을 뽑아 기술한다. 단, 한정된 페이지 내에서 최소한의 문제 개요 정도를 기술할 뿐이므로 상세히 알고자 하시는 분들은 참고문헌 등을 참조하셨으면 한다.

1. 방음설비

방음설비란 소음(noise) 발생을 막거나 소음 차단을 목적으로 하는 설비를 말한다. 소음이란 "불쾌한 느낌의 소리, 귀에 거슬리는 소리 등을 말하고 JIS에서는 바람직하지 않은 소리"라고 정의했다. 청력 장애를 야기하는 큰 소리는, 당연히 자신이 듣고 싶지 않은 음악이나 호텔 등의 옆방에서 들려오는 "소곤거리는 이야기"도 소음이 된다.

소음에는 물리적 특성과 심리적 특성이 있고, 소음은 사람마다 각기 다른 느끼는 방식의 차이가 있다. 공기 분출구에서 들리는 소리처럼 정상적으로 무의미한 소음은 그다지 신경 쓰이지 않는다.

한편 들릴 듯 말 듯 낮은 수준의 소리일지라도 옆방에서 들리는 말소리에 신경 쓰일 때가 있다.

소리의 수준(dB)을 측정하는 측정기를 소음계(Sound Level Meter)라고 한다. 소음계에는 주파수 보정회로가 들어가 있고 A특성과 C특성이 있으며 지시계에 dB눈금으로 표시돼 가장 쉽게 얻을 수 있는 소음 평가량이다.

A특성은 저주파로 인간의 청감도가 저하되는 특성을 평가한 것으로 소음레벨 dB(A)로 불리는데 종전의 소음공해규제기준 등에서 폰(phon)으로 표시했던 단위와 동일하고 dB(A)로 바꿔 읽어도 된다.

소음에 대해서는 법적으로 [소음규제법]이 있고, 그 중에서도 "특정 건설 작업으로 인한 소음이 특정 작업 장소와 인접한 곳의 경계선에서 85데시벨을 초과하지 않을 것"이라고 규정된 점에 유의한다.

또한 공조 설비에서는 덕트계 소음과 배관계 소음에 특히 유의할 필요가 있다.

[기술용어 해설]

◇ 크로스토크(cross-talk)

실내의 소음이나 말소리가 공통 덕트로 연결돼 있는 다른 방으로 새어 나가는 것을 말한다.

◇ 마스킹 효과(masking effect)

어떤 소리를 듣고자 할 때 소음이 동시에 존재하면 매우 듣기 어려워지는 현상을 말한다. 이때 소음이 그 소리를 마스크 했다고 하며 이 같은 현상을 마스킹 효과라고 한다.

◇ 칵테일파티 효과

인간의 청각 중에는 특정인의 말을 구분해서 알아듣는 일이 있다. 여기저기서 제멋대로 수다를 떨고 있는 칵테일파티 속에서 궁금한 대화만 듣게 되는 것을 말한다.

〈그림 – 부록 1〉 호텔객실 간의 크로스토크

2. 방진설비

방진설비란 기기의 가진력(excitation force)을 약화시켜 방진 기초에 의한 진동 절연(vibration isolation)이나 건축 구조체 등을 보강함으로써 대상 장소에서 발생하는 진동을 방지하는 설비를 말한다. 설비 기기 등의 진동이 건물 골격 내부를 전반(propagation)해 거실 내장재에 충격을 주는 것이 고체 전반진동이다. 건물 내의 거실에 영향을 주는 설비기기 진동은 고체 전반진동인 경우가 많다. 그 예로는 엘리베이터의 주행 진동, 송풍기를 진동원으로 하는 덕트계 진동이나 펌프를 진동원으로 하는 배관계 진동 등을 들 수 있다.

따라서 공조 설비의 방진 대책으로는 공조용 설비 기기의 방진 설계·방진 시공에 대해 완전한 방진기기의 기초를 마련하는 등 특별히 배려할 필요가 있다.

공조용 설비 기기로부터의 진동은 〈그림-부록2〉에 나타내는 바와 같이 설비 기기의 진동이 설비 바닥으로 전해져 건축 골격을 전반해 거실 등에서 체감 진동을 느끼게 하거나 혹은 거실 내장재를 진동시킴으로써 고체 전반음이 발생한다.

특히 반도체 제조용 ICR(공업용 클린룸)에서 진동 문제는 웨이퍼 등의 미세가공 제품 생산률(yield rate)에 큰 영향을 미치므로 엄밀한 방진 대책이 필수적이다.

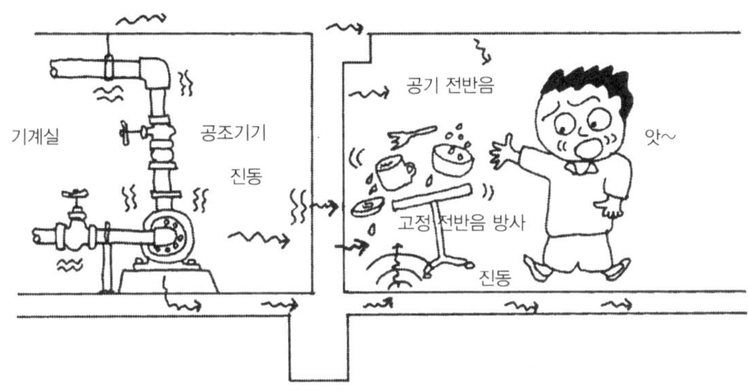

〈그림 – 부록 2〉 공조 설비 기기로부터의 진동 전파 및 고체 전반음 방사

진동에 대해서는 법적으로 [진동규제법]이 있고, 그 중에서도 "압축기·송풍기의 원동기 정격출력 7.5kW 이상인 기기를 특정 시설로 한다."라고 규정돼 있으므로 유의한다.

3. 지진과 내진설비

일본은 세계에서도 손꼽히는 지진국가다. 일본의 건축물 높이는 오랫동안 건축기준법에 의해 "백 척(31m)" 이내로 제한돼 있었다.

〈그림-부록3〉 지진발생 시 강구조 건축과 유구조 건축이 흔들리는 모습

[기술용어 해설]

장주기 지진

지진 가속도의 파형을 보면 알 수 있듯이 지진파에는 장주기파(주기 4초 이상 전후)와 단주기파(주기 1초 이하 전후)가 있다. 장주기 지진동은 사람이 잘 느끼지 못하는 주기가 수초 이상 지속되는 느린 흔들림으로 엄청난 지진을 일으켜 초고층 빌딩 등 거대한 빌딩에 영향을 끼치는 것으로 알려져 있다.

〈그림 – 부록 4〉 장주기 지진과 초고층 빌딩의 상층

그러나 1964년 도쿄 올림픽을 계기로 건축 구조로서 강(剛)구조~유(柔)구조가 채택되면서 초고층 빌딩이 건설되기에 이르렀다.

그 이후로 일본은 높이 300m에 가까운 초고층 빌딩의 여명기를 맞이하게 된다.

건물에는 각각의 고유주기가 있는데 1초 이상의 장주기로 갈수록 지진력으로 인해 건물의 응답이 감소한다. 최근에는 지진력이 건물에 영향을 주지 않도록 적층고무 등을 넣어 건축 구조물을 절연한 면진구조의 건물이라든가 건축물 안에 감쇠장치를 도입하는 제진구조의 건물도 많이 등장하고 있다.

당연한 말이지만 건축의 내진에 대해서는 공조 설비 기술자 입장에서도 대지진에 기인하는 건축물의 층간변위(relative story dislocation) 등에 대응할 수 있도록 건축설비의 내진설계·내진시공에 충분히 유의해야 한다.

건축설비가 보유해야 할 내진 성능으로서 중소 규모의 지진에 대해서는 원칙적으로 모든 설비 기능에 피해가 발생하지 않아야 하고, 대규모의 지진에 대해서는 건물의 사회적 중요성을 감안해 설비기능과 인명에 안전상 필요한 기능 유지와 2차 재해방지를 구비한 설비로 해야 한다.

[기술용어 해설]

층간 변위와 층간 변형각

지진 등의 좌우 흔들림으로 건축이 변형될 때 층의 바로 위 또는 바로 아래 바닥과 이루는 수평방향 변위를 층간 변위라고 하고 층간 변위로 인한 각도를 층간 변형각이라고 한다.

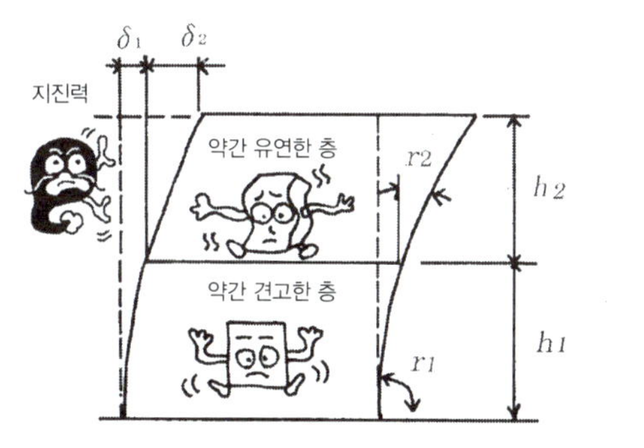

〈그림 – 부록 5〉 층간 변위와 층간 변형각

4. 설비재료와 부식

건축 설비에는 수많은 종류의 금속제 재료가 사용되고 있는데 특히 배관 재료에서는 다양한 부식 문제가 발생하기 쉽다. 부식(corrosion)이란 금속과 이를 둘러싼 환경 간의 화학적 혹은 전기화학적인 상호작용이 이루어지고, 그 결과 부분적으로 또는 총체적으로 금속기능이 변화·열화하는 현상을 말한다.

원래 금속은 결정입자·결정입계·불순물·흠집 등이 표면에 존재하고, 또 금속과 접하는 용액에도 농도차·온도차·틈새 유무 등의 환경차가 있을 때는 금속표면에 국부전지를 구성하고 양극부에서 음극부로의 용액을 통해 전류가 흘러 양극부가 부식된다. 이를 습식(濕蝕, wet corrosion)이라고 하고, 금속이 직접 부식성 기체와 반응하는 현상을 건식이라고 한다. 일반적으로는 습식현상이 많기 때문에 이것을 부식(corrosion)이라고 하는 경우가 많다(JIS Z0103).

사실 부식으로 인한 경제적 손실이 의외로 많아 무시할 수 없을 정도다. 이 같은 상태를 방지하기 위해 공조 설비기술자는 다양한 방식대책을 강구할 필요가 있다. 그 방식 대책으로는 사용 환경에 대응하기 위해 적정한 재료 선정과 부식을 경감하는 설계 개선, 금속표면을 부식 환경으로부터 차단하는 도장·피복, 부식성을 저하시키는 환경처리 및 전기방식법 등이 있다. 또한 배관 부식에 대해서는 공기 중의 부식·수중 부식·지중 부식으로 구분해 각각의 대책을 강구한다.

[기술용어 해설]

국부전지(local cell)

금속측 또는 환경측의 불균일성이 원인이 돼 금속 표면에 국부적으로 형성된 국부 전지를 말한다(JIS Z 0603).

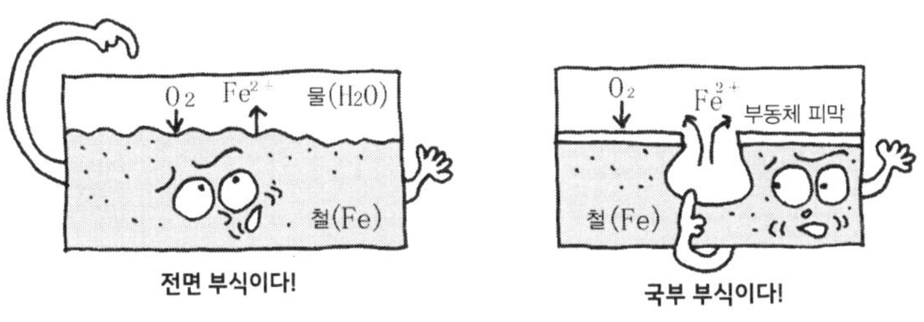

〈그림 – 부록 6〉 철의 전면 부식과 국부 부식의 메커니즘

5. 설비 고장과 고장률

공조 설비의 시운전 조정업무가 완료돼 고객에의 설비 인도가 끝나더라도 이것으로 다 끝나는 것은 아니다. 즉 인도를 종료한 설비 시스템이나 기기에 고장이 발생하기 때문이다. 시간이 경과함에 따라 기기 고장률이 어떻게 변화하는지 정성적으로 나타낸 욕조곡선(제14장 (3)의 ④ 참조 : bathtub curve)이 있다. 고장 기간을 다음과 같이 크게 3시기로 나눌 수 있다.

① 초기 고장기(DFR Period)

초기 고장률(Decreasing Failure Rate)로 불리는 고장률이 시간이 지남에 따라 점차 감소하는 기간이다.

초기 고장이란 기기나 시스템 내에 잠재된 설계 오류(협의 불충분에 기인하는 오류 등), 시공 오류(덕트·배관 등의 접속 오류) 등 “예상 밖의 문제”가 설비 사용 초기에 드러나는 것을 말한다. 공사 중의 품질관리 강화, 공장에서 이루어지는 프리패브화 등을 적극 채택함으로써 이 기간의 고장률을 낮출 수 있다. 필자의 경험에 의하면 이 기간은 설비 시스템의 규모에 따라 다르지만 대략 2년 정도가 필요하다.

② 우발 고장 기간(CFR Period)

우발 고장률(Consatan Failure Rate)로 불리는 고장률은 시간이 경과해도 낮고 변화하지 않는 안정적인 기간이다.

시간이 경과해도 고장률이 변화하지 않는다는 것은 반면에 시간적으로 랜덤 고장이 발생하는 것을 의미해 우발 고장(Random Failure) 기간이라고 한다.

다수의 부품으로 구성된 시스템이나 설비기기의 고장을 대체로 우발 고장(CFR)이라고 한다. 이 고장의 원인은 설계·시공에 있는 경우와 시스템 사용법 착오 및 진동에 의해 환경 스트레스 강도가 일시적으로 높아질 때 결함이 표면화되는 경우도 있다. 실제로 기기를 만족스럽게 사용할 수 있는 기간은 CFR 기간뿐이어서 이 기간을 특히 유효 수명이라고 부르기도 한다. 필자의 경험으로 볼 때 CFR 기간은 대략 15~20년 정도다.

③ 마모 고장기간(IFR Period)

마모 고장률(Increasing Failure Rate)이라고도 하는 이 고장률은 시간이 지남에 따라 증가하는 추세다. 마모나 소모는 사용시간이 길어짐에 따라 커지고 그 결과 고장률도 시간이 경과함에 따라 증가하므로 이 기간을 마모 고장기간이라고 한다.

예를 들어 베어링 마모로 인한 진동·진폭의 증가로 발생하는 고장이나 강관 배관, 강철제 용기·기기의 부식으로 인한 누수 등이 이에 해당하고 인간에 비유하면 노년 시기다. 뒤에서 설명하지만 오버홀이나 예방보전을 실시함으로써 이 시기가 시작되는 것을 늦추는 작업 즉 수명을 연장할 수도 있다.

끝으로 필자가 꼭 당부하고 싶은 것은, 준공 후 25~30년 이상 경과한 빌딩 리뉴얼 공사 등의 진단 의뢰를 받은 경우에도 기설 배관(특히 나사시공 배관)에는 불필요하게 손대지 말아야 한다는 점이다.

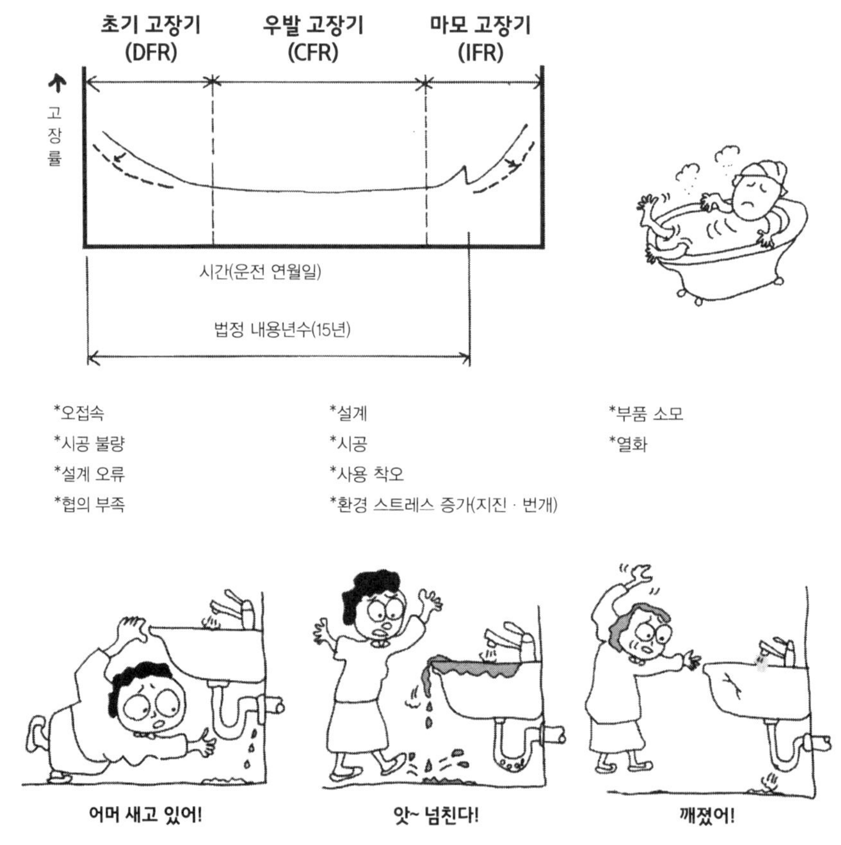

〈그림-부록 7〉 기기 고장률의 경시변화 : 욕조곡선

6. 설비의 내구성

"석가에게는 설법(like teaching Babe how to play baseball)"이 있고 인간에게는 수명이 있듯이 건축설비에도 수명(life)이란 것이 있다. 그 수명도 유지관리(maintenance) 정도에 따라 또는 리뉴얼 공사(renewal works)를 실시함으로써 연명(long life)을 도모할 수 있다. 건축설비의 유지관리를 보수 관리라고도 하고 지금은 메인티넌스라는 단어로 익숙해졌지만 본래는 JIS Z 8115 신뢰성(dependability)이라는 용어다.

(1) 다종다양한 보전

유지관리란 일반적으로 건물 및 설비의 기능을 유지하기 위해 적절한 점검·조정·수리·올바른 운전으로써 설비 기능을 항상 최선의 상태로 유지하는 것을 말한다.

유지관리는 단순히 보전이라고 말하기도 하지만 보전이란 수리 가능한 기기·설비에 대해 그 성능·기능을 장기간에 걸쳐 안정적으로 유지하기 위해 실시하는 처치(treatment)를 말한다. 이와 관련해 그 보전을 용이하게 할 수 있을 정도의 성질을 보전성이라고 한다. 지금까지는 보전이나 보전성을 건축 설비뿐만 아니라 모든 설비에 대해 종전의 관리 시스템 관점에서 설비보전 및 보전 프로세스에서의 생산 보전 등 다양한 분야에서 생각해 왔다. 기업이 조직적으로 보전 활동을 하는 설비보전은 차치하더라도 각종 설비를 하나의 시스템으로 파악해 경제적으로 설비의 생산성을 향상시키는 합리적 보전활동인 생산보전을 분류하면 〈그림–부록8〉과 같다.

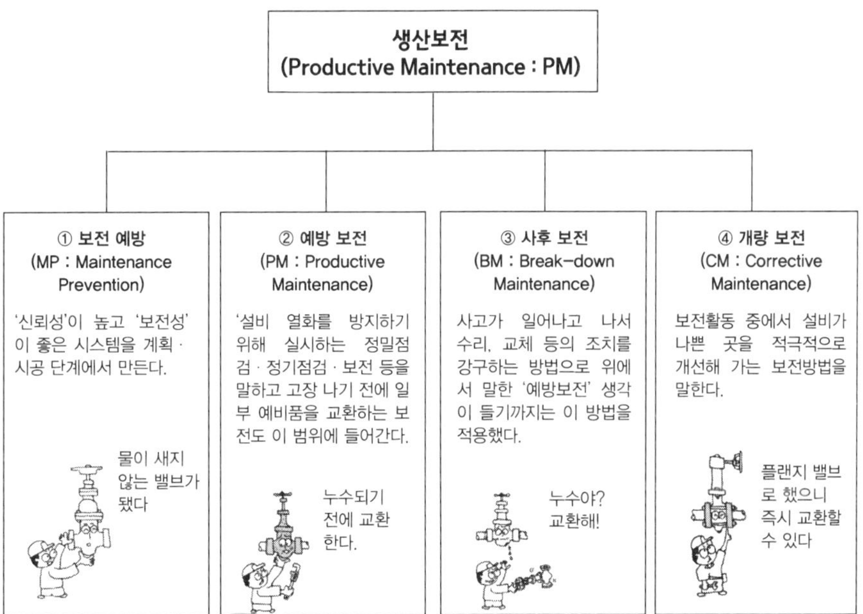

단순히 PM이라고 하면 예방 보전이 아니라 생산 보전을 가리키는 경우가 많다. 최근에는 ③의 사후 보전보다는 ②의 예방 보전(예)을 더 중요시하는 추세다. 예 : 베어링 파괴 예지 시스템에 의한 베어링 조기 교체 등

〈그림–부록8〉 다종다양한 보전의 분류

(2) 공조 설비의 내구성과 내용년수

건축설비는 다종다양한 부품으로 구성되고 각 부품의 물리적 특성에 따라 기기 또는 부위에 열화가 진행되다가 최종적으로 설비 기능에 장애 발생 즉 고장 발생이라는 형태를 취한다. 고장 발생은 앞에서 기술한 바와 같이 초기 고장(감소형)·우발 고장(일정형)·마모 고장(증가형)이라는 3가지 패턴을 기본으로 한다.

그리고 리뉴얼 공사(갱신 공사)를 실시하는 요인에는 〈그림-부록9〉에 나타내는 바와 같이 물리적 요인 외에도 경제적 요인·사회적 요인을 생각할 수 있다.

실제로 리뉴얼 공사는 물리적 열화를 맞이하기 전에 다른 두 가지 요인으로 실시되는 경우가 많다.

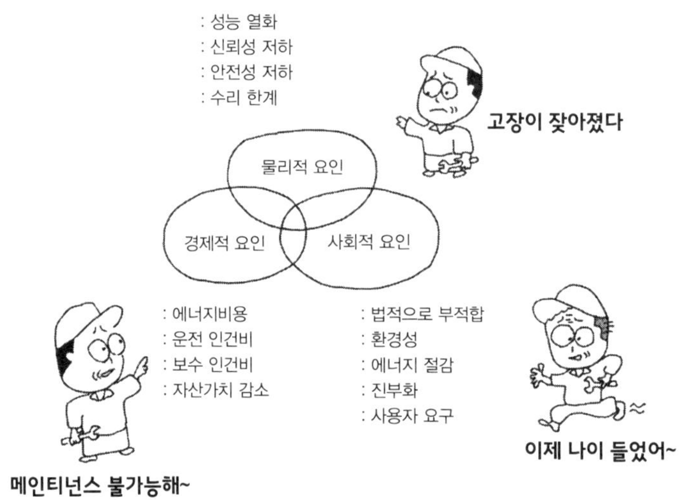

〈그림 - 부록 9〉 리뉴얼 공사의 요인

건축설비의 물리적 내용년수란 "기기의 성능·기능 열화로 인해 그 부위를 보수·교환하더라도 기능 회복이 어렵고 비용대비 투자효과(cost performance) 관점에서 보더라도 지속 불가능해질 때까지의 시간"을 말한다.

참고로 현재 공표된 공조 설비의 내용년수(durable years)를 〈표-부록 1〉에 나타낸다.

〈표 – 부록 1〉 공조 설비 기기의 내용년수 일람표

종류		① 건축학회	② 관청 영선	③ 고바야시	④ BELCA	⑤ 쿠보이	⑥ BCS
냉열원 기기	철판제 보일러	25	15	–	15		15
	주철제 보일러	–	30 증기	10 섹셔널 보일러	25 증기	20	21.1 섹셔널 보일러
	연관 보일러	–	20			15	18.9
	터보 냉동기	–	20			15	21.1
	왕복동 냉동기	–	15			–	15
	흡수식 냉동기	–	20				17.5
	공기열원(히트펌프 칠러)	–	15			18	
	냉각탑	–	13 FRP 대향류	20	15 FRP	13 FRP	14.4
공조기류	에어 핸들링 유닛	–	20	15	15	18	17.5
	패키지형 공조기 (수랭식)	–	20	–	15	15	13.4
	패키지형 공조기 (공기열원 히트펌프)	–	15	–	15	–	–
냉 · 난방 유닛	팬코일 유닛	–	20	20	15 노출 · 상치(床置)	18	15.8
	팬 컨벡터	–	20	–	15 노출 · 상치(床置)	–	13.6
	주철제 라디에이터	30	–	–	–	–	20.8
전열교환기	전열교환기	–	20	–	15	–	–
	교환환기 유닛	–		–	15	–	–
송배풍기	송풍기	20		20	20	18	18.6
	배풍기	–	25	–	25	–	
펌프류	냉온수 펌프	–	20	–	15	–	17
	냉각수 펌프	–	20	–	15	–	–

[출전 약칭 설명]

① '건축학회' : 일본건축학회 건축경제위원회 '수선방식의 표준'(1955년 '내화 건축물의 유지보전에 관한 연구') /
② '관청 영선' : (재단법인)건축보전센터 '건축물의 생애주기비용' (1993년 경제조사회) /
③ '고바야시' : 고바야시 세이슈 '수선 방법의 표준' (1975년 '빌딩 관리' 모리키타 출판) /
④ 'BELCA' : (사단법인)건축 · 설비유지보전추진협회(BELCA) 'LC 평가데이터집(개정판)' (1999년) /
⑤ '쿠보이' : 쿠보이 케이지 '설비기기의 내용년수에 대해' (1979년 '건축보전 2호') /
⑥ 'BCS' : (사단법인)건축업협회 '설비 기자재의 구체적인 내용년수 조사보고' '(1979년)

〈표-부록 2〉 공조 설비용 덕트 · 배관 재료의 내용년수 일람표

		① 건축학회	② 관청 영선	③ 고바야시	④ BELCA	⑤ 쿠보이	⑥ BCS
덕트 제기구	공조용 덕트	20	30	20	30	–	–
	팬형 분출구	–	30	–	20	–	–
	유니버설형 분출구	–	30	–	20 VHS	–	–
배관	탄소강 강관(백색) (급수)	20	–	20	–	–	18.1
	탄소강 강관(백색) (배수 · 통기)	18	30	18	20	–	18.4
	탄소강 강관(백색) (냉온수)	–	20	–	20	–	18
	탄소강 강관(백색) (증기)	15	20	–	20	–	17.8
	염화비닐 라이닝 강관 (급수)	–	25	–	30	–	–
	동관(냉매관)	–	30L	–	30L	–	–

출전 약칭의 설명

① '건축학회' : 일본건축학회 건축경제위원회 '수선방식의 표준'(1955년 '내화 건축물의 유지보전에 관한 연구')
② '관청 영선' : (재단법인)건축보전센터 '건축물의 생애주기비용' (1993년 경제조사회)
③ '고바야시' : 고바야시 세이슈 '수선 방법의 표준' (1975년 '빌딩 관리' 모리키타 출판)
④ 'BELCA' : (사단법인)건축 · 설비유지보전추진협회(BELCA) 'LC 평가 데이터집(개정판)' (1999년)
⑤ '쿠보이' : 쿠보이 케이지 '설비기기의 내용년수에 대해' (1979년 '건축보전 2호')
⑥ 'BCS' : (사단법인)건축업협회 '설비 기자재의 구체적인 내용년수 조사보고' '(1979년)

[맺음말]

과거에 가수 와타나베 마찌꼬가 작사 작곡한 "현재·과거·미래…"라는 첫 가사로 시작되는 노래가 유행했던 적이 있다. 마찬가지로 본서에서는 지금까지 주로 공조 설비공사·환기 설비공사·배연 설비공사 및 그와 관련한 공사의 기존 기술(현재)과 간단한 역사(과거) 지식에 대해 기술했다. 주안점은 위에서 언급한 여러 공사 시공에 대한 온고지신(溫故知新)의 참고 자료로 활용해 주셨으면 한다.

즉 우리가 오랜 세월 시행착오를 겪으며 체험해 온 시공기술 유산(technical heritage of M&E works)을 우리가 살아가는 동안 가능한 한 후세에 계승(succession)하는 것이야말로 중요한 과제라고 생각하기 때문이다. 여기서 공조 설비공사의 장래 전망(미래)에 대해 조금 언급하고 본서를 마무리하기로 한다.

현재는 스마트워치, 스마트폰 등에 컨디션 관리항목(체온·혈압·맥박·혈액 등)의 제어센서 장착이 가능한 시대다.

이 같은 설계 개념(design concept)을 공조 설비에도 도입할 수 있지 않을까?… 미래의 공조기는 거주 공간을 그 날의 사용자(user) 컨디션에 맞는 적절한 온도와 습도로 조절하면서 연중 내내 '쾌적한 거주 공간'으로 만들어야 한다고 생각한다.

더 나아가서는 그 공조기의 운전실적 데이터를 피드백 함으로써 에너지절감 운전을 실현하는 것이다. 또한 바이러스나 꽃가루 발생 데이터 신호를 감지하면 공조기는 고성능 필터(HEPA 필터) 사용 회로로 전환하고 또 거기에 적응하는 필요 환기량을 조정함으로써 재빠르게 대응한다.

겨울철에는 센서가 달린 소형 보조 가열기를 콘센트에 꽂는 것만으로도 급격한 온도 변화로 인한 고령자의 컨디션 난조를 방지하는 자동 관리 시스템이 요망된다. 미래의 공조 시스템이라고 해도 본질적으로는 크게 변화하지 않겠지만 앞으로는 자동관리 시스템에 AI, IoT가 적극적으로 도입돼 새로운 국면(new stage)을 맞이하게 될 것이다.

향후 공조 설비

공조위생설비기술자 필독서

【공조 · 환기 · 배연 설비 공사 독본】

인쇄 2024년 3월 11일
발행 2024년 3월 20일

공저자 : 안도 노리오, 세야 마사오,
호리오 사키오, 미즈카미 쿠니오
감 수 : 안도 노리오
편 역 : 중원엔지니어링(주)
발행인 : 김정석
발행처 : 도서출판 한미
(우)07217 서울시 영등포구 당산로 41길 11,
E동 1306호(당산동4가, 당산 SK V1 Center)
전 화 : (02)2633-4995
팩 스 : (02)2632-3906
E-mail : sulbeetech@naver.com
홈페이지 : www.sulbee.co.kr
등록번호 : 제13-1302호
등록일자 : 2002년 5월 27일
ISBN 978-89-90559-05-0

정가 50,000 원